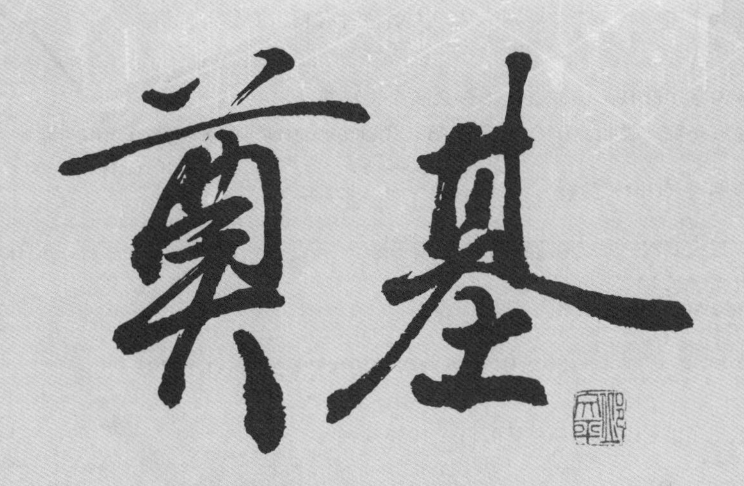

计算机网络

（华为微课版）

韩立刚　韩利辉　马青　王艳华◎编著

清華大學出版社
北　京

内 容 简 介

本书是一本讲解计算机网络基础的图书，但其内容并没有局限于计算机网络，还包括了网络安全、搭建网络服务器等实操内容。本书一改传统计算机网络教材艰涩的叙述方式，而是基于笔者多年的网络运营经验从实用角度阐述理论，希望能给读者不一样的阅读体验。本书使用 eNSP 和 VMWare Workstation 虚拟软件为读者搭建好网络实验环境，为教学和自学扫除障碍。

本书涉及的内容，理论部分包括网络设备、开放系统互连（OSI）、IP 地址、TCP/IP 协议、安装服务器、配置服务器网络安全；路由器操作部分包括华为通用路由平台（VRP）配置，包括静态路由、路由汇总、默认路由、动态路由（RIP 和 OSPF）；交换部分包括交换机端口安全和 VLAN 管理；网络安全部分包括标准访问控制列表、扩展访问控制列表；网络地址转换部分包括静态 NAT 和动态 NAT 及端口地址转换；IPv6 部分包括 IPv6 地址、IPv6 的动态和静态路由、IPv6 和 IPv4 共存技术；广域网部分包括广域网封装 PPP、PPPoE、VPN。

本书关键章节配有视频微课教程，提供随书 PPT 教学课件和实验环境以及学习所需软件。

本书适合作为计算机网络自学教材、大专院校教材、社会培训教材、华为 HCIA 教辅等。另外，本书提供的一些实用网络操作，对网络从业人员也具有相当的参考价值。

图书在版编目（CIP）数据

奠基·计算机网络：华为微课版 / 韩立刚等编著. —北京：清华大学出版社，2021.2（2023.8 重印）
（清华电脑学堂）
ISBN 978-7-302-56640-3

Ⅰ. ①奠… Ⅱ. ①韩… Ⅲ. ①计算机网络—基本知识 Ⅳ. ①TP393

中国版本图书馆 CIP 数据核字(2020)第 193411 号

责任编辑： 栾大成
封面设计： 杨玉兰
责任校对： 徐俊伟
责任印制： 杨 艳

出版发行： 清华大学出版社
网 址：http://www.tup.com.cn，http://www.wqbook.com
地 址：北京清华大学学研大厦 A 座　　邮 编：100084
社 总 机：010-83470000　　邮 购：010-62786544
投稿与读者服务：010-62776969，c-service@tup.tsinghua.edu.cn
质量反馈：010-62772015，zhiliang@tup.tsinghua.edu.cn
印 装 者： 三河市人民印务有限公司
经 销： 全国新华书店
开 本： 185mm×260mm　　**印 张：** 19　　**字 数：** 445 千字
版 次： 2021 年 2 月第 1 版　　**印 次：** 2023 年 8 月第 2 次印刷
定 价： 59.00 元

产品编号：084093-01

前　言

当今社会，信息技术深刻改变着人们的生活。网上购物、网上订票、网上挂号、小视频和直播带货，还有疫情期间的线上学习，无不得益于网络的普及和信息技术的应用。

信息技术（IT）已经融入国家的政治、军事、金融、商业、交通、电信、文教、企业等各个方面，从生产设计、原材料采购、生产过程、市场、销售到客户管理、员工管理等都离不开信息化。这就提供了大量的IT相关职位。从近几年高考填报志愿来看，信息技术相关专业（比如网络工程、软件工程）是当下的热门专业。从就业角度来看，无论以后参军、考公务员、进入企业工作，学好IT技术也大有用武之地。

信息技术从大的方向分为两大类：**IT运维**和**软件开发**。

下图画出了IT运维技术的体系结构，列举了几个大的方向：云计算和虚拟化、网络安全、数据库管理、Linux运维、Windows桌面运维。掌握这几个大方向的高端技能，需要基础知识来做奠基。这几大方向的应用都离不开计算机网络和通信技术，而且计算机网络知识是掌握这些高端技能的基础。所以本书的定位是培养高端IT人才的基础课程。本书的名称为“奠基·计算机网络（华为微课版）”，寓意是打造IT大厦的基础。华为公司在通信领域全球领先，尤其是5G技术。5G技术是未来工业世界的中枢神经和未来技术的中心。当前，国内企业和政府组网倾向于国产设备，因此本书以华为设备讲解计算机网络和通信技术，希望大家能够学习先进技术，掌握面向未来的通信技术，以便参加工作能够顺利上手。

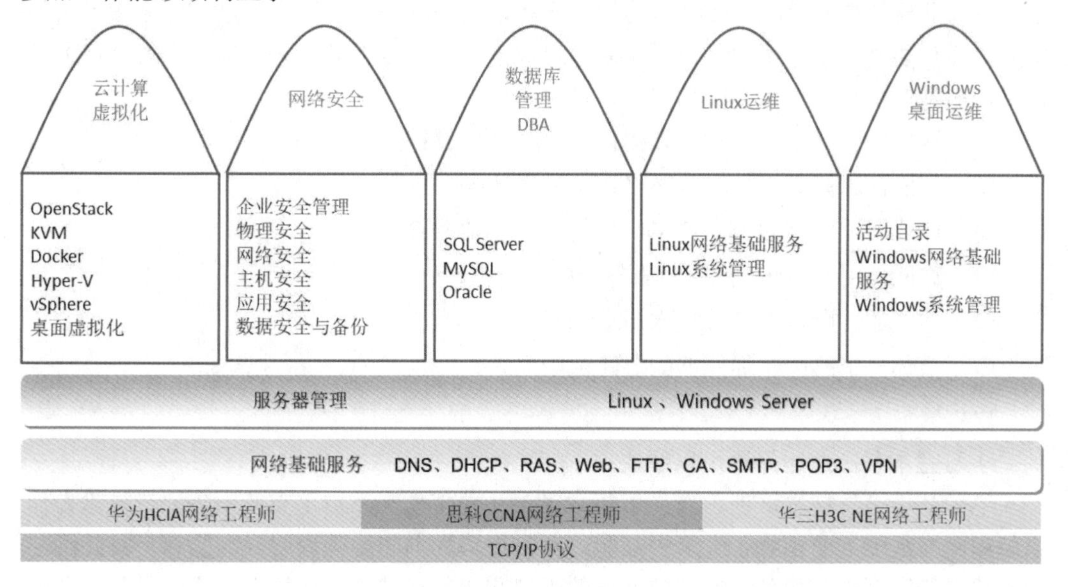

IT运维技术体系结构

当然，从事软件开发、软件测试、大数据、人工智能等工作的人员也需要掌握网络通信技术。因为现在的软件绝大多数需要网络通信，而大数据和人工智能更是需要通信来支撑。

本书定位

“奠基 · 计算机网络（华为微课版）”是一本讲解计算机网络基础的图书，**本书的创作目标是让没有基础的人也可以学习。**

本书的定位是大学、大专、高职计算机网络课程的教材。本书配有教学大纲、教学进度计划、PPT、课后习题、关键知识点的视频讲解。当然，在微课和搭建好的虚拟网络环境的配合下，本书用来自学也是一本卓尔不群的高品质资料。

本书致力于培养“学以致用”的网络工程师。学完之后能够掌握计算机网络基本概念和术语，掌握 TCP/IP 协议、规划 IP 地址、使用华为路由器和交换机组建企业网络。

课程内容安排

本书共分 12 章，其中，第 1～3 章主要讲解计算机通信理论，TCP/IP 协议和 OSI 参考模型，IP 地址和子网划分。这 3 章是华为、思科、华三认证网络工程师都要学习的内容。考虑这 3 章比较抽象，我们引入这些知识时都进行了很好的铺垫，也设计了典型实验，比如通过抓包分析 TCP/IP 协议的应用层报文、传输层首部来理解协议。第 4～12 章使用华为的路由器和交换机讲解路由和交换的知识，讲解理论后，再用华为路由器和交换机设计实验环境，进行配置，验证所需理论是否正确。

为什么写这本书

对于立志于投身网络的青年人，选对教材是非常重要的。一个初学网络的人，如果选择了理论性很强的书作为入门读物将会是一个悲剧。这类专业网络图书风格相近：网络技术，计算机网络发展史，深不可测的路由算法，计算以太网数据帧的延迟，对称加密算法和非对称加密算法，HTTP 协议，等等，这类图书对上述内容进行了无懈可击的阐述，你只要背过了这些定义，考个高分没问题。这类专著学下来，你会觉得道理上明白了，但是对于解决具体实际的问题，还是束手无策。

学完这样的网络专著，你可以提问自己几个问题：

- 你能使用捕包工具解决网络拥塞的问题吗？
- 你能通过所学的 TCP/IP 知识配置安全的服务器吗？
- 你能使用 IPSec 严格控制服务器的流量吗？
- 你能通过所学知识查找木马活动吗？
- 给你一个路由器你能够配置路由表吗？

……

学习完本书，上述问题可以解决。

笔者从事信息技术培训工作二十年，多年从事微软产品技术支持服务，在排除操作系统和网络故障方面积累了大量的经验。在讲授华为 HCIA 课程时，将为客户排除网络故障的大量案例插入相关章节，使抽象的理论和实际相结合。在授课过程中尽量避免使用高深的术语，而是使用直白流畅的语言进行阐述。经过多年的积累沉淀，逐渐形成自己 HCIA 授课风格和内容，广受学员欢迎，尤其是初学网络的学员。

对于自学计算机网络的读者，由于没有网络设备，使得网络的学习仅停留于理论，而陷入困顿。有些学校即便有网络设备，也很难为每一个学员提供实验所需的网络环境。本书使用 VMWare Workstation 和 eNSP（Enterprise Network Simulation Platform）搭建学习环境，读者只需一台内存 8GB、硬盘空间 18GB 的台式电脑就能完成所有试验。

本书读者群体

- 计算机网络初学者
- 高校在校生
- 企业 IT 员工
- 职业院校师生

另外，如果**你打算学完之后从事网络方面的工作，本书是极佳选择。**

对读者的要求

能够熟练操作电脑，Windows 10 或 Windows 7 均可。

本书特色

- 侧重应用，尽量挖掘理论在实践中的应用。
- 使用路由器模拟软件 eNSP 设计实验和实验步骤。
- 针对理论设计了实验环境，帮助你理解理论。
- 配有教材相对应的 PPT、习题，适合作为学校教材。
- 关键章节配有视频讲解。
- 提供课程所需软件和实验环境。

学生评价

下面是 51CTO 学院学生听完韩老师计算机网络原理后的评价：

课程目录 课程介绍 课程问答 学员笔记 课程评价 资料下载

★★★★★ 5分
学了一半了，感觉还不错，能把抽象的概念或晦涩难懂的内容通过直白的语言讲出来，难能可贵啊！

★★★★★ 5分
这套课程很适合那些刚接触网络，或者还没开始学但想学网络的。总而言之，这套课程对网络基础讲解的很详细。

★★★★★ 5分
韩老师的课讲的很有条理，而且有很强的实用价值，对于我们这些对计算机感兴趣，又找不到好的教程的人来说，简直是如鱼得水。国家关注网络安全的时期，也是全民用网的时期，网络方面的知识是大家都需要的，希望韩老师出更多优秀视频，使更多网民学会安全用网。

技术支持

韩老师 QQ：458717185
技术支持 QQ 群 韩立刚 IT 辅导：1143800462
韩老师微信：hanligangdongqing
韩老师微信公众号：han_91xueit

课件下载

01 认识计算机网络.pptx
02 TCPIP协议.pptx
03 IP地址和子网划分2.pptx
04 华为设备管理.pptx
05 静态路由.pptx
06 动态路由.pptx
07 组建局域网.pptx
08 网络安全.pptx
09 网络地址转换和端口映射.pptx
10 将路由器配置DHCP服务器.pptx
11 IPv6.pptx
12 广域网.pptx

实验环境搭建

本书实验环境的搭建请参考第 4 章相关内容。相关配置请扫码下载。

致谢

首先感谢我们的祖国，各行各业迅猛发展，为那些不甘于平凡的人提供展现个人才能的空间，很庆幸自己生活在这个时代。

互联网技术的发展为每个老师提供了广阔的舞台，感谢 51CTO 学院为全国的 IT 专家和 IT 教育工作者提供教学平台。

感谢清华大学出版社为本书出版做出的努力。

感谢我的学生们，正是他们的提问，才让我了解学习者的困惑，我讲课的技巧提升离不开对学生的了解。更感谢那些工作在一线的 IT 运维人员，帮他们解决工作时遇到的疑难杂症，也丰富了我讲课的案例。

感谢那些深夜还在看视频学习我课程的学生们，虽然没有见过面，却能够让我感受到你通过知识改变命运的决心和毅力。这也一直激励着我，不断录制新课程，编写出版新教程。

韩立刚

目　录

第 1 章

认识计算机网络

本章内容

- Internet 的产生和中国的 ISP
- 局域网的发展
- 企业局域网的规划和设计
- 网络分类

全球最大的互联网络就是 Internet（因特网），本章讲解网络的产生以及 Internet 的发展，路由器在网络中的作用，中国的互联网和 ISP。

企业网络管理员主要管理企业的局域网。本章开门见山讲解了局域网使用的协议、局域网组网设备的演进，还讲解了同轴电缆组建的局域网、集线器组建的局域网、网桥优化以太网、交换机组网。本章最后还讲解了典型的企业局域网的规划和设计，根据企业的计算机数量和物理位置，局域网可以设计成二层结构的局域网和三层结构的局域网。

本章介绍通信领域常见的术语，如带宽、延迟、吞吐量等，介绍传输媒体、导向传输媒体和引导性传输媒体，讲解网络的分类、公网和私网、局域网和广域网。

1.1 Internet 的产生和中国的 ISP

1.1.1 Internet 的产生和发展

Internet 是全球最大的互联网络，家庭通过电话线使用 ADSL 拨号上网接入的就是 Internet，企业的网络通过光纤接入 Internet，现在我们使用智能手机通过 4G/5G 技术也可以很容易接入 Internet。Internet 正在深刻地改变着我们的生活，网上购物、网上订票、预约挂号、QQ 聊天、支付宝转账、共享单车等应用都离不开 Internet。现在我们就讲解 Internet 的产生和发展过程。

最初计算机是相互独立的，没有相互连接，在计算机与计算机之间复制文件和程序很不方便，于是就用同轴电缆将一个办公室内（短距离、小范围）的计算机连接起来组成网络（局域网），计算机的网络接口卡（网卡）与同轴电缆连接，如图 1-1 所示。

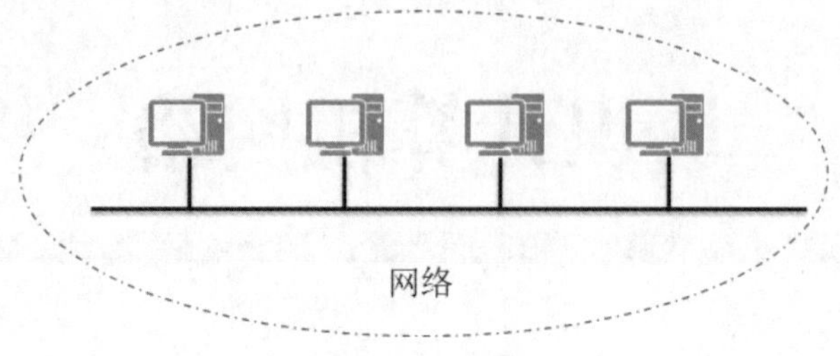

图 1-1　网络

位于异地的多个办公室（如图 1-2 所示的 Office1 和 Office2）的网络，如果需要通信，就要通过路由器连接，形成互联网。路由器由广域网接口用于长距离数据传输，路由器负责在不同网络之间转发数据包。

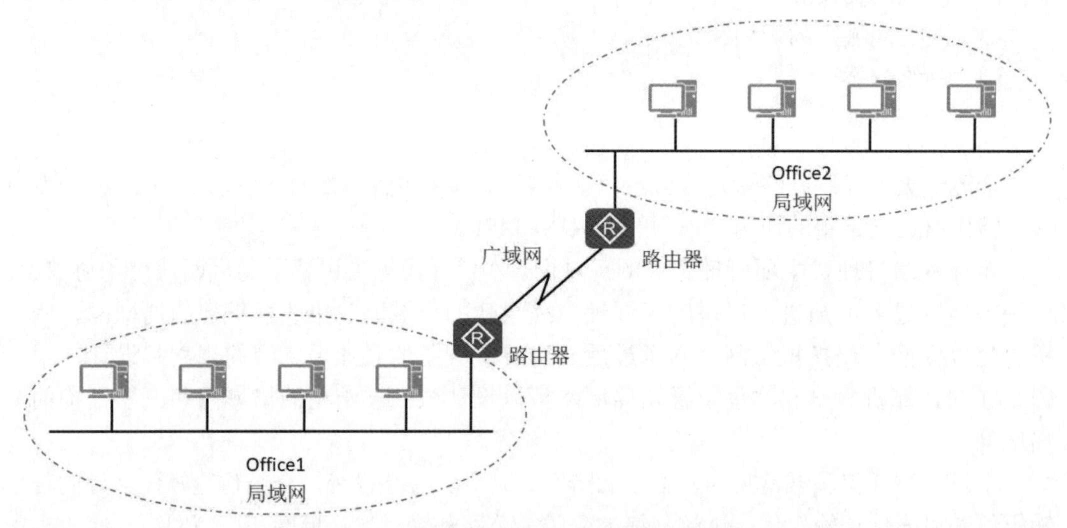

图 1-2　路由器连接多个网络，形成互联网

最初只是美国各大学和科研机构的网络进行互联，随后越来越多的公司、政府机构也接入网络。这个在美国产生的开放式的网络后来又不局限于美国，越来越多国家的网络通过海底光缆、卫星接入美国这个开放式的网络，如图 1-3 所示，就形成了现在的 Internet，Internet 是全球最大的互联网络。在图 1-3 中能体会到路由器的重要性，如何规划网络、配置路由器为数据包选择最佳路径是网络工程师主要和重要的工作。当然，学完本书，你也能掌握对 Internet 的网络地址进行规划和简化路由器路由表的方法。

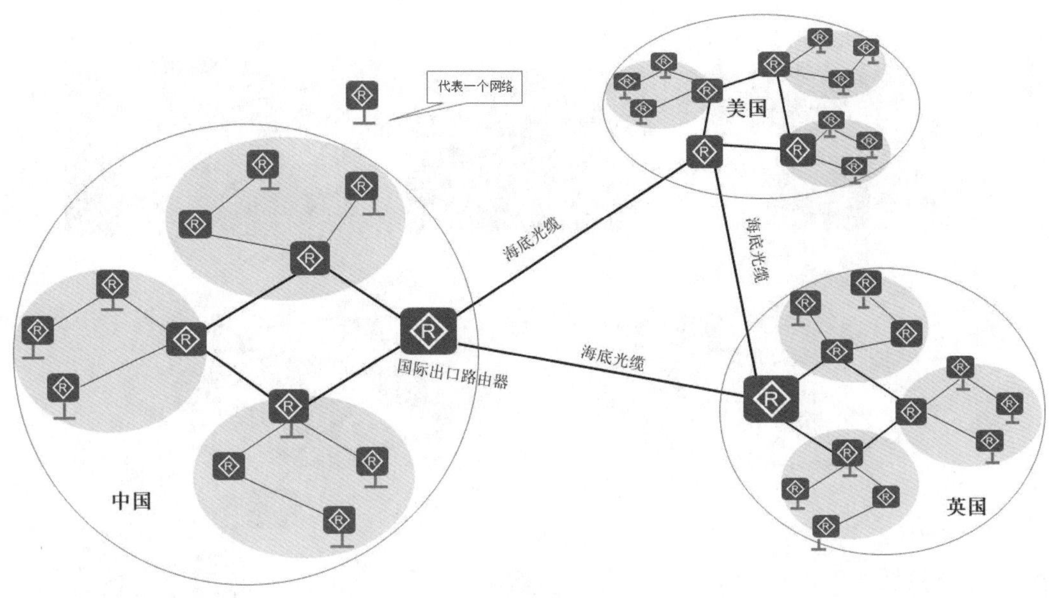

图 1-3　Internet 示意图

1.1.2　中国的 ISP

Internet 是全球网络，在中国主要有 3 家互联网服务提供商（Internet Service Provider，ISP），它们向广大用户和企业提供互联网接入业务、信息业务和增值业务。中国三大网络服务提供商分别是中国电信、中国移动、中国联通。

这三家运营商在全国各大城市和地区铺设了通信光缆，用于计算机网络通信。运营商的作用就是为城镇居民、企业和机构提供 Internet 的接入服务，在大城市建立机房。小企业没有机房，可以购买服务器，将服务器托管给运营商的机房。用户和企业可以根据 ISP 提供的网络带宽、入网方式、服务项目、收费标准以及管理措施等选择适合自己的 ISP。

1.1.3　跨运营商访问网络带来的问题

Internet 是全球最大的互联网，在我国主要由三家互联网服务提供商向广大用户提供互联网接入业务、信息业务和增值业务。

中国三大基础运营商及其提供的服务如下：

中国电信：拨号上网、ADSL、1X、CDMA1X、EVDO rev.A、FTTx。

中国移动：GPRS 及 EDGE 无线上网、TD-SCDMA 无线上网，少部分 FTTx。

中国联通：GPRS、W-CDMA 无线上网、拨号上网、ADSL、FTTx。

下面以中国电信（简称“电信”）和中国联通（简称“联通”）两个 ISP 为例来展现 Internet 的一个局部组成（见图 1-4），各个组织的网络和网民接入互联网服务提供商的网络构成 Internet。

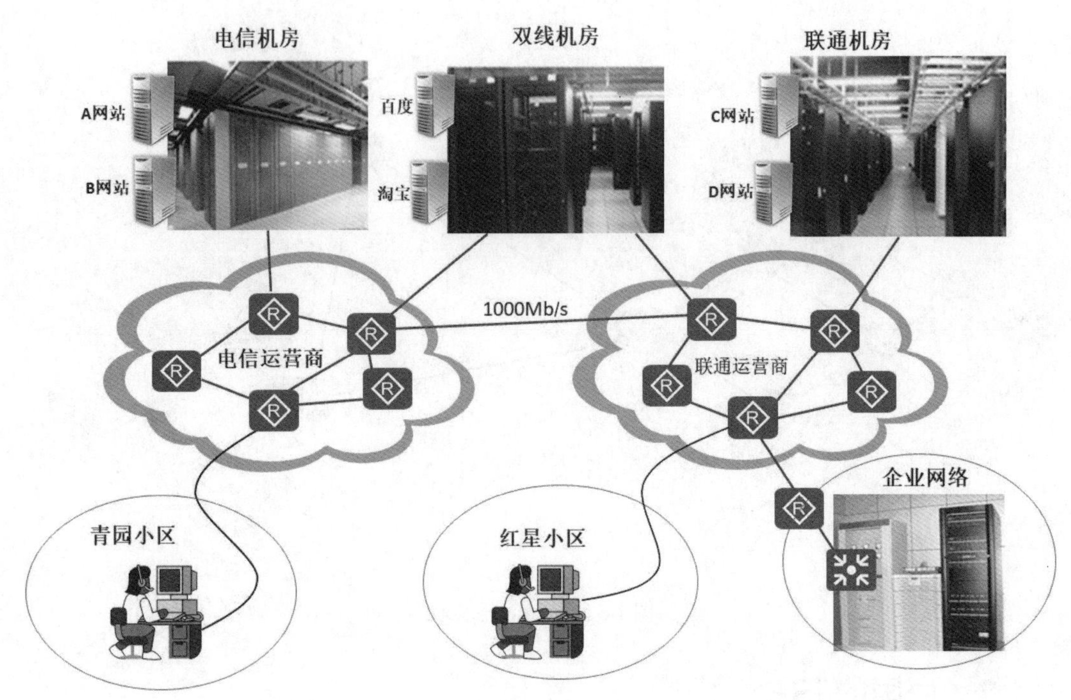

图 1-4　各个组织的网络和网民接入互联网服务提供商的网络构成 Internet

首先介绍 Internet 的接入。无论在农村还是城市，电话已经广泛普及，中国电信和中国联通利用现有的电话网络可以方便地为用户提供 Internet 接入服务器，当然需要使用 ADSL 调制解调器连接计算机和电话线。如图 1-4 所示，青园小区用户使用 ADSL 连接到中心局，再通过中心局连接到电信运营商，而红星小区使用 ADSL 连接到联通运营商。因为广大网民上网主要是浏览网页、下载视频，从 Internet 获取信息，ADSL 就是针对这类应用设计的，主要特点是下载速度快、上传速度慢。

企业可以使用光纤直接接入 Internet。如果为企业服务器分配公网地址，那么企业的网络就成为 Internet 的一部分。

如果公司的网站需要为网民提供服务，自己又没有建设机房，就需要将服务器托管在联通或电信的机房，提供 7×24 小时的高效服务。机房不能轻易停电，需要保持无尘环境，并且对温度、湿度、防火装置都有特殊要求，总之和家庭计算机待遇不一样。

如图 1-5 所示，电信运营商和联通运营商之间使用 10000Mb/s 的线路连接，虽然带宽很高，但其承载了所有联通访问电信的流量以及电信访问联通的流量，因此还是显得拥堵。青园小区的用户访问电信机房 A 网站和 B 网站速度快，但是访问联通机房 C 网站和 D 网站的速度就会显得慢。网络上曾流传这样一句话："世界上最远的距离不是南极和北极，而是联通和电信的距离"。

为了解决跨运营商访问网速慢的问题，可以把公司的服务器托管在双线机房，即同时连接联通和电信运营商网络的机房，如图 1-5 所示的百度网站和淘宝网服务器。这样联通和电信的网民访问此类网站时速度没有差别。

有些 Web 站点为用户提供软件下载，可以将软件部署到多个运营商的服务器中，用户下载时，可以自己选择从哪一个运营商下载。比如从软件盒子网站下载软件（http://www.itopdog.cn），用户可以根据自己的计算机是用联通上网还是电信上网来选择是用联通下载还是用电信下载，如图 1-5 所示。

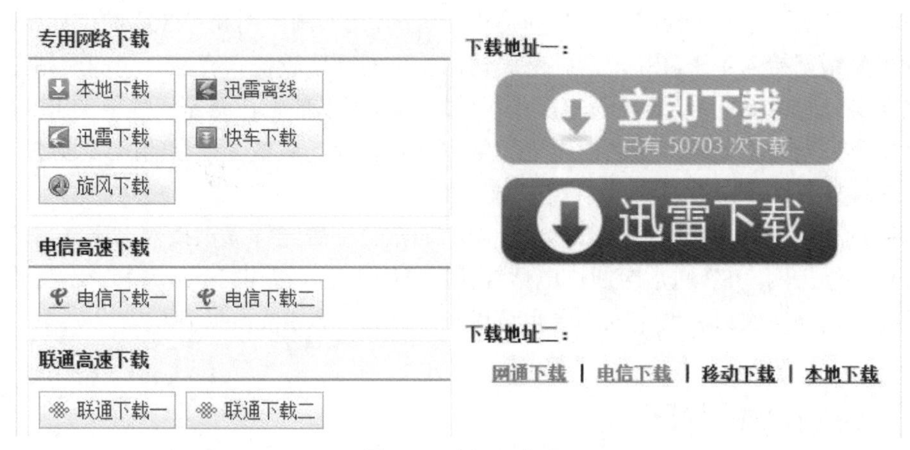

图 1-5　选择运营商

1.1.4　多层级的 ISP 结构

根据服务的覆盖面积大小以及所拥有的 IP 地址数目的不同，ISP 也分为不同的层次。最高级别的第一层 ISP 为主干 ISP，其服务面积最大（一般都能覆盖国家范围），并且还拥有高速主干网。第二层 ISP 为地区 ISP，一些大公司都属于第二层 ISP 的用户。第三层 ISP 又称为本地 ISP，它们是第二层 ISP 的用户，且只拥有本地范围的网络。一般的校园网和企业网以及拨号上网的用户，都属于第三层 ISP 的用户，如图 1-6 所示。

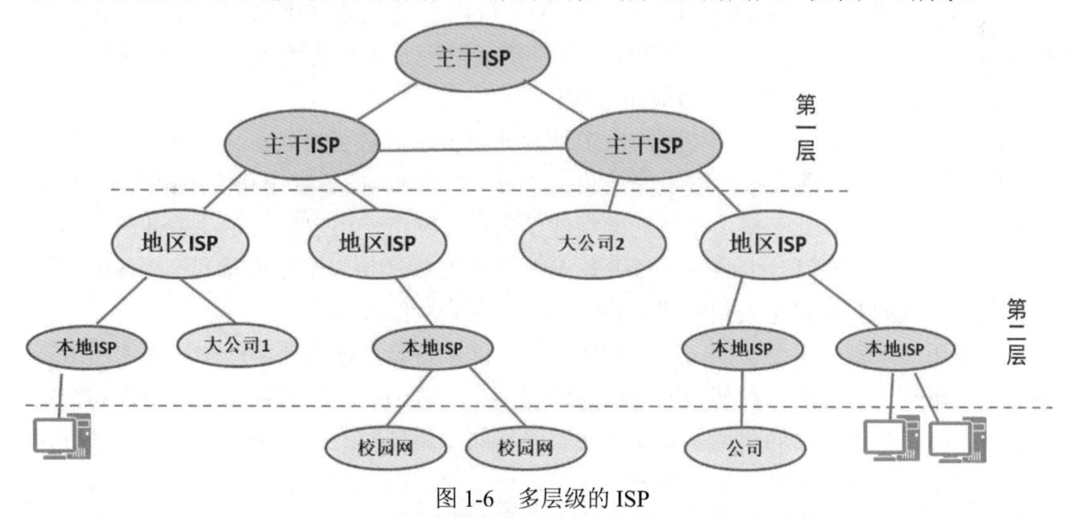

图 1-6　多层级的 ISP

比如中国联通是一级 ISP，负责铺设全国范围内连接各地区的网络，中国联通有限公司石家庄分公司是地区 ISP，负责石家庄地区的网络连接，石家庄联通藁城区分公司属于三级 ISP，也就是本地 ISP。

如何理解 ISP 分级呢？比如你通过联通的光纤接入 Internet，带宽是 100Mb/s，上网费每年 700 元。你的 3 个邻居通过你家的路由器上网，每家每年给你 300 元上网费，你就相当于一个四级 ISP 了，你每年还能盈利 200 元。

有些公司的网站是为全国甚至全球提供服务的，比如淘宝网和 12306 网上订票网站，这样的网站最好接入主干 ISP，全国网民访问主干网都比较快。有些公司的网站主要为本地区服务，比如 58 同城，负责石家庄地区的网站就可以部署在石家庄地区的 ISP 机房。藁城区中学的网站主要是藁城区的学生和学生家长访问，藁城区中学的网站通过联通的本地 ISP 接入 Internet。

网络规模大一点的公司接入 Internet，ISP 通常会部署光纤提供接入，家庭用户或企业小规模网络上网，ISP 通常会通过电话线使用 ADSL 拨号提供 Internet 接入。随着光纤线路的普及，现在农村和城市的小区也可以使用光纤接入 Internet 了。

1.2 局域网的发展

本节将讲解局域网的发展。先给大家介绍什么是局域网和广域网，再讲解局域网通信的特点以及使用的协议，最后介绍局域网组网设备，包括网卡、同轴电缆、集线器、网桥和交换机。

1.2.1 局域网和广域网

首先通过举例来简单了解局域网和广域网的概念。

中国电信运营商的网络覆盖全国，属于广域网。企业的网络通常覆盖一个厂区的几栋大楼，学校的网络覆盖整座学校。这种企业或学校自己组建的覆盖小范围的网络就是局域网。

除了最大的互联网——因特网，大多数企业也组建了自己的互联网，下面将介绍企业互联网拓扑，以加深大家对网络的认识。如图 1-7 所示，在石家庄和唐山都有车辆厂，南车石家庄车辆厂和北车唐山车辆厂都组建了自己的网络，可以看到企业按部门规划网络，基本上是一个部门一个网段（网络），使用三层交换（相当于路由器）连接各个部门的网段，企业的服务器连接到三层交换机，这就是企业的局域网。

北车唐山车辆厂需要访问南车石家庄车辆厂的服务器，就需要将两个厂区的网络连接起来。车辆厂不可能自己架设网线或光纤将两个厂区的局域网连接起来，架设和维护的成本太高了。现在它们租用了联通的线路来将两个局域网连接起来，只需每年缴费即可，这就是广域网。南车石家庄车辆厂连接 Internet 使用联通的光纤，这也是广域网。

现在总结一下，局域网通常是组织或单位自己花钱购买网络设备组建，带宽通常为 10Mb/s、100Mb/s 或 1000Mb/s，自己维护，覆盖范围小；广域网通常要花钱租用联通或电信等运营商的线路，花钱买带宽，用于长距离通信。

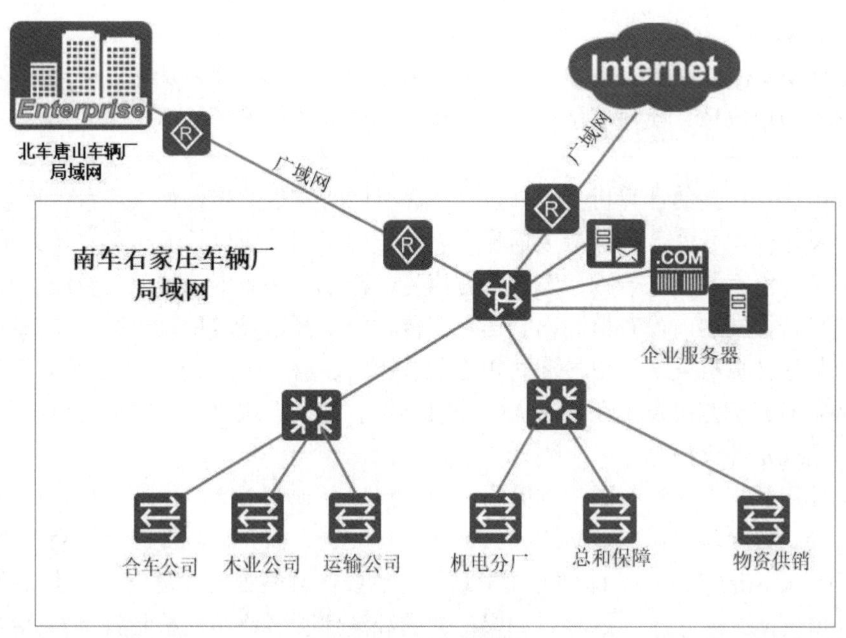

图 1-7　企业互联网

1.2.2　同轴电缆组建的局域网

早期的计算机网络就是使用一根同轴电缆连接网络中的计算机，计算机之间的通信信号会被同轴电缆传送到所有计算机，所以说同轴电缆是广播信道，如图 1-8 所示。

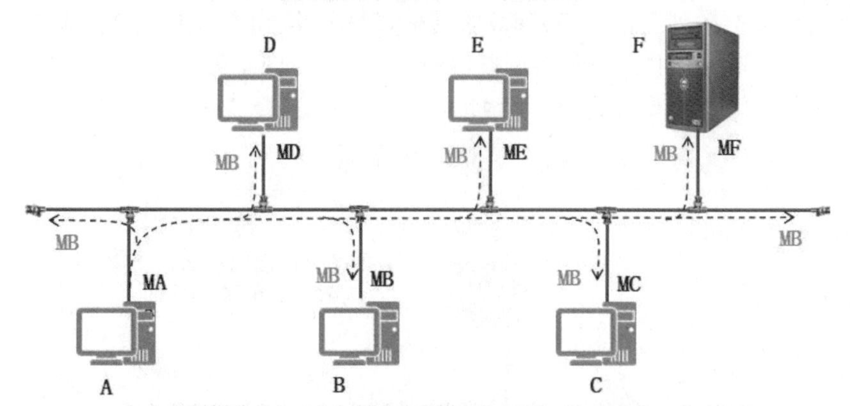

图 1-8　广播信道局域网——总线型

在这样的广播信道里，如何实现点到点通信呢？这就需要每台计算机都有一个地址，这个地址就是网卡的 MAC 地址。如果这些计算机发现收到的数据帧的目标 MAC 地址和自己网卡的 MAC 地址不一样，就丢弃这个数据帧。

MAC（Media Access Control 或者 Medium Access Control）地址可意译为媒体访问控制，或称为物理地址、硬件地址，用来定义网络设备的位置。

同轴电缆上连接的计算机不允许多台计算机同时发送数据，如果多台计算机同时发送数据，发送的信号就会叠加造成信号不能被正确识别。所以计算机在发送数据之前先侦听网络中有没有数据在传输，发现没有信号传输才发送数据，这就是载波侦听。

即便在开始发送前没有检测出有信号在传输，在开始发送后，也有可能在同轴电缆的某处和其他计算机发送的信号迎面相撞，发送端收到相撞后的信号后会认为发送失败。发送端必须能够检测出发生在链路上的冲突，然后通过退避算法计算退避时间并尝试再次发送，这就是冲突检测。

这种使用共享介质进行通信的网络，设备接口必须有 MAC 地址，每台计算机发送数据的机会均等（多路访问，Multiple Access），发送之前先检测链路是否有信号在传输（载波侦听，Carrier Sense）。即便开始发送了，也要检测是否会在链路上产生冲突（冲突检测，Collision Detection），这种带冲突检测的载波侦听多路访问机制就是 CSMA/CD 协议，使用 CSMA/CD 协议的网络就是以太网。局域网通常使用共享介质线路组建，使用 CSMA/CD 协议通信，所以有人不严谨地说局域网就是以太网，但应该知道以太网的实质和局域网的实质，使用 CSMA/CD 协议的是以太网，覆盖小范围的网络是局域网。

1.2.3 集线器组建的局域网

同轴电缆在后来被集线器（HUB）替代，使用双绞线可以很方便地将计算机接入到网络中。其功能和同轴电缆一样，只是负责将一个接口收到的信号扩散到全部接口，计算机通信依然共享介质，使用的依然是CSMA/CD 协议，因此使用集线器组建的网络也被称为以太网。如图 1-9 所示，图中的 MA、MB、MC 和 MD 分别代表计算机的 MAC 地址。

广播信道局域网——星型

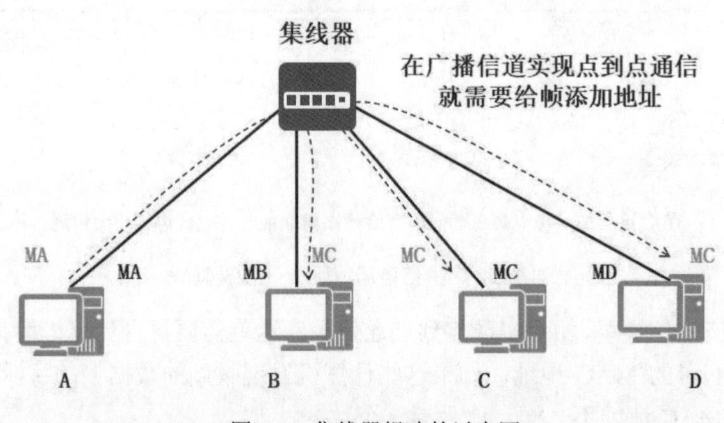

图 1-9　集线器组建的以太网

使用集线器和同轴电缆组网具有如下特点。

- 网络中的计算机共享带宽，如果集线器带宽是 10Mb/s，网络中有 4 台计算机，理想状态下平均每台计算机的通信带宽是 2.5Mb/s，可见以太网中计算机数量越多，平均到每台计算机的带宽就越少，理想状态是不考虑产生冲突后重传浪费的时间。
- 不安全，由于集线器会把一个接口收到的信号传播到全部接口，在一台计算机上安装抓包软件就能够捕获以太网中全部的计算机通信流量。安装抓包软件之后，只要网卡收到的数据帧就接收，而不看目标 MAC 地址是否是自己的。
- 使用集线器联网的计算机就在冲突域中，通信要避免冲突。
- 接入集线器的设备需要有 MAC 地址。
- 使用 CSMA/CD 协议进行通信。
- 每个接口的带宽相同。

1.2.4　网桥优化以太网

如果网络中的计算机数量太多，就将计算机接入多个集线器，再将集线器连接起来。集线器相连可以扩大以太网的规模，但随之而来的一个问题就是冲突的增加。如图 1-10 所示，集线器 1 和集线器 2 相连，形成一个大的以太网，这两个集线器就形成了一个大的冲突域。A 计算机和 B 计算机通信的数据也被传输到集线器 2 的全部接口，D 计算机和 E 计算机就不能通信了，冲突域变大，冲突增加。

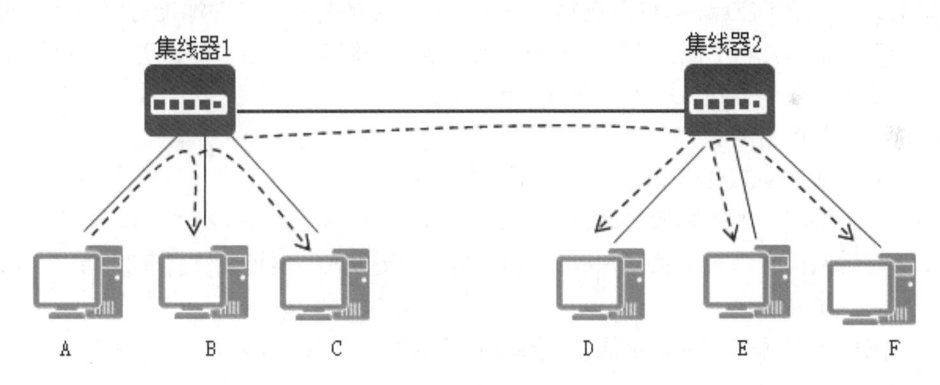

图 1-10　扩展的以太网

为了解决集线器连接致使冲突域增大的问题，研究人员研发了网桥，网桥的每个接口都连接一个集线器，网桥能够构造 MAC 地址表，记录每个接口对应的 MAC 地址，如图 1-11 所示。网桥的 E0 接口连接集线器 1，集线器 1 上连接 3 台计算机，这 3 台计算机的 MAC 地址分别为 MA、MB 和 MC，于是网桥就在 MAC 地址表中记录 E0 接口对应 MA、MB 和 MC 3 个 MAC 地址。E1 接口连接集线器 2，集线器 2 连接的 3 台计算机的 MAC 地址分别是 MD、ME 和 MF，于是在 MAC 地址表中 E1 接口对应 MD、ME 和 MF 3 个 MAC 地址。

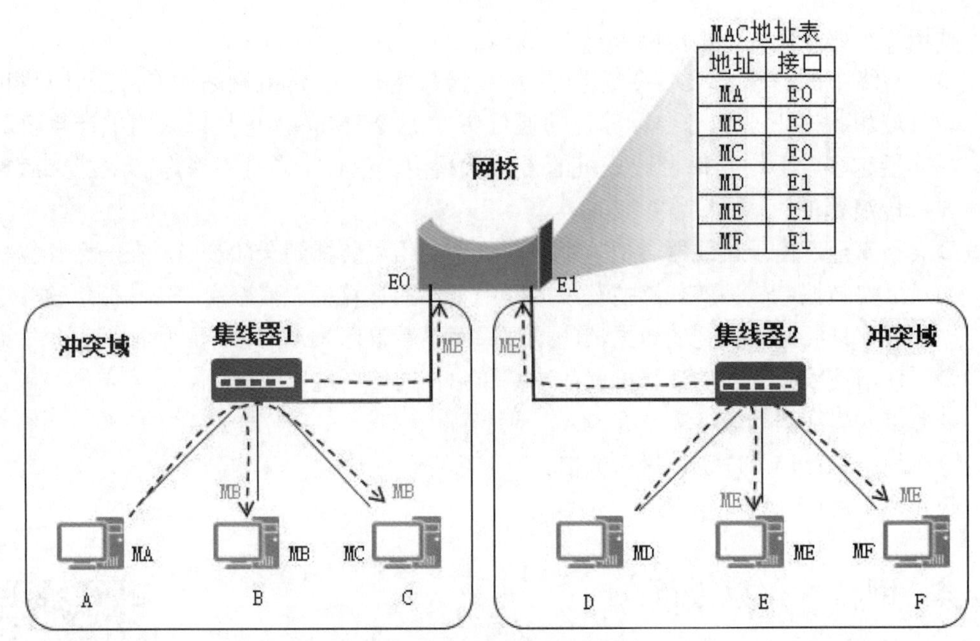

图 1-11 网桥优化以太网

当 A 计算机发送给 B 计算机的帧被传输到网桥的 E0 接口，网桥在查 MAC 地址表后发现目标 MAC 对应的接口就是 E0，该帧就不会转发到 E1 接口。这时 D 计算机也可以向 E 计算机发送数据了。这样网桥就把一个大的冲突域划分成了两个小的冲突域，从而优化集线器组建的以太网。

如果 A 计算机向 D 计算机发送帧，网桥会根据帧的目标 MAC 地址对照 MAC 地址表以确定转发端口，从 E1 接口发送出去。当然从 E1 接口发送出去时，也要进行冲突检测及载波侦听，以便寻找机会发送出去。

网桥组网有以下特点。

- 网桥基于帧的目标 MAC 地址选择转发端口。
- 一个接口一个冲突域，冲突域数量增加，冲突减少。
- 网桥接口收到一个帧后，先接收存储，再查 MAC 地址表选择转发端口，增加了时延。
- 网桥接口的带宽可以不同，集线器所有接口的带宽一样。

1.2.5 网桥 MAC 地址表构建过程

使用网桥优化以太网，对于网络中的计算机是没有感觉的，也就是说以太网中的计算机并不知道网络中有网桥存在，也不需要网络管理员配置网桥的 MAC 地址表，因此称网桥是**“透明桥接”**。

网桥接入以太网时，MAC 地址表是空的，网桥会在计算机通信过程中自动构建 MAC 地址表，这称为“自学习”。

1. 自学习

网桥的接口收到一个帧，就要检查 MAC 地址表中与收到的帧源 MAC 地址有无匹配的项目，如果没有，就在 MAC 地址表中添加该接口和该帧的源 MAC 地址对应关系以及进入接口的时间，如果有，则对原有的项目进行更新。

2. 转发帧

每当网桥接口收到一个帧，就会检查 MAC 地址表中有没有该帧目标 MAC 地址对应的端口，如果有，就将该帧转发到对应的端口；如果没有，则将该帧转发到全部端口（接收端口除外）。如果转发表中给出的接口就是该帧进入网桥的接口，则应该丢弃这个帧（因为这个帧不需要经过网桥进行转发）。

下面举例说明 MAC 地址表构建过程，如图 1-12 所示，网桥 1 和网桥 2 刚刚接入以太网，MAC 地址表是空的。

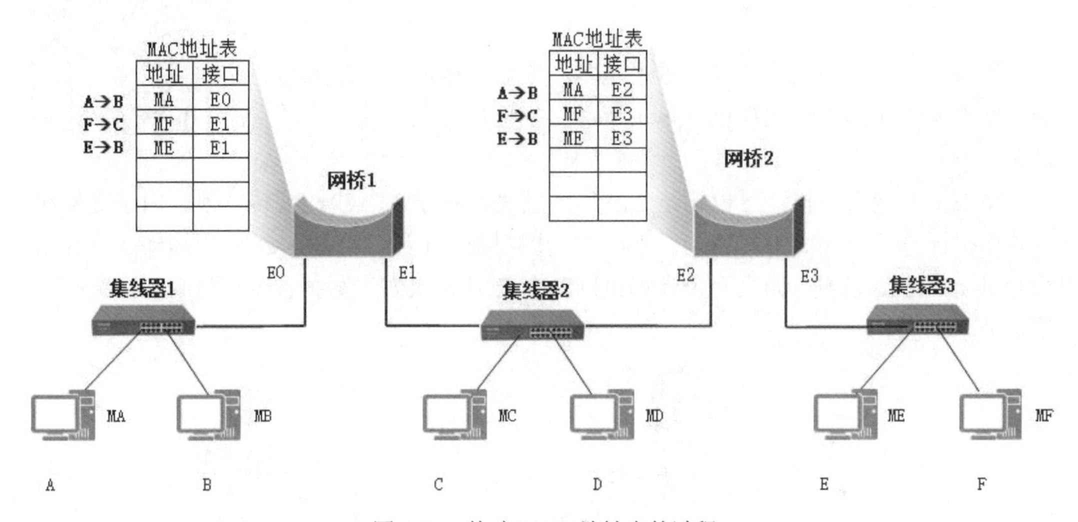

图 1-12　构建 MAC 地址表的过程

（1）A 计算机给 B 计算机发送一个帧，该帧源 MAC 地址为 MA，目标 MAC 地址为 MB。网桥 1 的 E0 接口收到该帧，查看该帧的源 MAC 地址是 MA，就可以断定 E0 接口连接着 MA，于是在 MAC 地址表中记录一条对应关系 MA 和 E0，这就意味着以后如果有要到达 MA 的帧，就需要转发给 E0。

（2）网桥 1 在 MAC 地址表中没有找到关于 MB 和接口的对应关系，就会将该帧转发到 E1。

（3）网桥 2 的 E2 接口收到该帧，查看该帧的源 MAC 地址，就会在 MAC 地址表中记录一条 MA 和 E2 的对应关系。

（4）这时，F 计算机给 C 计算机发送一个帧，会在网桥 2 的 MAC 地址表添加一条 MF 和 E3 的对应关系。由于网桥 2 的 MAC 地址表中没有 MC 和接口的对应关系，该帧会被发送到 E2 接口。

（5）网桥 1 的 E1 接口收到该帧，会在 MAC 地址表中添加一条 MF 和 E1 的对应关系，同时将该帧发送到 E0 接口。

（6）同样，E 计算机给 B 计算机发送一个帧，会在网桥 1 的 MAC 地址表中添加 ME 和 E1 的对应关系，在网桥 2 的 MAC 地址表中添加 ME 和 E3 的对应关系。

只要网桥收到的帧的目标 MAC 地址能够在 MAC 地址表找到和接口的对应关系，就会将该帧转发到指定接口。

网桥 MAC 地址表中的 MAC 地址和接口的对应关系只是临时的，这是为了适应网络中的计算机发生的调整，比如连接在集线器 1 上的 A 计算机连接到了集线器 2，或者 F 计算机从网络中移除了，网桥中的 MAC 地址表中的条目就不能一成不变。大家需要知道，接口和 MAC 地址的对应关系有时间限制，如果过了几分钟没有使用该对应关系转发帧，该条目将会从 MAC 地址表中删除。

1.2.6 交换机组网

随着技术的发展，网桥接口越来越多，数据交换能力越来越强。这种高性能网桥我们称为交换机（Switch），交换机是现在企业组网的主流设备。

交换机和网桥一样，可以构造 MAC 地址表，基于 MAC 地址转发帧。由于交换机直接连接计算机，如图 1-13 所示，因此 A 计算机给 B 计算机发送数据不影响 D 计算机给 C 计算机发送数据。如果两台计算机同时向 B 计算机发送数据，会不会产生冲突呢？答案是，不会。

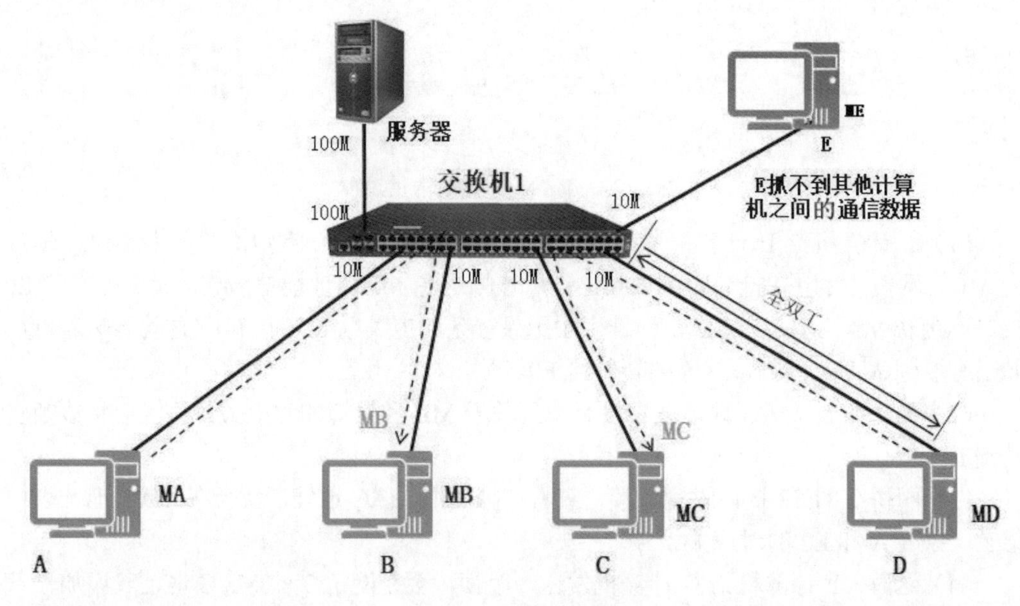

图 1-13　交换机组网

交换机的每个接口都有接收缓存和发送缓存，帧可以在缓存中排队。接收到的帧先进入接收缓存，再查找 MAC 地址表以确定转发端口，放到转发端口的发送缓存，排队等待发送。因此，多台计算机同时给一台计算机发送数据，这些数据会被放到缓存排队等待发送，而不会产生冲突。正是因为交换机使用的是存储转发，其接口可以工作在不同的速率下。

使用交换机组网比集线器和同轴电缆更安全，如图 1-13 所示，E 计算机即便安装了抓包软件，也不能捕获 A 计算机给 B 计算机发送的帧，因为交换机根本不会将帧转发给 E 计算机。

计算机的网卡直接连接交换机的接口，可以工作在全双工模式下，即可以同时发送和接收帧而不用冲突检测。集线器和同轴电缆组建的以太网只能工作在半双工模式，即不能同时收发。

如果交换机收到一个广播帧，即目标 MAC 地址是 FF-FF-FF-FF-FF-FF 的数据帧，交换机会将该帧发送到所有交换机端口（除发送端口外），因此交换机组建的网络就是一个广播域。

MAC 地址由 48 位二进制数组成，F 是十六进制数，F 代表 4 位二进制数 1111。

交换机组网有以下特点。

交换机组网与集线器组网相比有以下特点：

（1）端口独享带宽。交换机的每个端口独享带宽，10M 交换机每个端口的带宽是 10Mb/s，24 口 10M 交换机的总体交换能力是 240Mb/s，这和集线器不同。

（2）安全。使用交换机组建的网络比集线器安全，比如 A 计算机给 B 计算机发送的帧，以及 D 计算机给 C 计算机发送的帧，交换机会根据 MAC 地址表只转发到目标端口，E 计算机根本收不到其他计算机通信的数字信号，即便安装了抓包工具也没用。

（3）全双工通信。交换机接口和计算机直接相连，它们之间的链路可以使用全双工通信。

（4）全双工不再使用 CSMA/CD 协议。交换机接口和计算机直接相连，使用全双工通信数据链路层就不再需要使用 CSMA/CD 协议，但我们还是称交换机组建的网络是以太网，是因为帧格式和以太网一样。

（5）接口可以工作在不同的速率。交换机使用存储转发，也就是交换机的每一个接口都可以存储帧，从其他端口转发出去时，可以使用不同的速率。通常连接服务器的接口要比连接普通计算机的接口带宽高，交换机连接交换机的接口也比连接普通计算机的接口带宽高。

（6）转发广播帧。广播帧会转发到除了发送端口之外的全部端口。广播帧就是指目标 MAC 地址的 48 位二进制全是 1。

使用交换机组网，计算机通信可以设置成全双工模式，在该模式下可以同时收发，不需要冲突检测，因此也不需要使用 CSMA/CD 协议，因为交换机转发的帧和以太网的帧格式相同，因此我们依然习惯说交换机组建的网络是以太网。

如图 1-14 所示，路由器连接两个交换机，每台交换机都连接计算机和集线器，路由器隔绝广播，图 1-14 中标出了广播域和冲突域。

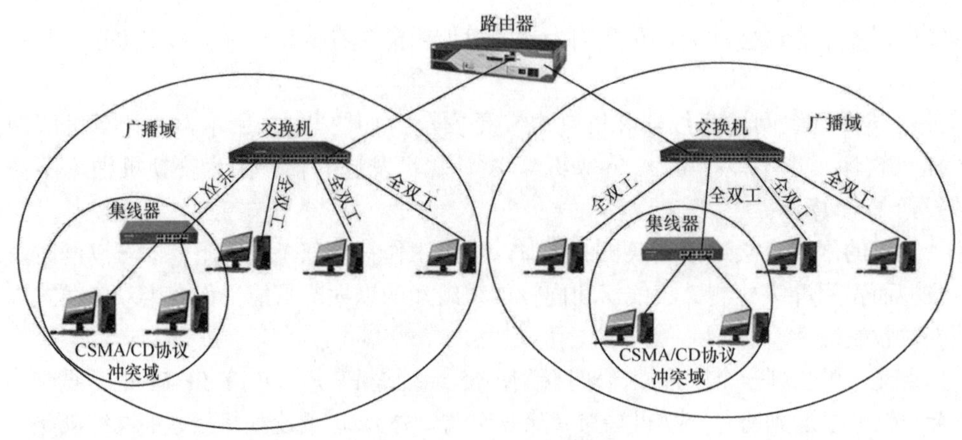

图 1-14 广播域和冲突域

1.2.7 以太网网卡

为了在广播信道中实现点到点通信，需要网络中的每个网卡有一个地址。这个地址称为物理地址或 MAC 地址（因为这种地址用在 MAC 帧中）。IEEE 802 标准为局域网规定了一种 48 位二进制的全球地址。

在生产网卡时，这种 48 位二进制（占 6 个字节）的 MAC 地址已被固化在网卡的 ROM 中。因此，MAC 地址也被称为硬件地址或物理地址。当把网卡插入（或嵌入）某台计算机后，网卡上的 MAC 地址就成为这台计算机的 MAC 地址了。

如何确保各网卡生产厂家生产的网卡的 MAC 地址全球唯一呢？这就需要有一个组织为这些网卡生产厂家分配地址块。目前 IEEE（Institute of Electrical and Electronics Engineers，电气和电子工程师协会）的注册管理机构 RA 是局域网全球地址的法定管理机构，它负责分配地址字段的 6 个字节中的前 3 个字节（即高位 24 位）。世界上凡是生产局域网网卡的厂家都必须向 IEEE 购买由这 3 个字节构成的号（即地址块），这个号的正式名称是组织唯一标识符，通常也叫作公司标识符。例如，3Com 公司生产的网卡的 MAC 地址的前 3 个字节是 02-60-8C（在计算机中是以十六进制显示的）。

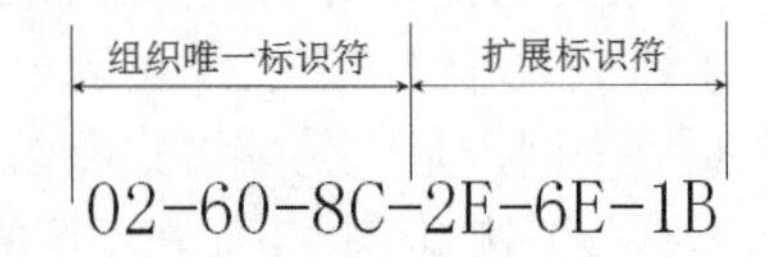

图 1-15 3Com 公司生产的网卡的 MAC 地址

地址字段中的后 3 个字节（即低位 24 位）则由厂家自行指派，称为扩展标识符，只要保证生产出的网卡没有重复地址即可，如图 1-15 所示。由此可见，用一个地址块可以生成 2^{24} 个不同的地址。

连接在以太网上的路由器接口和计算机网卡上的一样，也有 MAC 地址。

网卡有帧过滤功能，当其从网络上每收到一个 MAC 帧，就先用硬件检查 MAC 帧中的目的地址。如果是发往本站的帧，则收下，然后进行其他的处理；否则就将此帧丢弃，不再进行其他的处理。这样做不浪费主机的 CPU 和内存资源。这里“发往本站的帧”包括以下三种。

- 单播（unicast）帧（一对一），即收到的帧的 MAC 地址与本站的硬件地址相同。

- 广播（broadcast）帧（一对全体），即发送给本局域网上所有计算机的帧（目标 MAC 地址全 1）。
- 多播（multicast）帧（一对多），即发送给本局域网上一部分计算机的帧。

所有的网卡都至少能够识别前两种帧，即能够识别单播地址和广播地址。有的网卡可用编程方法识别多播地址。当操作系统启动时，它就把网卡初始化，使网卡能够识别某些多播地址。显然，只有目的地址才能使用广播地址和多播地址。

在 Windows 中查看网卡 MAC 地址的命令如下：

```
C:\Users\hanlg>ipconfig /all
以太网适配器 以太网:
   媒体状态 . . . . . . . . . . . . : 媒体已断开连接
   连接特定的 DNS 后缀 . . . . . . . :
   描述. . . . . . . . . . . . . . . : Realtek PCIe GBE Family Controller
   物理地址 . . . . . . . . . . . . . : F4-8E-38-E7-37-8B    --MAC 地址
......
```

1.3　企业局域网的规划和设计

根据网络规模和物理位置，企业的网络可以设计成二层结构或三层结构。通过本节的学习，能够掌握企业内网的交换机如何部署和连接，以及服务器部署的位置。

1.3.1　二层结构的局域网

现在以某高校网络为例介绍校园网的网络拓扑。如图 1-16 所示，在教室 1、教室 2 和教室 3 分别部署一台交换机，对教室内的计算机进行连接。教室中的交换机要求端口多，这样能够将更多的计算机接入网络，这一级别的交换机称为接入层交换机，接入计算机的端口带宽为 100Mbit/s。

学校机房部署一台交换机，该交换机连接学校的服务器和教室中的交换机，并通过路由器连接 Internet。该交换机汇聚教室中交换机上网流量，该级别的交换机称为汇聚层交换机。可以看到这一级别的交换机端口不一定有太多，但端口带宽要比接入层交换机的带宽高，否则就会成为制约网速的瓶颈。

1.3.2　三层结构的局域网

在网络规模比较大的学校，局域网可能采用三层结构。如图 1-17 所示，某高校有 3 个学院，每个学院有自己的机房和网络，学校网络中心为 3 个学院提供 Internet 接入，各学院的汇聚层交换机连接到网络中心的交换机，网络中心的交换机称为核心层交换机，学校的服务器接入核心层交换机，为整个学校提供服务。

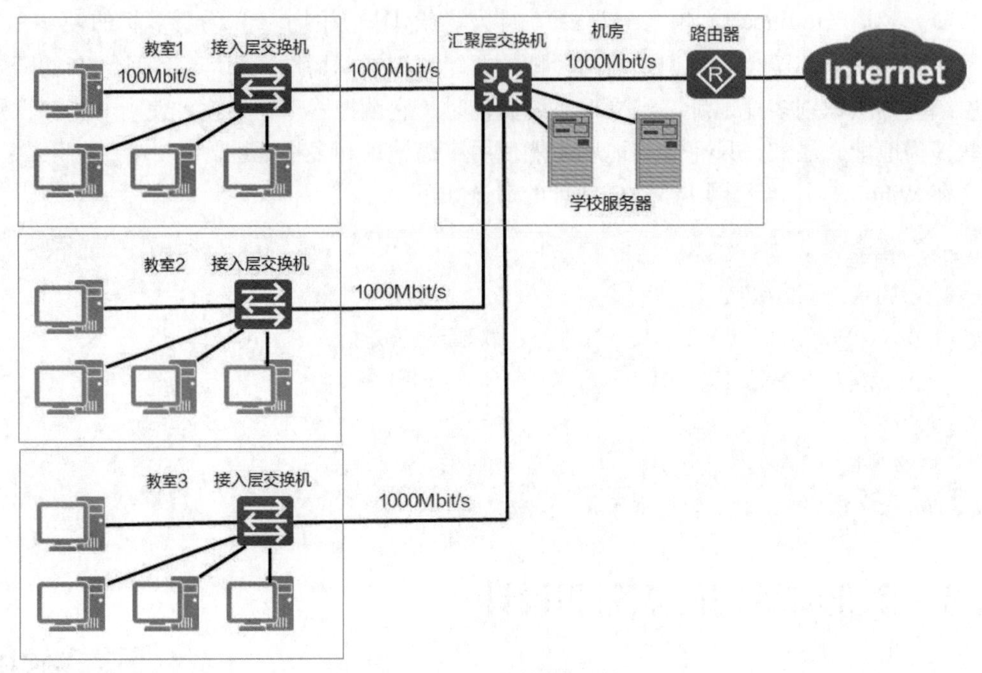

图 1-16 二层结构的局域网

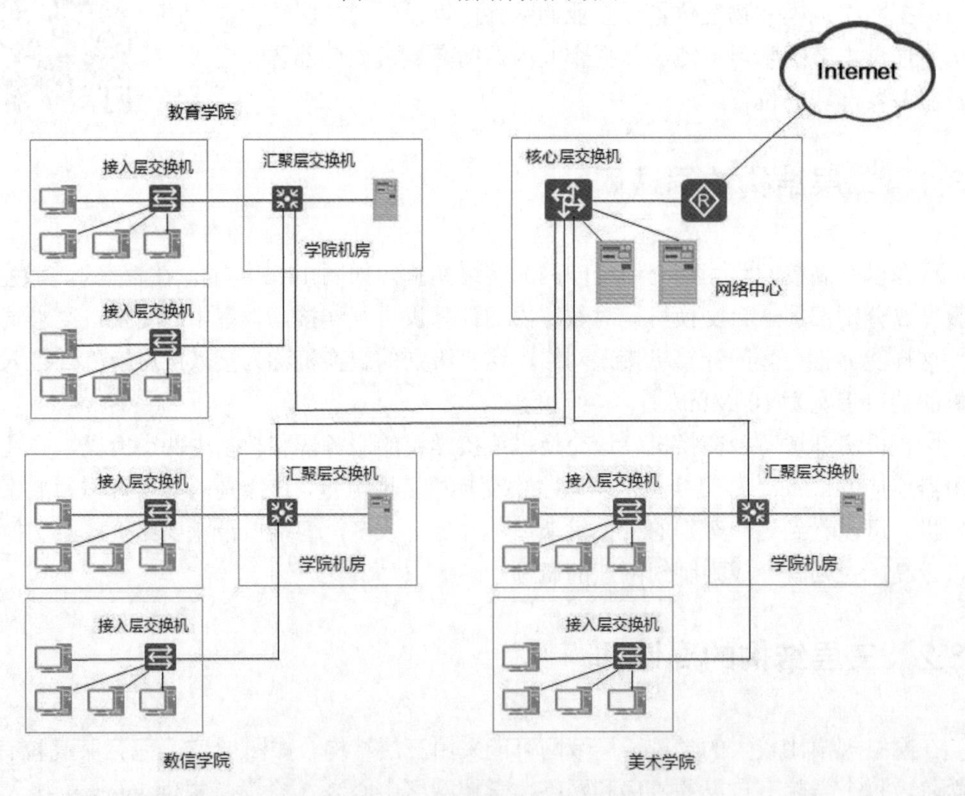

图 1-17 三层结构的局域网

三层结构的局域网中的交换机有 3 个级别：接入层交换机、汇聚层交换机和核心层交换机。层次模型可以用来帮助设计、实现和维护可扩展、可靠、性价比高的层次化互联网络。

1.4 网络分类

计算机网络按不同分类标准有多种类别。

1.4.1 按网络的范围进行分类

局域网（Local Area Network，LAN）一般是在一个局部的地理范围内，如一个学校、工厂或机关，一般是方圆几千米以内，将各种计算机、外部设备和数据库等互相连接起来组成的计算机通信网。通常是单位自己采购设备组建局域网，当前使用交换机组建的局域网带宽为 10Mb/s、100Mb/s 或 1000Mb/s，无线局域网为 54Mb/s。

广域网（Wide Area Network，WAN）通常跨接很大的物理范围，所覆盖的范围从几十千米到几千千米，能连接多个城市或国家，甚至能横跨几个洲并能提供远距离通信，形成国际性的远程网络。比如有个企业在北京和上海有两个局域网，把这两个局域网连接起来，就是广域网的一种。广域网通常情况下需要租用 ISP（Internet 服务提供商，比如电信、移动、联通公司）的线路，每年向 ISP 支付一定的费用购买带宽，带宽和支付的费用相关，就和家用 ADSL 拨号访问 Internet 一样，有 2M 带宽、4M 带宽、8M 带宽等标准。

城域网（Metropolitan Area Network，MAN）的作用范围一般是一个城市，可跨越几个街区甚至整个城市，其作用距离为 5～50km。城域网可以为一个或几个单位共同拥有，但也可以是一种公用设施，用来将多个局域网进行互联。目前很多城域网采用的是以太网技术，因此有时也将其并入局域网的范围进行讨论。

个人区域网（Personal Area Network，PAN）就是在个人工作的地方把属于个人使用的电子设备（如便携式电脑等）用无线技术连接起来的网络，因此也常称为无线个人区域网（Wireless PAN，WPAN），比如无线路由器组建的家庭网络，就是一个个人区域网，其范围在几十米左右。

1.4.2 按网络的使用者进行分类

公用网（public network）是指电信公司（国有或私有）出资建造的大型网络。“公用”的意思就是所有愿意按电信公司的规定缴纳费用的人都可以使用这种网络。因此公用网也被称为公众网，因特网就是全球最大的公用网络。

专用网（private network）是某个部门为本单位的特殊业务工作需要而建造的网络。这种网络不向本单位以外的人提供服务。例如，军队、铁路、电力等系统均有本系统的专用网。

公用网和专用网都可以传送多种业务。如传送的是计算机数据，则分别是公用计算机网络和专用计算机网络。

1.5 习题

1．以太网交换机中的端口/MAC 地址映射表（　　）。

A．是由交换机的生产厂商建立的

B．是交换机在数据转发过程中通过学习动态建立的

C．是由网络管理员建立的

D．是由网络用户利用特殊命令建立的

2．以太网使用什么协议在数据链路上发送数据帧（　　）。

A．HTTP　　B．UDP

C．CSMA/CD　　D．ARP

3．MAC 地址通常存储在计算机的（　　）。

A．网卡的 ROM 中　　B．内存中

C．硬盘中　　D．高速缓冲区中

4．在 Windows 上查看网卡的 MAC 地址的命令是（　　）。

A．ipconfig /all　　B．netstat

C．arp-a　　D．ping

5．关于交换机组网，以下哪些说法是错误的？（　　）

A．交换机端口带宽独享，比集线器安全

B．接口工作在全双工模式下，不再使用 CSMA/CD 协议

C．能够隔绝广播

D．接口可以工作在不同的速率下

6．关于集线器，以下哪些说法是错误的？（　　）

A．网络中的计算机共享带宽，不安全

B．使用集线器联网的计算机在一个冲突域中

C．接入集线器的设备需要有 MAC 地址，集线器基于帧的 MAC 地址转发

D．使用 CSMA/CD 协议进行通信，每个接口带宽相同

7．如图 1-18 所示，C 计算机给 F 计算机发送一个帧，在图 1-18 中写出网桥 1 和网桥 2 在 MAC 地址表中增加的内容，MA、MB、MC、MD、ME 和 MF 是计算机网卡的 MAC 地址。

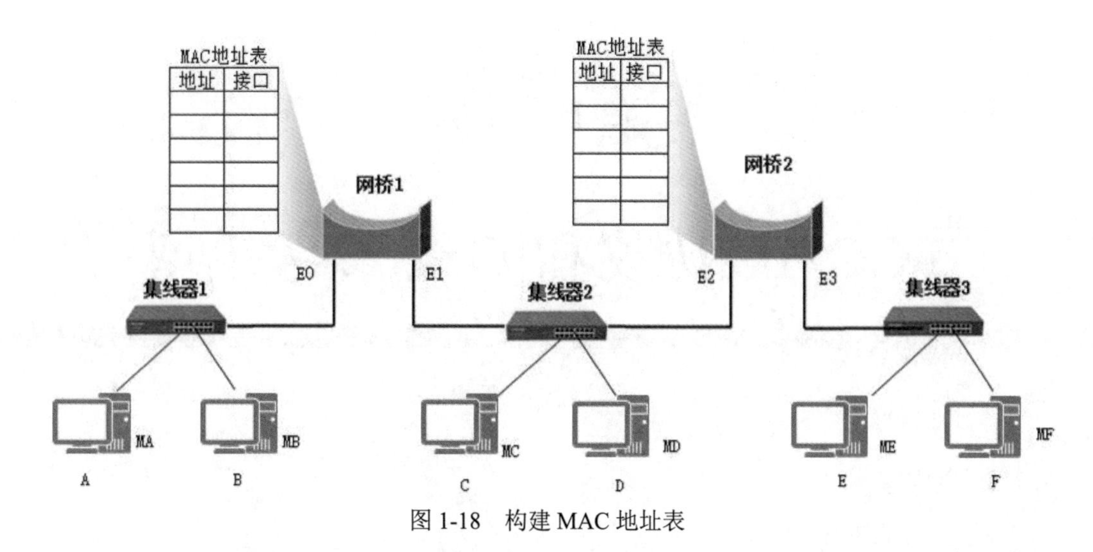

图 1-18　构建 MAC 地址表

8．网卡的 MAC 地址在出厂时就已固化到 ROM 中，但是还可以配置计算机不使用网卡 ROM 中的 MAC 地址，而使用指定的 MAC 地址。上百度网站查资料，将你的计算机网卡的 MAC 地址加 1，比如网卡的 MAC 地址是 F4-8E-38-E7-37-83，更改为 F4-8E-38-E7-37-84。

9．收发两端之间的传输距离为 1000km，信号在媒体上的传播速率为 2×108m/s。试计算以下两种情况的发送时延和传播时延。

（1）数据长度为 10^7bit，数据发送速率为 100Kb/s。

（2）数据长度为 10^3bit，数据发送速率为 1Gb/s。

从以上计算结果可得出什么结论？

10．假设信号在媒体上的传播速率为 2.3×10^8m/s。媒体长度分别为：

（1）10cm（网络接口卡）

（2）100m（局域网）

（3）100km（城域网）

（4）5000km（广域网）

试计算当数据率为 1Mb/s 和 10Gb/s 时在以上媒体中正在传播的比特数。

第2章

TCP/IP 协议和 OSI 参考模型

本章内容

- 介绍 TCP/IP 协议
- 应用层协议
- 传输层协议
- 网络层协议
- 数据链路层协议
- 物理层协议
- OSI 参考模型和 TCP/IP 协议

本章讲解计算机通信使用的 TCP/IP 协议及协议分层的标准和好处。

首先讲解什么是协议，签协议的意义和协议包含的内容，计算机通信使用的协议应该包含哪些约定，抓包分析应用层协议通信数据包，观察客户端发送请求和服务器端返回响应的交互过程，通过禁用应用层协议的特定方法限制客户端对服务器端的特定访问，实现高级安全控制。

然后讲解传输层协议 TCP 和 UDP 的应用场景，TCP 协议实现可靠传输的机制，传输层协议和应用层协议之间的关系，服务和端口的关系。端口和网络安全的关系。随后展示如何设置 Windows 防火墙，关闭端口以实现网络安全。

最后讲解网络层协议、数据链路层协议和物理层协议，OSI 参考模型和 TCP/IP 协议之间的关系。

2.1 介绍 TCP/IP 协议

学习计算机网络，最重要的就是掌握和理解计算机通信使用的协议。对很多学习计算机网络的人来说，协议是很不好理解的概念。因为计算机通信使用的协议，看不到摸不着，所以总是感觉非常抽象、难以想象。为此在讲计算机通信使用的协议之前，先看一份租房协议，再去理解计算机通信使用的协议就不抽象了。

2.1.1　理解协议

其实协议对于大家并不陌生，大学生走出校门参加工作首先要和用人单位签署就业协议，工作后还有可能要租房住，就要和房东签署租房协议。下面就通过一份租房协议，来理解签协议的意义以及协议包含的内容，进而理解计算机通信使用的协议。

如果出租方和承租方不签协议，只是口头和房东约定，房租多少、每个月几号交房租、押金多少、家具家电设施损坏谁负责。时间一长这些约定大家就都记不清了，一旦出现某种情况，租客和房东认识的不一致，就容易产生误解和矛盾。

为了避免纠纷，出租方和承租方就需要签一份租房协议，将双方关心的事情协商一致写到协议中，双方确认后签字，协议一式两份，双方都要遵守，签协议的双方有时候感觉会漏掉一些重要注意事项，于是就会从网上找一个公认的标准化的租房协议的模板，如图 2-1 所示，是一份租房协议模板示例，约定事项已经定义好，出租方和承租方只需按模板填写指定内容即可。

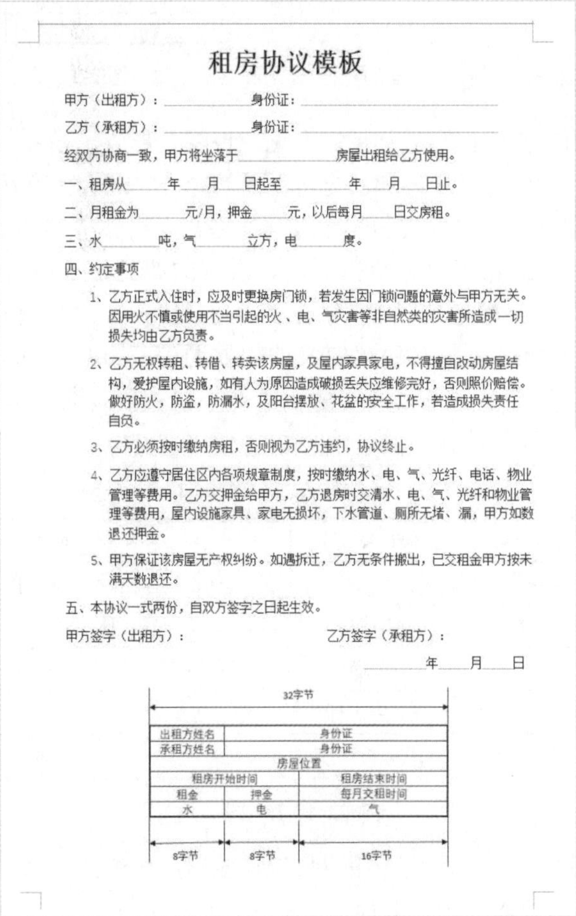

租房协议模板

甲方（出租方）：＿＿＿＿＿＿身份证：＿＿＿＿＿＿＿＿＿＿

乙方（承租方）：＿＿＿＿＿＿身份证：＿＿＿＿＿＿＿＿＿＿

经双方协商一致，甲方将坐落于＿＿＿＿＿＿房屋出租给乙方使用。

一、租房从＿＿＿年＿＿月＿＿日起至＿＿＿＿年＿＿月＿＿日止。

二、月租金为＿＿＿元/月，押金＿＿＿元，以后每月＿＿日交房租。

三、水＿＿＿＿吨，气＿＿＿＿立方，电＿＿＿＿度。

四、约定事项

1、乙方正式入住时，应及时更换房门锁，若发生因门锁问题的意外与甲方无关。因用火不慎或使用不当引起的火、电、气灾害等非自然类的灾害所造成一切损失均由乙方负责。

2、乙方无权转租、转借、转卖该房屋，及屋内家具家电，不得擅自改动房屋结构，爱护屋内设施，如有人为原因造成破损丢失应维修完好，否则照价赔偿。做好防火，防盗，防漏水，及阳台摆放、花盆的安全工作，若造成损失责任自负。

3、乙方必须按时缴纳房租，否则视为乙方违约，协议终止。

4、乙方应遵守居住区内各项规章制度，按时缴纳水、电、气、光纤、电话、物业管理等费用。乙方交押金给甲方，乙方退房时交清水、电、气、光纤和物业管理等费用，屋内设施家具、家电无损坏，下水管道、厕所无堵、漏，甲方如数退还押金。

5、甲方保证该房屋无产权纠纷。如遇拆迁，乙方无条件搬出，已交租金甲方按未满天数退还。

五、本协议一式两份，自双方签字之日起生效。

甲方签字（出租方）：　　　　　　乙方签字（承租方）：

＿＿＿＿年＿＿月＿＿日

32字节

<table>
<tr><td>出租方姓名</td><td colspan="2">身份证</td></tr>
<tr><td>承租方姓名</td><td colspan="2">身份证</td></tr>
<tr><td colspan="3">房屋位置</td></tr>
<tr><td colspan="2">租房开始时间</td><td>租房结束时间</td></tr>
<tr><td>租金</td><td>押金</td><td>每月交租时间</td></tr>
<tr><td>水</td><td>电</td><td>气</td></tr>
</table>

8字节　8字节　16字节

图 2-1　租房协议模板

为了简化协议填写，租房协议模板还可以定义一个表格，如图 2-2 所示。出租方和承租方在签订租房协议时，只需将信息填写在表格规定的位置，协议的详细条款就不用再填写了。表格中出租方姓名、身份证，承租方姓名、身份证，房屋位置等称为字段，这些字段可以是定长，也可以是变长。如果是变长，要定义字段间的分界符。

如图 2-3 所示是根据租房协议模板规定的表格填写的一个具体的租房协议，根据该表格就知道出租方和承租方、房屋位置、租金、押金等信息，甲乙双方遵循的协议约定事项无须填写，但双方都知道租房协议模板的约定事项。

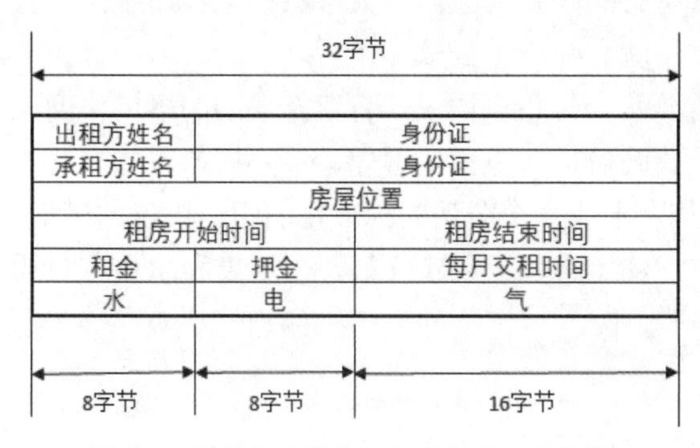

图 2-2 租房协议模板定义需要填写的表格

韩立刚		
张京灵		
河北省石家庄塔谈小区		
2019-11-01		2020-11-01
1400	1000	15日
122	1444	32

图 2-3 具体的租房协议

计算机通信使用的协议也都进行了标准化，也就是形成了模板，像租房协议模板一样，有甲方和乙方，除了定义甲方和乙方遵循的约定外，还会定义甲方和乙方交互信息时的报文格式，通常包括请求报文和响应报文的格式，报文格式的定义类似于图 2-2。在以后的学习中，使用抓包工具分析数据包，看到的就是协议报文的各个字段，类似于图 2-3 所示的租房协议填写的各个字段，看到的是每个字段的值，协议的具体条款我们看不到。如图 2-4 所示是 IP 协议定义的需要通信双方填写的表格，称其为 IP 首部。网络中的计算机通信只需按图 2-4 所示表格填写内容，通信双方的计算机和网络设备就能够按照 IP 协议的约定工作。

0	4	8	16	19　24　31
版本	首部长度	区分服务	总长度	
标识			标志	片偏移
生存时间		协议	首部检验和	
源 IP 地址				
目标 IP 地址				
可选字段（长度可变）				填充

图 2-4 IP 首部

应用程序通信使用的协议称为应用层协议，应用层协议定义的需要填写的表格，称其为报文格式。有的协议需要定义多种报文格式，比如 ICMP，就有三种报文格式：ICMP 请求报文、ICMP 响应报文、ICMP 差错报告报文。再比如 HTTP，定义了两种报文格式：

HTTP 请求报文、HTTP 响应报文。

上面的租房协议是双方协议，协议中有出租方和承租方。有的协议是多方协议，比如大学生大四实习，要和实习单位签一份实习协议，实习协议就是三方协议，有学生、校方和实习单位，协议规定了学生、学校以及实习单位需要遵循的约定。在很多计算机网络教材中，协议中的甲方和乙方被称为“对等实体”。

2.1.2　TCP/IP 协议的分层

现在互联网中计算机通信使用的协议是 TCP/IPv4 协议栈，是目前最完整、使用最广泛的通信协议。如图 2-5 所示，是一组协议，每一个协议都是独立的，有各自的甲方、乙方，有各自的目的和协议条款。图 2-5 所示的一组协议按功能分层，分为应用层、传输层、网络层、数据链路层（网络接口层）。图中一组协议共同工作才能实现网络中计算机之间的通信。

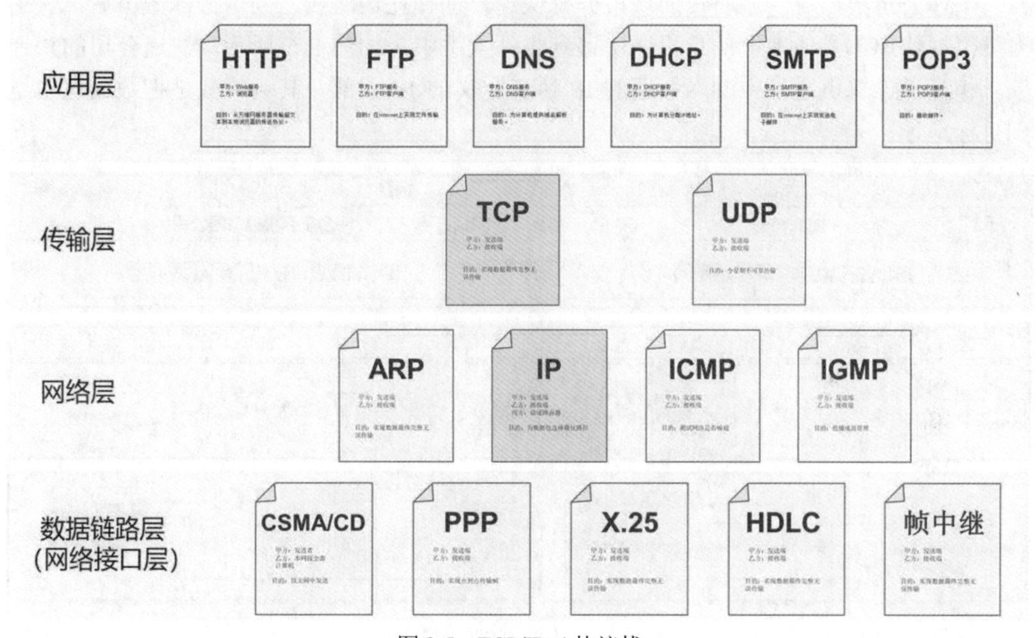

图 2-5　TCP/IPv4 协议栈

TCP/IPv4 通信协议的魅力在于可使不同硬件结构、不同操作系统的计算机相互通信。TCP/IPv4 协议既可用于广域网，也可用于局域网，它是 Internet/Intranet 的基石。其主要协议有传输控制协议（TCP）和网际协议（IP）两个。

为什么说计算机通信需要这一组协议呢？怎么来理解分层呢？

大家可以想一下网上购物，商家和顾客之间需要有购物协议，你也许不知道网上购物的协议是什么，但商家和顾客在购物过程中一直按照购物平台要求的流程完成购物，顾客和商家的交互过程，就相当于应用程序通信的交互过程，也是标准化的流程。商家提供商品，顾客浏览商品，选定商品指定款式，网上付款后，商家发货，顾客收到货后确认收货，货款才能到商家账上，如果不满意，还可以退货，购买了商品的顾客可以评价该商品。这就是购物的固定流程，可以认为是网络购物使用的协议。购物协议的甲方、乙方分别是商家和顾客，购物协议规定了购物流程，商家该做什么，顾客能做什么以及操作顺序。比如商家不能在付款前发货，顾客不能在未购物的情况下做出评价。这就相当于计算机通信使用的一个应用层协议。当然还有网上订餐，也需要订餐流程，这就是相当于计算机通信中的另一个应用层协议。网络中的应用很多，比如访问网站、收发电子邮件、远程登录，等等每一种应用都需要一个应用层协议。

只有购物协议就能实现网上购物了吗？当然不是，购买的商品还需要快递到顾客手中，如果顾客不满意，退货需要快递到商家手中。也就是说网上购物还需要快递公司提供的物流功能。

快递公司投递快件，也需要有快递协议。快递协议规定了快件投送的流程以及投送快递需要填写的快递单。客户按快递单的格式，在指定的地方填写收件人和发件人的信息。快递单规定了为了实现物流功能需要填写的表格，表格规定了要填写的内容以及位置。快递公司根据收件人所在的城市分拣快递，选择托运路线，到达目标城市后，快递人员根据快递单具体地址信息投送快递到收件人手中。如图 2-6 所示，快递公司的快递单就相当于计算机通信中的网络层的 IP 协议定义的 IP 首部，其目的就是把数据包发送到目标地址。

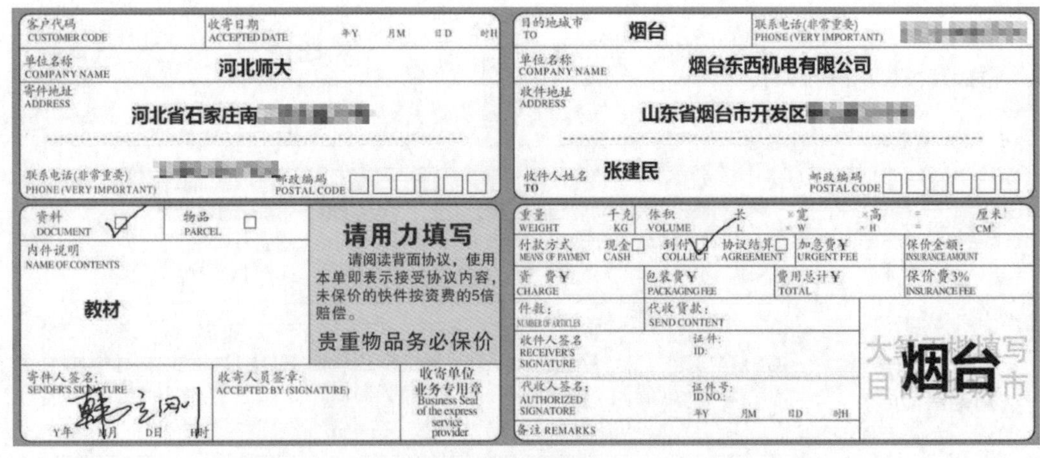
客户代码 CUSTOMER CODE
收寄日期 ACCEPTED DATE 年Y 月M 日D 时H
单位名称 COMPANY NAME 河北师大
寄件地址 ADDRESS 河北省石家庄南
联系电话(非常重要) PHONE (VERY IMPORTANT)
邮政编码 POSTAL CODE
资料 DOCUMENT
物品 PARCEL
内件说明 NAME OF CONTENTS 教材
请用力填写
请阅读背面协议，使用本单即表示接受协议内容，未保价的快件按资费的5倍赔偿。
贵重物品务必保价
寄件人签名: SENDER'S SIGNATURE
Y年 M月 D日 H时
收寄人员签章: ACCEPTED BY (SIGNATURE)
收寄单位业务专用章 Business Seal of the express service provider
目的地城市 TO 烟台
联系电话(非常重要) PHONE (VERY IMPORTANT)
单位名称 COMPANY NAME 烟台东西机电有限公司
收件地址 ADDRESS 山东省烟台市开发区
收件人姓名 TO 张建民
邮政编码 POSTAL CODE
重量 WEIGHT 千克 KG
体积 VOLUME 长 L ×宽 W ×高 H = 厘米 CM
付款方式 MEANS OF PAYMENT 现金 CASH 到付 COLLECT 协议结算 AGREEMENT
加急费￥ URGENT FEE
保价金额: INSURANCE AMOUNT
资费￥ CHARGE
包装费￥ PACKAGING FEE
费用总计￥ TOTAL
保价费3% INSURANCE FEE
件数: NUMBER OF ARTICLES
代收货款: SEND CONTENT
收件人签名 RECEIVER'S SIGNATURE
证件: ID:
代收人签名: AUTHORIZED SIGNATORE
证件号: ID NO.:
年Y 月M 日D 时H
备注 REMARKS
烟台

图 2-6　快递单

快递公司为网上购物提供物流服务，类似的，TCP/IPv4 协议栈分四层，底层协议为它的上层协议提供服务，即传输层为应用层提供服务，网络层为传输层提供服务，网络接口层为网络层提供服务。

如图 2-7 所示为 TCP/IPv4 协议栈的分层和作用范围。应用层协议的甲方、乙方是服务器端程序和客户端程序，实现应用程序的功能。传输层协议的甲方、乙方分别是通信的两个计算机的传输层，TCP 为应用层协议实现可靠传输，UDP 协议为应用层协议提供报文转发。网络层协议中的 IP 协议为数据包跨网段转发选择路径，IP 协议是多方协议，包括通信的两台计算机和沿途经过的路由器，路由器工作在网络层，我们说网络层设备指的就是路由器或三层交换机。数据链路层负责将网络层的数据包从链路的一端发送到另一端，数据链路层协议的作用范围是一段链路，不同的链路有不同的数据链路层协议，交换机属于数据链路层设备，负责将帧从一端发送到另一端。

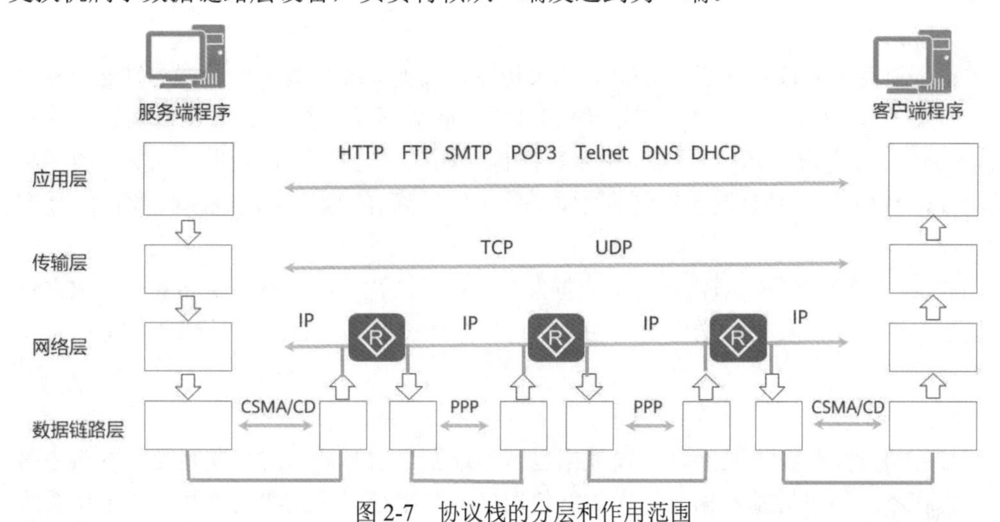

图 2-7　协议栈的分层和作用范围

2.1.3　TCP/IP 协议各层的功能

从图 2-8 可以看出我们通常说的 TCP/IP 协议不是一个协议，也不是 TCP 和 IP 两个协议，而是一组独立的协议。TCP/IP 协议栈中的协议，按功能划分为四层，最高层是应用层，依次为传输层、网络层、网络接口层，本书将网络接口层拆分成两层：数据链路层和物理层。

层							
应用层		HTTP	FTP	SMTP	POP3	DNS	DHCP
传输层		TCP			UDP		
网络层		IP				ICMP	IGMP
		ARP					
网络接口层	数据链路层	CSMA/CD	PPP	HDLC	Frame Relay		x.25
	物理层	RJ-45接口	同异步WAN 接口		E1/T1接口		POS光口

图 2-8　TCP/IP 协议分层

下面介绍各层实现的功能。

1. 应用层

应用层协议定义了互联网上常见的应用（服务器和客户端通信）通信规范。互联网中应用很多，这就意味着应用层协议也很多，图 2-8 中只列出了几个常见的应用层协议，但不能认为就这几个。每个应用层协议定义了客户端能够向服务端发送哪些请求（也可以认为是哪些命令，这些命令发送的顺序），服务端能够向客户端返回哪些响应，这些请求报文和响应报文都有哪些字段，每个字段实现什么功能，每个字段的各种取值所代表的意思。

2. 传输层

传输层有两个协议：TCP 和 UDP，如果传输的数据需要分成多个数据包发送，发送端和接收端的 TCP 协议确保接收端最终完整无误收到所传数据。如果在传输过程中网络出现丢包，发送端会超时重传丢失的数据包，如果发送的数据包没有按发送顺序到达接收端，接收端会把数据包在缓存中排序，等待迟到的数据包，最终收到连续且完整的数据。

UDP 协议用于一个数据包就完成数据发送情境，这种情况不检查是否丢包，数据包是否按顺序到达了，数据发送是否成功，由应用程序来判断。UDP 协议要比 TCP 协议简单得多。

3. 网络层

网络层协议负责在不同网段转发数据包，为数据包选择最佳的转发路径，网络中路由器负责在不同网段转发数据包，为数据包选择转发路径，因此我们称路由器工作在网络层，是网络层设备。

4. 数据链路层

数据链路层协议负责把数据包从链路的一端发送到另一端。网络设备由网线或线缆连接，连接网络设备的这一段网线或线缆称为一条链路。在不同的链路传输数据有不同机制和方法，也就是不同的数据链路层协议，比如以太网使用 CSMA/CD 协议，点到点链路使用 PPP 协议。

5. 物理层

物理层定义网络设备接口有关的一些特性，将其进行标准化，比如接口的形状、尺寸、引脚数目和排列、固定和锁定装置，接口电缆各条线上出现的电压范围等规定，可以认为这是物理层协议。

协议按功能分层的好处就是，某一层的改变不会影响其他层。某层协议可以改进或改变，但其功能是不变的。比如计算机通信可以使用 IPv4 也可以使用 IPv6。网络层协议改变了，但其功能依然是为数据包选择转发路径，不会引起传输层协议的改变，也不会引起数据链路层的改变。

这些协议，每一层为上一层提供服务，物理层为数据链层提供服务，数据链层为网络层提供服务、网络层为传输层提供服务，传输层为应用层提供服务。以后网络出现故障，比如不能访问 Internet 浏览网页了，排除网络故障要从底层到高层逐一检查。比如先看看网线是否连接，这是物理层排错，再排查 Internet 上的一个公网地址看看是否畅通，这是网络层排错，最后再检查浏览器设置是否正确，这是应用层排错。

2.2　应用层协议

2.2.1　应用和应用层协议

网络中的计算机通信，实际上是计算机上应用程序之间的通信。比如打开 QQ 和别人聊天，打开浏览器访问网站，打开暴风影音在线看电影，这些都会产生网络流量。

应用程序通常分为客户端程序和服务器端程序，客户端程序向服务端程序发送请求，服务端程序向客户端程序返回响应，提供服务。服务器端程序运行后等待客户端程序的连接请求。比如百度网站，不管是否有人访问百度网站，百度 Web 服务就一直等待客户端的访问请求，如图 2-9 所示。

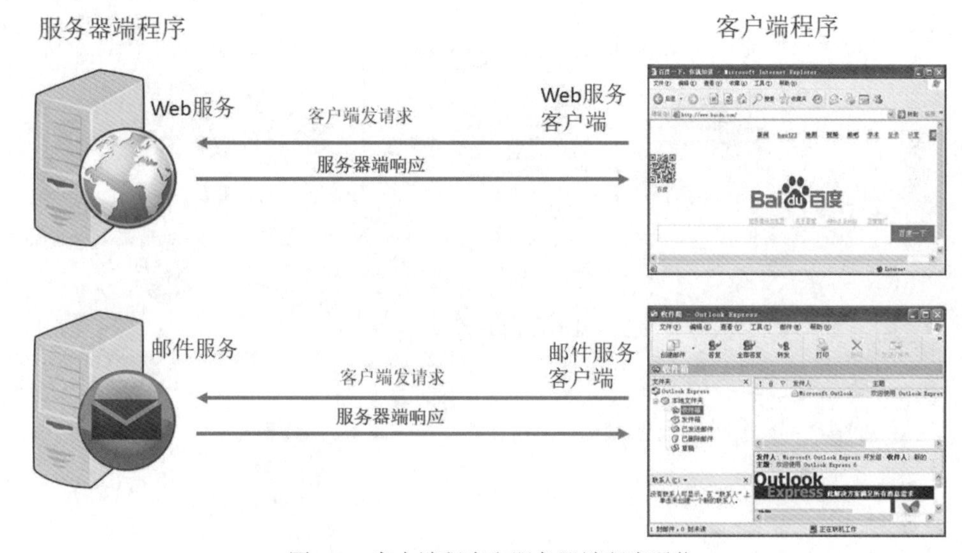

图 2-9　客户端程序和服务器端程序通信

客户端程序能够向服务端程序发送哪些请求，也就是客户端能够向服务器端发送哪些命令，这些命令发送的顺序，发送的请求报文有哪些字段，分别代表什么意思，都需要提前约定好。

服务器端程序收到客户端程序发送来的请求，应该有哪些响应，什么情况发送什么响应，发送的响应报文有哪些字段，分别代表什么意思，也需要提前约定好。

这些提前约定好的客户端程序和服务器端程序通信规范就是应用程序通信使用的协议，称为应用层协议。Internet 上有很多应用，比如访问网站的应用、收发电子邮件的应用、文件传输的应用、域名解析应用等，每一种应用都需要一个专门的应用层协议，这就意味着应用层协议需要很多。

应用层协议的甲方和乙方分别是服务器端程序和客户端程序，在很多计算机网络原理的教材中，协议中的甲方和乙方称为对等实体。

2.2.2 应用层协议的标准化

TCP/IP 协议是互联网通信的工业标准，TCP/IP 协议中的应用层协议 HTTP、FTP、SMTP、POP3 都是标准化的应用层协议，应用层协议的标准化有什么好处呢？

Internet 上用于通信的服务器端软件和客户端软件往往不是一家公司开发的，比如 Web 服务器有微软公司的 IIS 服务器，还有开放源代码的 Apache、俄罗斯开发的 Nginx 等，浏览器有 IE 浏览器、UC 浏览器、360 浏览器、火狐浏览器、谷歌浏览器等。你会发现 Web 服务器和浏览器虽然是不同公司开发的，但这些浏览器却能够访问全球所有的 Web 服务器，这是因为 Web 服务器和浏览器都是参照 HTTP 协议进行开发的，如图 2-10 所示。

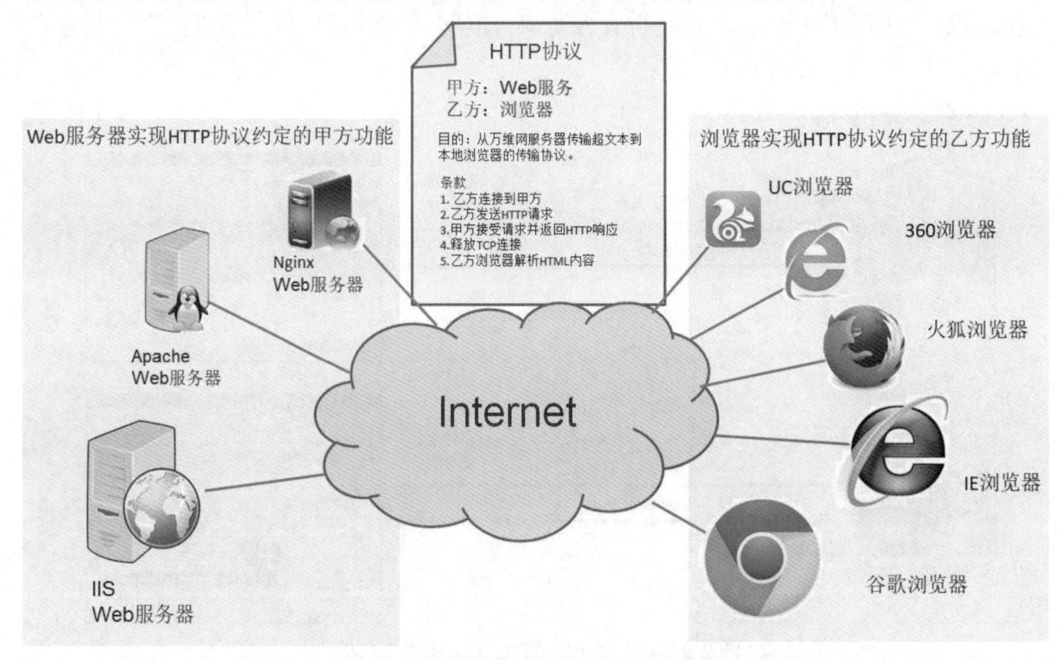

图 2-10　HTTP 使得各种浏览器能够访问各种 Web 服务器

HTTP 协议定义了 Web 服务器和浏览器通信的方法，协议双方就是 Web 服务器和浏览器，为了更形象，称 Web 服务器为甲方、浏览器为乙方。

HTTP 协议是 TCP/IP 协议中的一个标准协议，也是一个开放式协议。由此可以想到，肯定还有私有协议。比如思科公司的路由器和交换机上运行的 CDP 协议（思科发现协议），只有思科的设备支持。比如某公司开发的一款软件有服务器端和客户端，它们之间的通信规范由开发者定义，这就是应用层协议。不过那些做软件开发的人如果不懂网络，没有学过 TCP/IP 协议，他们并不会意识到他们定义的通信规范就是应用层协议，这样的协议就是私有协议，这些私有协议就不属于 TCP/IP 协议。

Internet 上的常见应用，比如发送电子邮件、接收电子邮件、域名解析、文件传输、远程登录、地址自动配置等，通信使用的协议都已经成为 Internet 标准，成为 TCP/IP 协议中的应用层协议。下面列出了 TCP/IP 协议中常见的应用层协议。

- 超文本传输协议：HTTP 协议，用于访问 Web 服务器。
- 安全的超级文本传输协议：HTTPS 协议，能够对 HTTP 协议通信进行加密访问。
- 简单邮件传输协议：SMTP 协议，用于发送电子邮件。
- 邮局协议版本 3：POP3 协议，用于接收电子邮件。
- 域名解析协议：DNS 协议，用于域名解析。
- 文件传输协议：FTP 协议，用于上传和下载文件。
- 远程登录协议：telnet 协议，用于远程配置网络设备和 Linux 系统。
- 动态主机配置协议：DHCP 协议，用于计算机自动请求 IP 地址。

2.2.3　以 HTTP 协议为例认识应用层协议

下面参照租房协议的格式将 HTTP 协议的主要内容列出来（注意：不是完整的），从而认识应用层协议长什么样，如图 2-11 所示。

可以看到 HTTP 协议定义了浏览器访问 Web 服务器的步骤，能够向 Web 服务器发送哪些请求（方法），HTTP 请求报文格式（有哪些字段，分别代表什么意思），也定义了 Web 服务器能够向浏览器发送哪些响应（状态码），HTTP 响应报文格式（有哪些字段，分别代表什么意思）。

举一反三，其他的应用层协议也需要定义以下内容。

- 客户端能够向服务器发送哪些请求（方法或命令）。
- 客户端和服务器命令交互顺序，比如 POP3 协议，需要先验证用户身份才能收邮件。
- 服务器有哪些响应（状态代码），每种状态代码代表什么意思。
- 定义协议中每种报文的格式：有哪些字段，字段是定长还是变长，如果是变长，字段分割符是什么，都要在协议中定义。一个协议有可能需要定义多种报文格式，比如 ICMP 协议定义了 ICMP 请求报文格式、ICMP 响应报文格式、ICMP 差错报告报文格式。

2.2.4　抓包分析应用层协议

在计算机中安装抓包工具可以捕获网卡发出和接收到的数据包，当然也能捕获应用程序通信的数据包。这样就可以直观地看到客户端和服务器端的交互过程，客户端发送了哪些请求，服务器端返回了哪些响应，这就是应用层协议的工作过程。

下面给大家展示使用抓包工具捕获 SMTP 客户端（Outlook Express）向 SMTP 服务器端发送电子邮件的过程，可以看到客户端向服务器端发送的请求（命令）以及服务器端向客户端发送的响应（状态代码）。

HTTP 协议

甲方：___Web 服务器___

乙方：___浏览器___

HTTP 协议是 Hyper Text Transfer Protocol（超文本传输协议）的缩写，是从万维网（WWW：World Wide Web ）服务器传输超文本到本地浏览器的一种传送协议。HTTP 是一个基于 TCP/IP 通信协议来传递数据（HTML 文件、图片文件、查询结果等）的应用层协议。

HTTP 协议工作在客户端一服务器端架构之上。浏览器作为 HTTP 客户端通过 URL 向 HTTP 服务器端（即 Web服务器） 发送所有请求。Web 服务器根据接收到的请求，向客户端发送响应信息。

协议条款：

一、HTTP 请求、响应的步骤

1．客户端连接到 Web 服务器

一个 HTTP 客户端，通常是浏览器，与 Web 服务器的 HTTP 端口（默认使用 TCP 协议的 80 端口）建立一个 TCP 套接字连接。

2．发送 HTTP 请求

通过 TCP 套接字，客户端向 Web 服务器发送一个文本的请求报文，请求报文由请求行、请求头部、空行和请求数据 4 部分组成。

3．服务器接收请求并返回 HTTP 响应

Web 服务器解析请求，定位请求资源。服务器将资源副本写到 TCP 套接字，由客户端读取。一个响应由状态行、响应头部、空行和响应数据 4 部分组成。

4．释放 TCP 连接

若 connection 模式为 close，则服务器主动关闭 TCP 连接，客户端被动关闭连接，释放 TCP 连接；若 connection 模式为 keep alive，则该连接会保持一段时间，在该时间内可以继续接收请求。

5．客户端浏览器解析 HTML 内容

客户端浏览器首先解析状态行，查看表明请求是否成功的状态代码。然后解析每一个响应头，响应头告知以下为若干字节的 HTML 文档和文档的字符集。客户端浏览器读取响应数据 HTML，根据 HTML 的语法对其进行格式化，并在浏览器窗口中显示。

二、请求报文格式

由于 HTTP 是面向文本的，因此报文中的每一个字段都是一些 ASCII 码串， 因而各个字段的长度都是不确定的。HTTP 请求报文由 3 个部分组成，如下图所示。

图 2-11　HTTP 协议

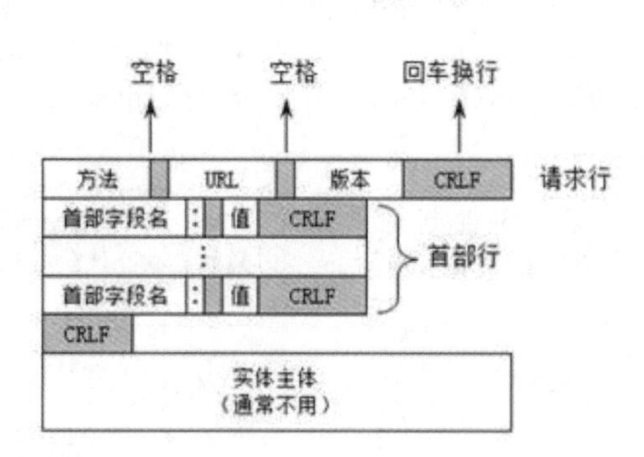

1．开始行

用于区分是请求报文还是响应报文。请求报文中的开始行叫作请求行，而响应报文中的开始行叫作状态行。在开始行的 3 个字段之间都以空格分隔开，最后的“CR”和“LF”分别代表“回车”和“换行”。

2．首部行

用来说明浏览器、服务器或报文主体的一些信息。首部可以有好几行，但也可以不使用。在每一个首部行中都有首部字段名和它的值，每一行在结束的地方都要有“回车”和“换行”。整个首部行结束时，还有一空行将首部行和后面的实体主体分开。

3．实体主体

请求报文中一般都不用这个字段，而响应报文中也可能没有这个字段。

三、HTTP 请求报文中的方法

浏览器能够向 Web 服务器发送以下八种方法（有时也叫“动作”）来表明对 URL 指定的资源的不同操作方式。

- GET：请求获取 URL 所标识的资源。使用在浏览器的地址栏中输入网址的方式访问网页时，浏览器采用 GET 方法向服务器请求网页。
- POST：在 URL 所标识的资源后附加新的数据。要求被请求服务器接收附在请求后面的数据，常用于提交表单。比如向服务器提交信息、发帖、登录。
- HEAD：请求获取由 URL 标识的资源的响应消息报头。
- PUT：请求服务器存储一个资源，并用 URL 作为其标识。
- DELETE：请求服务器删除 URL 所标识的资源。
- TRACE：请求服务器回送收到的请求信息，主要用于测试或诊断。
- CONNECT：用于代理服务器。
- OPTIONS：请求查询服务器的性能，或者查询与资源相关的选项和需求。

续图 2-11

方法名称是区分大小写的。当某个请求所针对的资源不支持对应的请求方法的时候，服务器应当返回状态代码 405（Method Not Allowed）；当服务器不认识或者不支持对应的请求方法的时候，应当返回状态代码 501（Not Implemented）。

四、响应报文格式

每一个请求报文发出后，都能收到一个响应报文。响应报文的第一行就是状态行。状态行包括 3 项内容，即 HTTP 的版本、状态代码，以及解释状态代码的简单短语，如下图所示。

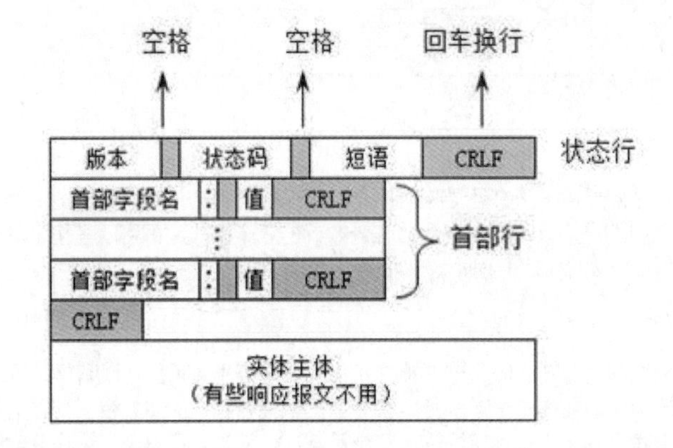

五、HTTP 响应报文状态码

每一个请求报文发出后，都能收到一个响应报文。响应报文的第一行就是状态行。状态行包括 3 项内容，即 HTTP 的版本、状态代码，以及解释状态代码的简单短语。

状态代码（Status-Code）都是 3 位数字的，分为 5 大类共 33 种，例如：

1xx 表示通知信息，如请求收到了或正在进行处理。

2xx 表示成功，如接收或知道了。

3xx 表示重定向，如要完成请求还必须采取进一步的行动。

4xx 表示客户端错误，如请求中有错误的语法或不能完成。

5xx 表示服务器出现差错，如服务器失效无法完成请求。

下面几种状态行在响应报文中是经常见到的。

HTTP/1.1 202 Accepted （接收）

HTTP/1.1 400 Bad Request （错误的请求）

HTTP/1.1 404 Not Found （找不到）

续图 2-11

抓包工具 Ethereal 有两个版本，在 Windows XP 和 Windows Server 2003 上使用 Ethereal 抓包工具，在 Windows 7 和 Windows 10 上使用 Wireshark（Ethereal 的升级版）抓包工具。建议在 VMWare Workstation 虚拟机中完成抓包分析过程。以下操作在 Windows XP 虚拟机中进行，因为 Windows XP 中有 Outlook Express，将虚拟机网卡指定到 NAT 网络，这样抓包工具不会捕获物理网络中大量无关的数据包。

登录 www.yeah.net 网站，申请一个电子邮箱，启用 POP3 和 SMTP 服务，如图 2-12 所示。

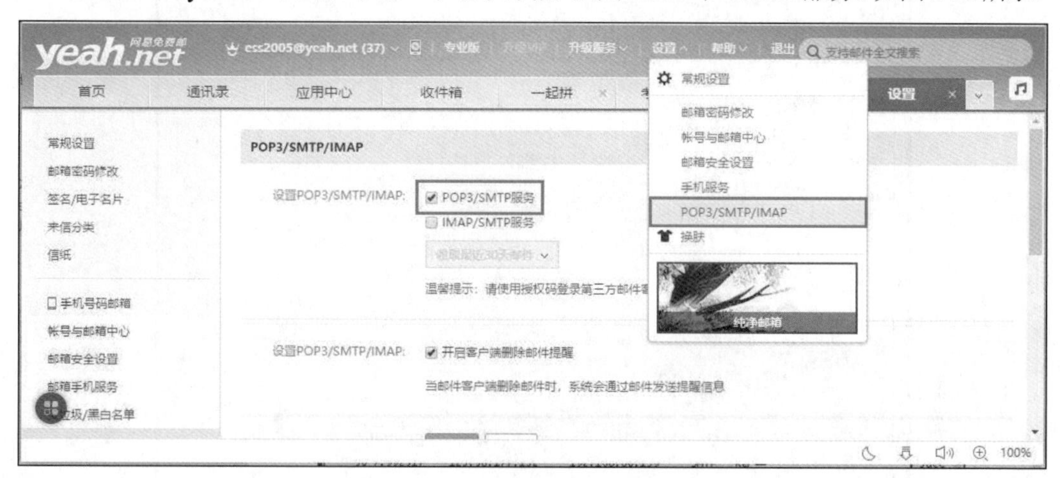

图 2-12　启用 POP3 和 SMTP 服务

在 Windows XP 上，安装 Ethereal，运行抓包工具，打开 Outlook Express，使用申请的电子邮件账户连接到邮件服务器，给自己写一封邮件，单击“发送/接收”，停止抓包，如图 2-13 所示，可以看到发送邮件的协议 SMTP，右击该数据包，单击“Follow TCP Stream”按钮。

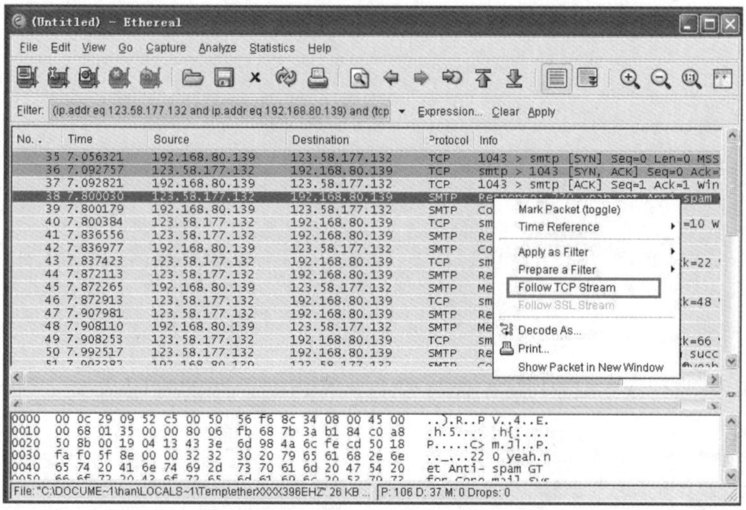

图 2-13　筛选数据包

Outlook Express 就是 SMTP 客户端，如图 2-14 所示，可以看到 SMTP 客户端向 SMTP 服务器端发送电子邮件的交互过程。

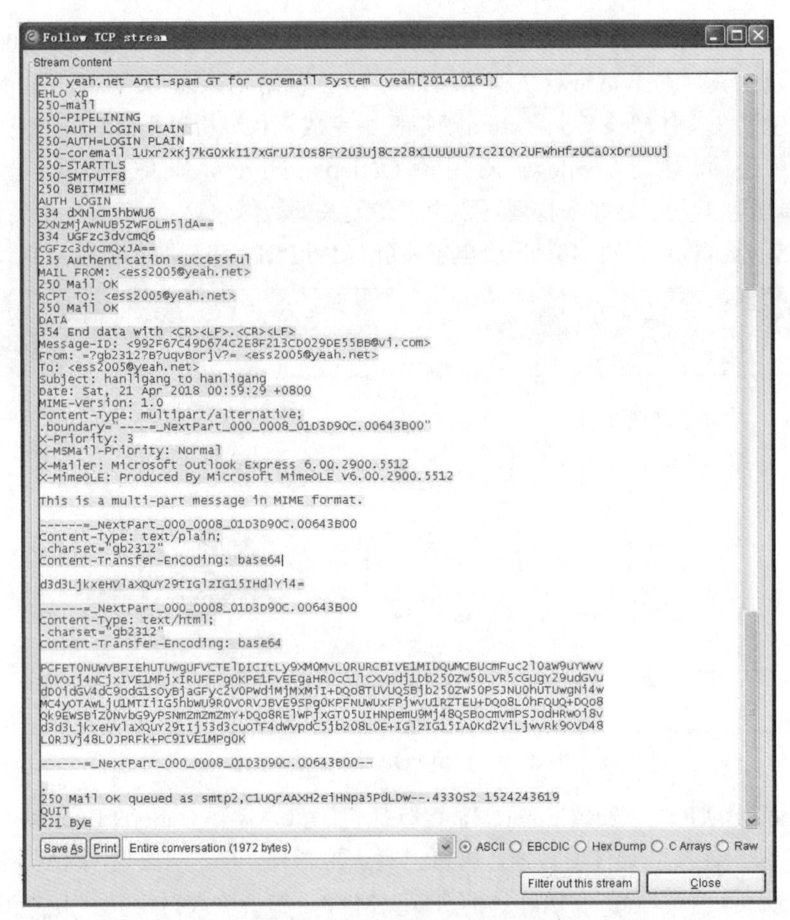

图 2-14　发送电子邮件的交互过程

SMTP 客户端向 SMTP 服务器端发送的命令以及顺序如下。

```
EHLO xp          --EHLO 是对 HELO 的扩展，可以支持用户认证，xp 是客户端计算机名
AUTH LOGIN                          --需要身份验证
MAIL FROM: <ess2005@yeah.net>       --发件人
RCPT TO: <ess2005@yeah.net>         --收件人
DATA                                --邮件内容
.                                   --表示结束，将输入内容一起发送出去
QUIT                                --退出
```

有状态代码的行是 SMTP 服务器向 SMTP 客户端返回的响应。

```
220<domain>        --服务器就绪
250                --要求的邮件操作完成
334                --服务器响应，已经过 BASE64 编码的用户名和密码
354                --开始邮件输入，以“.”结束
221                --服务关闭
```

从以上捕获的数据包，可以看到 SMTP 协议、客户端向服务器端发送的命令以及服务器端返回的响应。

2.3 传输层协议

2.3.1 TCP 和 UDP 的应用场景

传输层的两个协议，TCP（Transmission Control Protocol，传输控制协议）和 UDP（User Datagram Protocol，用户数据报协议）有各自的应用场景。

TCP 为应用层协议提供可靠传输，发送端按顺序发送，接收端按顺序接收，其间发送丢包、乱序，TCP 负责重传和排序。下面是 TCP 的应用场景。

（1）客户端程序和服务器端程序需要多次交互才能实现应用程序的功能。比如接收电子邮件使用的 POP3 和发送电子邮件的 SMTP，传输文件的 FTP，在传输层使用的是 TCP。

（2）应用程序传输的文件需要分段传输，比如浏览器访问网页，网页中图片和 HTML 文件需要分段后发送给浏览器，或 QQ 传输文件，在传输层也选用 TCP。

如果需要将发送的内容分成多个数据包发送，这就要求在传输层使用 TCP，在发送方和接收方之间建立连接，实现可靠传输、流量控制和拥塞避免。

比如从网络中下载一个 500MB 的电影或下载一个 200MB 的软件，这么大的文件需要拆分成多个数据包发送，发送过程需要持续几分钟或几十分钟。在此期间，发送方将要发送的内容一边发送一边放到缓存，将缓存中的内容分成多个数据包，并进行编号，按顺序发送。这就需要在发送方和接收方之间建立连接，协商通信过程的一些参数（比如一个数据包最大多少个字节），如果网络不稳定造成某个数据包丢失，发送方必须重新发送丢失的数据包，否则就会造成接收方接收到的文件不完整，这就需要 TCP 协议以便能够实现可靠传输。如果发送方发送速度太快，接收方来不及处理，接收方还会通知发送方降低发送速度甚至停止发送。TCP 协议还能实现流量控制，因为互联网中的流量不固定，流量过高时会造成网络拥塞（这一点很好理解，就像城市上下班高峰时的交通堵塞一样），在整个传输过程中发送方要一直探测网络是否拥塞，来调整发送速度，TCP 协议有拥塞避免机制。

如图 2-15 所示，发送方的发送速度由网络是否拥塞和接收端接收速度两个因素控制，哪个速度低，就用哪个速度发送。

有些应用程序通信，使用 TCP 协议就显得效率低了。比如有些应用，客户端只需向服务器发送一个请求报文，服务器返回一个响应报文就完成其功能。这类应用如果使用 TCP 协议，会发送三个数据包建立连接，再发送四个数据包释放连接，效率太低，干脆让应用程序直接发送，如果丢包了，应用程序再发送一遍。这类应用，在传输层就使用 UDP。

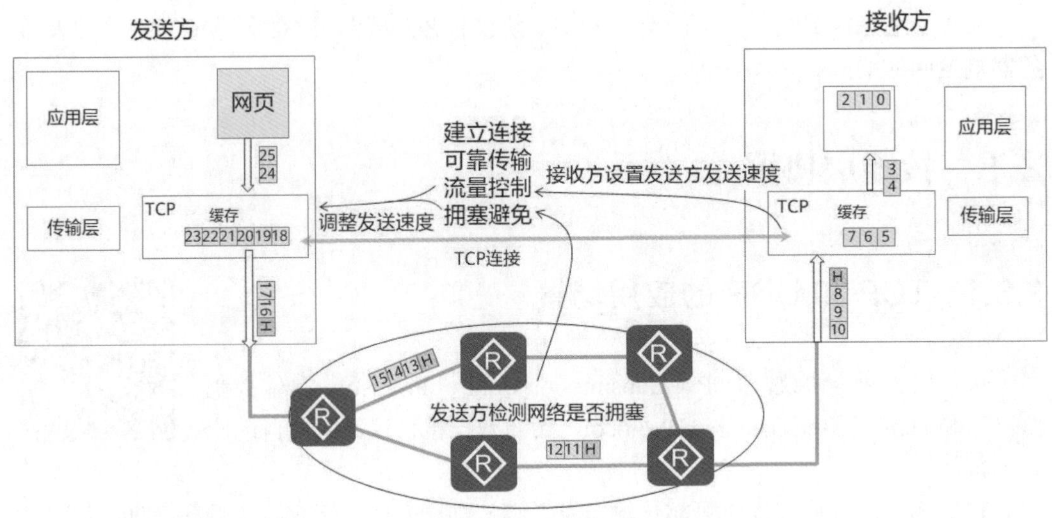

图 2-15 TCP 功能

UDP 应用场景。

（1）客户端程序和服务端程序通信，应用程序发送的数据包不需要分段。比如域名解析，DNS 协议就是用传输层的 UDP，客户端向 DNS 服务器发送一个报文解析某个网站的域名，DNS 服务器将解析的结果使用一个报文返回给客户端。

（2）实时通信，比如 QQ 或微信语音聊天或视频聊天，这类应用，发送端和接收端需要实时交互，也就是不允许较长延迟，即便有几句话因为网络堵塞没听清，也不允许使用 TCP 等待丢失的报文，等待的时间太长了，就不能愉快地聊天了。

（3）多播或广播通信。比如学校多媒体机房，老师的计算机屏幕需要教室的学生计算机接收屏幕，在老师的计算机上安装多媒体教室服务端软件，学生计算机上安装多媒体教室客户端软件，老师计算机上使用多播地址或广播地址发送报文，学生计算机上都能收到。这类应用在传输层使用 UDP。

知道了传输层两个协议的特点和应用场景，就很容易判断某个应用层协议在传输层使用什么协议。

现在判断一下，QQ 聊天在传输层使用的是什么协议？QQ 传文件在传输层使用的是什么协议？

如果使用 QQ 给好友传输文件，传输文件会持续几分钟或几十分钟，肯定不是使用一个数据包就能把文件传输完的，需要将要传输的文件分段传输，在传输文件之前需要建立会话，在传输过程中实现可靠传输、流量控制、拥塞避免等，这在传输层使用 TCP 协议来实现这些功能。

使用 QQ 聊天，通常一次输入的聊天内容不会有太多文字，使用一个数据包就能把聊天内容发送出去，并且聊完第一句，不知什么时候聊第二句，发送数据不是持续的，发送 QQ 聊天的内容在传输层使用 UDP。

可见一个应用程序通信根据通信的特点，在传输层可以选择不同的协议。

2.3.2　传输层协议和应用层协议之间的关系

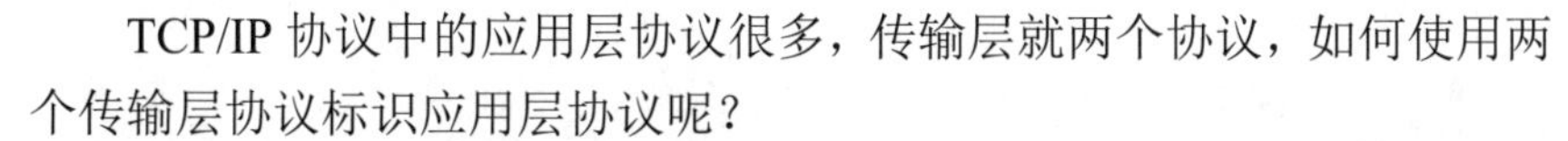

TCP/IP 协议中的应用层协议很多，传输层就两个协议，如何使用两个传输层协议标识应用层协议呢？

用传输层协议加一个端口号来标识一个应用层协议。如图 2-16 所示，图中标明了传输层协议和应用层协议之间的关系。

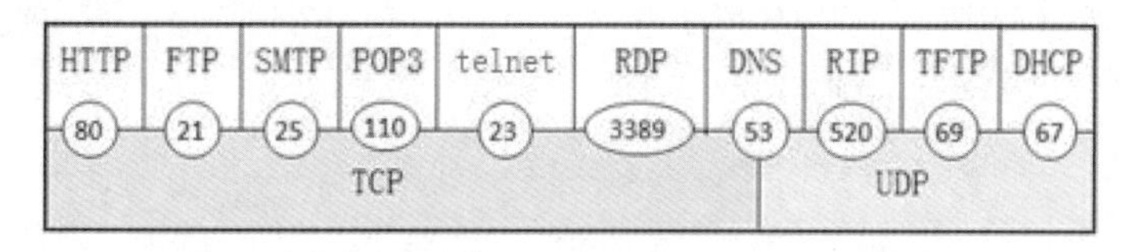

图 2-16　传输层协议和应用层协议之间的关系

DNS 同时占用 UDP 和 TCP 的 53 端口是公认的，通过抓包分析，几乎所有的情况都在使用 UDP，说明 DNS 主要还是使用 UDP，DNS 在进行区传送的情况下会使用 TCP 协议（区传送是指一个区域内主 DNS 服务器和辅助 DNS 服务器之间建立通信连接并进行数据传输的过程），这个存在疑问。

下面是一些常见的应用层协议和传输层协议之间的关系。

- HTTP 默认使用 TCP 的 80 端口。
- FTP 默认使用 TCP 的 21 端口。
- SMTP 默认使用 TCP 的 25 端口。
- POP3 默认使用 TCP 的 110 端口。
- HTTPS 默认使用 TCP 的 443 端口。
- DNS 使用 TCP/UDP 的 53 端口。
- telnet 使用 TCP 的 23 端口。
- RDP 远程桌面协议默认使用 TCP 的 3389 端口。

以上列出的都是默认端口，当然也可以更改应用层协议使用的端口。如果不使用默认端口，客户端访问服务器时需要指明所使用的端口。比如 www.91xueit.com 网站指定 HTTP 协议使用 808 端口，在访问该网站时就需要指明使用的是 808 端口，http://www.91xueit.com:808，冒号后面的 808 指明 HTTP 协议使用 808 端口。如图 2-17 所示，远程桌面协议（RDP）没有使用默认端口，冒号后面的 9090 指定使用 9090 端口。

如图 2-18 所示，一台服务器同时运行了 Web 服务、SMTP 服务和 POP3 服务，Web 服务一启动就用 TCP 的 80 端口侦听客户端请求，SMTP 服务一启动就用 TCP 的 25 端口侦听客户端请求，POP3 服务一启动就用 TCP 的 110 端口侦听客户端请求。现在网络中的 A 计算机、B 计算机和 C 计算机分别要访问端口服务器的 Web 服务、SMTP 服务和 POP3 服务。发送 3 个数据包①②③，这 3 个数据包的目标端口分别是

80、25 和 110，服务器收到这 3 个数据包，根据目标端口将数据包提交给不同的服务进行处理。

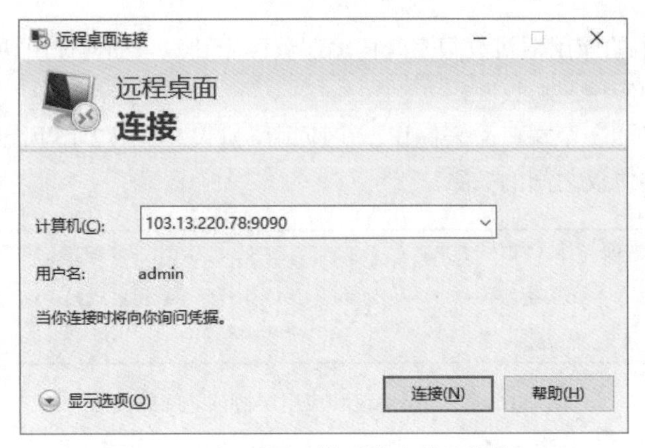

图 2-17　为远程桌面协议指定使用的端口

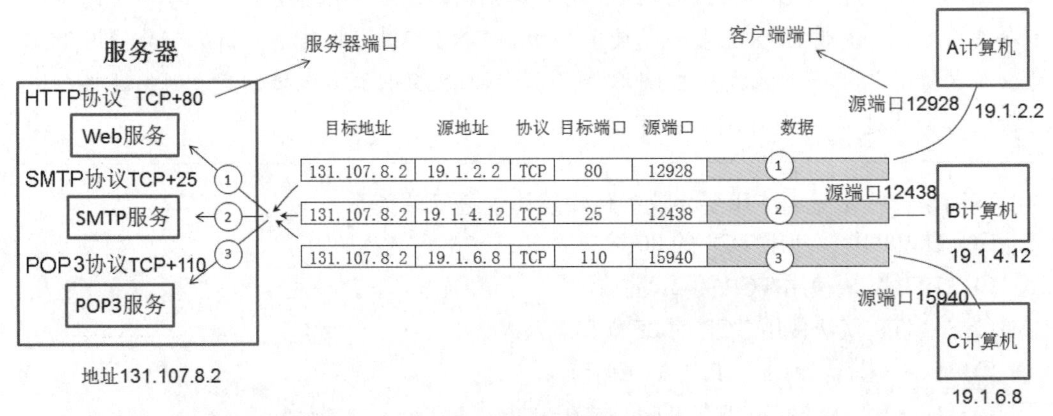

图 2-18　应用层协议和传输层协议之间的关系

现在大家就会明白，数据包的目标 IP 地址用来定位网络中的某台服务器，目标端口用来定位服务器上的某个服务。

图 2-18 给大家展示了 A、B、C 计算机访问服务器的数据包，有目标端口和源端口，源端口是计算机临时为客户端程序分配的，服务器向 A、B、C 计算机发送数据包时，源端口就会变成目标端口。

如图 2-19 所示，A 计算机打开谷歌浏览器，一个窗口访问 www.baidu.com 网站，另一个窗口访问 edu.51cto.com 网站，这就需要建立两个 TCP 连接。A 计算机会给每个窗口临时分配一个客户端端口（要求本地唯一），这样从 51CTO 学院网站返回的数据包的目标端口是 13456，从百度网站返回的数据包的目标端口是 12928，这样 A 计算机就知道这些数据包来自哪个网站，应给哪一个窗口。

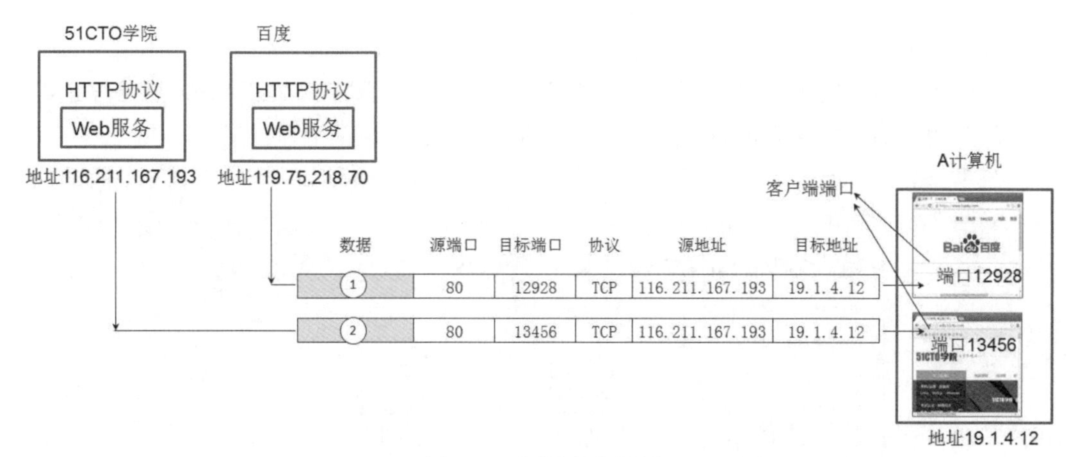

图 2-19　源端口的作用

在传输层使用 16 位二进制标识一个端口，端口号的取值范围是 0～65535，这个数目对一台计算机来说足够用了。

端口号分为如下两大类。

（1）服务器端使用的端口号。

服务器端使用的端口号在这里分为两类，最重要的一类叫作熟知端口号（well-known port number）或系统端口号，取值范围为 0～1023。这些数值可访问网址 www.iana.org 查询。IANA 把这些端口号指派给了 TCP/IP 最重要的一些应用程序，让所有的用户都知道。下面给出一些常用的熟知端口号，如图 2-20 所示。

应用程序或服务	FTP	telnet	SMTP	DNS	TFTP	HTTP	SNMP
熟知端口号	21	23	25	53	69	80	161

图 2-20　熟知端口号

另一类叫作登记端口号，取值范围为 1024～49151。这类端口号由没有熟知端口号的应用程序使用。要使用这类端口号，必须在 IANA 按照规定的手续登记，以防重复。

（2）客户端使用的端口号。

当打开浏览器访问网站，或登录 QQ 等客户端软件和服务器建立连接时，计算机会为客户端软件分配临时端口，这就是客户端端口，取值范围为 49152～65535。由于这类端口号仅在客户进程运行时才动态选择，因此又叫作临时（短暂）端口号。这类端口号留给客户进程暂时使用。当服务器进程收到客户进程的报文时，就知道了客户进程所使用的端口号，因而可以把数据发送给客户进程。通信结束后，刚才已使用过的客户端口号就不复存在。这个端口号就可以供其他客户进程以后使用。

2.3.3　服务和端口之间的关系

计算机之间的通信，通常是服务器端程序（以后简称服务）运行等待客户端程序的连接请求。服务器端程序通常以服务的形式存在于 Windows 服务系统或 Linux 系统。这些服务不需要用户登录服务器，系统启动后就可自动运行。

服务运行后就要使用 TCP 或 UDP 协议的某个端口侦听客户端的请求，服务停止，则端口关闭，同一台计算机的不同服务使用的端口不能冲突（端口唯一）。

在 Windows Server 2003 系统中，在命令提示符下输入 netstat -an 可以查看侦听的端口，如图 2-21 所示。

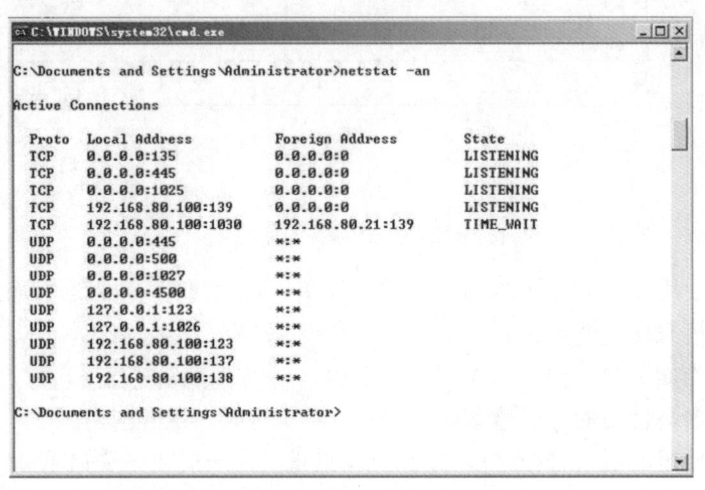

图 2-21　Windows Server 2003 系统侦听的端口

如图 2-22 所示，设置 Windows Server 2003 系统属性，启用远程桌面（相当于启用远程桌面服务），再次运行 netstat-an 就会看到侦听的端口多了 TCP 的 3389 端口。关闭远程桌面，再次查看侦听端口，不再侦听 3389 端口。

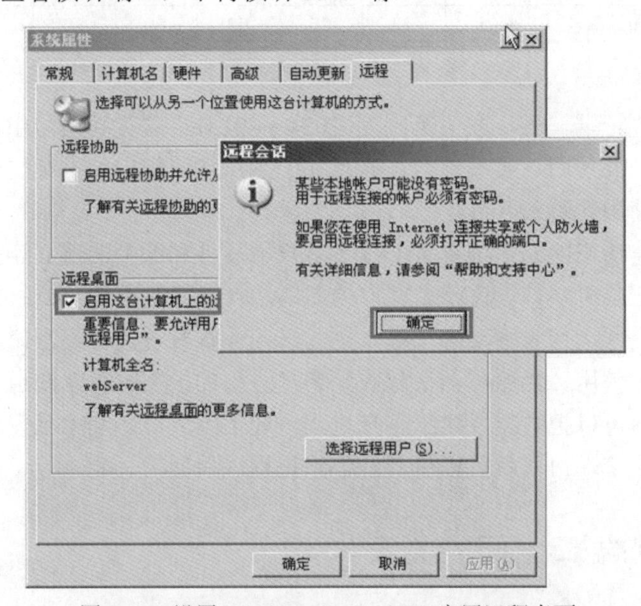

图 2-22　设置 Windows Server 2003 启用远程桌面

如图 2-23 所示，在命令提示符下使用 telnet 命令可以测试远程计算机是否侦听了某个端口，只要 telnet 没有提示端口打开失败，就意味着远程计算机侦听该端口。使用端口扫描工具也可以扫描远程计算机打开的端口，如果服务使用默认端口，根据服务器侦听的端口就能判断远程计算机开启了什么服务。因此明白了黑客入侵服务器时，为什么需要先进行端口扫描，扫描端口就是为了明白服务器开启了什么服务，知道运行了什么服务才可以进一步检测该服务是否有漏洞，然后进行攻击。

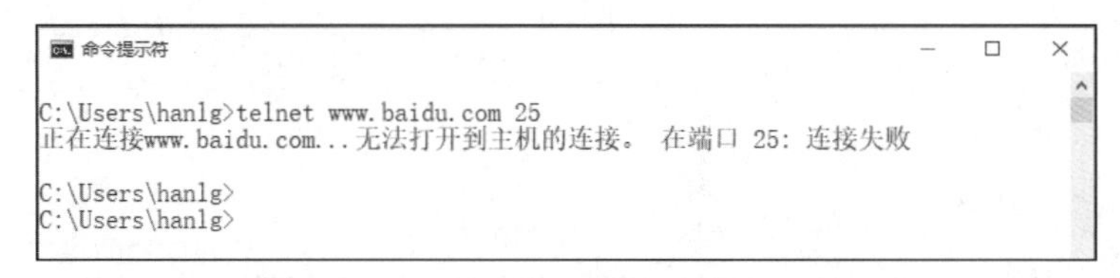

图 2-23　telnet 百度网站是否侦听 25 端口

2.3.4　端口和网络安全的关系

客户端和服务器之间的通信使用应用层协议，应用层协议使用“传输层协议+端口标识”，知道了这个关系后，网络安全也就理解了。

如果在一台服务器上安装了多个服务，其中一个服务有漏洞，被黑客入侵，黑客就能获得操作系统的控制权，进一步破坏其他服务。

如图 2-24 所示，服务器对外提供 Web 服务，在服务器上还安装了微软的数据库服务（MySQL 服务），网站的数据就存储在本地的数据库中。如果没有配置服务器的防火墙对进入的流量做任何限制，且数据库的内置管理员账户 sa 的密码为空或弱密码，网络中的黑客就可以通过 TCP 的 1433 端口连接到数据库服务，猜测数据库的 sa 账户的密码，一旦猜对，就能获得服务器上操作系统管理员的身份，对服务器进行任何操作，这就意味着服务器被入侵。

图 2-24　服务器防火墙开放全部端口

TCP/IP 协议在传输层有两个协议：TCP 和 UDP，这就相当于网络中的两扇大门，如图 2-25 所示，门上开的洞就相当于开放 TCP 和 UDP 的端口。

如果想让服务器更加安全，那就把 TCP 和 UDP 这两扇大门关闭，在大门上只开放必要的端口。如图 2-25 所示，如果服务器对外只提供 Web 服务，便可以设置 Web 服务器防火墙只对外开放 TCP 的 80 端口，其他端口都关闭，这样即便服务器上运行了数据库服务，使用 TCP 的 1433 端口侦听客户端的请求，互联网上的入侵者也没有办法通过数据库入侵服务器。

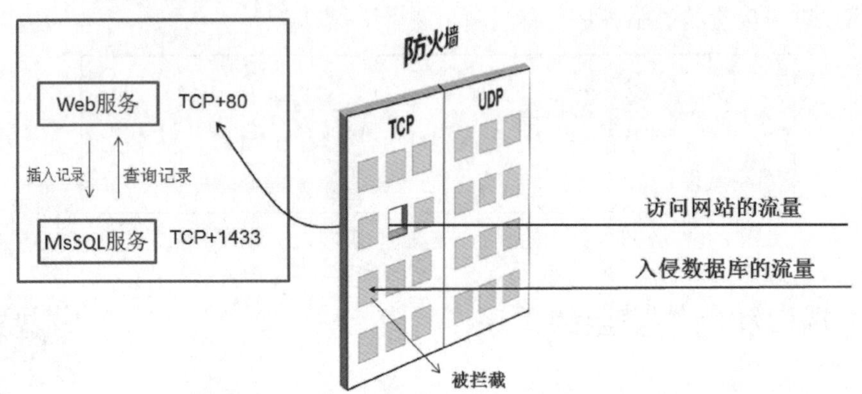

图 2-25　在防火墙中设置对外开放的服务端口

前面讲的是设置服务器的防火墙，只开放必要的端口，加强服务器的网络安全。

也可以在路由器上设置网络防火墙，控制内网访问 Internet 的流量，如图 2-26 所示，企业路由器只开放了 UDP 的 53 端口和 TCP 的 80 端口，允许内网的计算机将域名解析的数据包发送到 Internet 的 DNS 服务器，允许内网计算机使用 HTTP 协议访问 Internet 的 Web 服务器。内网计算机不能访问 Internet 上的其他服务，比如邮件发送（使用 SMTP 协议）和邮件接收（使用 POP3 协议）服务。

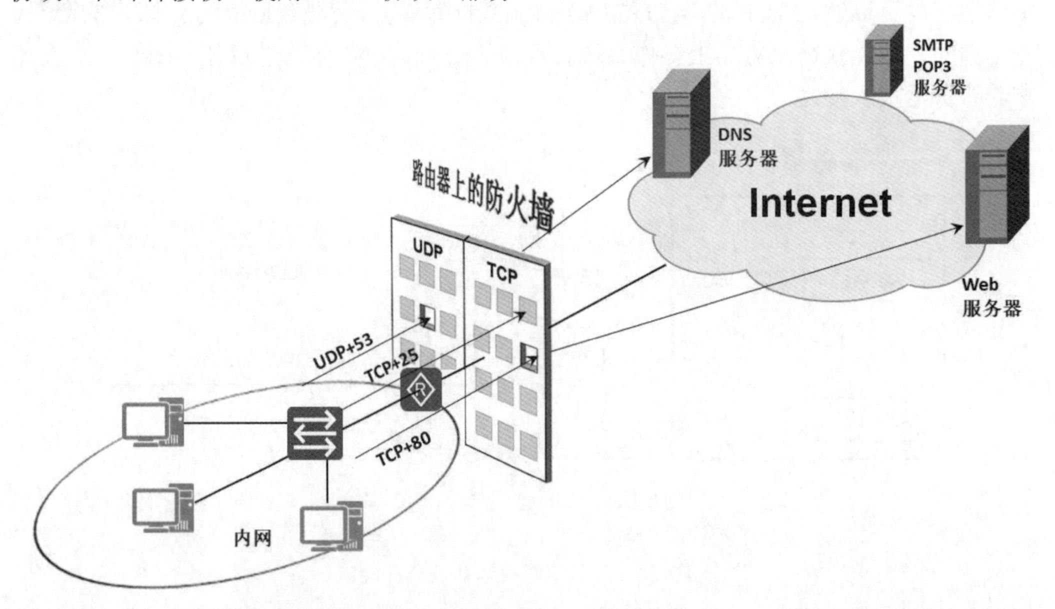

图 2-26　在路由器上封锁端口

现在大家就会明白，如果我们不能访问某台服务器上的服务，也有可能是沿途路由器封掉了该服务使用的端口。在图 2-26 中，访问内网计算机 telnet SMTP 服务器的 25

端口，就会失败，这并不是因为 Internet 上的 SMTP 服务器上没有运行 SMTP 服务，而是沿途路由器封掉了访问 SMTP 服务器的端口。

2.4　网络层协议

2.4.1　网络层协议的两个版本

计算机通信使用的协议栈有两个：TCP/IPv4 协议栈和 TCP/IPv6 协议栈，TCP/IPv6 相对于 TCP/IPv4 的网络层进行了改进，实现的功能是一样的。

网络层协议为传输层提供服务，负责把传输层的段发送到接收端。IP 协议实现网络层协议的功能，发送端将传输层的段加上 IP 首部，IP 首部包括源 IP 地址和目标 IP 地址，加了 IP 首部的段称为“数据包”，网络中的路由器根据 IP 首部转发数据包。

如图 2-27 所示，TCP/IPv4 协议栈的网络层有 4 个协议，ARP、IP、ICMP 和 IGMP。TCP 和 UDP 使用端口号标识应用层协议，TCP 段、UDP 报文、ICMP 报文、IGMP 报文都可以封装在 IP 数据包中，使用协议号区分，也就是说 IP 使用协议号标识上层协议，TCP 的协议号是 6，UDP 的协议号是 17，ICMP 的协议号是 1，IGMP 的协议号是 2。虽然 ICMP 和 IGMP 都在网络层，但从关系上来看 ICMP 和 IGMP 在 IP 协议之上，也就是 ICMP 和 IGMP 的报文要封装在 IP 数据包中。

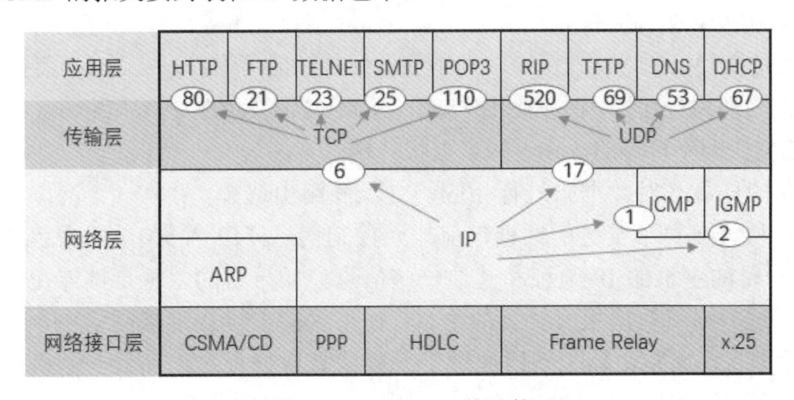

图 2-27　TCP/IPv4 协议栈

ARP 协议在以太网中使用，用来将通信的目标地址解析为 MAC 地址，跨网段通信，解析出网关的 MAC 地址。解析出 MAC 地址才能将数据包封装成帧发送出去，因此 ARP 为 IP 提供服务，虽然将其归属到网络层，但从关系上来看 ARP 协议位于 IP 协议之下。

如图 2-28 所示是 TCP/IPv6 协议栈，网络层协议有了较大变化，但网络层功能和 IPv4 一样。

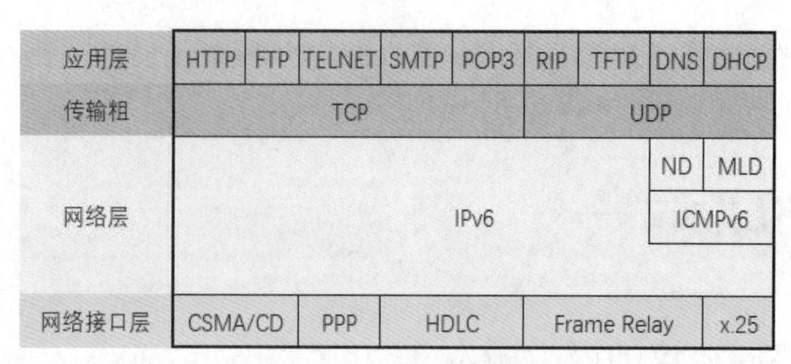

图 2-28　TCP/IPv6 协议栈

IPv6 协议栈与 IPv4 协议栈相比，只是网络层发生了变化，不会影响 TCP 和 UDP，也不会影响数据链路层协议，网络层的功能和 IPv4 一样。IPv6 的网络层没有 ARP 协议和 IGMP 协议，对 ICMP 协议的功能做了很大的扩展，IPv4 协议栈中 ARP 协议的功能和 IGMP 协议的多点传送控制功能也被嵌入 ICMPv6 中，分别是邻居发现（Neighbor Discovery，ND）协议和多播侦听器发现（Multicast Listener Discovery，MLD）协议。

IPv6 在本书后面章节会详细讲解，在这里不做过多讲述。

2.4.2　IPv4

不做特别说明，IP（Internet Protocol）协议默认指的是 IPv4。IP 协议又称网际协议，它负责 Internet 网络之间的通信，并规定了将数据从一个网络传输到另一个网络应遵循的规则，是 TCP/IP 协议的核心。

IP 协议是点到点的，协议简单，但不能保证传输的可靠性，它采用无连接数据报机制，对数据 “尽力传递”，不验证正确与否，也不保证分组顺序，不发确认。所以 IP 协议提供的是主机间不可靠的、无连接数据报传送。

IP 协议的任务是对数据报进行相应的寻址和路由选择，并从一个网络转发到另一个网络。IP 协议在每个发送的数据包前加入控制信息（IP 首部），其中包含了源主机的 IP 地址、目的主机的 IP 地址和其他一些信息。如果目的主机直接连在本网络中，IP 可直接通过网络将数据报发给目的主机；如果目的主机在远端网络中，IP 则通过路由器传送数据报，而路由器则依次通过下一网络将数据报传送到目的主机或下一个路由器，即一个 IP 数据报是通过互联网络，从一个 IP 模块传到另一个 IP 模块，直到终点为止的。

IP 数据包首部的格式能够说明 IP 协议都具有什么功能。在 TCP/IP 的标准中，各种数据格式常常以 32 位（即 4 字节）为单位来描述。如图 2-29 所示是 IP 数据包完整格式。

IP 数据包由首部和数据两部分组成。首部的前一部分是固定长度，共 20 个字节，是所有 IP 数据包必须有的。在首部的固定部分的后面是一些可选字段，其长度是可变的。

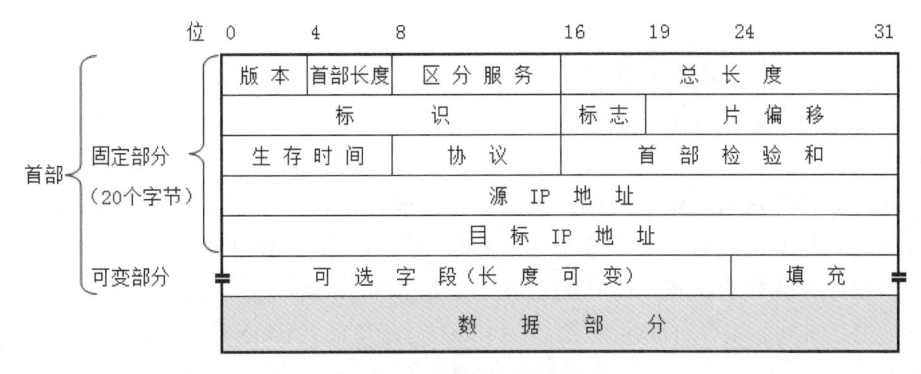

图 2-29　网络层首部格式

下面就网络层首部固定部分各个字段进行详细讲解：

（1）版本。占 4 位，指 IP 协议的版本。IP 协议目前有两个版本 IPv4 和 IPv6。通信双方使用的 IP 协议版本必须一致。目前广泛使用的 IP 协议版本号为 4（即 IPv4）。

（2）首部长度。占 4 位，可表示的最大十进制数值是 15。请注意，这个字段所表示数的单位是 32 位二进制数（即 4 个字节），因此，当 IP 的首部长度为 1111 时（即十进制的 15），首部长度就达到 60 字节。当 IP 分组的首部长度不是 4 字节的整数倍时，必须利用最后的填充字段加以填充。因此数据部分永远在 4 字节的整数倍开始，这样在实现 IP 协议时较为方便。首部长度限制为 60 字节的缺点是有时可能不够用。但这样做是希望用户尽量减少开销。最常用的首部长度就是 20 字节（即首部长度为 0101），这时不使用任何选项。

正是因为首部长度有可变部分，才需要有一个字段来指明首部长度，如果首部长度是固定的也就没有必要有“首部长度”这个字段了。

（3）区分服务。占 8 位，配置计算机给特定应用程序的数据包添加一个标志，然后再配置网络中的路由器优先转发这些带标志的数据包，在网络带宽比较紧张的情况下，也能确保这种应用的带宽有保障，这就是区分服务，为这种服务确保服务质量（Quality of Service，QoS）。这个字段在旧标准中叫作服务类型，但实际上一直没有被使用过。1998 年 IETF 把这个字段改名为区分服务 DS（Differentiated Services）。只有在使用区分服务时，字段才起作用。

（4）总长度。总长度指 IP 首部和数据之和的长度，也就是数据包的长度，单位为字节。总长度字段为 16 位，因此数据包的最大长度为 $2^{16}-1=65535$ 字节。实际上传输这样长的数据包在现实中是极少遇到的。

（5）标识（Identification）。占 16 位。IP 软件在存储器中维持一个计数器，每产生一个数据包，计数器就加 1，并将此值赋给标识字段。但这个“标识”并不是序号，因为 IP 是无连接服务，数据包不存在按序接收的问题。当数据包由于长度超过网络的 MTU 而必须分片时，同一个数据包被分成多个片，这些片的标识都一样，也就是数据包标识字段的值被复制到所有的数据包分片的标识字段中。相同的标识字段的值使分片后的各数据包片最后能正确地重装成为原来的数据包。

（6）标志（Flag）。占 3 位，但目前只有两位有意义。

标志字段中的最低位记为 MF（More Fragment）。MF=1 即表示后面“还有分片”的数据包。MF=0 表示这是若干数据包片中的最后一个。

标志字段中间的一位记为 DF（Don’t Fragment），意思是“不能分片”。只有当 DF=0 时才允许分片。

（7）片偏移。占 13 位。片偏移指出：较长的分组在分片后，某片在原分组中的相对位置。也就是说，相对于用户数据字段的起点，该片从何处开始。片偏移以 8 个字节为偏移单位。也就是说，每个分片的长度一定是 8 字节（64 位）的整数倍。

（8）生存时间。生存时间字段常用的英文缩写是 TTL（Time To Live），表明是数据包在网络中的寿命。由发出数据包的源点设置这个字段。其目的是防止无法交付的数据包无限制地在网络中兜圈子（例如从路由器 R1，转发到路由器 R2，再转发到路由器 R3，然后又转发到路由器 R1，因而白白消耗网络资源）。最初的设计是以秒作为 TTL 值的单位。每经过一个路由器时，就把 TTL 减去数据包在路由器所消耗掉的一段时间。若数据包在路由器消耗的时间小于 1 秒，就把 TTL 值减 1。当 TTL 值减为零时，就丢弃这个数据包。

然而随着技术的进步，路由器处理数据包所需的时间不断在缩短，一般都远远小于 1 秒钟，后来就把 TTL 字段的功能改为“跳数限制”（但名称不变）。路由器在转发数据包之前就把 TTL 值减 1。若 TTL 值减小到零，就丢弃这个数据包，不再转发。因此，现在 TTL 的单位不再是秒，而是跳数。TTL 的意义是指明数据包在网络中至多可经过多少个路由器。显然，数据包能在网络中经过的路由器的最大数值是 255。若把 TTL 的初始值设置为 1，就表示这个数据包只能在本局域网中传送。因为这个数据包一传送到局域网中的某个路由器，在被转发之前 TTL 值就减小到零，因而就会被这个路由器丢弃。

（9）协议。占 8 位，协议字段指出此数据包携带的数据使用何种协议，以便使目的主机的网络层知道应将数据部分上交给哪个处理过程。常用的一些协议和相应的协议字段值如图 2-30 所示。

协议名	ICMP	IGMP	IP	TCP	EGP	IGP	UDP	IPv6	ESP	OSPF
协议字段值	1	2	4	6	8	9	17	41	50	89

图 2-30 协议字段值

（10）首部检验和。占 16 位，这个字段只检验数据报的首部，但不包括数据部分。这是因为数据报每经过一个路由器，该路由器都要重新计算一下首部检验和（一些字段，如生存时间、标志、片偏移等都可能发生变化）。不检验数据部分可减少计算的工作量。

（11）源 IP 地址。占 32 位。

（12）目标 IP 地址。占 32 位。

2.4.3 ICMP 协议

ICMP（Internet Control Message Protocol）协议（Internet 控制报文协议）是 TCP/IPv4 协议栈中网络层的一个协议，用于在 IP 主机、

路由器之间传递控制消息。控制消息是指网络通不通、主机是否可达、路由是否可用等网络本身的消息。

ICMP 报文是在 IP 数据报内部被传输的，它封装在 IP 数据报内。ICMP 报文通常被 IP 层或更高层协议（TCP 或 UDP）使用。一些 ICMP 报文把差错报文返回给用户进程。

下面抓包查看 ICMP 报文的格式。如图 2-31 所示，PC1 ping PC2，ping 命令产生一个 ICMP 请求报文发送给目标地址，用来测试网络是否畅通，如果目标计算机收到 ICMP 请求报文，就会返回 ICMP 响应报文。下面的操作就是使用抓包工具捕获链路上的 ICMP 请求报文和 ICMP 响应报文，观察这两种报文的区别。

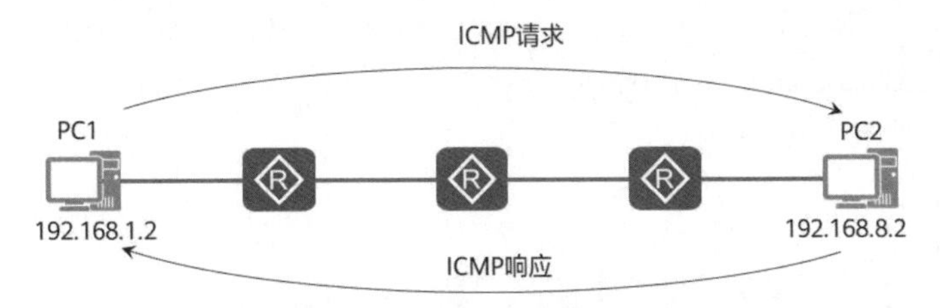

图 2-31　ICMP 请求和响应报文

如图 2-31 所示，捕获 AR1 和 AR2 路由器链路上的数据包。

如图 2-32 所示是 ICMP 请求报文，请求报文中有 ICMP 报文类型字段、ICMP 报文代码字段、校验和字段以及 ICMP 数据部分。请求报文类型值为 8，报文代码为 0。

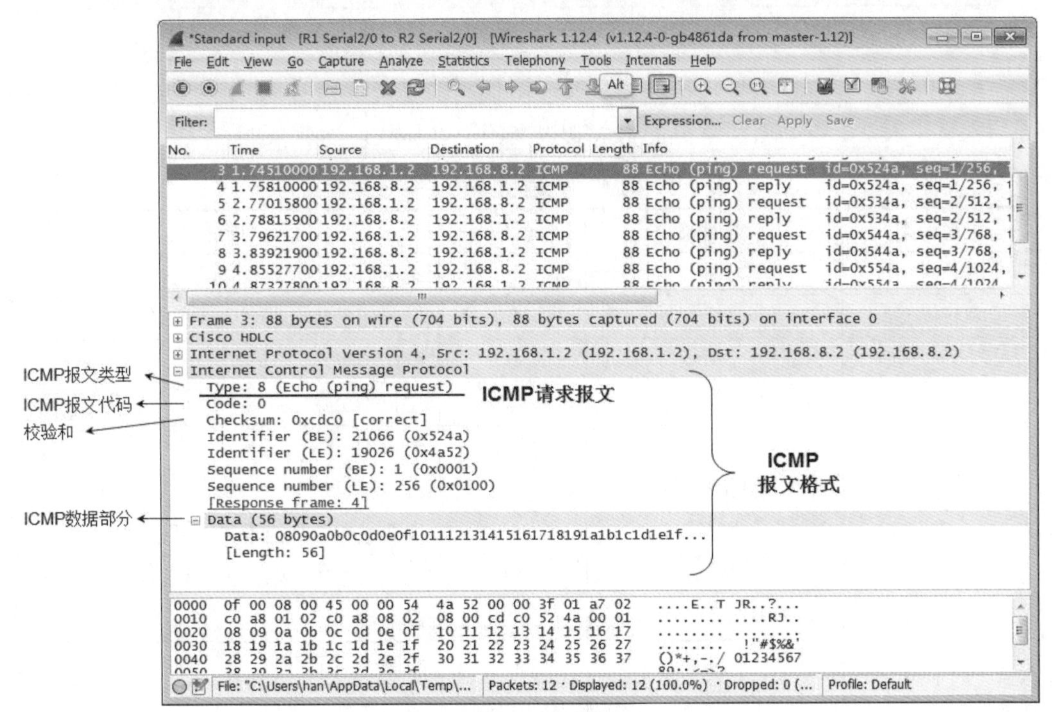

图 2-32　ICMP 请求报文

图 2-33 中选中的是 ICMP 响应报文，类型值为 0，报文代码为 0。

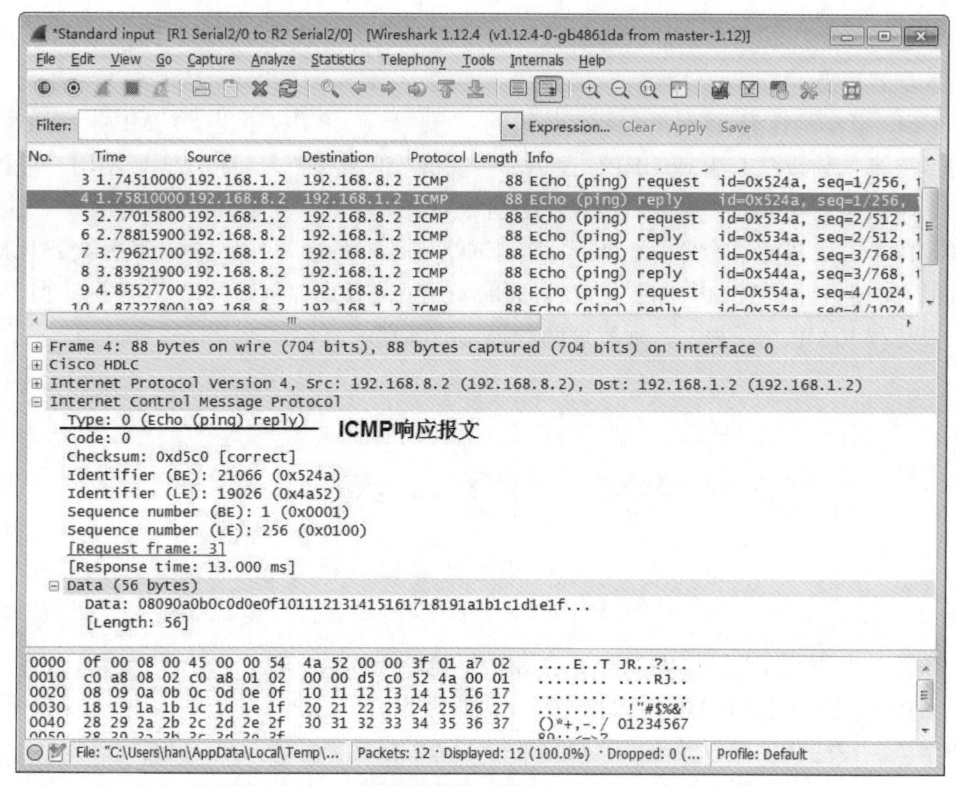

图 2-33 ICMP 响应报文

ICMP 报文分多种类型，每种类型又使用代码来进一步指明 ICMP 报文所代表的不同的含义。表 2-1 中列出了常见的 ICMP 报文的类型和代码所代表的含义。

表 2-1 ICMP 报文类型和代码代表的意义

报文种类	类型值	代码	描述
请求报文	8	0	请求回显报文
响应报文	0	0	回显应答报文
差错报告报文	3（终点不可到达）	0	网络不可达
		1	主机不可达
		2	协议不可达
		3	端口不可达
		4	需要进行分片但设置了不分片
		13	由于路由器，通信被禁止
差错报告报文	4	0	源端被关闭
	5（改变路由）	0	对网络重定向
		1	对主机重定向
	11	0	传输期间生存时间（TTL）为 0
	12（参数问题）	0	坏的 IP 首部
		1	缺少必要的选项

ICMP 差错报告共有五种，即：

（1）终点不可到达。当路由器或主机没有到达目标地址的路由时，就丢弃该数据包，给源点发送终点不可到达报文。

（2）源点抑制。当路由器或主机由于拥塞而丢弃数据包时，就会向源点发送源点抑制报文，使源点知道应当降低数据包的发送速率。

（3）时间超时。当路由器收到生存时间为零的数据报时，除丢弃该数据报外，还要向源点发送时间超过报文。当终点在预先规定的时间内不能收到一个数据报的全部数据报片时，就把已收到的数据报片都丢弃，并向源点发送时间超过报文。

（4）参数问题。当路由器或目的主机收到的数据报的首部中有的字段的值不正确时，就丢弃该数据报，并向源点发送参数问题报文。

（5）改变路由（重定向）。路由器把改变路由报文发送给主机，让主机知道下次应将数据报发送给另外的路由器（可通过更好的路由）。

2.4.4 ARP 协议

网络层协议还包括 ARP，该协议只在以太网中使用，用来将计算机的 IP 地址解析出 MAC 地址。

如图 2-34 所示，网络中有两个以太网和一个点到点链路，计算机和路由器接口的地址如该图所示。图 2-34 中的 MA、MB、…、MH 分别代表对应接口的 MAC 地址。下面讲解 A 计算机和本网段 B 计算机通信过程，以及 A 计算机和 H 计算机跨网段通信过程。

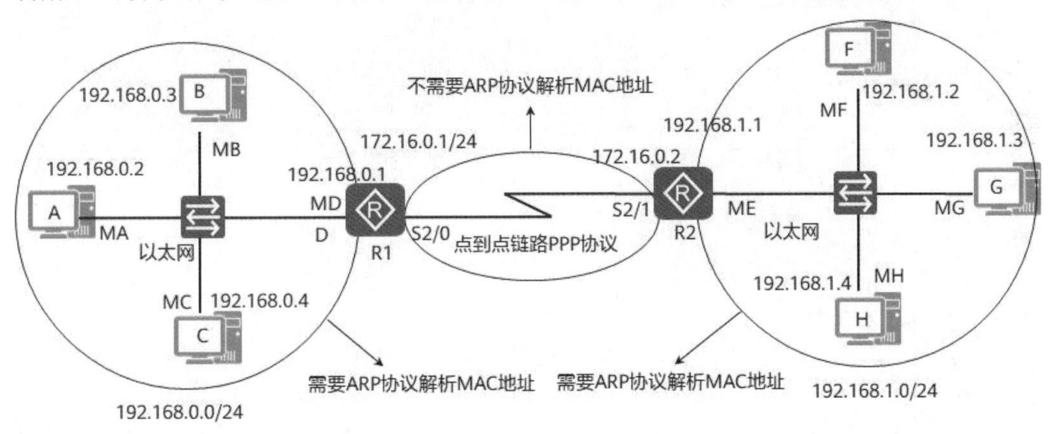

图 2-34 以太网需要 ARP 协议

如果 A 计算机 ping C 计算机的地址 192.168.0.4，A 计算机判断目标 IP 地址和自己在一个网段，数据链路层封装的目标 MAC 地址就是 C 计算机的 MAC 地址，如图 2-35 所示是 A 计算机发送给 C 计算机的帧。

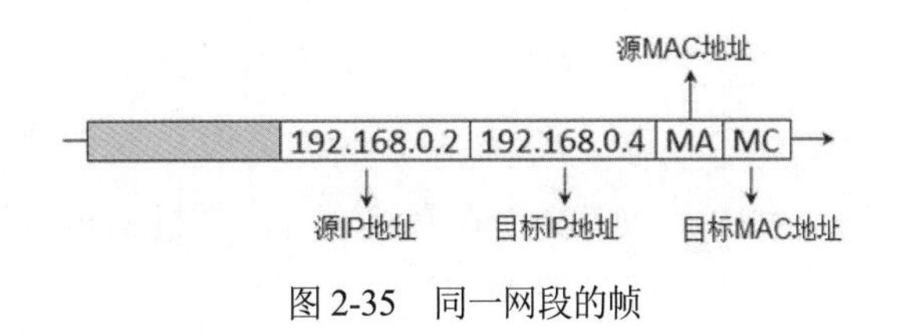

图 2-35 同一网段的帧

如果 A 计算机 ping H 计算机的地址 192.168.1.4，A 计算机判断目标 IP 地址和自己不在一个网段，数据链路层封装的目标 MAC 地址是网关的 MAC 地址，也就是路由器 R1 的 D 接口的 MAC 地址，如图 2-36 所示。

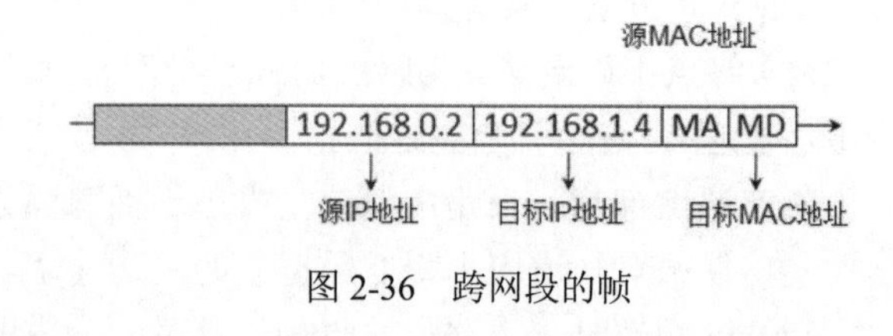

图 2-36　跨网段的帧

计算机接入以太网，只需给计算机配置 IP 地址、子网掩码和网关，并没有告诉计算机网络中其他计算机的 MAC 地址。计算机和目标计算机通信前必须知道目标 MAC 地址，问题来了，A 计算机是如何知道 C 计算机的 MAC 地址或网关的 MAC 地址的？

在 TCP/IP 协议栈的网络层有 ARP 协议（Address Resolution Protocol），在计算机和目标计算机通信之前，需要使用该协议解析到目标计算机的 MAC 地址（同一网段通信）或网关的 MAC 地址（跨网段通信）。

这里大家需要知道：ARP 协议只是在以太网中使用，点到点链路使用 PPP 协议通信，PPP 帧的数据链路层根本不用 MAC 地址，所以也不用 ARP 协议解析 MAC 地址。

如图 2-37 所示是使用抓包工具捕获的 ARP 请求数据包，第 27 帧是计算机 192.168.80.20 解析 192.168.80.30 的 MAC 地址发送的 ARP 请求数据包。注意观察目标 MAC 地址为 ff: ff: ff: ff: ff: ff。其中 Opcode 是选项代码，指示当前包是请求报文还是应答报文，ARP 请求报文的值是 0x0001，ARP 应答报文的值是 0x0002。

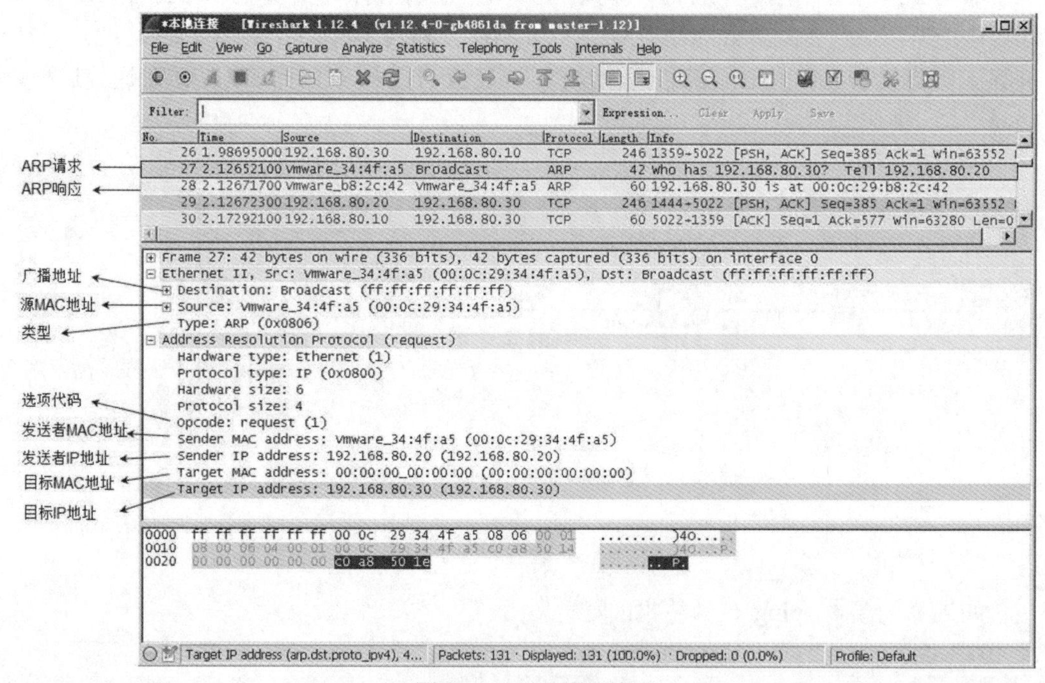

图 2-37　ARP 请求帧

ARP 协议是建立在网络中各个主机互相信任的基础上的，计算机 A 发送 ARP 广播帧解析计算机 C 的 MAC 地址，同一个网段中的计算机都能够收到这个 ARP 请求消息，任何一个主机都可以给 A 计算机发送 ARP 应答消息，可能告诉 A 计算机一个错误的 MAC 地址，A 计算机收到 ARP 应答报文时并不会检测该报文的真实性，就将其记入本机 ARP 缓存，这样就存在一个安全隐患——ARP 欺骗。

在 Windows 系统中运行 arp -a 可以查看缓存的 IP 地址和 MAC 地址对应表，如图 2-38 所示。

```
C:\Users\hanlg>arp -a
接口: 192.168.2.161 --- 0xb
  Internet 地址          物理地址               类型
  192.168.2.1            d8-c8-e9-96-a4-61      动态
  192.168.2.169          04-d2-3a-67-3d-92      动态
  192.168.2.182          c8-60-00-2e-6e-1b      动态
  192.168.2.219          6c-b7-49-5e-87-48      动态
  192.168.2.255          ff-ff-ff-ff-ff-ff      静态
```

图 2-38　IP 地址和 MAC 地址

2.4.5　IGMP 协议

Internet 组管理协议称为 IGMP 协议（Internet Group Management Protocol），是因特网协议家族中的一个组播协议。该协议运行在主机和组播路由器之间。

IGMP 提供了在转发组播数据包到目的地的最后阶段所需的信息，实现如下双向的功能：

- 主机通过 IGMP 通知路由器希望接收或离开某个特定组播组的信息。
- 路由器通过 IGMP 周期性地查询局域网内的组播组成员是否处于活动状态，实现所连网段组成员关系的收集与维护。

IGMP 共有三个版本，即 IGMPv1、IGMPv2 和 IGMPv3。

本书对 IGMP 不做过多讲述。

2.5　数据链路层协议

数据链路层协议负责将帧从链路的一端传到另一端。如图 2-39 所示，PC1 给 PC2 通信，需要经过链路 1，链路 2，…，链路 6。数据链路层协议负责将网络层的数据包封装成帧，将帧从链路的一端发送到另一端。

图 2-39 中，计算机连接交换机的链路是以太网链路，使用 CSMA/CD（Carrier Sense Multiple Access with Collision Detection，带冲突检测的载波监听多路访问技术）协议，该协议定义的帧成为以太网帧，以太网帧有源 MAC 地址和目标 MAC 地址字段。路由器和路由器之间的连接为点到点连接，针对这种链路的数据链路层协议有 PPP

（Point-to-Point，点到点协议）、HDLC（High-Level Data Link Control，高级数据链路控制）等。不同的数据链路层协议定义了不同的帧格式。

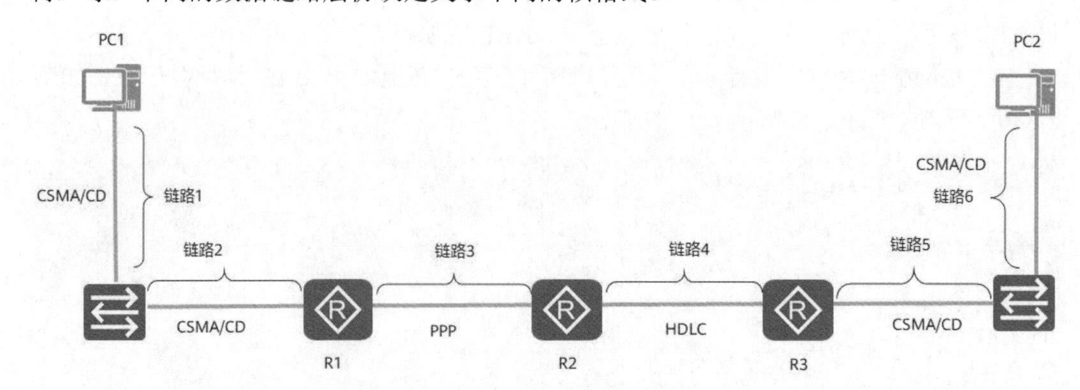

图 2-39 链路和数据链路层协议

数据链路层实现以下功能。

数据链路层的协议有许多种，但有三个基本问题是共同的。这三个基本问题是：封装成帧、透明传输和差错检验。下面针对这三个问题进行详细讨论。

1. 封装成帧

封装成帧，就是将网络层的 IP 数据报的前后分别添加首部和尾部，这样就构成了一个帧。如图 2-40 所示，不同的数据链路层协议的帧的首部和尾部包含的信息有明确的规定，帧的首部和尾部有帧开始符和帧结束符，称为帧定界符。接收端收到物理层传过来的数字信号读取到帧开始符一直到帧结束符，就认为接收到了一个完整的帧。

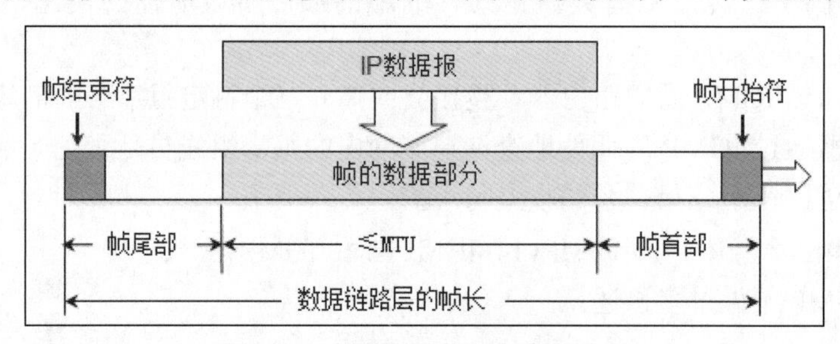

图 2-40 帧首部和帧尾部封装成帧

在数据传输中出现差错时，帧定界符的作用更加明显。如果发送端在尚未发送完一个帧时突然出现故障，中断发送，接收端收到了只有帧开始符没有帧结束符的帧，就认为是一个不完整的帧，必须丢弃。

为了提高数据链路层传输效率，应当使帧的数据部分尽可能大于首部和尾部的长度。但是每一种数据链路层协议都规定了所能够传送帧的数据部分长度的上限——最大传输单元（Maximum Transfer Unit，MTU），以太网的 MTU 为 1500 个字节，如图 2-41 所示，MTU 是指的数据部分长度。

2. 透明传输

帧开始符和帧结束符最好选择不会出现在帧的数据部分的字符，如果帧数据部分出现帧开始符和帧结束符，就要相伴插入转义字符，接收端接收是看到转义字符就去掉，把转义字符后面的字符当作数据来处理。这就是透明传输。

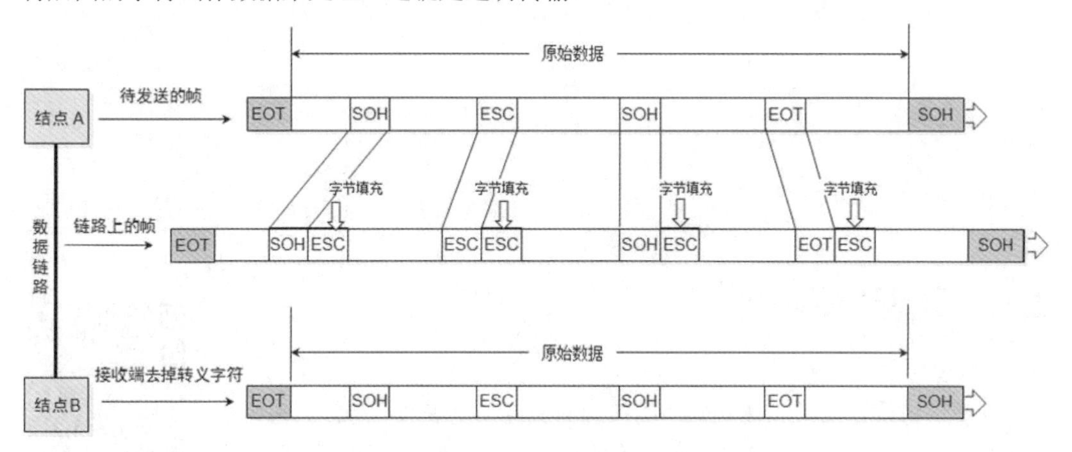

图 2-41　使用字节填充法解决透明传输的问题

如图 2-41 所示，某数据链路层协议的帧开始符为 SOH，帧结束符为 EOT。转义字符选定为 ESC。节点 A 给节点 B 发送数据帧，在发送到数据链路之前，数据中出现 SOH、ESC 和 EOT 字符编码之前的位置插入转义字符 ESC 的编码，这个过程就是字节填充，节点 B 接收之后，再去掉填充的转义字符，视转义字符后的字符为数据。

发送节点 A 在发送帧之前在原始数据中必要位置插入转义字符，接收节点 B 收到后去掉转义字符，又得到原始数据，中间插入转义字符是要让传输的原始数据原封不动地发送到节点 B，这个过程称为“透明传输”。

3. 差错检验

现实的通信链路都不会是理想的。这就是说，比特在传输过程中可能会产生差错：1 可能会变成 0，而 0 也可能变成 1，这就叫作比特差错。比特差错是传输差错中的一种。在一段时间内，传输错误的比特占所传输比特总数的比率称为误码率（Bit Error Rate，BER）。例如，误码率为 10^{-10} 时，表示平均每传送 10^{10} 个比特就会出现一个比特的差错。误码率与信噪比有很大的关系。如果设法提高信噪比，就可以使误码率降低。但实际的通信链路并非是理想的，它不可能使误码率下降到零。因此，为了保证数据传输的可靠性，在计算机网络传输数据时，必须采用各种差错检验措施。目前在数据链路层广泛使用了循环冗余检验（Cyclic Redundancy Check，CRC）的差错检验技术。

要想让接收端能够判断帧在传输过程是否出现差错，需要在传输的帧中包含用于检测错误的信息，这部分信息就称为帧校验序列（Frame Check Sequence，FCS）。如图 2-42 所示，使用帧的数据部分和数据链路层首部来计算机 FCS，放到帧的末尾。接收端收到后，在使用数据部分和数据链路层首部计算一个 FCS，比较两个 FCS 是否相同，如果相同则认为在传输过程中没有出现差错。如果出现差错，接收端丢弃该帧。

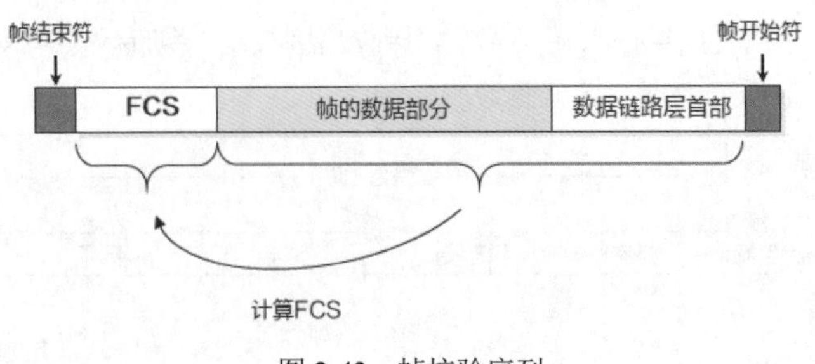

图 2-42 帧校验序列

2.6 物理层协议

物理层协议定义了与传输媒体的接口有关的一些特性，定义了这些接口标准，各厂家生产的网络设备接口才能相互连接和通信，比如定义了以太网接口标准，不同厂家的以太网设备就能相互连接。物理层为数据链路层提供服务。

物理层包括以下几方面的定义，大家可以认为是物理层协议包括的内容。

- **机械特性**。指明接口所用接线器的形状和尺寸、引脚数目和排列、固定的锁定装置等，平时常见的各种规格的接插部件都有严格的标准化规定。这很像平时常见的各种规格的电源插头，其尺寸都有严格的规定。如图 2-43 所示是某广域网接口和线缆接口。

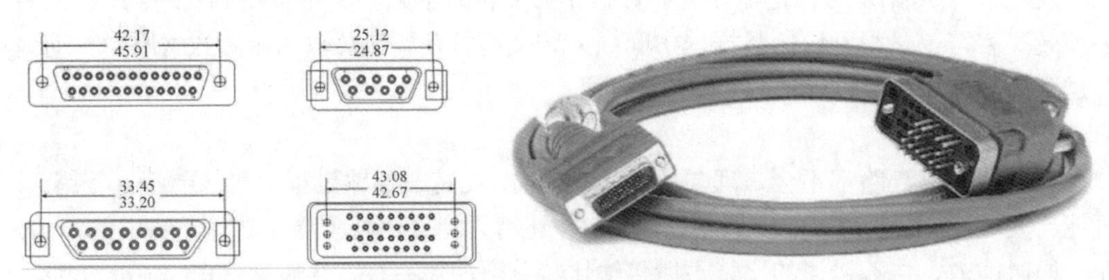

图 2-43 某广域网接口和线缆接口

- **电气特性**。指明在接口电缆的各条线上出现的电压范围，比如正 10 伏和负 10 伏电压之间。
- **功能特性**。指明某条线上出现的某一电平的电压表示何种意义。
- **过程特性**。定义在信号线上进行二进制比特流传输的一组操作过程，包括各信号线的工作顺序和时序，使得比特流传输得以完成。

2.7 TCP/IP 协议和 OSI 参考模型

前面给大家讲的 TCP/IPv4 协议是互联网通信的工业标准。当网络刚开始出现时，典型情况下只能在同一制造商制造的计算机产品之间进行通信。20 世纪 70 年代后期，国际标准化组织（International Organization for

Standardization，ISO）创建了开放系统互联（Open Systems Interconnection，OSI）参考模型，从而打破了这一壁垒。

OSI 参考模型将计算机通信过程按功能划分为七层，并规定了每一层实现的功能。这样互联网设备的厂家以及软件公司就能参照 OSI 参考模型来设计自己的硬件和软件，不同供应商的网络设备之间就能够互相协同工作。

OSI 参考模型不是具体的协议，TCP/IPv4 协议栈是具体的协议，怎么来理解它们之间的关系呢？

比如，国际标准组织定义了汽车参考模型，规定汽车要有动力系统、转向系统、制动系统、变速系统，这就相当于 OSI 参考模型定义的计算机通信每一层要实现的功能。参照这个汽车参考模型，汽车厂商可以研发自己的汽车，比如奥迪轿车，它实现了汽车参考模型的全部功能，此时奥迪汽车就相当于 TCP/IP 协议。奥迪轿车的动力系统有的使用汽油，有的使用天然气，发动机有的是 8 缸，有的是 10 缸，实现的功能都是汽车参考模型的动力系统的功能。变速系统有的是手动挡，有的是自动挡，有的是 4 级变速，有的是 6 级变速，有的是无级变速，实现的功能都是汽车参考模型的变速功能。

同样 OSI 参考模型只定义了计算机通信每层要实现的功能，并没有规定如何实现以及实现的细节，不同的协议栈实现方法可以不同。

国际标准化组织（ISO）制定 OSI 参考模型把计算机通信分成了七层。

（1）应用层。应用层协议实现应用程序的功能，将实现方法标准化就形成应用层协议。互联网中的应用很多，比如访问网站、收发电子邮件、访问文件服务器等，因此应用层协议也很多。定义客户端能够向服务器发送哪些请求（命令），服务器能够向客户端返回哪些响应，以及用到的报文格式、命令的交互顺序，都属于应用层协议应该包含的内容。

（2）表示层。应用程序要传输的信息需转换成数据。如果是字符文件，要使用字符集转换成数据。如果是图片或应用程序这些二进制文件也要进行编码变成数据，数据在传输前是否压缩、是否加密处理都是表示层要解决的问题。发送端的表示层和接收端的表示层是协议的双方，加密和解密、压缩和解压缩，将字符文件编码和解码要遵循表示层协议的规范。

（3）会话层。为通信的客户端和服务端程序建立会话、保持会话和断开会话。建立会话：A、B 两台计算机之间需要通信，要建立一条会话供它们使用，在建立会话的过程中会有身份验证、权限鉴定等环节。保持会话：通信会话建立后，通信双方开始传递数据，当数据传递完成后，OSI 会话层不一定立即将这两者之间通信会话断开，它会根据应用程序和应用层的设置对会话进行维护，在会话维持期间，两者可以随时使用会话传输数据。断开会话：当应用程序或应用层规定的超时时间到期后，或 AB 重启、关机，或手动断开会话时，OSI 会断开 A、B 之间的会话。

（4）传输层。负责向两个主机中进程之间的通信提供通用的数据传输服务。传输层两种协议。传输控制协议 TCP——提供面向连接的、可靠的数据传输服务，其数据传输的单位是报文段。用户数据包协议 UDP——提供无连接的、尽最大努力的数据传输服务，其数据传输的单位是用户数据报。

（5）网络层。为数据包跨网段通信选择转发路径。

（6）数据链路层。两台主机之间的数据通信，总是在一段一段的链路上传送的，这就需要专门的链路层协议。数据链路层就是将数据包封装成能够在不同链路传输的帧。数据包在传递过程中要经过不同网络，比如由集线器或交换机组建的网络就是以太网，以太网使用载波侦听多路访问协议（CSMA/CD），路由器和路由器之间的连接是点到点的链路，点到点链路可以使用 PPP 协议或帧中继（Frame Relay）协议。数据包要想在不同类型的链路传输需要封装成不同的帧格式。比如以太网的帧，要加上目标 MAC 地址和源 MAC 地址，而点到点链路上的帧就不用添加 MAC 地址。

（7）物理层。规定了网络设备的接口标准、电压标准，要是不定义这些标准，各个厂家生产的网络设备就不能连接到一起，更不可能相互兼容了。物理层也包括通信技术，那些专门研究通信的人就要想办法让物理线路（铜线或光纤）通过频分复用技术或时分复用技术或编码技术更快地传输数据。

TCP/IPv4 协议栈对 OSI 参考模型进行了合并简化，其应用层实现了 OSI 参考模型的应用层、表示层和会话层的功能，并将数据链路层和物理层合并成网络接口层，如图 2-44 所示。

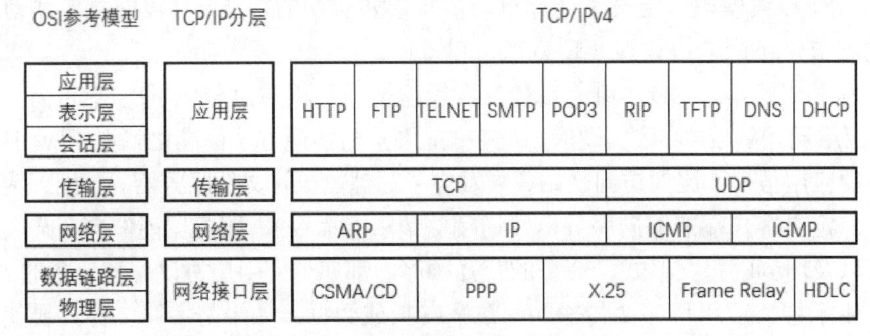

图 2-44　OSI 参考模型和 TCP/IP 分层

以下是将计算机通信分层后的好处。

（1）各层之间是独立的。某一层并不需要知道它的下一层如何实现，而仅仅需要知道该层通过层间接口所提供的服务。上层对下层来说就是要处理的数据，如图 2-45 所示。

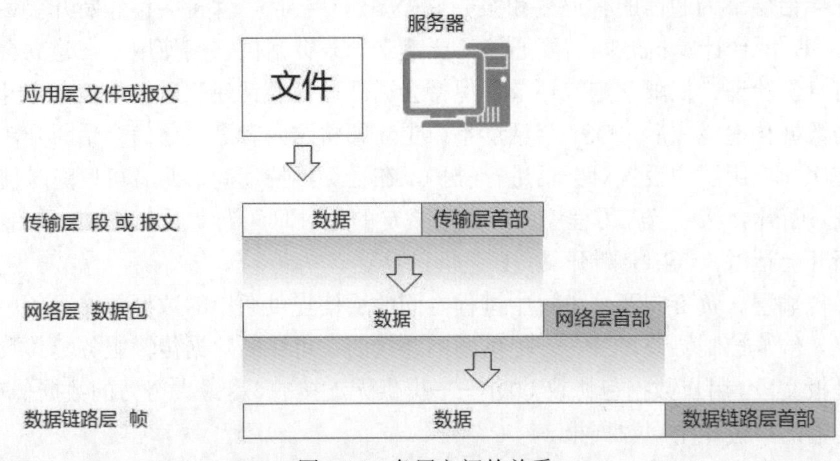

图 2-45　各层之间的关系

（2）灵活性好。每一层有所改进和变化，不会影响其他层。比如 IPv4 实现的是网络层功能，现在升级为 IPv6，实现的仍然是网络层功能，传输层 TCP 和 UDP 不用做任何变动，数据链路层使用的协议也不用做任何变动。如图 2-46 所示，计算机可以使用 IPv4 和 IPv6 进行通信。

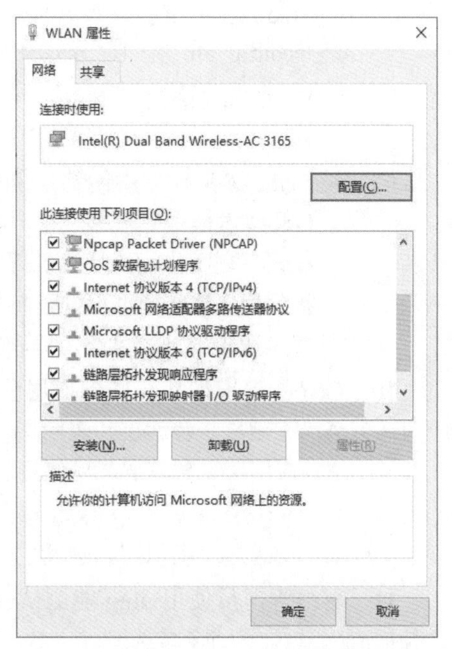

图 2-48　IPv4 和 IPv6 实现的功能一样

（3）各层都可以采用最合适的技术来实现，比如适合布线的就使用双绞线连接网络，有障碍物的就使用无线覆盖。

（4）促进标准化工作。路由器实现网络层功能，交换机实现数据链路层功能，不同厂家的路由器和交换机能够相互连接实现计算机通信，就是因为有了网络层标准和数据链路层标准。

（5）分层后有助于将复杂的计算机通信问题拆分成多个简单的问题，有助于排除网络故障。比如计算机没有设置网关造成网络故障属于网络层问题，MAC 地址冲突造成的网络故障属于数据链路层问题，IE 浏览器设置了错误的代理服务器访问不了网站，属于应用层问题。

2.8　习题

1. 计算机通信实现可靠传输的是 TCP/IP 协议的哪一层？（　　）
   A. 物理层　　B. 应用层　　C. 传输层　　D. 网络层
2. 由 IPv4 升级到 IPv6，对 TCP/IP 协议来说是哪一层做了更改？（　　）
   A. 数据链路层　　B. 网络层　　C. 应用层　　D. 物理层
3. ARP 协议有何作用？（　　）
   A. 将计算机的 MAC 地址解析成 IP 地址
   B. 域名解析
   C. 可靠传输
   D. 将 IP 地址解析成 MAC 地址
4. 以太网使用什么协议在链路上发送帧？（　　）
   A. HTTP　　B. TCP　　C. CSMA/CD　　D. ARP
5. TCP 和 UDP 端口号的范围是多少？（　　）
   A. 0～256　　B. 0～1023　　C. 0～65535　　D. 1024～65535
6. 下列网络协议中，默认使用 TCP 端口号 25 的是？（　　）
   A. HTTP　　B. telnet　　C. SMTP　　D. POP3

7．在 Windows 系统中，查看侦听的端口使用的命令是？（　　）

A．ipconfig /all　　B．netstat -an　　C．ping　　D．telnet

8．在 Windows 系统中，ping 命令使用的协议是？（　　）

A．HTTP　　B．IGMP　　C．TCP　　D．ICMP

9．关于 OSI 参考模型中网络层的功能说法正确的是（　　）。

A．OSI 参考模型中最靠近用户的一层，为应用程序提供网络服务

B．在设备之间传输比特流，规定了电平、速度和电缆针脚

C．提供面向连接或非面向连接的数据传递以及进行重传前的差错检测

D．提供逻辑地址，供路由器确定路径

10．OSI 参考模型从高层到低层分别是（　　）。

A．应用层、会话层、表示层、传输层、网络层、数据链路层、物理层

B．应用层、传输层、网络层、数据链路层、物理层

C．应用层、表示层、会话层、传输层、网络层、数据链路层、物理层

D．应用层、表示层、会话层、网络层、传输层、数据链路层、物理层

11．网络管理员使用 ping 能测试网络的连通性，在这个过程中下面哪些协议可能会被使用到？（　　）（多选）

A．ARP　　B．TCP　　C．ICMP　　D．UDP

12．A 计算机给 D 计算机发送数据包要经过两个以太网帧，如图 2-47 所示，写出数据包的源 IP 地址和目标 IP 地址、源 MAC 地址和目标 MAC 地址。

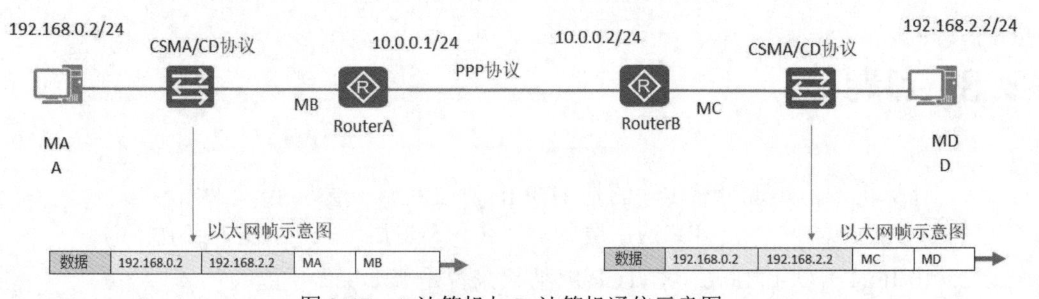

图 2-47　A 计算机与 D 计算机通信示意图

13．TCP/IP 协议按什么分层？写出每一层协议实现的功能。

14．列出几个常见的应用层协议。

15．应用层协议要定义哪些内容？

16．写出传输层的两个协议以及应用场景。

17．写出网络层的 4 个协议以及每个协议的功能。

第3章

IP 地址和子网划分

本章内容

- IP 地址层次结构
- IP 地址分类
- 公网地址
- 私网地址
- 保留的 IP 地址
- 等长子网划分
- 变长子网划分
- 合并网段

本章讲解 IP 地址的格式、子网掩码的作用、IP 地址的分类以及一些特殊的地址，介绍什么是公网地址和私网地址，以及私网地址如何通过 NAT 访问 Internet。

为了避免 IP 地址的浪费，需要根据每个网段的计算机数量分配合理的 IP 地址块，有可能需要将一个大的网段分成多个子网。本章给大家讲解如何进行等长子网划分和变长子网划分。当然，如果一个网络中的计算机数量非常多，有可能一个网段的地址块容纳不下，也可以将多个网段合并成一个大的网段，这个大的网段就是超网。最后会给大家介绍子网划分和合并网络的规律。

3.1 学习 IP 地址预备知识

网络中计算机和网络设备接口 IP 地址由 32 位二进制数组成，后面学习 IP 地址和子网划分的过程需要将二进制数转化成十进制数，还需要将十进制数转化成二进制数。因此在学习 IP 地址和子网划分之前，先给大家补充一下二进制的相关知识，同时要求大家熟记下面讲到的二进制和十进制之间的关系。

3.1.1 二进制和十进制

学习子网划分需要读者看到一个十进制形式的网络掩码能很快判断出该网络掩码写成二进制形式有几个 1，看到一个二进制形式的网络掩码，也能熟练写出该网络掩码对应的十进制数。

二进制是计算技术中广泛采用的一种数制。二进制数据是用 0 和 1 两个数码来表示的数。它的基数为 2，进位规则是“逢二进一”，借位规则是“借一当二”，当前的计算机系统使用的基本上都是二进制。

下面列出二进制和十进制的对应关系，要求最好记住这些对应关系，其实也不用死记硬背，这里有规律可循，如表 3-1 所示，二进制中的 1 向前移 1 位，对应的十进制乘以 2。

表 3-1 二进制与十进制

二进制	十进制
1	1
10	2
100	4
1000	8
1 0000	16
10 0000	32
100 0000	64
1000 0000	128

如表 3-2 所示列出的二进制数和十进制数的对应关系最好也记住，要求给出下面的一个十进制数，立即就能写出对应的二进制数；给出一个二进制数，能立即写出对应的十进制数。后面给出了记忆规律。

表 3-2 记忆规律

二进制	十进制	
1000 0000	128	
1100 0000	192	这样记 1000 0000+100 0000 也就是 128+64=192
1110 0000	224	这样记 1000 0000+100 0000+10 0000 也就是 128+64+32=224
1111 0000	240	这样记 128+64+32+16=240
1111 1000	248	这样记 128+64+32+16+8=248
1111 1100	252	这样记 128+64+32+16+8+4=252
1111 1110	254	这样记 128+64+32+16+8+4+2=254
1111 1111	255	这样记 128+64+32+16+8+4+2+1=255

可见 8 位二进制全是 1，最大值就是 255。

万一忘记了上表的对应关系，可以使用下面的方法，如图 3-1 所示，只要记住数轴上的几个关键的点，对应关系立刻就能想出来。先画一条线，左端代表二进制数 0000

0000，右端代表二进制数 1111 1111。

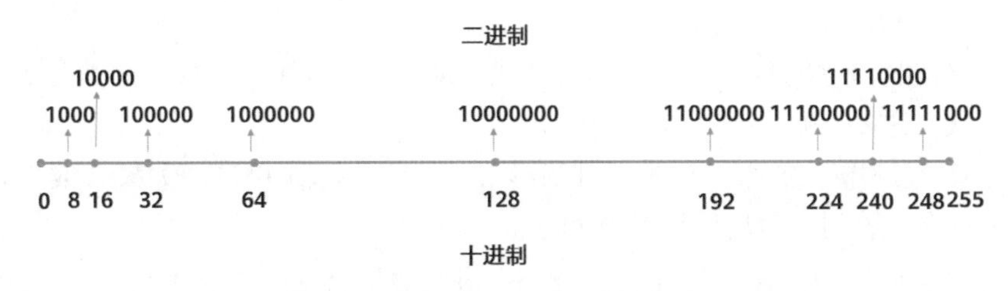

图 3-1　二进制和十进制对应的关系

可以看到 0～255 共计 256 个数字，中间的数字就是 128，128 对应的二进制数就是 1000 0000，这是一个分界点，128 以前的二进制数最高位是 0，128 之后的数，二进制数最高位都是 1。

128～255 中间的数，就是 192，二进制数就是 1100 0000，这就意味着从 192 开始的数，其二进制数最前面的两位都是 1。

192～255 中间的数，就是 224，二进制数就是 1110 0000，这就意味着从 224 开始的数，其二进制最前面的三位都是 1。

通过这种方式很容易找出 0～128 之间的数 64 是二进制数 100 0000 对应的十进制数。0～64 之间的数 32 就是二进制数 10 0000 对应的十进制数。

通过这种方式，即便忘记了上面的对应关系，只要画一条数轴，按照上述方法就能很快找到二进制和十进制的对应关系。

3.1.2　二进制数的规律

在后面学习合并网段时需要大家判断给出的几个子网是否能够合并成一个网段，需要大家能够写出一个数转换成二进制后的后几位。下面就给大家看看二进制数的规律，如表 3-3 所示，教给大家一个快速写出一个数的二进制形式的后几位的方法。

表 3-3　二进制规律

十进制	二进制	十进制	二进制
0	0	11	1011
1	1	12	1100
2	10	13	1101
3	11	14	1110
4	100	15	1111
5	101	16	10000
6	110	17	10001

通过表 3-3 中的十进制和二进制对应关系能找到以下规律：

- 能够被 2 整除的数，写成二进制形式，后一位是 0。如果余数是 1，则最后一位是 1。

- 能够被 4 整除的数，写成二进制形式，后两位是 00。如果余数是 2，就把 2 写成二进制，后两位是 10。
- 能够被 8 整除的数，写成二进制形式，最后三位是 000。如果余数是 5，就把 5 写成二进制，后三位是 101。
- 能够被 16 整除的数，写成二进制形式，最后四位是 0000。如果余数是 6，就把 6 写成二进制，最后四位是 0110。

我们可以找出规律，如果让你写出一个十进制数转换成二进制数后，后面的 n 位二进制数，可以将该数除以 2^n，将余数写成 n 位二进制即可。

根据前面的规律，写出十进制数 242 转换成二进制数后的最后 4 位。

2^4 是 16，242 除以 16，余 2，将余数写成 4 位二进制，就是 0010。

3.2 理解 IP 地址

IP 地址就是给每个连接在 Internet 上的主机分配一个 32 位的二进制地址。IP 地址用来定位网络中的计算机和网络设备。

3.2.1 MAC 地址和 IP 地址

计算机的网卡有物理层地址（MAC 地址），为什么还需要 IP 地址呢？

如图 3-2 所示，网络中有三个网段，一个交换机一个网段，使用两个路由器连接这三个网段。图中 MA、MB、MC、MD、ME、MF 以及 M1、M2、M3 和 M4，分别代表计算机和路由器接口的 MAC 地址。

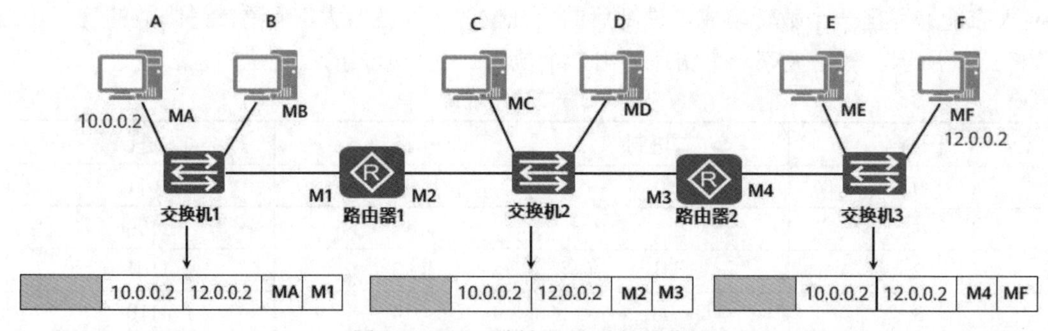

图 3-2 MAC 地址和 IP 地址的作用

A 计算机给 F 计算机发送一个数据包，A 计算机在网络层给数据包添加源 IP 地址（10.0.0.2）和目标 IP 地址（12.0.0.2）。

该数据包要想到达 F 计算机，要经过路由器 1 转发，该数据包如何才能让交换机 1 转发到路由器 1 呢？那就需要在数据链路层添加 MAC 地址，源 MAC 地址为 MA，目标 MAC 地址为 M1。

路由器 1 收到该数据包，需要将该数据包转发到路由器 2，这就要求将数据包重新封装成帧，帧的目标 MAC 地址是 M3，源 MAC 地址是 M2，这也要求重新计算帧校验序列。

数据包到达路由器 2，数据包需要重新封装，目标 MAC 地址为 MF，源 MAC 地址为 M4。交换机 3 将该帧转发给 F 计算机。

从图 3-2 可以看出，数据包的目标 IP 地址决定了数据包最终到达哪一个计算机，而目标 MAC 地址决定了该数据包下一跳由哪个设备接收，但不一定是终点。

如果全球计算机网络是一个大的以太网，那就不需要使用 IP 地址通信了，只使用 MAC 地址就可以了。大家想想那将是一个什么样的场景？一个计算机发广播帧，全球计算机都能收到，都要处理，整个网络的带宽将会被广播帧耗尽。所以必须由网络设备路由器来隔绝以太网的广播，默认路由器不转发广播帧，路由器只负责在不同的网络间转发数据包。

3.2.2　IP 地址的组成

在讲解 IP 地址之前，先介绍一下大家熟知的电话号码，通过电话号码来理解 IP 地址。

大家都知道，电话号码由区号和本地号码组成。如图 3-3 所示，石家庄市的区号是 0311，北京市的区号是 010，保定市的区号是 0312。同一地区的电话号码有相同的区号，打本地电话不用拨区号，打长途才需要拨区号。

用电话号码来理解 IP 地址规划

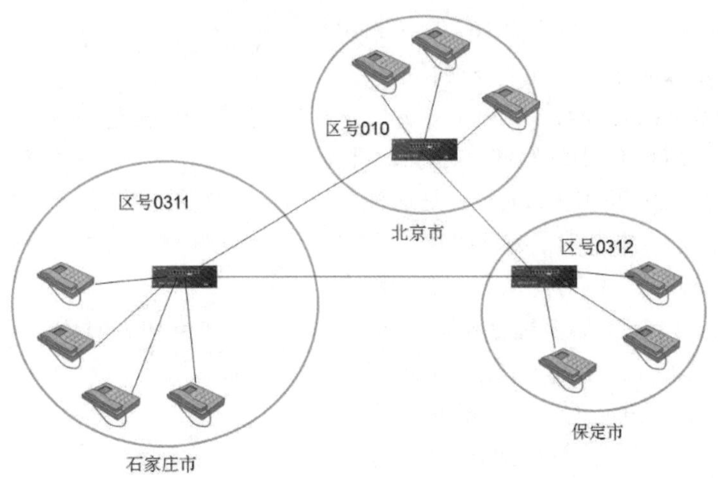

图 3-3　区号和电话号

和电话号码的区号一样，计算机的 IP 地址也由两部分组成，一部分为网络标识，另一部分为主机标识，如图 3-4 所示，同一网段的计算机网络部分相同。路由器连接不同网段，负责不同网段之间的数据转发，交换机连接的则是同一网段的计算机。

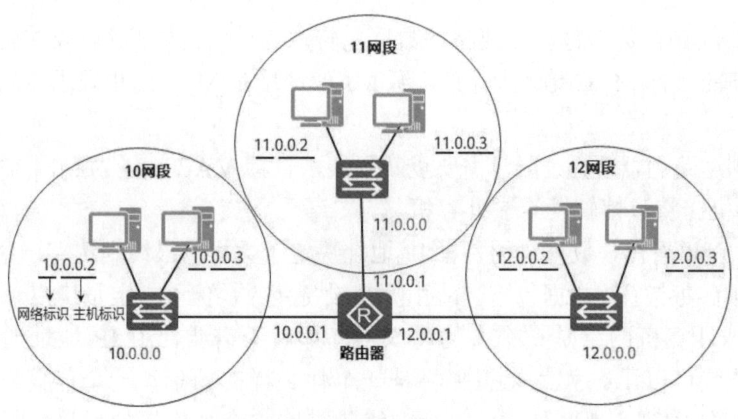

图 3-4　网络标识和主机标识

计算机在和其他计算机通信之前，首先要判断目标 IP 地址和自己的 IP 地址是否在一个网段，这决定了数据链路层的目标 MAC 地址是目标计算机的还是路由器接口的。

3.2.3　IP 地址格式

按照 TCP/IPv4 协议栈规定，IP 地址用 32 位二进制来表示，也就是 32 比特，换算成字节，就是 4 个字节。例如一个采用二进制形式的 IP 地址是“10101100000100000001111000111000”，这么长的地址，人们处理起来太费劲了。为了方便人们的使用，这些位被分割为 4 个部分，每一部分 8 位二进制，中间使用符号“.”分开，分成 4 部分的二进制 IP 地址 10101100.00010000.00011110.00111000，经常被写成十进制的形式，于是，上面的 IP 地址可以表示为“172.16.30.56”。IP 地址的这种表示法叫作“点分十进制表示法”，这显然比 1 和 0 的组合容易记忆得多。

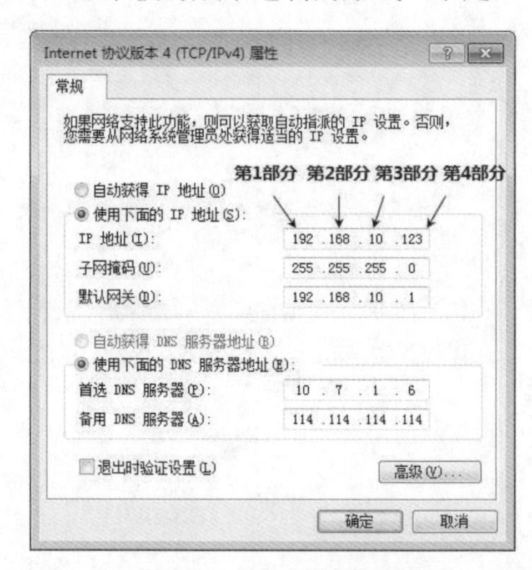

图 3-5　点分十进制记法

点分十进制这种 IP 地址写法，方便书写和记忆，通常计算机配置 IP 地址时就是这种写法，如图 3-5 所示。本书为了方便描述，给 IP 地址的这四部分进行了编号，从左到右分别称为第 1 部分、第 2 部分、第 3 部分和第 4 部分。

8 位二进制的 11111111 转换成十进制就是 255，因此点分十进制的每一部分最大不能超过 255。大家看到给计算机配置 IP 地址，还会配置网络掩码和网关，下面将介绍网络掩码的作用。

3.2.4　网络掩码的作用

网络掩码（Subnet Mask）又叫地址掩码，它是一种用来指明一个 IP 地址哪些位标识的是主机所在的子网以及哪些位标识的是主机的位掩码。网络掩码只有一个作用，就是将某个 IP 地址划分成网络地址和主机地址两部分。

如图 3-6 所示，计算机的 IP 地址是 131.107.41.6，网络掩码是 255.255.255.0，所在网段是 131.107.41.0，主机部分归零，就是该主机所在的网段。该计算机和远程计算机通信，只要目标 IP 地址前面三部分是 131.107.41 就认为和该计算机在同一个网段，比如该计算机和 IP 地址 131.107.41.123 在同一个网段，和 IP 地址 131.107.42.123 不在同一个网段，因为网络部分不相同。

如图 3-7 所示，计算机的 IP 地址是 131.107.41.6，网络掩码是 255.255.0.0，计算机所在网段是 131.107.0.0。该计算机和远程计算机通信，目标 IP 地址只要前面两部分是 131.107 就认为和该计算机在同一个网段，比如该计算机和 IP 地址 131.107.42.123 在同一个网段，而和 IP 地址 131.108.42.123 不在同一个网段，因为网络部分不同。

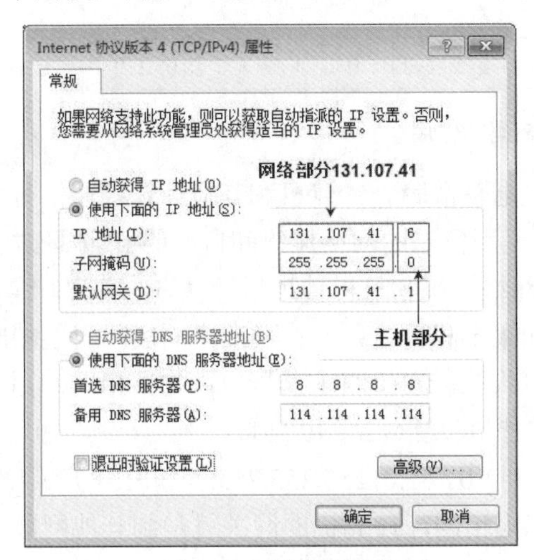

图 3-6　网络掩码的作用

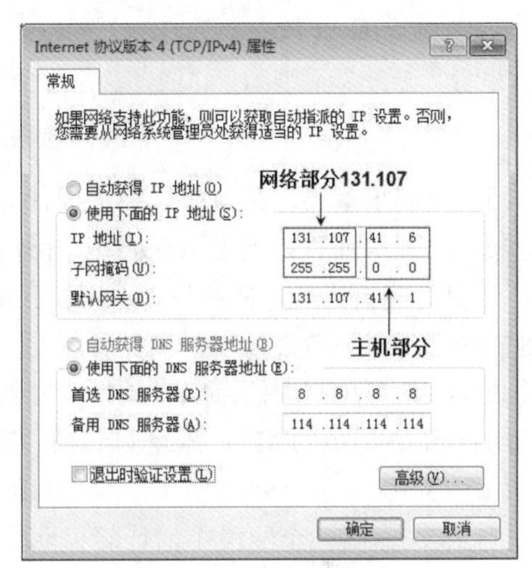

图 3-7　网络掩码的作用

如图 3-8 所示，计算机的 IP 地址是 131.107.41.6，网络掩码是 255.0.0.0，计算机所在网段是 131.0.0.0。该计算机和远程计算机通信，目标 IP 地址只要前面一部分是 131 就认为和该计算机在同一个网段，比如该计算机和 IP 地址 131.108.42.123 在同一个网段，而和 IP 地址 132.108.42.123 不在同一个网段，因为网络部分不同。

计算机如何使用网络掩码来计算自己所在的网段呢？

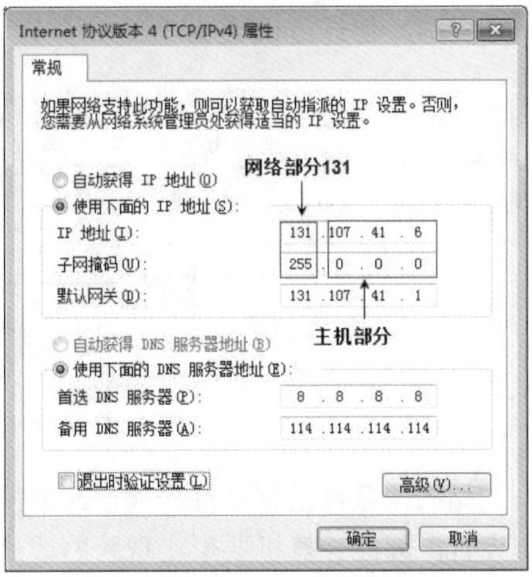

图 3-8　网络掩码的作用

如图 3-9 所示，如果一台计算机的 IP 地址配置为 131.107.41.6，网络掩码为 255.255.255.0。将其 IP 地址和网络掩码都写成二进制，对应的二进制位进行“与”运算，两个都是 1 才得 1，否则都得 0，即 1 和 1 做“与”运算得 1，0 和 1 或 1 和 0 做“与”运算都得 0，0 和 0 做“与”运算得 0，这样将 IP 地址和网络掩码做完“与”运算后，主机位不管是什么值都归零，网络位的值保持不变，得到该计算机所处的网段为 131.107.41.0。

IP地址	131	107	41	6
二进制IP地址	1 0 0 0 0 0 1 1	0 1 1 0 1 0 1 1	0 0 1 0 1 0 0 1	0 0 0 0 0 1 1 0
	与与			
网络掩码	255	255	255	0
二进制网络掩码	1 1 1 1 1 1 1 1	1 1 1 1 1 1 1 1	1 1 1 1 1 1 1 1	0 0 0 0 0 0 0 0
地址和网络掩码做"与"运算	↓↓			
网络号	131	107	41	0
二进制网络号	1 0 0 0 0 0 1 1	0 1 1 0 1 0 1 1	0 0 1 0 1 0 0 1	0 0 0 0 0 0 0 0

图 3-9　网络掩码的作用

网络掩码很重要，配置错误会造成计算机通信故障。计算机和其他计算机通信时，首先断定目标地址和自己是否在同一个网段，先用自己的网络掩码和自己的 IP 地址进行“与”运算得到自己所在的网段，再用自己的网络掩码和目标地址进行“与”运算，看看得到的网络部分与自己所在网段是否相同。如果不相同，则不在同一个网段，封装帧时目标 MAC 地址用网关的 MAC 地址，交换机将帧转发给路由器接口；如果相同，则直接使用目标 IP 地址的 MAC 地址封装帧，直接把帧发给目标 IP 地址。

如图 3-10 所示，路由器连接两个网段 131.107.41.0 255.255.255.0 和 131.107.42.0 255.255.255.0，同一个网段中的计算机网络掩码相同，计算机的网关就是到其他网段的出口，也就是路由器接口地址。路由器接口使用的地址可以是本网段中任何一个地址，不过通常使用该网段第一个可用的地址或最后一个可用的地址，这是为了尽可能避免和网络中的其他计算机地址冲突。

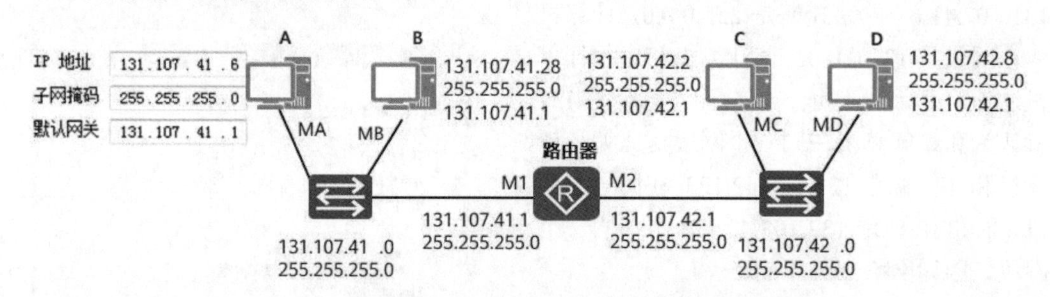

图 3-10　网络掩码和网关的作用

如果计算机没有设置网关，跨网段通信时它就不知道谁是路由器，下一跳该传给哪个设备。因此计算机要想实现跨网段通信，必须指定网关。

如图 3-11 所示，连接在交换机上的 A 计算机和 B 计算机的网络掩码设置不一样，都没有设置网关。思考一下，A 计算机是否能够和 B 计算机通信？只有数据包能去能回网络才能通。

A计算机和自己的网络掩码做“与”运算，得到自己所在的网段131.107.0.0，目标地址131.107.41.28也属于131.107.0.0网段，A计算机把帧直接发送给B计算机。B计算机给A计算机发送返回的数据包，B计算机在131.107.41.0网段，目标地址131.107.41.6碰巧也属于131.107.41.0网段，所以B计算机也能够把数据包直接发送到A计算机，因此A计算机能够和B计算机通信。

如看图3-12所示，连接在交换机上的A计算机和B计算机的网络掩码设置不一样，IP地址见图3-12，都没有设置网关。思考一下， A计算机是否能够和B计算机通信？

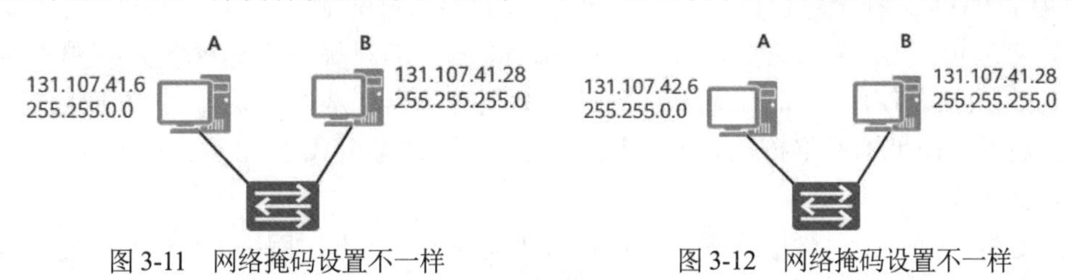

图3-11 网络掩码设置不一样　　图3-12 网络掩码设置不一样

A计算机和自己的网络掩码做“与”运算，得到自己所在的网段131.107.0.0，目标地址131.107.41.28也属于131.107.0.0网段， A计算机可以把数据包发送给B计算机。B计算机给A计算机发送返回的数据包，B计算机使用自己的网络掩码计算自己所属网段，得到自己所在的网段为131.107.41.0，目标地址131.107.42.6不属于131.107.41.0网段，B计算机没有设置网关，不能把数据包发送到A计算机，因此A计算机能发送数据包给B计算机，但是B计算机不能发送返回的数据包，因此网络不通。

3.2.5 网络掩码另一种表示方法

IP地址有“类”的概念，A类地址默认网络掩码255.0.0.0，B类地址默认网络掩码255.255.0.0，C类地址默认网络掩码255.255.255.0。等长子网划分和变长子网划分打破了IP地址“类”的概念，网络掩码也打破了字节的限制，这种网络掩码被称为VLSM（Variable Length Subnet Masking，可变长网络掩码）。为了方便表示可变长网络掩码，网络掩码还有另一种写法。比如131.107.23.32/25、192.168.0.178/26，反斜杠后面的数字表示网络掩码写成二进制形式后1的个数。

这种方式打破了IP地址“类”的概念，使得Internet服务提供商（ISP）可以灵活地将大的地址块分成恰当的小地址块（子网）给客户，不会造成大量IP地址浪费。这种方式也可以使得Internet上的路由器路由表大大精简，被称为CIDR（Classless Inter-Domain Routing，无类域间路由），网络掩码中1的个数被称为CIDR值。

CIDR的作用就是支持IP地址的无类规划，CIDR采用13～27位可变网络ID，而不是A、B、C类网络ID所用的固定的8、16和24位。在IP地址后面添加一个“/”，后面是二进制网络掩码的位数。比如192.168.10.32/24，意味着该地址网络掩码长度为24，即11111111.11111111.11111111. 00000000，等价于网络掩码255.255.255.0。

3.3 IP 地址详解

3.3.1 IP 地址分类

最初设计互联网络时，Internet 委员会定义了 5 种 IP 地址类型以适合不同容量的网络，即 A 类～E 类。其中 A、B、C 三类由 InternetNIC（Internet Network Information Center, 因特网信息中心）在全球范围内统一分配，D、E 类为特殊地址。

IPv4 地址共 32 位二进制，分为网络 ID 和主机 ID。哪些位是网络 ID，哪些位是主机 ID，最初是使用 IP 地址第 1 部分进行标识的。也就是说只要看到 IP 地址的第 1 部分就知道该地址的网络掩码。通过这种方式将 IP 地址分成了 A 类、B 类、C 类、D 类和 E 类 5 类。

如图 3-13 所示，网络地址最高位是 0 的地址为 A 类地址。网络 ID 全 0 不能用，127 作为保留网段，因此 A 类地址的第 1 部分取值范围为 1～126。

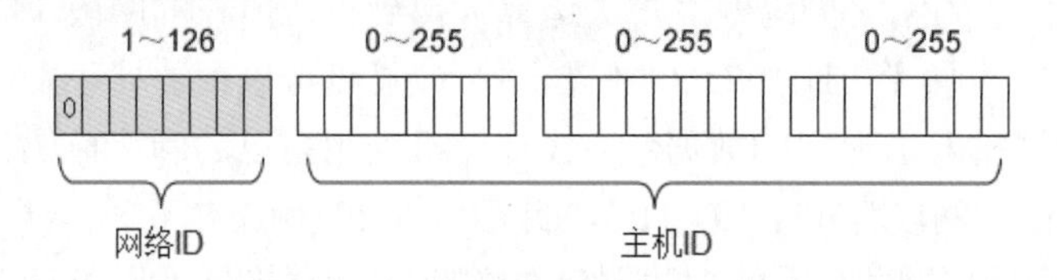

图 3-13　A 类地址网络位和主机位

A 类网络默认网络掩码为 255.0.0.0。主机 ID 由第 2 部分、第 3 部分和第 4 部分组成，每部分的取值范围为 0～255，共 256 种取值。学过排列组合就会知道，一个 A 类网络主机数量是 256×256×256=16777216，取值范围是 0～16777215，0 也算一个数。可用的地址还需减去 2，主机 ID 全 0 的地址为网络地址，不能给计算机使用，而主机 ID 全 1 的地址为广播地址，也不能给计算机使用，可用的地址数量为 16777214。如果给主机 ID 全 1 的地址发送数据包，计算机产生一个广播帧，发送到本网段全部计算机。

如图 3-14 所示，网络地址最高位是 10 的地址为 B 类地址。IP 地址第 1 部分的取值范围为 128～191。

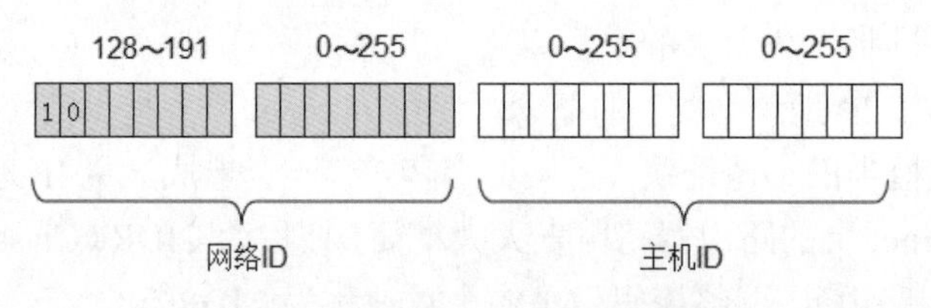

图 3-14　B 类地址网络位和主机位

B 类网络默认网络掩码为 255.255.0.0。主机 ID 由第 3 部分和第 4 部分组成，每个 B 类网络可以容纳的最大主机数量为 256×256=65536，取值范围 0～65535，去掉主机位全 0 和全 1 的地址，可用的地址数量为 65534 个。

如图 3-15 所示，网络地址最高位是 110 的地址为 C 类地址。IP 地址第 1 部分的取值范围为 192～223。

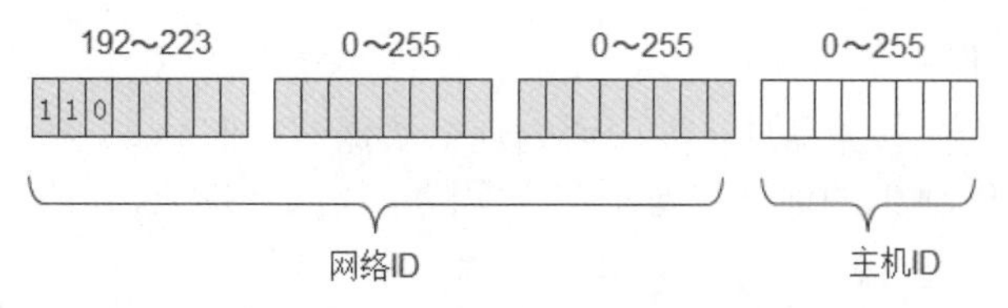

图 3-15　C 类地址网络位和主机位

C 类网络默认网络掩码为 255.255.255.0。主机 ID 由第 4 部分组成，每个 C 类网络地址数量为 256，取值范围 0～255，去掉主机位全 0 和全 1 的地址，可用地址数量为 254。

如图 3-16 所示，网络地址最高位是 1110 的地址为 D 类地址。D 类地址第 1 部分的取值范围为 224～239。D 类地址是用于多播（也称为组播）的地址，多播地址没有网络掩码。希望读者能够记住多播地址的范围，因为有些病毒除了在网络中发送广播外，还有可能发送多播数据包，当你使用抓包工具排除网络故障时，必须能够断定捕获的数据包是多播还是广播。

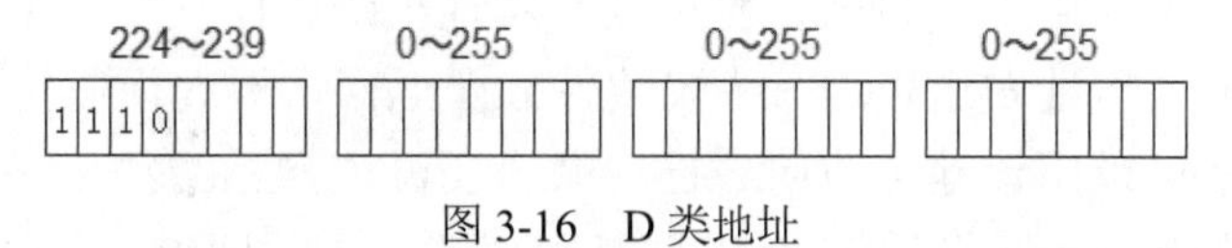

图 3-16　D 类地址

如图 3-17 所示，网络地址最高位是 11110 的地址为 E 类地址。第一部分取值范围为 240～254，保留为今后使用，本书中并不讨论这两个类型的地址（并且也不要求你了解这些内容）。

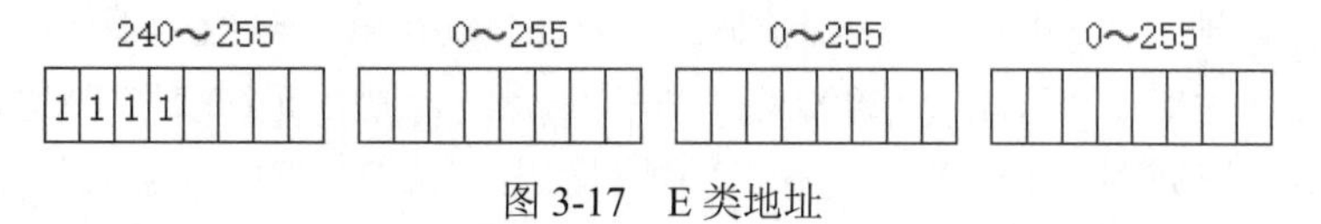

图 3-17　E 类地址

为了方便大家记忆，请观察图 3-18，将 IP 地址的第 1 部分画一条数轴，数值范围从 0～255。A 类地址、B 类地址、C 类地址、D 类地址以及 E 类地址的取值范围，一目了然。

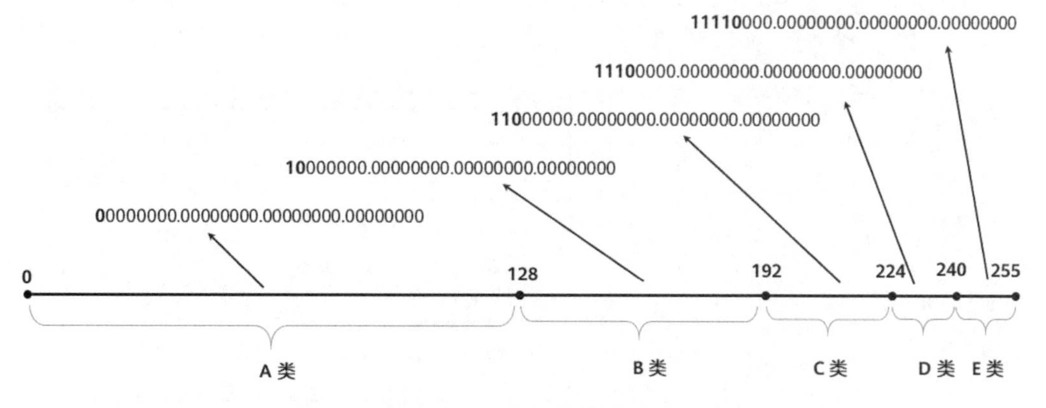

图 3-18　IP 地址分类助记图

3.3.2 特殊的 IP 地址

有些 IP 地址被保留用于某些特殊目的，网络管理员不能将这些地址分配给计算机。下面列出一些被排除在外的地址，并说明为什么要保留它们。

- 主机 ID 全为 0 的地址：特指某个网段，比如 192.168.10.0 255.255.255.0，指 192.168.10.0 网段。
- 主机 ID 全为 1 的地址：特指该网段的全部主机，如果你的计算机发送数据包使用主机 ID 全是 1 的 IP 地址，数据链路层地址用广播地址 FF-FF-FF-FF-FF-FF。同一网段计算机名称解析就需要发送名称解析的广播包。比如你的计算机 IP 地址是 192.168.10.10，网络掩码是 255.255.255.0，它要发送一个广播包，如目标 IP 地址是 192.168.10.255，帧的目标 MAC 地址是 FF-FF-FF-FF-FF-FF，该网段中全部计算机都能收到。
- 127.0.0.1：是回送地址，指本机地址，一般用作测试使用。回送地址（127.×.×.×）即本机回送地址（Loopback Address），指主机 IP 堆栈内部的 IP 地址，主要用于网络软件测试以及本地机进程间通信，无论什么程序，一旦使用回送地址发送数据，协议软件立即返回，不进行任何网络传输。任何计算机都可以用该地址访问自己的共享资源或网站，如果 ping 该地址能够通，说明你的计算机的 TCP/IP 协议栈工作正常，即便你的计算机没有网卡，ping 127.0.0.1 还是能够通的。
- 169.254.0.0：169.254.0.0～169.254.255.255 实际上是自动私有 IP 地址。在 Windows 2000 以前的操作系统中，如果计算机无法获取 IP 地址，则自动配置成“IP 地址：0.0.0.0”“网络掩码：0.0.0.0”的形式，导致其不能与其他计算机通信。而对于 Windows 2000 以后的操作系统，则在无法获取 IP 地址时自动配置成“IP 地址：169.254.×.×”“网络掩码：255.255.0.0”的形式，这样可以使所有获取不到 IP 地址的计算机之间能够通信，如图 3-19 和图 3-20 所示。

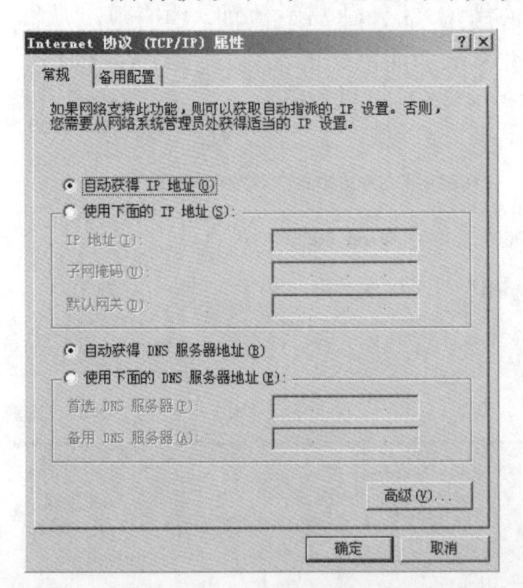

图 3-19 自动获得地址

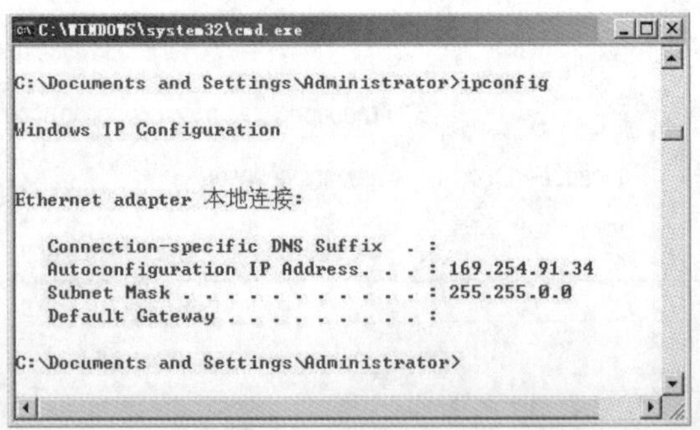

图 3-20 Windows 自动配置的 IP 地址

- 0.0.0.0：如果计算机的 IP 地址和网络中的其他计算机地址冲突，使用 ipconfig 命令看到的就是 0.0.0.0，网络掩码也是 0.0.0.0，如图 3-21 所示。

```
C:\WINDOWS\system32\cmd.exe

Ping statistics for 192.168.10.100:
    Packets: Sent = 4, Received = 0, Lost = 4 (100% loss),

C:\Documents and Settings\han>ipconfig

Windows IP Configuration


Ethernet adapter 本地连接:

        Connection-specific DNS Suffix  . :
        IP Address. . . . . . . . . . . . : 0.0.0.0
        Subnet Mask . . . . . . . . . . . : 0.0.0.0
        Default Gateway . . . . . . . . . :

C:\Documents and Settings\han>_
```

图 3-21 地址冲突

3.4 私网地址和公网地址

从事网络方面的工作必须了解公网 IP 地址和私网 IP 地址，下面就给大家进行详细讲解。

3.4.1 公网地址

在 Internet 网络中有千百万台主机，都需要使用 IP 地址进行通信，这就要求接入 Internet 的各个国家的各级 ISP 使用的 IP 地址块不能重叠，需要互联网有一个组织进行统一的地址规划和分配。这些统一规划和分配的全球唯一的地址被称为公网地址（Public address）。

公网地址分配和管理由 InterNIC 负责。各级 ISP 使用的公网地址都需要向 InterNIC 提出申请，由 InterNIC 统一发放，这样就能确保地址块不冲突。

正是因为 IP 地址是统一规划、统一分配的，我们只要知道 IP 地址，就能很方便查到该地址是哪个城市的哪个 ISP。如果网站遭到了来自某个地址的攻击，通过以下方式就可以知道攻击者所在的城市和所属的运营商。

比如我们想知道淘宝网站在哪个城市哪个 ISP 的机房。需要先解析出网站的 IP 地址，在命令提示符 ping 该网站的域名，就能解析出该网站的 IP 地址。

如图 3-22 所示，在百度查找淘宝网站 IP 地址所属运营商和所在位置。

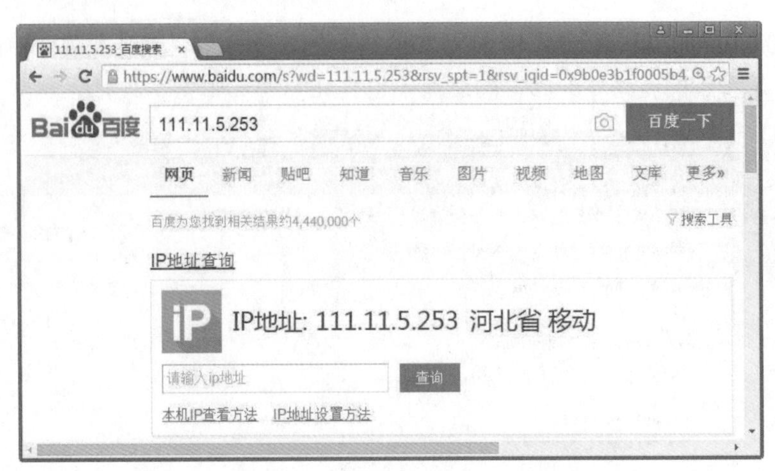

图 3-22 查看淘宝网站 IP 地址所属运营商和所在地

3.4.2 私网地址

创建 IP 寻址方案的人也创建了私网 IP 地址。这些地址可以被用于私有网络，在 Internet 上没有这些 IP 地址，Internet 上的路由器也没有到私有网络的路由。在 Internet 上不能访问这些私网地址，从这一点来说使用私网地址的计算机更加安全，同时也有效地节省了公网 IP 地址。

下面列出保留的私有 IP 地址。

- A 类：10.0.0.0 255.0.0.0，保留了一个 A 类网络。
- B 类：172.16.0.0 255.255.0.0～172.31.0.0 255.255.0.0，保留了 16 个 B 类网络。
- C 类：192.168.0.0 255.255.255.0～192.168.255.0 255.255.255.0，保留了 256 个 C 类网络。

如果你负责为一个公司规划网络，到底使用哪一类私有地址呢？如果公司目前有 7 个部门，每个部门不超过 200 个计算机，你可以考虑使用保留的 C 类私有地址；如果你为石家庄市教委规划网络，石家庄市教委要和石家庄地区的几百所中小学的网络连接，网络规模较大，那就选择保留的 A 类私有网络地址，最好用 10.0.0.0 网络地址并带有/24 的网络掩码，可以有 65536 个网络供你使用，并且每个网络允许带 254 台主机，这样会给学校留有非常大的地址空间。

3.5 子网划分

3.5.1 为什么需要子网划分

当今在 Internet 上使用的协议是 TCP/IP 协议第四版，也就是 IPv4，IP 地址由 32 位的二进制数组成，这些地址如果全部能分配给计算机，

共计 2^{32} = 4 294 967 296，大约 40 亿个可用地址，这些地址去除 D 类地址和 E 类地址，还有保留的私网地址，能够在 Internet 上使用的公网地址就变得越发紧张。并且我们每个人需要使用的地址也不止 1 个，现在智能手机、智能家电接入互联网也都需要 IP 地址。

在 IPv6 还没有完全在互联网普遍应用的 IPv4 和 IPv6 共存阶段，IPv4 公网地址资源日益紧张，这就需要用到本章讲到的子网划分技术，使得 IP 地址能够充分利用，减少地址浪费。

如图 3-23 所示，按照 IP 地址传统的分类方法，一个网段有 200 个计算机，分配一个 C 类网络 212.2.3.0 255.255.255.0，可用的地址范围为 212.2.3.1～212.2.5.254，尽管没有全部用完，但这种情况还不算是极大浪费。

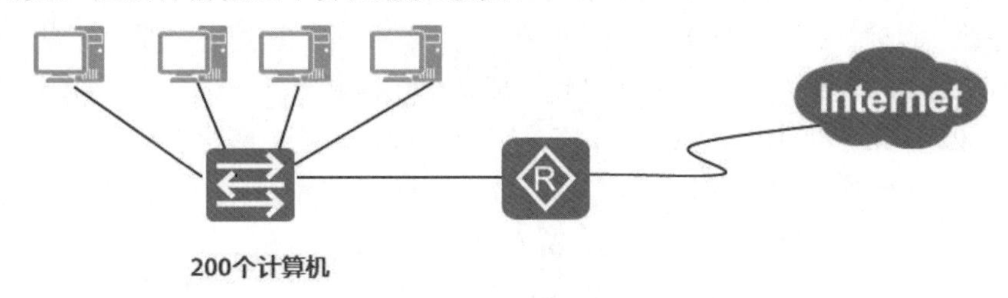

图 3-23　地址浪费的情况

如果一个网络中有 400 台计算机，分配一个 C 类网络，地址就不够用了，那就分配一个 B 类网络 131.107.0.0 255.255.0.0，该 B 类网络可用的地址范围为 131.107.0.1～131.107.255.254，一共有 65534 个地址可用，这就造成了极大浪费。

下面讲子网划分，就是要打破 IP 地址的分类所限定的地址块，使得 IP 地址的数量和网络中的计算机数量更加匹配。由简单到复杂，先讲等长子网划分，再讲变长子网划分。

3.5.2　等长子网划分

等长子网划分就是将一个网段等分成多个网段，也就是等分成多个子网。

子网划分就是借用现有网段的主机位作子网位，划分出多个子网。子网划分的任务包括两部分：

- 确定网络掩码的长度。
- 确定子网中第一个可用的 IP 地址和最后一个可用的 IP 地址。

等长子网划分就是将一个网段等分成多个网段。

1. 等分成两个子网

下面以一个 C 类网络划分为两个子网为例，讲解子网划分的过程。

如图 3-24 所示，某公司有两个部门，每个部门 100 台计算机，通过路由器连接 Internet。给这 200 台计算机分配一个 C 类网络 192.168.0.0，该网段的网络掩码为 255.255.255.0，连接局域网的路由器接口使用该网段的第一个可用的 IP 地址 192.168.0.1。

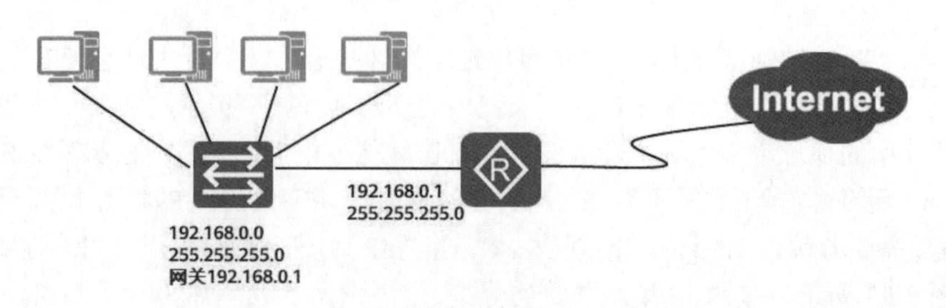

图 3-24　一个网段的情况

为了安全考虑，打算将这两个部门的计算机分为两个网段，中间使用路由器隔开。计算机数量没有增加，还是 200 台，因此一个 C 类网络的 IP 地址是足够用的。现在将 192.168.0.0 255.255.255.0 这个 C 类网络划分成两个子网。

如图 3-25 所示，将 IP 地址的第 4 部分写成二进制形式，网络掩码使用两种方式表示，即二进制和十进制。网络掩码往右移一位，这样 C 类地址主机 ID 第 1 位就成为网络位，该位为 0 是 A 子网，该位为 1 是 B 子网。

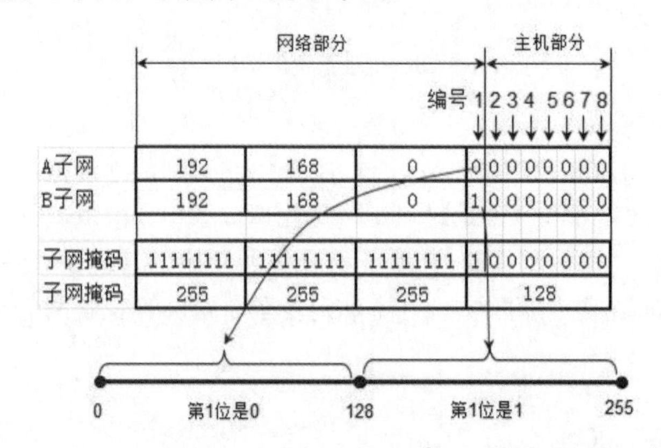

图 3-25　等分成两个子网

如图 3-25 所示，IP 地址的第 4 部分，其值在 0～127 之间的，第 1 位均为 0；其值在 128～255 之间的，第 1 位均为 1。分成 A、B 两个子网，以 128 为界。现在的网络掩码中的 1 变成了 25 个，写成十进制就是 255.255.255.128。网络掩码向后移动了 1 位（即网络掩码中 1 的数量增加 1），就划分出两个子网。

A 和 B 两个子网的网络掩码都为 255.255.255.128。

A 子网可用的地址范围为 192.168.0.1～192.168.0.126，IP 地址 192.168.0.0 由于主机位全为 0，不能分配给计算机使用，如图 3-26 所示，192.168.0.127 由于主机位全为 1，也不能分配给计算机。

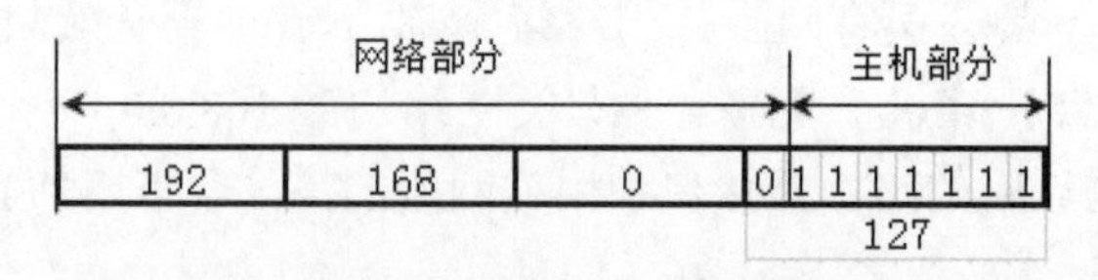

图 3-26　网络部分和主机部分

B 子网可用的地址范围为 192.168.0.129～192.168.0.254，IP 地址 192.168.0.128 由于主机位全为 0，不能分配给计算机使用，IP 地址 192.168.0.255 由于主机位全为 1，也不能分配给计算机。

划分成两个子网后的网络规划如图 3-27 所示。

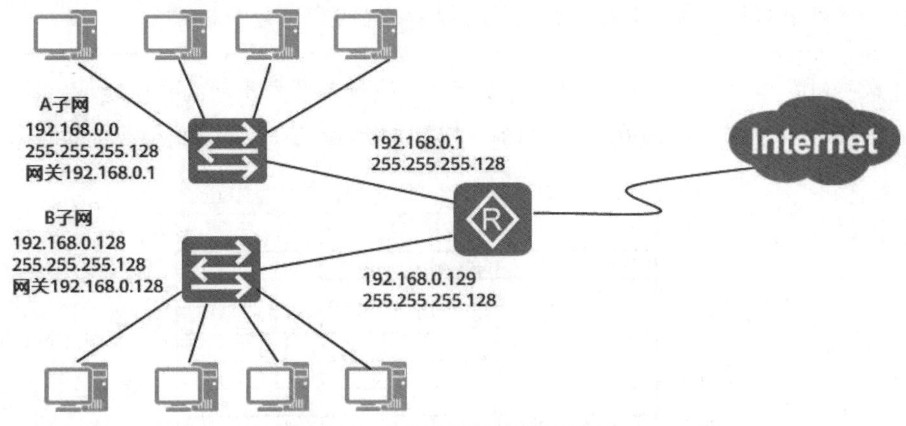

图 3-27　划分子网后的网络规划

2. 等分成 4 个子网

假如公司有 4 个部门，每个部门有 50 台计算机，现在使用 192.168.0.0/24 这个 C 类网络。从安全考虑，打算将每个部门的计算机放置到独立的网段，这就要求将 192.168.0.0 255.255.255.0 这个 C 类网络划分为 4 个子网，那么如何划分成 4 个子网呢？

如图 3-28 所示，将 192.168.0.0 255.255.255.0 网段的 IP 地址的第 4 部分写成二进制，要想分成 4 个子网，需要将网络掩码往右移动两位，这样第 1 位和第 2 位就变为网络位。就可以分成 4 个子网，第 1 位和第 2 位为 00 是 A 子网，01 是 B 子网，10 是 C 子网，11 是 D 子网。

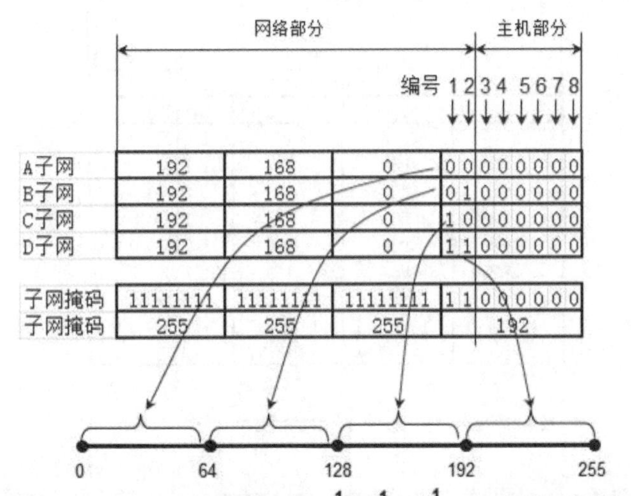

图 3-28　等分成 4 个子网

A、B、C、D 子网的网络掩码都为 255.255.255.192。

A 子网可用的开始地址和结束地址为 192.168.0.1～192.168.0.62；

B 子网可用的开始地址和结束地址为 192.168.0.65～192.168.0.126；

C 子网可用的开始地址和结束地址为 192.168.0.129～192.168.0.190；

D 子网可用的开始地址和结束地址为 192.168.0.193～192.168.0.254。

注意： 如图 3-29 所示，每个子网的最后一个地址都是本子网的广播地址，不能分配给计算机使用，如 A 子网的 63、B 子网的 127、C 子网的 191 和 D 子网的 255。

	网络部分				主机位全1
A子网	192	168	0	0 0	1 1 1 1 1 1
					63
B子网	192	168	0	0 1	1 1 1 1 1 1
					127
C子网	192	168	0	1 0	1 1 1 1 1 1
					191
D子网	192	168	0	1 1	1 1 1 1 1 1
					255
子网掩码	11111111	11111111	11111111	1 1	0 0 0 0 0 0
子网掩码	255	255	255	192	

图 3-29 网络部分和主机部分

---

3. 等分成 8 个子网

如果想把一个 C 类网络等分成 8 个子网，如图 3-30 所示，网络掩码需要往右移 3 位，才能划分出 8 个子网，第 1 位、第 2 位和第 3 位都变成网络位。

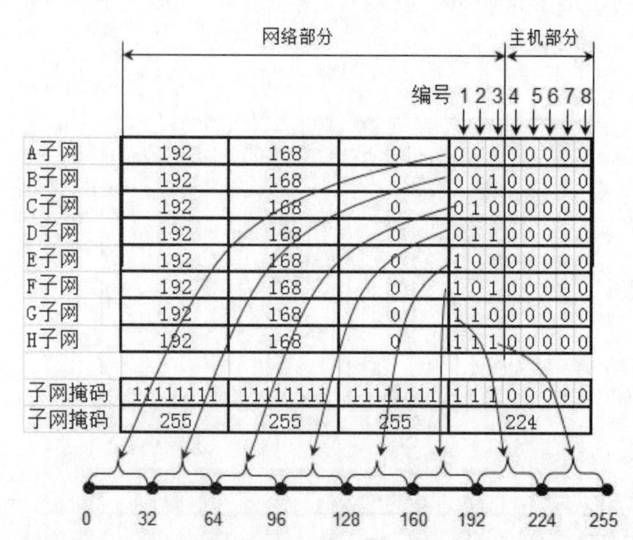

图 3-30 等分成 8 个子网

每个子网的网络掩码都一样，为 255.255.255.224。

- A 子网可用的开始地址和结束地址为 192.168.0.1～192.168.0.30；
- B 子网可用的开始地址和结束地址为 192.168.0.33～192.168.0.62；
- C 子网可用的开始地址和结束地址为 192.168.0.65～192.168.0.94；
- D 子网可用的开始地址和结束地址为 192.168.0.97～192.168.0.126；
- E 子网可用的开始地址和结束地址为 192.168.0.129～192.168.0.158；
- F 子网可用的开始地址和结束地址为 192.168.0.161～192.168.0.190；
- G 子网可用的开始地址和结束地址为 192.168.0.193～192.168.0.222；
- H 子网可用的开始地址和结束地址为 192.168.0.225～192.168.0.254。

注意每个子网能用的主机 IP 地址，都要去掉主机位全 0 和主机位全 1 的地址。31、63、95、127、159、191、223、255 都是相应子网的广播地址。

每个子网是原来的$\frac{1}{2}\times\frac{1}{2}\times\frac{1}{2}$，即 3 个$\frac{1}{2}$，网络掩码往右移 3 位。

总结：如果一个子网地址块是原来网段的$\left(\frac{1}{2}\right)^n$，网络掩码就在原网段的基础上后移 n 位。

3.5.3　等长子网划分示例

前面使用一个 C 类网络讲解了等长子网划分，总结的规律照样也适用于 B 类网络的子网划分。在不太熟悉的情况下容易出错，最好将主机位写成二进制的形式，确定网络掩码和每个子网第一个和最后一个能用的地址。

如图 3-31 所示，将 131.107.0.0 255.255.0.0 等分成两个子网。网络掩码往右移动 1 位，就能等分成两个子网。

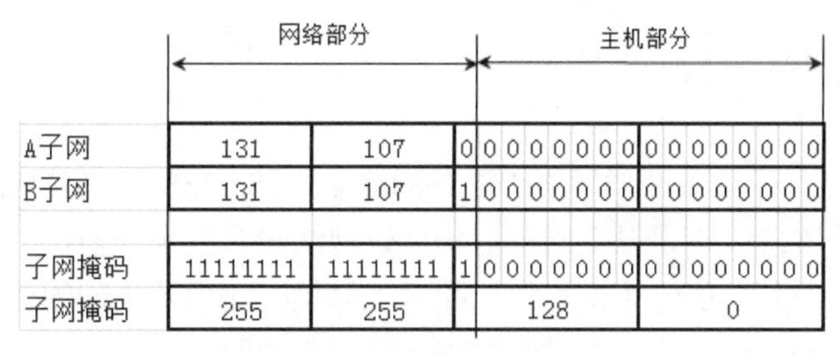

图 3-31　B 类网络子网划分

这两个子网的网络掩码都是 255.255.128.0。

先确定 A 子网第一个可用地址和最后一个可用地址，大家在不熟悉的情况下最好按照图 3-32 所示将主机部分写成二进制，主机位不能全是 0，也不能全是 1，然后再根据二进制写出第一个可用地址和最后一个可用地址。

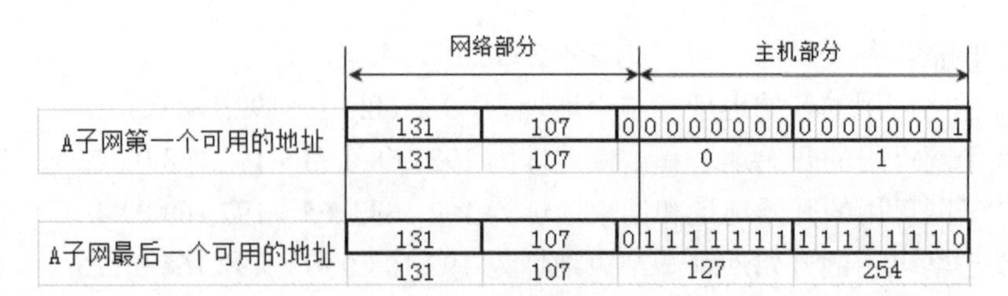

图 3-32 A 子网地址范围

A 子网第一个可用地址是 131.107.0.1，最后一个可用地址是 131.107.127.254。大家思考一下，A 子网中 131.107.0.255 这个地址是否可以给计算机使用？

如图 3-33 所示，B 子网第一个可用地址是 131.107.128.1，最后一个可用地址是 131.107.255.254。

	网络部分		主机部分	
B子网第一个可用的地址	131	107	1 0000000	00000001
	131	107	128	1
B子网最后一个可用的地址	131	107	1 1111111	11111110
	131	107	255	254

图 3-33 B 子网地址范围

这种方式虽然步骤烦琐一点，但不容易出错，等熟悉了之后就可以直接写出子网的第一个地址和最后一个地址了。

前面给大家讲的都是将一个网段等分成多个子网，如果每个子网中计算机的数量不一样，就需要将该网段划分成地址空间不等的子网，这就是变长子网划分。有了前面等长子网划分的基础，划分变长子网也就容易了。

3.5.4 变长子网划分

如图 3-34 所示，有一个 C 类网络 192.168.0.0 255.255.255.0，需要将该网络划分成 5 个网段以满足以下网络需求，该网络中有 3 个交换机，分别连接 20 台计算机、50 台计算机和 100 台计算机，路由器之间的连接接口也需要地址，这两个地址也是一个网段，这样网络中一共有 5 个网段。

如图 3-34 所示，将 192.168.0.0 255.255.255.0 的主机位从 0～255 画一条数轴，从 128～255 的地址空间给 100 台计算机的网段比较合适，该子网的地址范围是原来网络的 $\frac{1}{2}$，网络掩码往后移 1 位，写成十进制形式就是 255.255.255.128。第一个能用的地址是 192.168.0.129，最后一个能用的地址是 192.168.0.254。

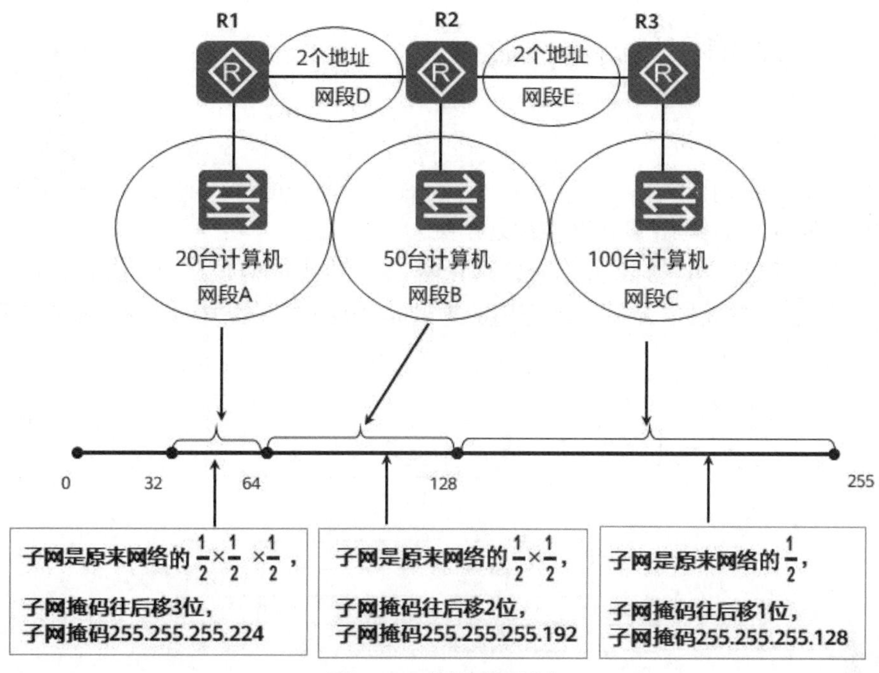

图 3-34　变长子网划分

64～127 之间的地址空间给 50 台计算机的网段比较合适，该子网的地址范围是原来的 $\frac{1}{2}\times\frac{1}{2}$，网络掩码往后移 2 位，写成十进制就是 255.255.255.192。第一个能用的地址是 192.168.0.65，最后一个能用的地址是 192.168.0.126。

32～63 之间的地址空间给 20 台计算机的网段比较合适，该子网的地址范围是原来的 $\frac{1}{2}\times\frac{1}{2}\times\frac{1}{2}$，网络掩码往后移 3 位，写成十进制就是 255.255.255.224。第一个能用的地址是 192.168.0.33，最后一个能用的地址是 192.168.0.62。

当然也可以使用以下的子网划分方案，100 台计算机的网段可以使用 0～127 之间的子网，50 台计算机的网段可以使用 128～191 之间的子网，20 台计算机的网段可以使用 192～223 之间的子网，如图 3-35 所示。

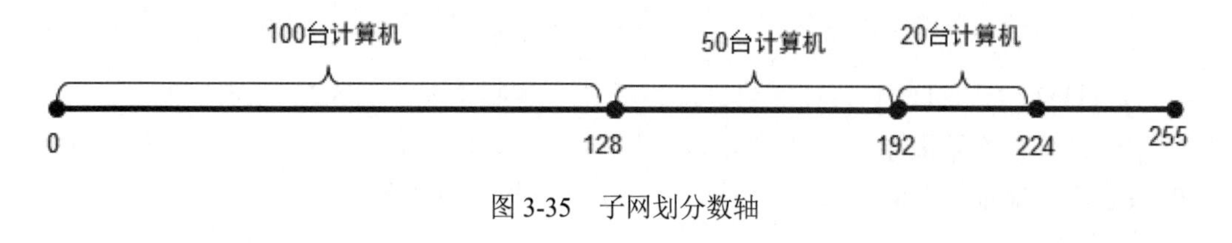

图 3-35　子网划分数轴

规律：如果一个子网地址块是原来网段的 $\left(\frac{1}{2}\right)^n$，网络掩码就在原网段的基础上后移 n 位，不等长子网，网络掩码也不同。

3.5.5 点到点网络的网络掩码

如果一个网络中需要两个 IP 地址，网络掩码该是多少呢？如图 3-34 所示，路由器之间连接的接口也是一个网段，且需要两个地址。下面看看如何给图 3-34 中 D 网络和 E 网络规划子网。

如图 3-36 所示，0～3 之间的子网可以给 D 网络中的两个路由器接口，第一个可用的地址是 192.168.0.1，最后一个可用的地址是 192.158.0.2，192.168.0.3 是该网络中的广播地址。

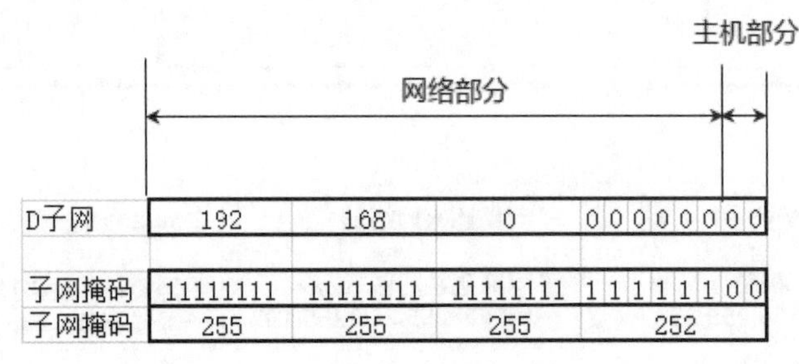

图 3-36 广播地址

4～7 之间的子网可以给 E 网络中的两个路由器接口，第一个可用的地址是 192.168.0.5，最后一个可用的地址是 192.158.0.6，192.168.0.7 是该网络中的广播地址，如图 3-37 所示。

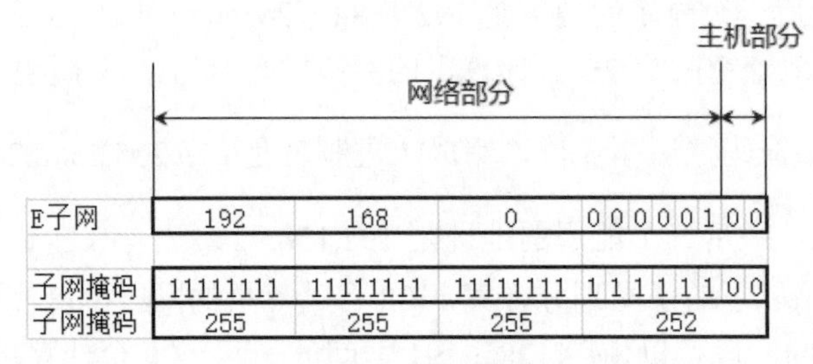

图 3-37 广播地址

每个子网是原来网络的$\frac{1}{2}\times\frac{1}{2}\times\frac{1}{2}\times\frac{1}{2}\times\frac{1}{2}\times\frac{1}{2}$，也就是$\left(\frac{1}{2}\right)^6$，网络掩码向后移动 6 位，11111111.11111111.11111111.11111100 写成十进制也就是 255.255.255.252。

子网划分最终结果如图 3-38 所示，经过精心规划，不但满足了 5 个网段的地址需求，还剩余了两个地址块，8～16 地址块和 16～32 地址块没有被使用。

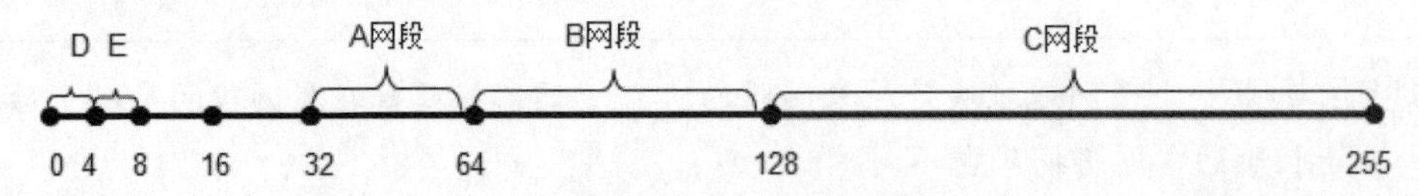

图 3-38 分配的子网和剩余的子网

3.5.6 判断 IP 地址所属的网段

下面学习根据给出的 IP 地址和网络掩码判断该 IP 地址所属的网段。前面说过，IP 地址中主机位归 0 就是该主机所在的网段。

1. 判断 192.168.0.101/26 所属的子网

该地址为 C 类地址，默认网络掩码为 24 位，现在是 26 位。网络掩码往右移了 2 位，根据以上总结的规律，每个子网是原来的 $\frac{1}{2}\times\frac{1}{2}$，即将这个 C 类网络等分成了 4 个子网。如图 3-39 所示，101 所处的位置位于 64～128 之间，主机位归 0 后等于 64，因此该地址所属的子网是 192.168.0.64。

2. 判断 192.168.0.101/27 所属的子网

该地址为 C 类地址，默认网络掩码为 24 位，现在是 27 位。网络掩码往右移了 3 位，根据以上总结的规律，每个子网是原来的 $\frac{1}{2}\times\frac{1}{2}\times\frac{1}{2}$，即将这个 C 类网络等分成 8 个子网。如图 3-40 所示，101 所处的位置位于 96～128 之间，主机位归 0 后等于 96。因此该地址所属的子网是 192.168.0.96。

192.168.0.101/26
101
0 64 128 192 255
主机地址： 192.168.0.101
主机地址： 11000000 10101000 00000000 01100101
网络掩码： 11111111 11111111 11111111 11000000
子网地址： 11000000 10101000 00000000 01000000
子网地址： 192.168.0.64
主机位归零

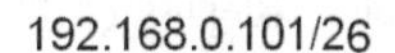

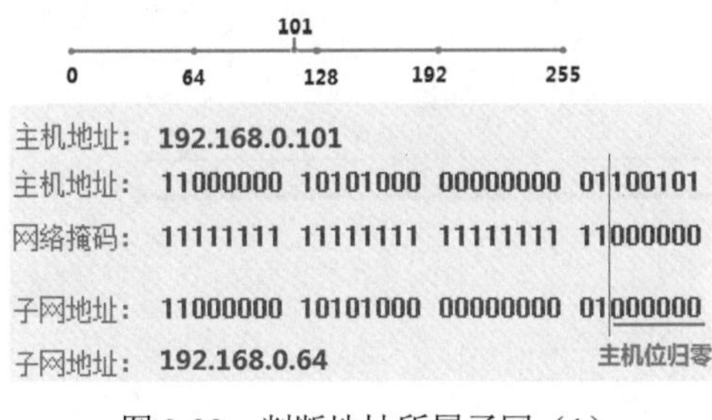

图 3-39 判断地址所属子网（1）

192.168.0.101/27
101
0 32 64 96 128 160 192 224 255
主机地址： 192.168.0.101
主机地址： 11000000 10101000 00000000 01100101
网络掩码： 11111111 11111111 11111111 11100000
子网地址： 11000000 10101000 00000000 01100000
子网地址： 192.168.0.96
主机位归零

图 3-40 判断地址所属子网（2）

3. 总结

IP 地址范围 192.168.0.0～192.168.0.63 都属于 192.168.0.0/26 子网。

IP 地址范围 192.168.0.64～192.168.0.127 都属于 192.168.0.64/26 子网。

IP 地址范围 192.168.0.128～192.168.0.191 都属于 192.168.0.128/26 子网。

IP 地址范围 192.168.0.192～192.168.0.255 都属于 192.168.0.192/26 子网。如图 3-41 所示。

这个范围地址属于0子网
这个范围地址属于64子网
这个范围地址属于128子网
这个范围地址属于192子网
0
64
128
192
255

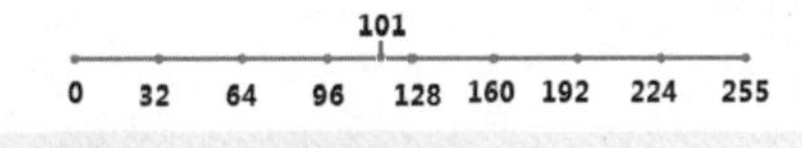

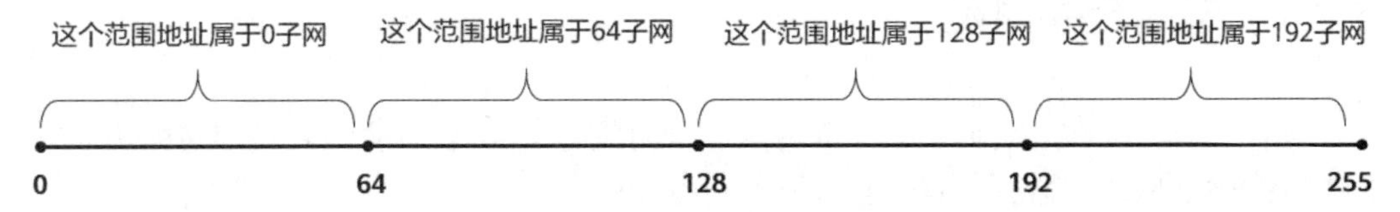

图 3-41 断定 IP 地址所属子网的规律

3.5.7 子网划分需要注意的几个问题

（1）将一个网络等分成两个子网，每个子网肯定是原来网络的一半。

比如将 192.168.0.0/24 分成两个网段，要求一个子网能够放 140 台主机，另一个子网放 60 台主机，能实现吗？

从主机数量来说，总数没有超过 254 台，该 C 类网络能够容纳这些地址，但划分成两个子网后却发现，这 140 台主机在这两个子网中都不能容纳，如图 3-42 所示，因此不能实现，140 台主机最少占用一个 C 类地址。

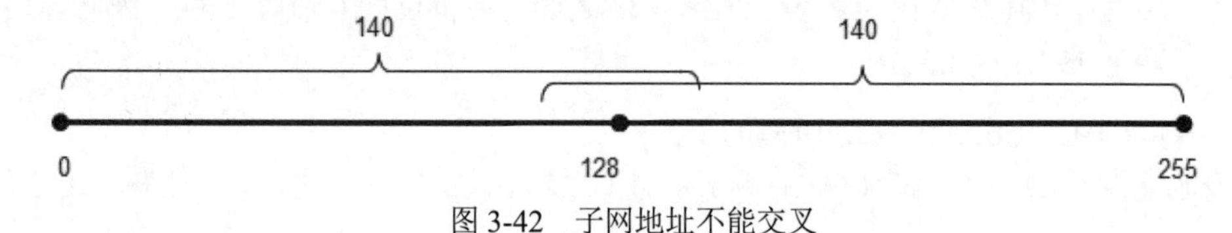

图 3-42 子网地址不能交叉

（2）子网地址不可重叠。

如果将一个网络划分多个子网，这些子网的地址空间不能重叠。

将 192.168.0.0/24 划分成 3 个子网，子网 A 192.168.0.0/25、子网 C 192.168.0.64/26 和子网 B 192.168.0.128/25，这就出现了地址重叠，如图 3-43 所示，子网 A 和子网 C 的地址重叠了。

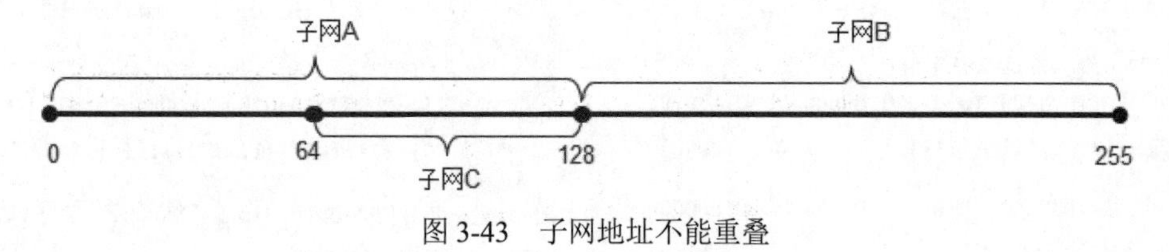

图 3-43 子网地址不能重叠

3.6 合并网段

前面讲解的子网划分，就是将一个网络的主机位当作网络位来划分出多个子网。也可以将多个网段合并成一个大的网段，合并后的网段称为超网，下面介绍合并网段的方法。

3.6.1 超网合并网段

如图 3-44 所示，某企业有一个网段，该网段有 200 台计算机，使用 192.168.0.0 255.255.255.0 网段，后来计算机数量增加到 400 台。

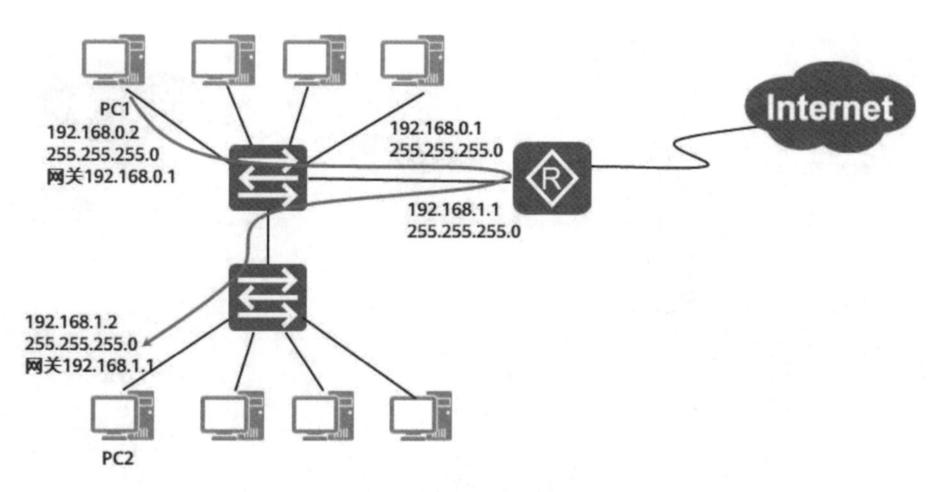

图 3-44　两个网段的地址

在该网络中添加交换机，可以扩展网络的规模，一个 C 类 IP 地址不够用，再添加一个 C 类地址 192.168.1.0 255.255.255.0。这些计算机物理上在一个网段，但是 IP 地址没在一个网段，即逻辑上不在一个网段。如果想让这些计算机之间能够通信，可以在路由器的接口添加这两个 C 类网络的地址作为这两个网段的网关。

在这种情况下，A 计算机到 B 计算机进行通信，必须通过路由器转发，如图 3-44 所示，这样两个子网才能够通信，本来这些计算机物理上在一个网段，还需要路由器转发，可见效率不高。

有没有更好的办法，可以让这两个 C 类网段的计算机认为在一个网段？这就需要将 192.168.0.0/24 和 192.168.1.0/24 两个 C 类网络合并。

如图 3-45 所示，将这两个网段的 IP 地址第 3 部分和第 4 部分写成二进制，可以看到将网络掩码往左移动 1 位（网络掩码中 1 的数量减少 1），两个网段的网络部分就一样了，两个网段就在一个网段了。

	网络部分			主机部分	
192.168.0.0	192	168	0 0 0 0 0 0 0	0	0 0 0 0 0 0 0 0
192.168.1.0	192	168	0 0 0 0 0 0 0	1	0 0 0 0 0 0 0 0
子网掩码	11111111	11111111	1 1 1 1 1 1 1	0	0 0 0 0 0 0 0 0
子网掩码	255	255	254		0

图 3-45　合并两个子网

合并后的网段为 192.168.0.0/23，网络掩码写成十进制 255.255.254.0，可用地址为 192.168.0.1～192.168.1.254，网络中计算机的 IP 地址和路由器接口的地址配置，如图 3-46 所示。

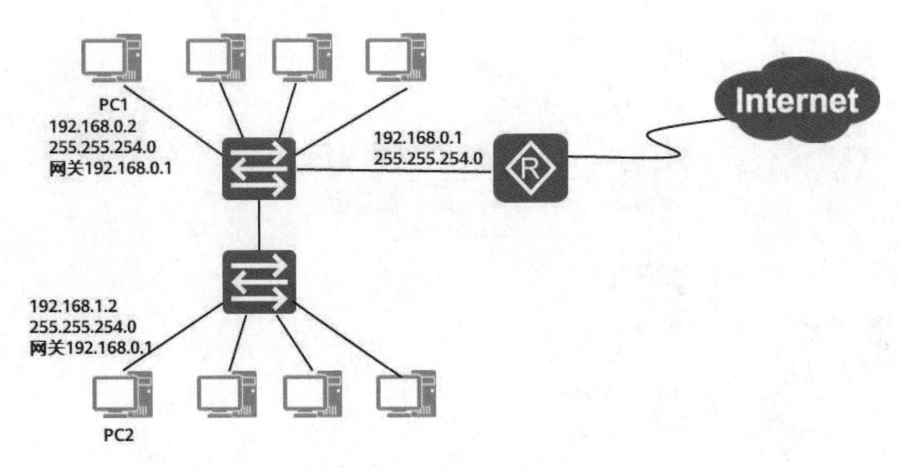

图 3-46　合并后的地址配置

合并之后，IP 地址 192.168.0.255/23 就可以给计算机使用。也许觉得该地址的主机位好像全部是 1，不能给计算机使用，但是把这个 IP 地址的第 3 部分和第 4 部分写成二进制就会看出主机位并不全为 1，如图 3-47 所示。

	网络部分			主机部分
192.168.0.255/23	192	168	0 0 0 0 0 0 0 | 0	1 1 1 1 1 1 1 1

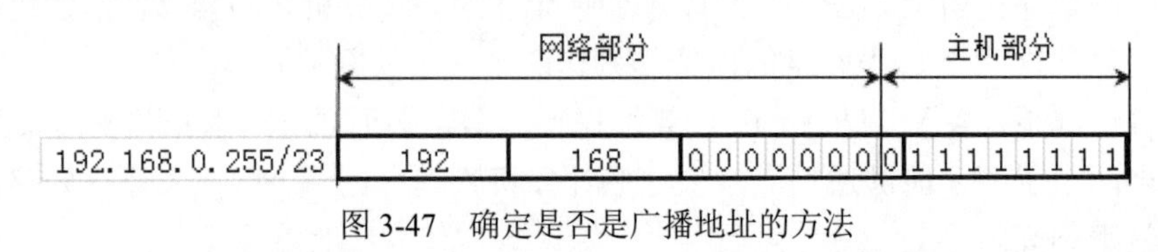

图 3-47　确定是否是广播地址的方法

规律：网络掩码往左移 1 位，能够合并两个连续的网段，但不是任何连续的网段都能合并。下面讲解合并网段的规律。

3.6.2　合并网段的规律

前面讲解了网络掩码往左移动 1 位，能够合并两个连续的网段，但不是任何两个连续的网段都能够向左移动 1 位合并成 1 个网段。

比如 192.168.1.0/24 和 192.168.2.0/24 就不能向左移动 1 位网络掩码合并成一个网段。将这两个网段的第 3 部分和第 4 部分写成二进制能够看出来，如图 3-48 所示，向左移动 1 位网络掩码，这两个网段的网络部分还是不相同，说明不能合并成一个网段。

	网络部分			主机部分
192.168.1.0	192	168	0 0 0 0 0 0 0 | 1	0 0 0 0 0 0 0 0
192.168.2.0	192	168	0 0 0 0 0 0 1 | 0	0 0 0 0 0 0 0 0
子网掩码	11111111	11111111	1 1 1 1 1 1 1 | 0	0 0 0 0 0 0 0 0
子网掩码	255	255	254	0

图 3-48　合并网段的规律

要想合并成一个网段，网络掩码就要向左移动 2 位，但如果移动 2 位，其实就是合并了 4 个网段，如图 3-49 所示。

	网络部分			主机部分
192.168.0.0	192	168	000000 00	00000000
192.168.1.0	192	168	000000 01	00000000
192.168.2.0	192	168	000000 10	00000000
192.168.3.0	192	168	000000 11	00000000
子网掩码	11111111	11111111	111111 00	00000000
子网掩码	255	255	252	0

图 3-49　合并网段的规律

下面讲解哪些连续的网段能够合并，即合并网段的规律。

1. 判断两个子网是否能够合并

如图 3-50 所示，192.168.0.0/24 和 192.168.1.0/24 网络掩码向左移 1 位，可以合并为一个网段 192.168.0.0/23。

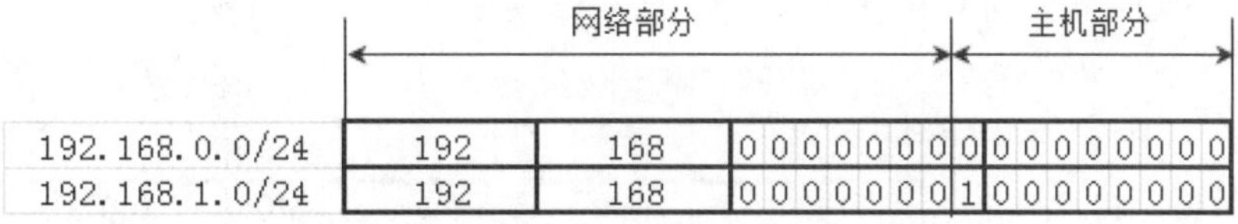

	网络部分			主机部分
192.168.0.0/24	192	168	0000000 0	00000000
192.168.1.0/24	192	168	0000000 1	00000000

图 3-50　合并 192.168.0.0/24 和 192.168.1.0/24

如图 3-51 所示，192.168.2.0/24 和 192.168.3.0/24 网络掩码向左移 1 位，可以合并为一个网段 192.168.2.0/23。

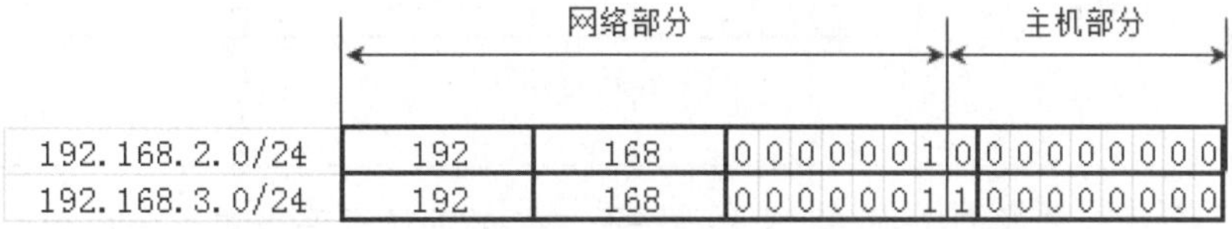

	网络部分			主机部分
192.168.2.0/24	192	168	0000001 0	00000000
192.168.3.0/24	192	168	0000001 1	00000000

图 3-51　合并 192.168.2.0/24 和 192.168.3.0/24

可以看出规律，合并两个连续的网段，第一个网络的网络号写成二进制最后一位是 0，这两个网段就能合并。由 3.1.2 节所讲的规律，只要一个数能够被 2 整除，写成二进制最后一位肯定是 0。

结论：判断连续的两个网段是否能够合并，只要第一个网络号能被 2 整除，就能够通过左移 1 位网络掩码合并。

131.107.31.0/24 和 131.107.32.0/24 是否能够左移 1 位网络掩码合并？

131.107.142.0/24 和 131.107.143.0/24 是否能够左移 1 位网络掩码合并？

根据上面的结论：31 除 2，余 1，131.107.31.0/24 和 131.107.32.0/24 不能通过左移 1 位网络掩码合并成一个网段。

142 除 2，余 0，131.107.142.0/24 和 131.107.143.0/24 能通过左移 1 位网络掩码合并成一个网段。

2. 判断四个网段是否能合并

如图 3-52 所示，合并 192.168.0.0/24、192.168.1.0/24、192.168.2.0/24 和 192.168.3.0/24 四个子网，网络掩码需要向左移动 2 位。

	网络部分			主机部分	
192.168.0.0	192	168	0 0 0 0 0 0	0 0	0 0 0 0 0 0 0 0
192.168.1.0	192	168	0 0 0 0 0 0	0 1	0 0 0 0 0 0 0 0
192.168.2.0	192	168	0 0 0 0 0 0	1 0	0 0 0 0 0 0 0 0
192.168.3.0	192	168	0 0 0 0 0 0	1 1	0 0 0 0 0 0 0 0
子网掩码	11111111	11111111	1 1 1 1 1 1	0 0	0 0 0 0 0 0 0 0
子网掩码	255	255	252		0

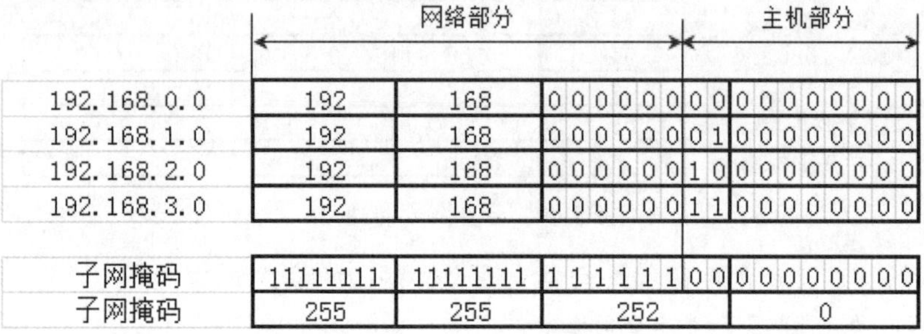

图 3-52　合并四个网段

可以看到，合并 192.168.4.0/24、192.168.5.0/24、192.168.6.0/24 和 192.168.7.0/24 四个子网，网络掩码需要向左移动 2 位，如图 3-53 所示。

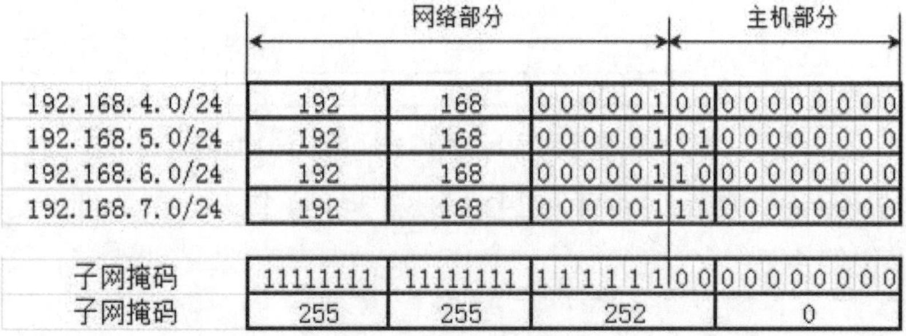

	网络部分			主机部分	
192.168.4.0/24	192	168	0 0 0 0 0 1	0 0	0 0 0 0 0 0 0 0
192.168.5.0/24	192	168	0 0 0 0 0 1	0 1	0 0 0 0 0 0 0 0
192.168.6.0/24	192	168	0 0 0 0 0 1	1 0	0 0 0 0 0 0 0 0
192.168.7.0/24	192	168	0 0 0 0 0 1	1 1	0 0 0 0 0 0 0 0
子网掩码	11111111	11111111	1 1 1 1 1 1	0 0	0 0 0 0 0 0 0 0
子网掩码	255	255	252		0

图 3-53　合并四个网段

规律：要合并连续的四个网络，只要第一个网络的网络号写成二进制后面两位是 00，这四个网段就能合并，根据 3.1.2 节讲到的二进制数的规律，只要一个数能够被 4 整除，写成二进制最后两位肯定是 00。

结论：判断连续的四个网段是否能够合并，只要第一个网络号能被 4 整除，就能够通过左移 2 位网络掩码将这四个网段合并。

如图 3-54 所示，网段合并的规律如下：子网掩码左移 1 位能够合并两个网段，左移 2 位能够合并 4 个网段，左移 3 位能够合并 8 个网段。

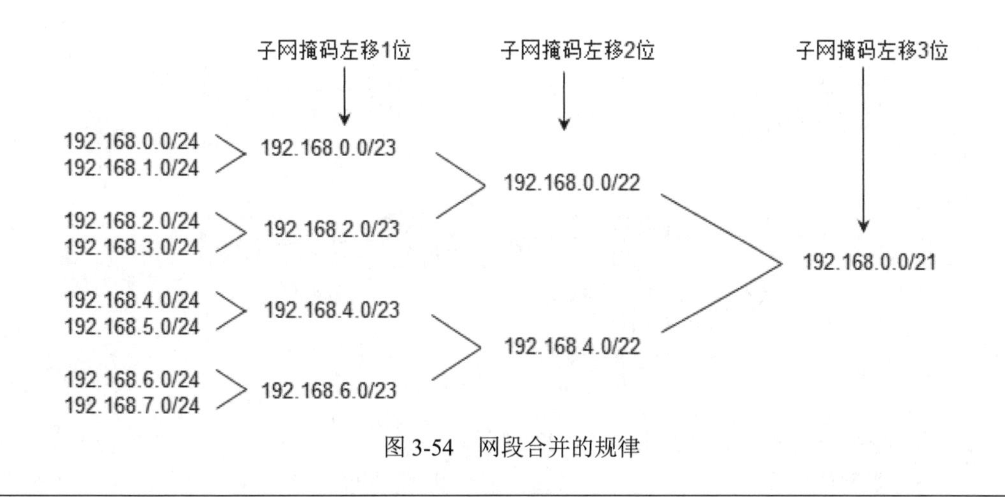

图 3-54　网段合并的规律

规律：子网掩码左移 n 位，合并的网段数量是 2^n。

3.6.3　判断一个网段是超网还是子网

通过左移子网掩码合并多个网段，通过右移子网掩码将一个网段划分成多个子网，使得 IP 地址打破了传统的 A 类、B 类、C 类网络的界限。

判断一个网段到底是子网还是超网，就要看该网段是 A 类网络、B 类网络还是 C 类网络。默认 A 类地址的子网掩码是/8、B 类地址的子网掩码是/16、C 类地址的子网掩码是/24。如果该网段的子网掩码比默认子网掩码长（子网掩码 1 的个数多于默认子网掩码 1 的个数），就是子网；如果该网段的子网掩码比默认子网掩码短（子网掩码 1 的个数少于默认子网掩码 1 的个数），则是超网。

12.3.0.0/16 是 A 类网络还是 C 类网络呢？是超网还是子网呢？该 IP 地址的第一部分是 12，这是一个 A 类网络，A 类地址的默认子网掩码是/8，该 IP 地址的子网掩码是/16，比默认子网掩码长，所以说这是 A 类网络的一个子网。

222.3.0.0/16 是 C 类网络还是 B 类网络呢？是超网还是子网呢？该 IP 地址的第一部分是 222，这是一个 C 类网络，C 类地址的默认子网掩码是/24，该 IP 地址的子网掩码是/16，比默认子网掩码短，所示说这是一个合并了 222.3.0.0/24～222.3.255.0/24 共 256 个 C 类网络的超网。

3.7　习题

1．根据图 3-55 所示网络拓扑和网络中的主机数量，将左侧的 IP 地址拖放到合适接口。

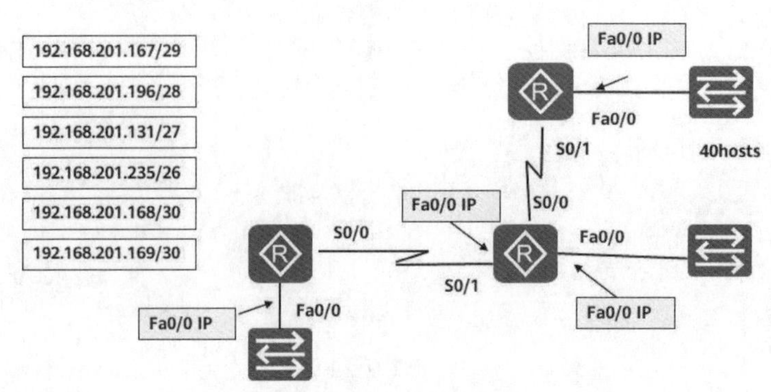

图 3-55　网络规划

2．以下哪几个地址属于 115.64.4.0/22 网段？（　　）（多选）

A．115.64.8.32　　B．115.64.7.64

C．115.64.6.255　　D．115.64.3.255

E．115.64.5.128　　F．115.64.12.128

3．子网（　　）被包含在 172.31.80.0/20 网络。（多选）

A．172.31.17.4/30　　B．172.31.51.16/30

C．172.31.64.0/18　　D．172.31.80.0/22

E．172.31.92.0/22　　F．172.31.192.0/18

4．某公司设计网络，需要 300 个子网，每个子网的主机数量最大为 50，对一个 B 类网络进行子网划分，下面的子网掩码（　　）可以采用。（多选）

A．255.255.255.0　　B．255.255.255.128

C．255.255.255.224　　D．255.255.255.192

5．网段 172.25.0.0/16 被分成 8 个等长子网，下面的地址（　　）属于第三个子网。（多选）

A．172.25.78.243　　B．172.25.98.16

C．172.25.72.0　　D．172.25.94.255

E．172.25.96.17　　F．172.25.100.16

6．根据图 3-56，以下网段（　　）能够指派给网络 A 和链路 A。（多选）

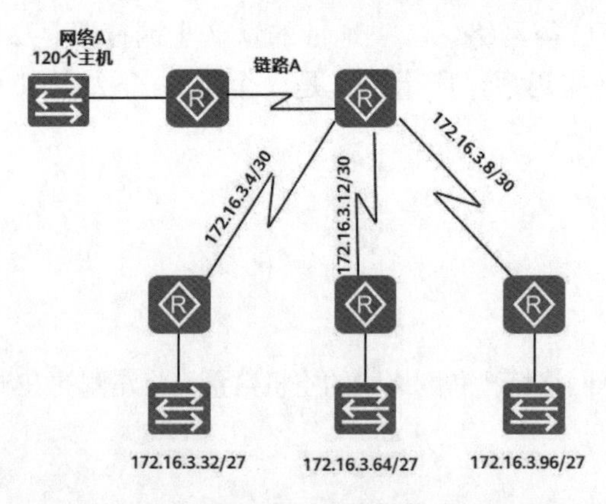

图 3-56　网络拓扑

A．网络 A——172.16.3.48/26　　B．网络 A——172.16.3.128/25
C．网络 A——172.16.3.192/26　　D．链路 A——172.16.3.0/30
E．链路 A——172.16.3.40/30　　F．链路 A——172.16.3.112/30

7．以下属于私网地址的是（　　）。
A．192.178.32.0/24　　B．128.168.32.0/24
C．172.15.32.0/24　　D．192.168.32.0/24

8．网络 122.21.136.0/22 中可用的最大地址数量是（　　）。
A．102　　B．1023
C．1022　　D．1000

9．主机地址 192.15.2.160 所在的网络是（　　）。
A．192.15.2.64/26　　B．192.15.2.128/26
C．192.15.2.96/26　　D．192.15.2.192/26

10．某公司的网络地址为 192.168.1.0/24，要划分成 5 个子网，每个子网最多 20 台主机，则适用的子网掩码是（　　）。
A．255.255.255.192　　B．255.255.255.240
C．255.255.255.224　　D．255.255.255.248

11．某端口的 IP 地址为 202.16.7.131/26，该 IP 地址所在网络的广播地址是（　　）。
A．202.16.7.255　　B．202.16.7.129
C．202.16.7.191　　D．202.16.7.252

12．在 IPv4 中，组播地址是（　　）地址。
A．A 类　　B．B 类
C．C 类　　D．D 类

13．某主机的 IP 地址为 180.80.77.55、子网掩码为 255.255.252.0，该主机向所在的子网发送广播分组，则目的地址可以是（　　）。
A．180.80.76.0　　B．180.80.76.255
C．180.80.77.255　　D．180.80.79.255

14．某网络的 IP 地址空间为 192.168.5.0/24，采用等长子网划分，子网掩码为 255.255.255.248，则划分的子网个数、每个子网中的最大可分配地址数量为（　　）。
A．32，6　　B．32，8
C．8，32　　D．8，30

15．网络管理员希望能够有效利用 192.168.176.0/25 网段的 IP 地址，现公司市场部门有 20 台主机，最好分配下面哪个网段给市场部？（　　）
A．192.168.176.0/25　　B．192.168.176.160/27
C．192.168.176.48/29　　D．192.168.176.96/27

16．一台 Windows 系统的主机初次启动，如果无法从 DHCP 服务器获取 IP 地址，那么此主机可能会使用下列哪个 IP 地址？（　　）
A．0.0.0.0　　B．127.0.0.1
C．169.254.2.33　　D．255.255.255.255

17. 对于地址 192.168.19.255/20，下列说法中正确的是（　　）。

A. 这是一个广播地址　　B. 这是一个网络地址

C. 这是一个私有地址　　D. 该地址在 192.168.19.0 网段上

18. 将 192.168.10.0/24 网段划分成 3 个子网，每个子网的计算机数量如图 3-57 所示，写出各个网段的子网掩码和能够分配给计算机使用的第一个可用地址和最后一个可用地址。

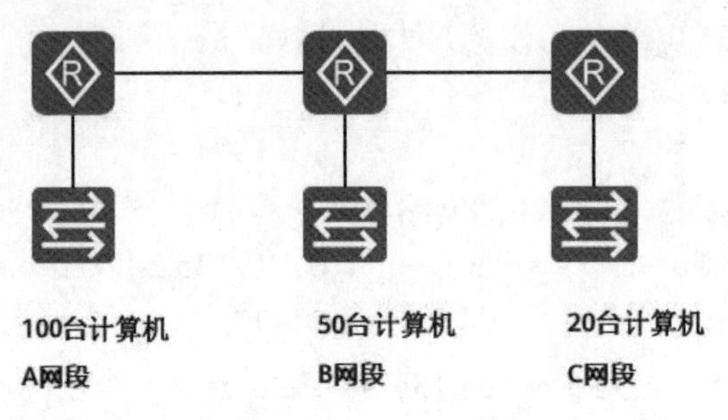

图 3-57　子网划分示意图

	第一个可用地址	最后一个可用地址	子网掩码
A 网段	________	________	________
B 网段	________	________	________
C 网段	________	________	________

第4章 管理华为设备

本章内容

- 介绍华为网络设备操作系统
- 介绍 eNSP
- 路由器的基本操作
- 配置文件的管理
- 捕获数据包

本章将介绍如下内容。

华为网络设备操作系统 VRP（通用路由平台），使用 eNSP 搭建学习环境，讲解路由器型号和接口命名规则，对路由器进行基本配置，更改路由器名称，设置接口地址。

设置路由器登录安全，设置 Console 口和 telnet 虚拟接口的身份验证模式和默认用户级别。

配置 eNSP 中的网络设备，实现和物理机的通信。

管理存储中的文件，设置启动配置文件，将这些配置文件通过 TFTP 和 FTP 导出以实现备份。

4.1 介绍华为网络设备操作系统

VRP（Versatile Routing Platform，通用路由平台）是华为公司数据通信产品的通用网络操作系统。目前，在全球各地的网络通信系统中，华为设备几乎无处不在，因此，学习了解 VRP 的相关知识对于网络通信技术人员来说就显得尤为重要。

VRP 是华为公司具有完全自主知识产权的网络操作系统，可以运行在从低端到高端的全系列路由器、交换机等数据通信产品的通用网络操作系统，就如同微软公司的 Windows 操作系统，苹果公司的 iOS 操作系统。VRP 可以运行在多种硬件平台之上，如图 4-1 所示，包括路由器、局域网交换机、ATM 交换机、拨号访问服务器、IP 电话网关、电信级综合业务接入平台、智能业务选择网关，以及专用硬件防火墙等。VRP 拥有一致的网络界面、用户界面和管理界面，为用户提供了灵活丰富的应用解决方案。

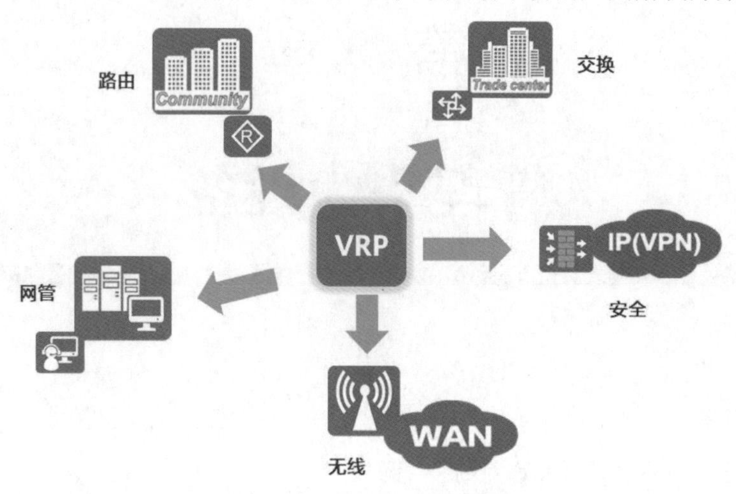

图 4-1 VRP 平台应用解决方案

VRP 平台以 TCP/IP 协议簇为核心，实现了数据链路层、网络层和应用层的多种协议，在操作系统中集成了路由交换技术、QoS 技术、安全技术和 IP 语音技术等数据通信功能，并以 IP 转发引擎技术作为基础，为网络设备提供了出色的数据转发能力。

4.2 介绍 eNSP

eNSP（Enterprise Network Simulation Platform）是由华为提供的一款免费、可扩展、图形化操作的网络仿真工具平台，主要对企业网络路由器、交换机等设备进行软件仿真，完美呈现真实设备实景，支持大型网络模拟，让广大用户有机会在没有真实设备的情况下能够进行模拟演练，学习网络技术。

软件特点：高度仿真。

- 可模拟华为 AR 路由器、X7 系列交换机的大部分特性。
- 可模拟 PC 终端、Hub、云、帧中继交换机。
- 仿真设备配置功能，快速学习华为命令行。
- 可模拟大规模网络。
- 可通过网卡实现与真实网络设备间的通信。
- 可以抓取任意链路中的数据包，直观展示协议交互过程。

4.2.1 安装 eNSP

eNSP 需要 Virtual Box 运行路由器和交换机操作系统，使用 Wireshark 捕获链路中的数据包，当前华为官网提供的 eNSP 安装包中包含这两款软件，当然这两款软件也可以单独下载安装，先安装 Virtual Box 和 Wireshark，最后安装 eNSP。

下面的操作在 Windows 10 企业版（X64）上进行，先安装 VirtualBox-5.2.6-120294-Win.exe，再安装 Wireshark-win64-2.4.4.exe，最后安装 eNSP V100R002C00B510 Setup.exe 这个版本。

安装 eNSP 时，出现如图 4-2 所示的 eNSP 安装界面，不要选择“安装 WinPcap4.1.3”“安装 Wireshark”和“安装 VirtualBox5.1.24”，因为这些都已经提前安装好了。

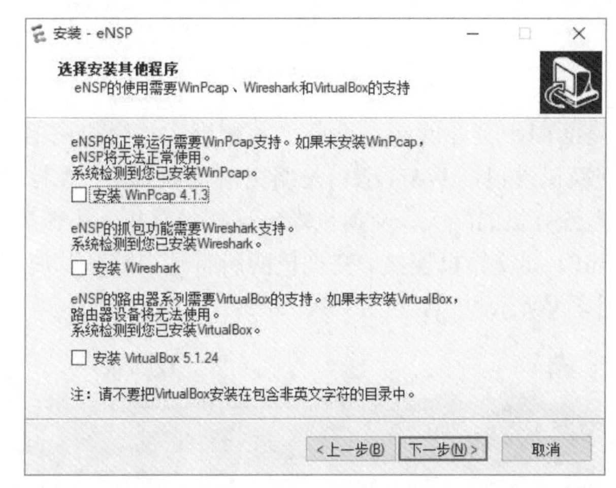

图 4-2　eNSP 安装界面

4.2.2　华为设备型号

华为交换机和路由设备有不同的型号，下面讲解华为设备的命名规则。

S 系列，是以太网交换机。从交换机的主要应用环境或用户定位来划分，企业园区网接入层主要应用的是 S2700 和 S3700 两大系列，汇聚层主要应用的是 S5700 系列，核心层主要应用的是 S7700、S9300 和 S9700 系列。同一系列交换机版本：精简版（LI）、标准版（SI）、增强版（EI）、高级版（HI）。如：S2700-26TP-PWR-EI 表示 VRP 设备软件版本类型为增强版。

AR 系列，是访问路由器。路由器型号前面的 AR 是 Access Router（访问路由器）单词的首字母组合。AR 系列企业路由器有多个型号，包括 AR150、AR200、AR1200、AR2200、AR3200。它们是华为第三代路由器产品，提供路由、交换、无线、语音和安全等功能。AR 路由器被部署在企业网络和公网之间，作为两个网络间传输数据的入口和出口。在 AR 路由器上部署多种业务能降低企业的网络建设成本和运维成本。根据一个企业的用户数和业务的复杂程度可以选择不同型号的 AR 路由器来部署到网络中。

下面就以 AR201 路由器为例，如图 4-3 所示，可以看到该型号路由的接口和支持的模块。可以看到有 CON/AUX 端口，一个 WAN 口和 8 个 FE（Fast Ethernet，快速以太网接口，100M 口）接口。

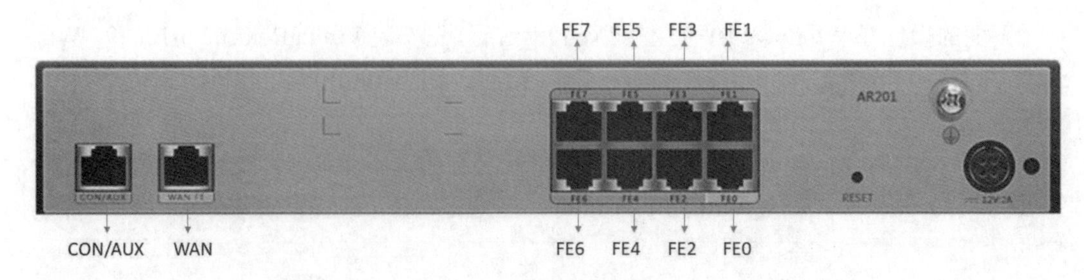

图 4-3 AR201 路由器接口

AR201 路由器是面向小企业的网络设备，其相当于一台路由器和一台交换机的组合，8 个 FE 端口是交换机端口， WAN 端口是路由器端口（路由器端口连接不同的网段，可以设置 IP 地址作为计算机的网关，交换机端口连接计算机，不能配置 IP 地址），路由器使用逻辑接口 Vlanif 1 和交换机连接，交换机的所有端口默认都属于 VLAN1，AR201 路由器逻辑结构如图 4-4 所示。

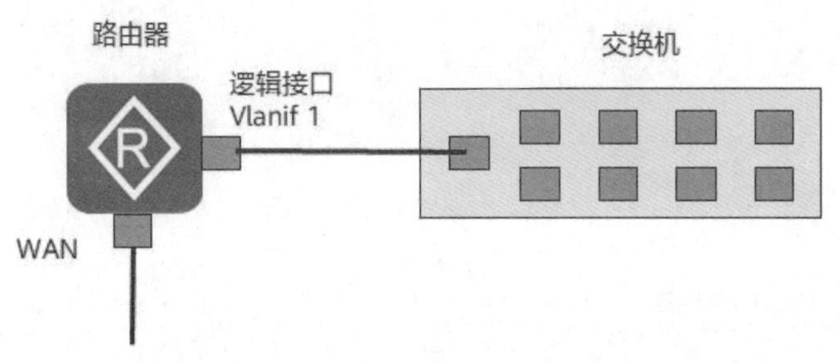

图 4-4 AR201 路由器逻辑结构

再以 AR1220 系列路由器为例说明模块化路由器的接口类型，AR1220 是面向中型企业总部或大中型企业分支以宽带、专线接入、语音和安全场景为主要功能的多业务路由器。该型号的路由器是模块化路由器，有两个插槽可以根据需要插入合适的模块，有两个 G 比特以太网接口，分别是 GE0 和 GE1，这两个接口是路由器接口，8 个 FE 接口是交换机接口，该设备也相当于两个设备，路由器和交换机，如图 4-5 所示。

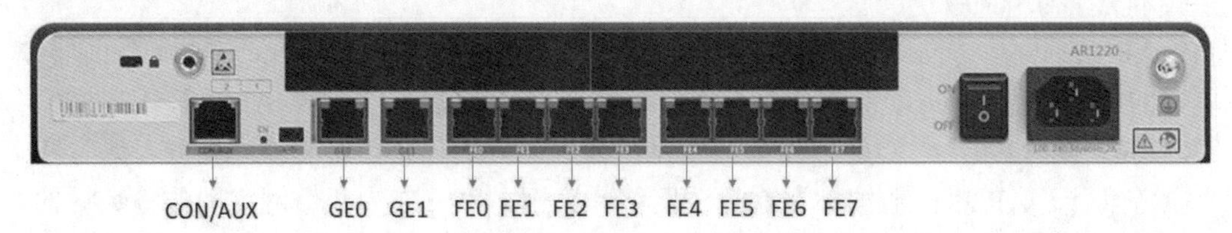

图 4-5 AR1220 路由器

端口命名规则，以 4GEW-T 为例：

- 4：表示 4 个端口。
- GE：表示千兆以太网。
- W：表示 WAN 接口板，这里的 WAN 表示三层接口。
- T：表示电接口。

端口命名中还有以下标识：

- FE：表示快速以太网接口。
- L2：表示 2 层接口即交换机接口。
- L3：表示 3 层接口即路由器接口。
- POS：表示光纤接口。

如图 4-6 所示列出了常见的接口图片和接口描述。

接口	描述
 1GEC	1 端口-GE COMBO WAN 接口卡
 2FE	2 端口-FE WAN 接口卡
 4GEW-T	4 端口-GE 电口 WAN 接口卡
8FE1GE	9 端口-8FE/1GE L2/L3 以太接口卡
 24GE	24 端口-GE L2/L3 以太接口卡
 2SA	2 端口-同异步 WAN 接口卡
1POS	1 端口-POS 光口接口卡
 2E1-F	2 端口-非通道化 E1/T1 WAN 接口卡
 4G.SHDSL	4 线对 G.SHDSL WAN 接口卡

图 4-6　接口和描述

4.3　VRP 命令行

4.3.1　命令行的基本概念

1. 命令行

华为网络设备功能的配置和业务的部署是通过 VRP 命令行来完成的。命令行是在设备内部注册的、具有一定格式和功能的字符串。一条命令行由关键字和参数组成，关键字是一组与命令行功能相关的单词或词组，通过关键字可以唯一确定一条命令行，本书正文部分采用加粗字体方式来标识命令行的关键字。参数是为了完善命令行的格式或指示命令的作用对象而指定的相关单词或数字等，包括整数、字符串、枚举值等数据类型，本书正文部分采用斜体字体方式来标识命令行的参数。例如，测试设备间连通性的命令行 ping *ip-address* 中，ping 为命令行的关键字，ip-address 为参数（取值为一个 IP 地址）。

新购买的华为网络设备，初始配置为空。若希望它能够具有诸如文件传输、网络互通等功能，则需要首先进入该设备的命令行界面，并使用相应的命令进行配置。

2. 命令行界面

命令行界面是用户与设备之间的文本类指令交互的界面，就如同 Windows 操作系统中的 DOS（Disk Operation System）窗口一样。VRP 命令行界面如图 4-7 所示。

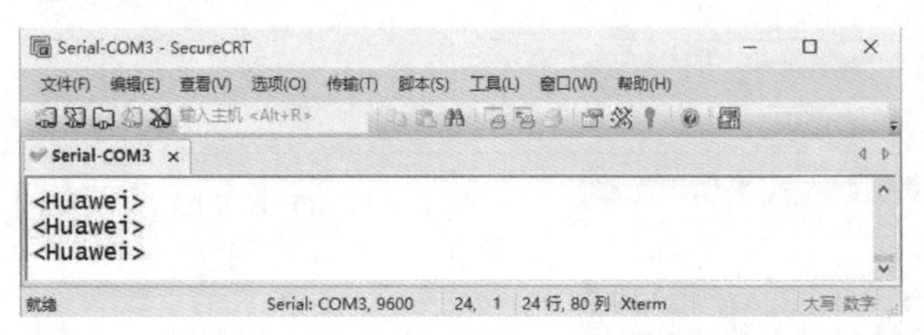

图 4-7 VRP 命令行界面——用户视图界面

VRP 命令的总数达数千条之多，为了实现对它们的分级管理，VRP 系统将这些命令按照功能类型的不同分别注册在不同的视图之下。

3. 命令行视图

命令行界面分成了若干种命令行视图，使用某个命令行时，需要先进入该命令行所在的视图。最常用的命令行视图有用户视图、系统视图和接口视图，三者之间既有联系，又有一定的区别。

如图 4-8 所示，华为设备登录后，先进入用户视图<R1>，提示符"<R1>"中，"<>"表示是用户视图，"R1"是设备的主机名。在用户视图下，用户可以了解设备的基础信息、查询设备状态，但不能进行与业务功能相关的配置。如果需要对设备进行业务功能配置，则需要进入系统视图。

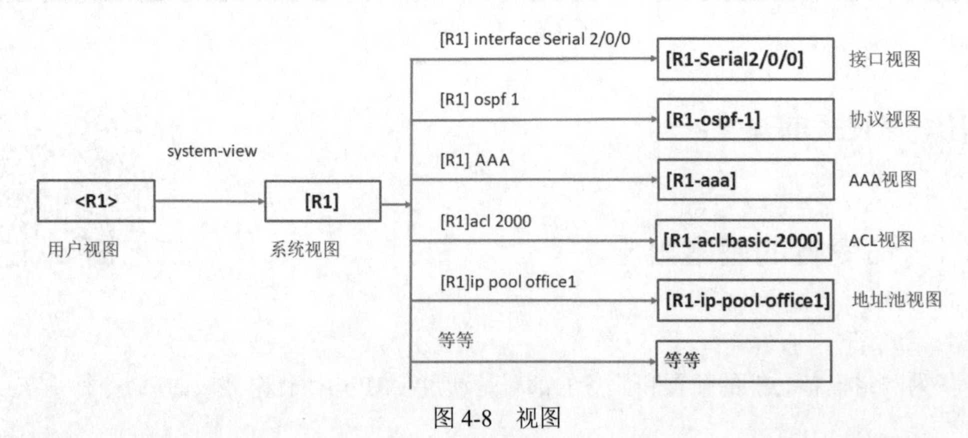

图 4-8 视图

输入 system-view 进入系统视图[R1]，可以配置系统参数，此时的提示符中使用了方括号“[ ]”。系统视图下可以使用绝大部分的基础功能配置命令，在系统视图下可以配置路由器的一些全局参数，比如路由器主机名称等。

系统视图下可以进入接口视图、协议视图、AAA 等视图。配置接口参数，配置路由协议参数，配置 IP 地址池参数等都要进入相应的视图。进入不同的视图，就能使用该视图下的命令。若希望进入其他视图，必须先进入系统视图。

输入 quit 命令可以返回上一级视图。

输入 return 直接返回用户视图。

按 Ctrl+Z 可以返回用户视图。

进入不同的视图，提示内容会有相应变化，比如，进入接口视图后，主机名后追加了接口类型和接口编号的信息。在接口视图下，可以完成对相应接口的配置进行操作，例如配置接口的 IP 地址等。

```
[R1]interface GigabitEthernet 0/0/0
[R1-GigabitEthernet0/0/0]ip address 192.168.10.111 24
```

VRP 系统将命令和用户进行了分级，每条命令都有相应的级别，每个用户也都有自己的权限级别，并且用户权限级别与命令级别具有一定的对应关系。具有一定权限级别的用户登录以后，只能执行等于或低于自己级别的命令。

4. 命令级别与用户权限级别

VRP 命令级别分为 0～3 级：0 级（参观级）、1 级（监控级）、2 级（配置级）、3 级（管理级）。网络诊断类命令属于参观级命令，用于测试网络是否连通等。监控级命令用于查看网络状态和设备基本信息。对设备进行业务配置时，需要用到配置级命令。对于一些特殊的功能，如上传或下载配置文件，则需要用到管理级命令。

用户权限分为 0～15 级共 16 个级别。默认情况下，3 级用户就可以操作 VRP 系统的所有命令，也就是说 4～15 级的用户权限在默认情况下是与 3 级用户权限一致的。4～15 级的用户权限一般与提升命令级别的功能一起使用，例如当设备管理员较多时，需要在管理员中再进行权限细分，这时可以将某条关键命令所对应的用户级别提高，如提高到 15 级，这样一来，默认的 3 级管理员便不能再使用该关键命令。

命令级别与用户权限级别的对应关系如表 4-1 所示。

表 4-1　命令级别与用户级别对应关系

用户级别	命令级别	说明
0	0	网络诊断类命令（ping、tracert）、从本设备访问其他设备的命令（telnet）等
1	0、1	系统维护命令，包括 display 等。但并不是所有的 display 命令都是监控级的，例如 display current-configuration 和 display saved-configuration 都是管理级命令
2	0、1、2	业务配置命令，包括路由、各个网络层次的命令等
3～15	1、2、3、4	涉及系统基本运行的命令，如文件系统、FTP 下载、配置文件切换命令、用户管理命令、命令级别设置命令、系统内部参数设置命令等，还包括故障诊断的 debugging 命令

4.3.2 命令行的使用方法

1. 进入命令视图

用户进入 VRP 系统后，首先进入的就是用户视图。如果出现<Huawei>，并有光标在“>”右边闪动，则表明用户已成功进入了用户视图。

进入用户视图后，便可以通过命令来了解设备的基础信息、查询设备状态等。如果需要对 GigabitEthernet1/0/0 接口进行配置，则需先使用 system-view 命令进入系统视图，再使用 interface *interface-type interface-number* 命令进入相应的接口视图。

```
<Huawei>system-view                            -- 进入系统视图
[Huawei]
[Huawei]interface gigabitethernet 1/0/0       --进入接口视图
[Huawei-GigabitEthernet1/0/0]
```

2. 退出命令视图

quit 命令的功能是从任何一个视图退出到上一层视图。例如，接口视图是从系统视图进入的，所以系统视图是接口视图的上一层视图。

```
[Huawei-GigabitEthernet1/0/0] quit            --退出到系统视图
[Huawei]
```

如果希望继续退出至用户视图，可再次执行 quit 命令。

```
[Huawei]quit                                   --退出到用户视图
<Huawei>
```

有些命令视图的层级很深，从当前视图退出到用户视图，需要多次执行 quit 命令。使用 return 命令，可以直接从当前视图退出到用户视图。

```
[Huawei-GigabitEthernetI/0/0]return           --退出到用户视图
<Huawei>
```

另外，在任意视图下，使用快捷键 Ctrl+Z，可以达到与使用 return 命令相同的效果。

3. 输入命令行

VRP 系统提供了丰富的命令行输入方法，支持多行输入，每条命令最大长度为 510 个字符，命令关键字不区分大小写，同时支持不完整关键字输入。如表 4-2 所示列出了命令行输入过程中常用的一些功能键。

表 4-2 命令行输入常用功能键

功能键	功能
退格键 BackSpace	删除光标位置的前一个字符，光标左移，若已经到达命令起始位置，则停止
左光标键←或 Ctrl+B	光标向左移动一个字符位置，若已经到达命令起始位置，则停止

续表

功能键	功能
左光标键→或 Ctrl+F	光标向右移动一个字符位置：若已经到达命令尾部，则停止
删除键 Delete	删除光标所在位置的一个字符，光标位置保持不变，光标后方字符向左移动一个字符位置：若已经到达命令尾部，则停止
上光标键↑或 Ctrl+P	显示上一条历史命令。如果需显示早的历史命令，可心重复使用该功能键
下光标键↓或 Ctrl+N	显示下一条历史命令，可重复使用该功能键

4. 不完整关键字输入

为了提高命令行输入的效率和准确性，VRP 系统能够支持不完整的关键字输入功能，即在当前视图下，当输入的字符能够匹配唯一的关键字时，可以不必输入完整的关键字。例如，当需要输入命令 display current-configuration 时，可以通过输入 d cu、di cu 或 discu 来实现，但不能输入 d c 或 dis c 等，因为系统内有多条以 d c、dis c 开头的命令，如：display cpu-defend、display clock 和 display current-configuration。

5. 在线帮助

在线帮助是 VRP 系统提供的一种实时帮助功能。在命令行输入过程中，用户可以随时键入“？”以获得在线帮助信息。命令行在线帮助可分为完全帮助和部分帮助。

关于完全帮助，我们来看一个例子。假如我们希望查看设备的当前配置情况，但在进入用户视图后不知道下一步该如何操作，这时就可以键入“？”，得到如下的回显帮助信息。

```
<Huawei>?
User view commands:
  arp-ping                  ARP-ping
  autosave                  <Group> autosave command group
  backup                    Backup  information
  ......
  dialer                    Dialer
  dir                       List files on a filesystem
  display                   Display information
  factory-configuration Factory configuration
---- More ----
```

从显示的关键字中可以看到“display”，对此关键字的解释为 Display information。我们自然会想到，要查看设备的当前配置情况，很可能会用到“display”这个关键字。于是，按任意字母键退出帮助后，键入 display 和空格，再键入问号“？”，得到如下的回显帮助信息。

```
<Huawei>display ?
  Cellular                  Cellular interface
  aaa                       AAA
  access-user               User access
```

```
  accounting-scheme          Accounting scheme
  ......
  cpu-usage                  Cpu usage information
  current-configuration Current configuration
  cwmp                  CPE WAN Management Protocol
---- More ----
```

从回显信息中，我们发现了“current-configuration”。通过简单的分析和推理，我们便知道，要查看设备的当前配置情况，应该输入的命令行是“displaycurrent-configuration”。

我们再来看一个部分帮助的例子。通常情况下，我们不会完全不知道整个需要输入的命令行，而是知道命令行关键字的部分字母。假如我们希望输入 display current-configuration 命令，但不记得完整的命令格式，只是记得关键字 display 的开头字母为 dis，current-configuration 的开头字母为 c。此时，我们就可以利用部分帮助功能来确定出完整的命令。键入 dis 后，再键入问号“？”。

```
<Huawei>dis?
display Display information
```

回显信息表明，以 dis 开头的关键字只有 display 根据不完整关键字输入原则，用 dis 就可以唯一确定关键字 display。所以，在输入 dis 后直接输入空格，然后输入 c，最后输入“？”，以获取下一个关键字的帮助。

```
<Huawei>dis c?
  <0-0>                 Slot number
  Cellular              Cellular interface
  calibrate             Global calibrate
  capwap                CAPWAP
  channel               Informational channel status and configuration
                        information
  clock                 Clock status and configuration information
  config                System config
  controller            Specify controller
  cpos                  CPOS controller
  cpu-defend            Configure CPU defend policy
  cpu-usage             Cpu usage information
  current-configuration Current configuration
  cwmp                  CPE WAN Management Protocol
```

回显信息表明，关键字 display 后，以 c 开头的关键只有为数不多的十几个，从中很容易找到 current-configuration。至此，我们便从 dis 和 c 这样的记忆片段中恢复出了完整的命令行 display current-configuration。

6. 快捷键

快捷键的使用可以进一步提高命令行的输入效率。VRP 系统已经定义了一些快捷键，称为系统快捷键。系统快捷键功能固定，用户不能再重新定义。常见的系统快捷键如表 4-3 所示。

表 4-3 常见 VRP 系统快捷键

快捷键	功能
Ctrl+A	将光标移动到当前行的开始
Ctrl+E	将光标移动到当前行的末尾
ESC+N	将光标向下移动一行
ESC+P	将光标向上移动一行
Ctrl+C	停止当前正在执行的功能
Ctrl+Z	返回到用户视图，功能相当于 return 命令
Tab 键	部分帮助的功能，输入不完整的关键字后按下 Tab 键，系统自动补全关键字

VRP 系统还允许用户自定义一些快捷键，但自定义快捷键可能会与某些操作命令发生混淆，所以一般情况下最好不要自定义快捷键。

4.4 登录设备

配置华为网络设备，可以用 Console 口，telnet 或 SSH 方式，本节介绍用户界面配置和登录设备的各种方式。

4.4.1 用户界面配置

1. 用户界面的概念

用户在与设备进行信息交互的过程中，不同的用户拥有各自不同的用户界面。使用 Console 口登录设备的用户，其用户界面对应了设备的物理 Console 接口：使用 Telnet 登录设备的用户，其用户界面对应了设备的虚拟 VTY（Virtual Type Terminal）接口。不同的设备支持的 VTY 总数可能不同。

如果希望对不同的用户进行登录控制，则需要首先进入对应的用户界面视图进行相应的配置（如：规定用户权限级别、设置用户名和密码等）。例如，假设规定通过 Console 口登录的用户的权限级别为 3 级，则相应的操作如下。

```
<Huawei>system-view
[Huawe]user-interface console 0      --进入 Console 口用户的用户界面视图
[Huawei-ui-console0]user privilege level 3  --设置 Console 登录用户的权限级
                                            --别为 3
```

如果有多个用户登录设备，因为每个用户都会有自己的用户界面，那么设备如何识别这些不同的用户界面呢？

2. 用户界面的编号

用户登录设备时，系统会根据该用户的登录方式，自动分配一个当前空闲且编号最小的相应类型的用户界面给该用户。用户界面的编号包括以下两种。

（1）相对编号。

相对编号的形式是：用户界面类型+序号。一般的，一台设备只有 1 个 Console 口（插卡式设备可能有多个 Console 口，每个主控板提供 1 个 Console 口），VTY 类型的用户界面一般有 15 个（默认情况下，开启了其中的 5 个）。所以，相对编号的具体呈现如下。

-Console 口的编号：CON 0。

-VTY 的编号：第一个为 VTY 0，第二个为 VTY 1，以此类推。

（2）绝对编号。

绝对编号仅仅是一个数值，用来标识一个用户界面。绝对编号与相对编号具有一对应的关系：Console 用户界面的相对编号为 CON0，对应的绝对编号为 0；VTY 用户界面的相对编号为 VTY0～VTY14，对应的绝对编号为 129～143。

使用 display user-interface 命令可以查看设备当前支持的用户界面信息，操作如下。可以看到 CON 0 有一个用户连接，权限级别为 3，有一个用户通过虚拟接口连接 VTY 0，权限级别为 2，Auth 表示身份验证模式，P 代表 password（只需输入密码），A 代表 AAA 验证（需要输入用户名和密码）。

```
<Huawei>display user-interface
  Idx  Type     Tx/Rx  Modem   Privi   ActualPrivi  Auth   Int
+ 0    CON 0    9600    -       15       15          P      -
+ 129   VTY 0           -       2        2           A      -
  130  VTY 1            -       2        -           A      -
  131  VTY 2            -       2        -           A      -
  132  VTY 3            -       0        -           P      -
  133  VTY 4            -       0        -           P      -
  145  VTY 16           -       0        -           P      -
  146  VTY 17           -       0        -           P      -
  147  VTY 18           -       0        -           P      -
  148  VTY 19           -       0        -           P      -
  149  VTY 20           -       0        -           P      -
  150  Web 0    9600    -       15       -           A      -
  151  Web 1    9600    -       15       -           A      -
  152  Web 2    9600    -       15       -           A      -
  153  Web 3    9600    -       15       -           A      -
  154  Web 4    9600    -       15       -           A      -
  155  XML 0    9600    -       0        -           A      -
```

```
  156  XML 1   9600     -       0          -          A       -
  157  XML 2   9600     -       0          -          A       -
UI(s) not in async mode -or- with no hardware support:
1-128
  +    : Current UI is active.
  F    : Current UI is active and work in async mode.
  Idx  : Absolute index of UIs.
  Type : Type and relative index of UIs.
  Privi: The privilege of UIs.
  ActualPrivi: The actual privilege of user-interface.
   Auth: The authentication mode of UIs.
     A: Authenticate use AAA.
     N: Current UI need not authentication.
     P: Authenticate use current UI's password.
   Int: The physical location of UIs.
```

回显信息中，第一列 Idx 表示绝对编号，第二列 Type 为对应的相对编号。

3. 用户验证

每个用户登录设备时都会有一个用户界面与之对应。那么，如何使只有合法用户才能登录设备呢？答案是通过用户验证机制。设备支持的验证方式有 3 种：Password 验证、AAA 验证和 None 验证。

（1）**Password 验证：**只需输入密码，密码验证通过后，即可登录设备。默认情况下，设备使用的是 Password 验证方式。使用该方式时，如果没有配置密码，则无法登录设备。

（2）**AAA 验证：**需要输入用户名和密码，只有输入正确的用户名和其对应的密码时，才能登录设备。由于需要同时验证用户名和密码，所以 AAA 验证方式的安全性比 Password 验证方式高，并且该方式可以区分不同的用户，用户之间互不干扰。所以，使用 Telnet 登录时，一般都采用 AAA 验证方式。

（3）**None 验证：**不需要输入用户名和密码，可直接登录设备，即无须进行任何验证。为安全起见，不推荐使用这种验证方式。

用户验证机制保证了用户登录的合法性。默认情况下，通过 Telnet 登录的用户，在登录后的权限级别是 0 级。

4. 用户权限级别

前面已经对用户权限级别的含义以及其与命令级别的对应关系进行了描述。用户权限级别也称为用户级别，默认情况下，用户级别在 3 级及以上时，便可以操作设备的所有命令。某个用户的级别，可以在对应用户界面视图下执行 user privilege level *level* 命令进行配置，其中 *level* 为指定的用户级别。

有了以上这些关于用户界面的相关知识后，接下来通过两个实例来说明 Console 和 VTY 用户界面的配置方法。

4.4.2 通过 Console 口登录设备

路由器初次配置时，需要使用 Console 通信电缆连接路由器的 Console 口和计算机的 COM 口，不过现在的笔记本电脑大多没有 COM 口了，如图 4-9 所示，可以使用 COM 口转 USB 接口线缆，接入笔记本电脑的 USB 接口。

图 4-9 Console 配置路由器

如图 4-10 所示，打开计算机管理，单击“设备管理器”，安装驱动后，可以看到 USB 接口充当了 COM3 接口。

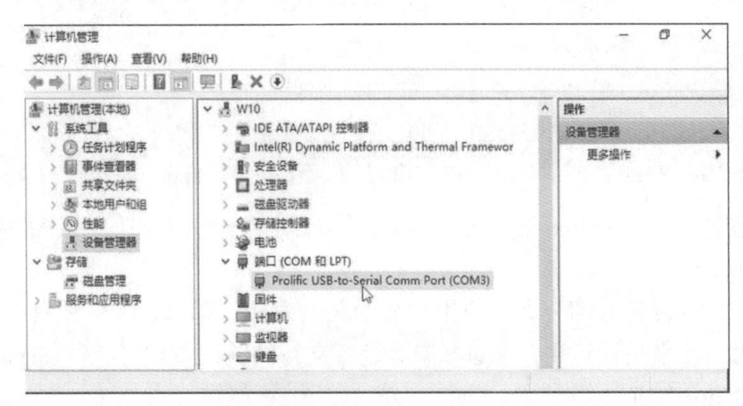

图 4-10 查看 USB 接口充当的 COM 口

打开 SecureCRT 软件，如图 4-11 所示，SecureCRT 协议选“Serial”，单击“下一步”按钮。在出现的端口选择界面中，根据 USB 设备模拟出的端口，在这里选择“COM3”，其他设置参照下图所示进行设置，然后单击“下一步”按钮，如图 4-12 所示。

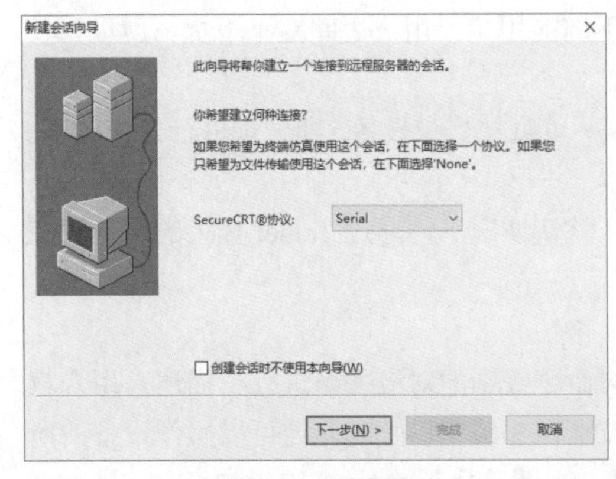

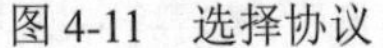

图 4-11 选择协议

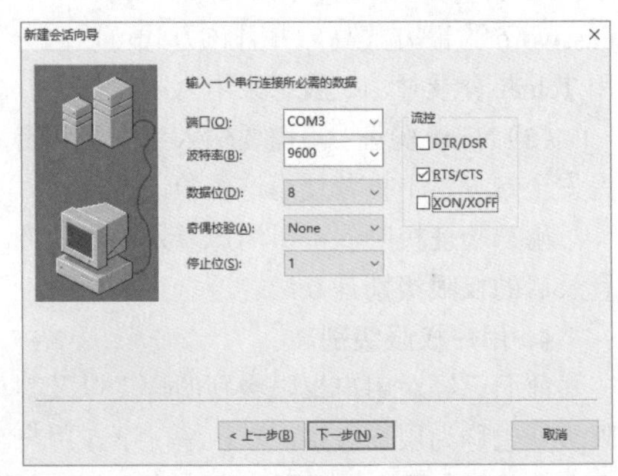

图 4-12 选择 COM 接口波特率

Console 用户界面对应从 Console 口直连登录的用户，一般采用 Password 验证方式。通过 Console 口登录的用户一般为网络管理员，需要最高级别的用户权限。

（1）进入 Console 用户界面。进入 Console 用户界面使用的命令为 user-interface console *interface-number*，表示 console 用户界面的相对编号，取值为 0。

```
[Huawei]user-interface console 0
```

（2）配置用户界面。在 Console 用户界面视图下配置验证方式为 Password 验证，这里配置密码为 91xueit，且密码将以密文形式保存在配置文件中。

配置用户界面的用户验证方式的命令为 authentication-mode {aaa l password}。

```
[Huawei-ui-console0]authentication-mode ?
aaa       AAA authentication
password  Authentication through the password of a user terminal interface
[Huawei-ui-console0]authentication-mode password
Please configure the login password (maximum length 16):91xueit
```

如果打算重设密码，可以输入以下命令，这里将密码设置为 91xueit.com。

```
[Huawei-ui-console0]set authentication password cipher 91xueit.com
```

配置完成后，配置信息会保存在设备的内存中，使用命令 display current-configuration 即可进行查看。如果不进行存盘保存，则这些信息在设备通电或重启时将会丢失。

输入 display current-configuration section user-interface 命令显示当前配置中 user-interface 的设置。如果只输入 display current-configuration 显示全部设置。

```
<Huawei>display current-configuration section user-interface
[V200R003C00]
#
user-interface con 0
authentication-mode password
set authentication password
cipher %$%${PA|GW3~G'2AJ%@K{;MA,$/:\,wmOC*yI7U_x!,wkv].$/=,%$%$
user-interface vty 0 4
user-interface vty 16 20
#
return
```

4.4.3　通过 Telnet 登录设备

VTY 用户界面对应使用 Telnet 方式登录的用户。考虑到 Telnet 是远程登录，容易存在安全隐患，所以在用户验证方式上采用了 AAA 验证。一般的，设备调试阶段需要登录设备的人员较多，并且需要进行业务方面的配置，所以通常配置最大 VTY 用户界面数为 15，即允许最多 15 个用户同时使用 Telnet 方式登录设备。同时，应将用户级别设置为 2 级，即配置级，以便进行正常的业务配置。

（1）配置最大 VTY 用户界面数为 15。配置最大 VTY 用户界面数使用的命令是 user-interface maximum-vty *number*。如果希望配置最大 VTY 用户界面数为 15 个，则 number 应取值为 15。

```
[Huawei]user-interface maximum-vty 15
```

（2）进入 VTY 用户界面视图。使用 user-interface vty *first-ui-number* [*last-ui-number*] 命令进入 VTY 用户界面视图，其中 *first-ui-number* 和 *last-ui-number* 为 VTY 用户界面的相对编号，方括号“[ ]”表示该参数为可选参数。假设现在需要对 15 个 VTY 用户界面进行整体配置，则 *first-ui-number* 应取值为 0，*last-ui-number* 取值为 14。

```
[Huawei]user-interface vty 0 14
```

进入了 VTY 用户界面视图。

```
[Huawei-ui-vty0-14]
```

（3）配置 VTY 用户界面的用户级别为 2 级。配置用户级别的命令为 user privilege level *level*。因为现在需要配置用户级别为 2 级，所以 *level* 的取值为 2。

```
[Huawei-ui-vty0-14]user privilege level 2
```

（4）配置 VTY 用户界面的用户验证方式为 AAA 验证方式。配置用户验证方式的命令为 authentication-mode {aaa l password}，其中大括号“{ }”表示其中的参数应任选其一。

```
[Huawei-ui-vty0-14]authentication-mode aaa
```

（5）配置 AAA 验证方式的用户名和密码。首先退出 VTY 用户界面视图，执行命令 aaa，进入 AAA 视图。再执行命令 local-user *user-name* password cipher *password*，配置用户名和密码。*user-name* 表示用户名，*password* 表示密码，关键字 cipher 表示配置的密码将以密文形式保存在配置文件中。最后，执行命令 local-user *user-name* service-type telnet，定义这些用户的接入类型为 Telnet。

```
[Huawei-ui-vty0-14]quit
[Huawei]aaa
[Huawei-aaa]local-user admin password cipher admin@123
[Huawei-aaa]local-user admin service-type telnet
[Huawei-aaa]quit
```

配置完成后，当用户通过 Telnet 方式登录设备时，设备会自动分配一个编号最小的可用 VTY 用户界面给用户使用，进入命令行界面之前需要输入上面配置的用户名（admin）和密码（admin@123）。

Telnet 协议是 TCP/IP 协议族中应用层协议的一员。Telnet 的工作方式为“服务器 /

客户端”方式，它提供了从一台设备（Telnet 客户端）远程登录到另一台设备（Telnet 服务器）的方法。Telnet 服务器与 Telnet 客户端之间需要建立 TCP 连接，Telnet 服务器的默认端口号为 23。

VRP 系统既支持 Telnet 服务器功能，也支持 Telnet 客户端功能。利用 VRP 系统，用户还可以先登录到某台设备，然后将这台设备作为 Telnet 客户端再通过 Telnet 方式远程登录到网络上的其他设备，从而可以更为灵活地实现对网络的维护操作。如图 4-13 所示，路由器 R1 既是 PC 的 Telnet 服务器，又是路由器的 Telnet 客户端。

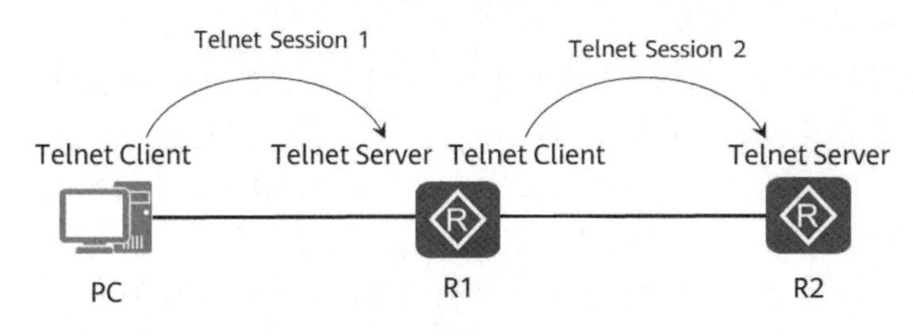

图 4-13　Telnet 二级连接

在 Windows 系统中，打开命令行工具，确保 Windows 系统和路由器的网络畅通，输入 telnet *ip-address*，输入账户和密码，就能远程登录路由器进行配置。如图 4-14 所示，telnet 192.168.10.111 输入账户和密码登录<Huawei>成功，再 telnet 172.16.1.2 输入密码，登录<R2>路由器成功，退出 telnet，输入 quit。

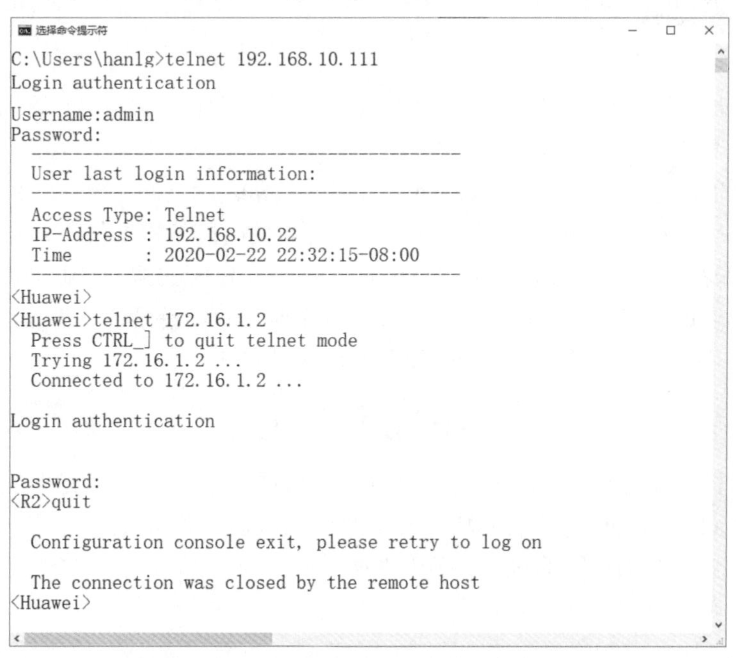

图 4-14　在 Windows 系统上 telnet 路由器

4.5 基本配置

下面讲述华为网络设备的一些基本配置，设置设备名称、更改系统时间、给接口设置 IP 地址，禁用/启用接口等设置。

4.5.1 配置设备名称

命令行界面中的尖括号“<>”或方括号“[ ]”中包含有设备的名称，也称为设备主机名。默认情况下，设备名称为“Huawei”。为了更好地区分不同的设备，通常需要修改设备名称。可以通过命令加 sysname *hostname* 来对设备名称进行修改，其中 sysname 是命令行的关键字，*hostname* 为参数，表示希望设置的设备名称。

例如，通过如下操作，就可以将设备名称设置为 Huawei-AR-01。

```
<Huawei>?                          --可以查看用户视图下可以执行的命令
<Huawei>system-view                --进入系统视图
[Huawei]sysname Huawei-AR-01       --更改路由器名称为 Huawei-AR-01
[Huawei-AR-01]
```

4.5.2 配置设备时钟

华为设备出厂时默认采用了协调世界时（UTC），但没有配置时区，所以在配置设备系统时钟前，需要了解设备所在的时区。

设置时区的命令行为 clock timezone *time-zone-name* { add | minus } *offset*，其中 *time-zone-name* 为用户定义的时区名，用于标识配置的时区；根据偏移方向选择 add 和 minus，正向偏移（UTC 时间加上偏移量为当地时间）选择 add，负向偏移（UTC 时间减去偏移量为当地时间）选择 minus；offset 为偏移时间。假设设备位于北京时区，则相应的配置应该是（注意：设置时区和时间是在用户模式下）：

```
<Huawei>clock timezone BJ add 8:00
```

设置好时区后，就可以设置各当前的日期和时间了。华为设备仅支持 24 小时制，使用的命令行为 clock datetime *HH：MM：SS YYYY-MM-DD*，其中 *HH：MM：SS* 为设置的时间，*YYYY-MM-DD* 为设置的日期。假设当前的日期为 2020 年 2 月 23 日，时间是凌晨 16：32：00，则相应的配置应该是：

```
<Huawei>clock datetime 16:37:00 2020-02-23
```

输入 display clock 显示当前设备的时区、日期和时间。

```
<Huawei>display clock
```

```
2020-02-23 16:37:07
Sunday
Time Zone(BJ) : UTC+08:00
```

4.5.3　配置设备 IP 地址

用户可以通过不同的方式登录设备命令行界面，包括 Console 口登录和 Telnet 登录。首次登录新设备时，由于新设备为空配置设备，所以只能通过 Console 口或 MiniUSB 口登录。首次登录到新设备后，便可以给设备配置一个 IP 地址，然后开启 Telnet 功能。

IP 地址是针对设备接口的配置，通常一个接口配置一个 IP 地址。配置接口 IP 地址的命令为 ip address *ip-address* { *mask* | *mask-length* }，其中 ip address 是命令关键字，*ip-address* 为希望配置的 IP 地址。*mask* 表示点分十进制方式的子网掩码；*mask-length* 表示长度方式的子网掩码，即掩码中二进制数 1 的个数。

假设设备 Huawei 的接口 Ethernet 0/0/0，分配的 IP 地址为 192.168.1.1，子网掩码为 255.255.255.0，则相应的配置应该是：

```
[Huawei]interface Ethernet 0/0/0            --进入接口视图
[Huawei-Ethernet0/0/0]ip address 192.168.1.1 255.255.255.0
                                             --添加 IP 地址和子网掩码
[Huawei-Ethernet0/0/0]undo shutdown          --启用接口
[Huawei-Ethernet0/0/0]ip address 192.168.2.1 24 ?
 sub   Indicate a subordinate address
<cr>  Please press ENTER to execute command
[Huawei-Ethernet0/0/0]ip address 192.168.2.1 24 sub   --给接口添加第二个地址
[Huawei-Ethernet0/0/0]display this                    --显示接口的配置
[V200R003C00]
#
interface Ethernet0/0/0
ip address 192.168.1.1 255.255.255.0
ip address 192.168.2.1 255.255.255.0 sub
#
return
[Huawei-Ethernet0/0/0]quit                        --退出接口配置模式
```

输入 display ip interface brief 命令显示接口 IP 地址相关的摘要信息。

```
<Huawei>display ip interface brief
*down: administratively down
^down: standby
```

```
(l): loopback
(s): spoofing
The number of interface that is UP in Physical is 3
The number of interface that is DOWN in Physical is 1
The number of interface that is UP in Protocol is 3
The number of interface that is DOWN in Protocol is 1

Interface                  IP Address/Mask     Physical    Protocol
Ethernet0/0/0              192.168.1.1/24      up          up
Ethernet0/0/8              unassigned          down        down
NULL0                      unassigned          up          up(s)
Vlanif1                    192.168.10.1/24     up          up
```

从以上输出，可以看到 Ethernet0/0/0 接口 PHY（物理层）UP（启用），Protocol（数据链路层）也 UP。

输入 undo ip address 删除接口配置的 IP 地址。

```
[Huawei-Ethernet0/0/0]undo ip address
```

4.6 配置文件的管理

华为设备配置更改后的设置立即生效，成为当前配置，保存在内存中。如果设备断电重启或关机重启内存的配置会丢失，如果想让当前的配置在重启后依然生效，就需要将配置保存。下面就讲解华为网络设备中的配置文件，以及如何管理华为设备中的文件。

4.6.1 华为设备配置文件

本节介绍路由器的配置和配置文件。涉及三个概念：当前配置、配置文件和下次启动的配置文件。

1. 当前配置

设备内存中的配置就是当前配置，进入系统视图更改路由器的配置，就是更改当前配置，设备断电或重启时，内存中的所有信息（包括配置信息）全部消失。

2. 配置文件

包含设备配置信息的文件称为配置文件，它存在于设备的外部存储器中（注意，不是内存中），其文件名的格式一般为“*.cfg”或“*.zip”，用户可以将当前配置保存到配置文件。设备重启时，配置文件的内容可以被重新加载到内存中，成为新的当前配置。配置文件除了保存配置信息的作用，还可以方便维护人员查看、备份以及移植配置信息用于其他设备。默认情况下，保存当前配置时，设备会将配置信息保存到名为“vrpcfg.zip”的配置文件中，并保存于设备的外部存储器的根目录下。

3. 下次启动的配置文件

保存配置时可以指定配置文件的名称，也就是保存的配置文件可以有多个，下次启动加载哪个配置文件，可以指定。默认情况下，下次启动的配置文件名为“vrpcfg.zip”。

4.6.2　保存当前配置

保存当前配置的方式有两种：手动保存和自动保存。

1. 手动保存配置

用户可以使用 save [*configuration-file*] 命令随时将当前配置以手动方式保存到配置文件中，参数 *configuration-file* 为指定的配置文件名，格式必须为“*.cfg”或“*.zip。如果未指定配置文件名，则配置文件名默认为“vrpcfg.zip”。

例如，需要将当前配置保存到文件名为“vrpcfg.zip”的配置文件中时，可进行如下操作。

在用户视图，使用 save 命令，再输入 y，进行确认，保存路由器的配置。如果不指定保存配置的文件名，配置文件就是“vrpcfg.zip”，输入 dir，可以列出 flash 根目录下的全部文件和文件夹，就能看到这个配置文件。路由器中的 flash 相当于计算机中的硬盘，可以存放文件和保存的配置。

```
<R1>save
The current configuration will be written to the device.
Are you sure to continue? (y/n)[n]:y                     --输入 y
It will take several minutes to save configuration file, please wait.......
Configuration file had been saved successfully
Note: The configuration file will take effect after being activated
```

如果还需要将当前配置保存到文件名为“backup.zip”的配置文件中，作为对 vrpcfg.zip 的备份，则可进行如下操作。

```
<Huawei>save backup.zip
Are you sure to save the configuration to backup.zip? (y/n)[n]:y
It will take several minutes to save configuration file, please wait......
Configuration file had been saved successfully
Note: The configuration file will take effect after being activated
```

2. 自动保存配置

自动保存配置功能可以有效降低用户因忘记保存配置而导致配置丢失的风险。自动保存功能分为周期性自动保存和定时自动保存两种方式。

在周期性自动保存方式下，设备会根据用户设定的保存周期，自动完成配置保存；无论设备的当前配置相比配置文件是否有变化，设备都会进行自动保存操作。在定时自动保存方式下，用户设定一个时间点，设备会每天在此时间点自动进行一次保存。默认情况下，设备的自动保存功能是关闭的，需要用户开启之后才能使用。

周期性自动保存的设置方法如下：首先执行命令 autosave interval on，开启设备的周期性自动保存功能，然后执行命令 autosave intervale *time* 设置自动保存周期。*time* 为指定的时间周期，单位为分钟，默认值为 1 440 分钟（24 小时）。

定时自动保存的设置方法如下：首先执行命令 autosave time on，开启设备的定时自动保存功能，然后执行命令 autosave time *time-value*，设置自动保存的时间点。*time-value* 为指定的时间点，格式为 hh:mm:ss，默认值

以下命令为打开周期性保存，设置自动保存间隔为 120 分钟。

```
<R1>autosave interval on                  --打开周期性保存功能
  System autosave interval switch: on
  Autosave interval: 1440 minutes         --默认 1440 分钟保存一次
  Autosave type: configuration file
  System autosave modified configuration switch: on
                                          --如果配置更改了 30 分钟自动保存
  Autosave interval: 30 minutes
  Autosave type: configuration file

<R1>autosave interval 120                 --设置每隔 120 分钟自动保存
  System autosave interval switch: on
  Autosave interval: 120 minutes
  Autosave type: configuration file
```

周期性保存和定时保存不能同时启用，关闭周期性保存，再打开定时自动保存功能，更改定时保存时间为中午 12 点。

```
<R1>autosave interval off                   --关闭周期性保存
<R1>autosave time on                        --开启定时保存
  System autosave time switch: on
  Autosave time: 08:00:00                   --默认每天早上 8 点定时保存
  Autosave type: configuration file
<R1>autosave time ?                         --查看 time 后可以输入的参数
  ENUM<on,off> Set the switch of saving configuration data automatically by
               absolute time
  TIME<hh:mm:ss>  Set the time for saving configuration data automatically
<R1>autosave time 12:00:00                  --更改定时保存时间为中午 12 点
  System autosave time switch: on
```

```
Autosave time: 12:00:00
Autosave type: configuration file
```

默认情况下，设备会保存当前配置到“vrpcfg.zip”文件中。如果用户指定了另外一个配置文件作为设备下次启动的配置文件，则设备会将当前配置保存到新指定的下次启动的配置文件中。

4.6.3 设置下一次启动加载的配置文件

设备支持设置任何一个存在于设备的外部存储器的根目录下（如：flash:/）的“*.cfg”或“*.zip”文件作为设备的下次启动的配置文件。我们可以通过 startup saved-configuration *configuration-file* 命令来设置设备下次启动的配置文件，其中 *configuration-file* 为指定配置文件名。如果设备的外部存储器的根目录下没有该配置文件，则系统会提示设置失败。

例如，如果需要指定已经保存的 backupzip 文件作为下次启动的配置文件，可执行如下操作。

```
<R1>startup saved-configuration backup.zip --指定下一次启动加载的配置文件
This operation will take several minutes, please wait.....
Info: Succeeded in setting the file for booting system
<R1>display startup                        --显示下一次启动加载的配置文件
MainBoard:
  Startup system software:                 null
  Next startup system software:            null
  Backup system software for next startup: null
  Startup saved-configuration file:        flash:/vrpcfg.zip
  Next startup saved-configuration file:   flash:/backup.zip
                                           --下一次启动配置文件
```

设置了下一次启动的配置文件后，再保存当前配置时，默认会将当前配置保存到所设置的下一次启动的配置文件中，从而覆盖了下次启动的配置文件原有内容。周期性保存配置和定时保存配置，也会保存到指定的下一次启动的配置文件。

4.7 习题

1．下面哪个是更改路由器名称的命令？（　　）

A．<Huawei> sysname R1　　B．[Huawei]sysname R1

C．[Huawei]system R1　　D．<Huawei> system R1

2．本章 eNSP 模拟软件需要和哪两款软件一起安装？（　　）

A．Wireshark 和 VMWareWorkstation

B．Wireshark 和 VirtualBox

C．VirtualBox 和 VMWareWorkstation

D．VirtualBox 和 Ethereal

3．给路由器接口配置 IP 地址，下面哪条命令是错误的？（　　）

A．[R1]ip address 192.168.1.1 255.255.255.0

B．[R1-GigabitEthernet0/0/0]ip address 192.168.1.1 24

C．[R1-GigabitEthernet0/0/0]ip add 192.168.1.1 24

D．[R1-GigabitEthernet0/0/0]ip address 192.168.1.1 255.255.255.0

4．查看路由器当前配置的命令是（　　）。

A．<R1>display current-configuration

B．<R1>display saved-configuration

C．[R1-GigabitEthernet0/0/0]display

D．[R1]show current-configuration

5．华为路由器保存配置的命令是（　　）。

A．[R1]save　　B．<R1>save

C．<R1>copy current startup　　D．[R1] copy current startup

6．更改路由器下一次启动加载的配置文件使用哪个命令？（　　）

A．<R1>startup saved-configuration backup.zip

B．<R1>display startup

C．[R1]startup saved-configuration

D．[R1]display startup

7. 通过 console 口配置路由器，只需要密码验证，需要配置身份验证模式为（　　）。

A．[R1-ui-console0]authentication-mode password

B．[R1-ui-console0]authentication-mode aaa

C．[R1-ui-console0]authentication-mode Radius

D．[R1-ui-console0]authentication-mode scheme

8．在路由器上创建用户 han，允许通过 telnet 配置路由器，且用户权限级别为 3，需要执行哪两条命令？（　　）

A．[R1-aaa]local-user han password cipher 91xueit3 privilege level 3

B．[R1-aaa]local-user han service-type telnet

C．[R1-aaa]local-user han password cipher 91xueit3

D．[R1-aaa]local-user hanservice-type terminal

9．在系统视图下键入什么命令可以切换到用户视图？（　　）

A．system-view　　B．router

C．quit　　D．user-view

10. 管理员想要彻底删除旧的设备配置文件 config.zip，则下面的命令正确的是（　　）。

A．delete /force config.zip　　B．delete /unreserved config.zip

C．C. reset config.zip　　D．clear config.zip

11．华为 AR 路由器的命令行界面下，Save 命令的作用是保存当前的系统时间。（　　）

A．正确　　B．错误

12．路由器的配置文件保存时，一般是保存在下面哪种储存介质上？（　　）

A．SDRAM　　B．NVRAM

C．Flash　　D．Boot ROM

13．VRP 的全称是什么？（　　）

A．Versatile Routine Platform　　B．Virtual Routing Platform

C．Virtual Routing Plane　　D．Versatile Routing Platform

14．VRP 操作系统命令划分为访问级、监控级、配置级、管理级 4 个级别。能运行各种业务配置命令但不能操作文件系统的哪一级？（　　）

A．访问级　　B．监控级

C．配置级　　D．管理级

15．管理员在哪个视图下才能为路由器修改设备名称？（　　）

A．User-view　　B．System-view

C．Interface-view　　D．Protocol-view

16．目前，公司有一个网络管理员，公司网络中的 AR2200 通过 Telent 直接输入密码后就可以实现远程管理。新来了两个管理员后，公司希望给所有的管理员分配各自的用户名和密码，以及不同的权限等级。那么应该如何操作呢？（　　）（多选）

A．在 AAA 视图下配置三个用户名和各自对应的密码

B．Telent 配置的用户认证模式必须选择 AAA 模式

C．在配置每个管理员的账户时，需要配置不同的权限级别

D．每个管理员在运行 Telent 命令时，使用设备的不同公网 IP 地址

17．VRP 支持通过哪几种方式对路由器进行配置？（　　）（多选）

A．通过 Console 口对路由器进行配置

B．通过 Telent 对路由器进行配置

C．通过 mini USB 口对路由器进行配置

D．通过 FTP 对路由器进行配置

18．操作用户成功 Telnet 到路由器后，无法使用配置命令配置接口 IP 地址，可能的原因有（　　）。

A．操作用户的 Telnet 终端软件不允许用户对设备的接口配置 IP 地址

B．没有正确设置 Telnet 用户的认证方式

C．没有正确设置 Telnet 用户的级别

D．没有正确设置 SNMP 参数

19．关于下面的 display 信息描述正确的是（　　）。

[R1]display interface g0/0/0 GigabitEthernet0/0/0 current state:Administratively DOWN
Line protocol current state:DOWN

A．Gigabit Ethernet 0/0/0 接口连接了一条错误的线缆

B．Gigabit Ethernet 0/0/0 接口没有配置 IP 地址

C．Gigabit Ethernet 0/0/0 接口没有启用动态路由协议

D．Gigabit Ethernet 0/0/0 接口被管理员手动关闭了

20．路由器上电时，会从默认存储路径中读取配置文件进行路由器的初始化工作。如果默认存储路径中没有配置文件，则路由器会使用什么来进行初始化？（　）

A．当前配置　　B．新建配置

C．默认参数　　D．起始配置

第5章

静态路由

本章内容

- 路由基础
- 路由汇总
- 默认路由

路由器负责在不同网段间转发数据包，路由器根据路由表为数据包选择转发路径。路由表中有多条路由信息，一条路由信息也被称为一个路由项或一个路由条目，一个路由条目记录到一个网段的路由。路由条目可以由管理员用命令输入，称为静态路由；也可以使用路由协议（RIP、OSPF 协议）生成路由条目，称为动态路由。路由表中的条目可以由动态路由和静态路由组成。

本章将讲述网络畅通的条件，给路由器配置静态路由，通过合理规划 IP 地址可以使用路由汇总和默认路由以简化路由表。

作为扩展知识，还讲解排除网络故障的方法，使用 ping 命令测试网络是否畅通，使用 pathping 和 tracert 命令跟踪数据包的路径。同时也讲解 Windows 操作系统中的路由表，给 Windows 系统添加路由。

本章只讲静态路由，下一章讲动态路由 RIP 协议和 OSPF 协议。

5.1 IP 路由

路由就是路由器从一个网段到另外一个网段转发数据包的过程。即数据包通过路由器转发，就是数据路由。

5.1.1 网络畅通的条件

网络畅通条件，要求数据包必须能够到达目标地址，同时数据包必须能够返回发送者地址。这就要求沿途经过的路由器必须知道到目标网络如何转发数据包，即到达目的网络下一跳转发给哪个路由器，也就是必须有到达目标网络的路由，沿途的路由器还必须有数据包返回所需的路由。

计算机网络畅通的条件就是数据包能去能回，道理很简单，却是排除网络故障的理论依据。

如图 5-1 所示，网络中的 A 计算机要想实现和 B 计算机通信，沿途的所有路由器必须有到目标网络 192.168.1.0/24 的路由，B 计算机给 A 计算机返回数据包，途经的所有路由器必须到达 192.168.0.0/24 网段的路由。

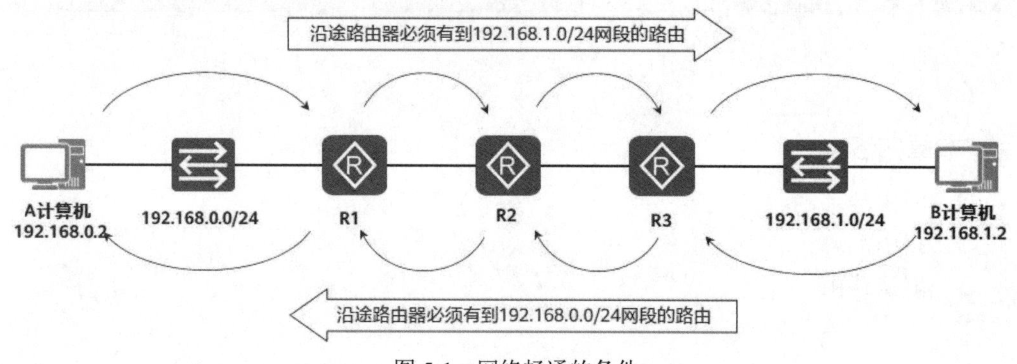

图 5-1 网络畅通的条件

基于以上原理，网络排除故障就变得简单了。如果网络不通，就要检查计算机是否配置了正确的 IP 地址、子网掩码以及网关，逐一检查沿途路由器上的路由表，查看是否有到达目标网络的路由；然后逐一检查沿途路由器上的路由表，检查是否有数据包返回所需的路由。

路由器如何知道网络中的各个网段以及下一跳转发到哪个地址？路由器查看路由表来确定数据包下一跳如何转发。

5.1.2 路由信息的来源

路由表包含了若干条路由信息，这些路由信息生成方式总共有三种：设备自动发现、手动配置、通过动态路由协议生成。

1. 直连路由

我们把设备自动发现的路由信息称为直连路由（Direct Route），网络设备启动之后，当路由器接口状态为 UP 时，路由器就能够自动发现去往自己接口直接相连的网络的路由。

如图 5-2 所示，路由器 R1 的 GE 0/0/1 接口的状态为 UP 时，R1 便可以根据 GE 0/0/1 接口的 IP 地址 11.1.1.1/24 推断出 GE 0/0/1 接口所在的网络的网络地址为 11.1.1.0/24。于是，R1 便会将 11.1.1.0/24 作为一个路由项填写进自己的路由表，这条路由的目的地/掩码为 11.1.1.0/24，出接口为 GE 0/0/1，下一跳 IP 地址是与出接口的 IP 地址相同的，即 11.1.1.1，由于这条路由是直连路由，所以其 Protocol 属性为 Direct。另外，对于直连路由，其 cost 的值总是为 0。

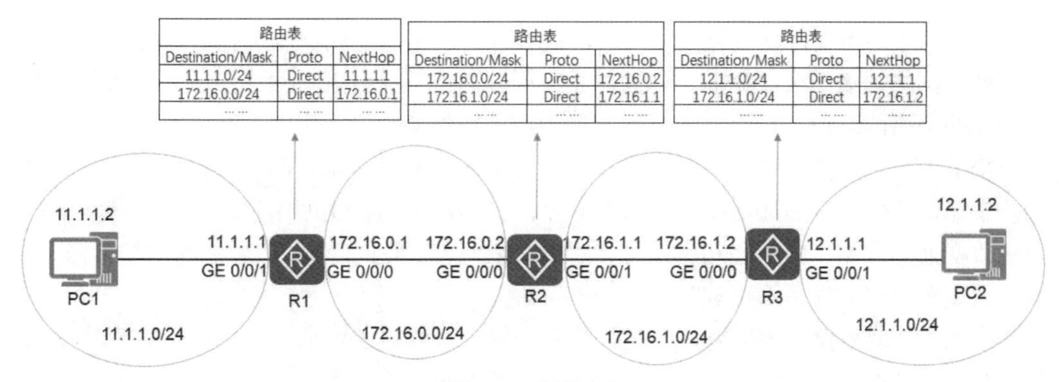

图 5-2 直连路由

类似地，路由器 R1 还会自动发现另外一条直连路由，该路由的目的地/掩码为 172.16.0.0/24，出接口为 GE 0/0/0，下一跳地址是 172.16.0.1，Protocol 属性为 Direct，Cost 的值为 0。

可以看到网络中的 R1、R2、R3 路由器只要一开机，端口 UP，这些端口连接的网段就会出现在路由表。

2. 静态路由

要想让网络中计算机能够访问任何网段，网络中的路由器必须有到全部网段的路由。路由器直连的网段，路由器能够自动发现并将其加入到路由表中。对于没有直连的网络，管理员需要手工添加到这些网段的路由表中。在路由器上手工配置的路由信息被称为静态路由（Static Route），适合规模较小的网络或网络不怎么变化的情况。

如图 5-3 所示，网络中有四个网段，每个路由器直连两个网段，对于没有直连的网段，需要手工添加静态路由。我们需要在每个路由器上添加两条静态路由。注意观察，静态路由的下一跳，在 R1 上添加到 12.1.1.0/24 网段的路由，下一跳是 172.16.0.2，而不是 R3 的 GE0/0/0 接口的 172.16.1.2。很多初学者对“下一跳”的理解会出现错误。

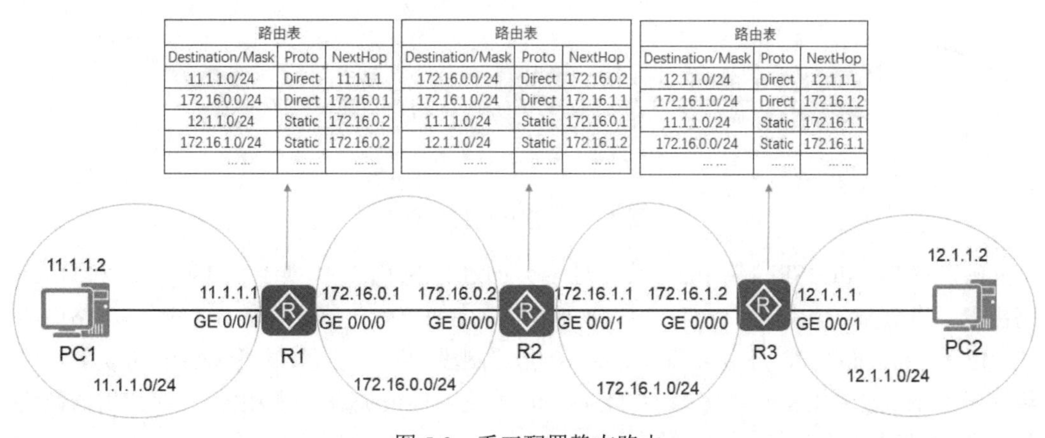

图 5-3 手工配置静态路由

3. 动态路由

路由器使用动态路由协议（RIP、OSPF）而获得路由信息被称为动态路由（Dynamic

Route），动态路由适合规模较大的网络，能够针对网络的变化自动选择最佳路径。

如果网络规模不大，我们可以通过手工配置的方式"告诉"网络设备去往哪些非直接相连的网络的路由。然而，如果非直接相连的网络的数量众多时，必然会耗费大量的人力来进行手工配置，这在现实中往往是不可取的，甚至是不可能的。另外，手工配置的静态路由还有一个明显的缺陷，就是它不具备自适应性。当网络发生故障或网络结构发生改变而导致相应的静态路由发生错误或失效时，必须手工对这些静态路由进行修改，而这在现实中也往往是不可取的，或是不可能的。

事实上，网络设备还可以通过运行路由协议来获取路由信息。"路由协议"和"动态路由协议"这两个术语其实是一回事，因为还未曾有过被称为"静态路由协议"的路由协议（有静态路由，但无静态路由协议）。网络设备通过运行路由协议而获取的路由被称为动态路由。如果网络新增了网段、删除了网段、改变了某个接口所在的网段，或网络拓扑发生了变化（网络中断了一条链路或增加了一条链路），路由协议能够及时地更新路由表中的动态路由信息。

需要特别指出的是，一台路由器可以同时运行多种路由协议。如图 5-4 所示，R2 路由器同时运行 RIP 路由协议和 OSPF 路由协议。此时，该路由器除了会创建并维护一个 IP 路由表外，还会分别创建并维护一个 RIP 路由表和一个 OSPF 路由表。RIP 路由表用来专门存放 RIP 协议发现的所有路由，OSPF 路由表用来专门存放 OSPF 协议发现的所有路由。

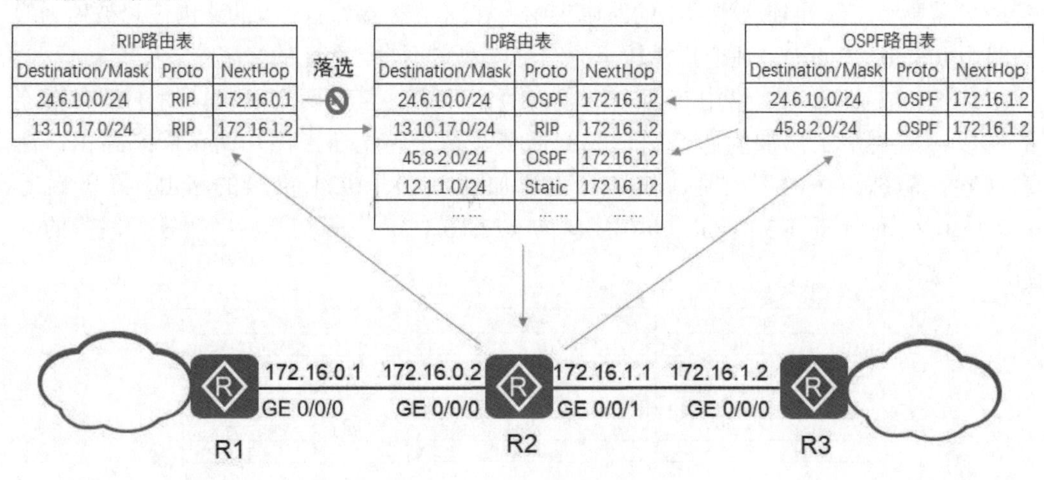

图 5-4　动态路由优先级

RIP 路由表和 OSPF 路由表中路由项都会加进 IP 路由表中，如果 RIP 路由表和 OSPF 路由表都有到某一网段的路由项，那就要比较路由协议优先级了。图 5-4 中，R2 路由器的 RIP 路由表和 OSPF 路由表都有 24.6.10.0/24 网段的路由信息，由于 OSPF 协议的优先级高于 RIP 协议，OSPF 路由表中 24.6.10.0/24 路由项被加进 IP 路由表。而路由器最终是根据 IP 路由表来进行 IP 报文的转发工作。

5.1.3 配置静态路由示例

下面就通过一个案例来学习静态路由的配置，网络拓扑如图 5-5 所示，设置网络中的计算机和路由器接口的 IP 地址，PC1 和 PC2 都要设置网关。可以看到，该网络中有 4 个网段。现在需要在路由器上添加路由，实现这 4 个网段间网络的畅通。

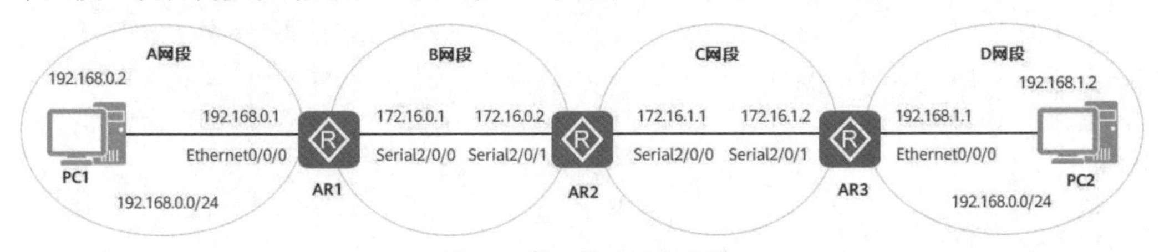

图 5-5 静态路由网络拓扑

前面讲过，只要给路由器接口配置了 IP 地址和子网掩码，路由器的路由表就有了到直连网段的路由，不需要再添加到直连网段的路由。在添加静态路由之前先看看路由器的路由表。

在 AR1 路由器上，进入系统视图，输入“display ip routing-table”可以看到两个直连网段的路由。

```
[AR1]display ip routing-table
Route Flags: R - relay, D - download to fib
------------------------------------------------------------------------------
Routing Tables: Public
        Destinations : 11       Routes : 11
Destination/Mask    Proto  Pre  Cost  Flags NextHop     Interface
      127.0.0.0/8   Direct 0    0     D    127.0.0.1    InLoopBack0
      127.0.0.1/32  Direct 0    0     D    127.0.0.1    InLoopBack0
127.255.255.255/32  Direct 0    0     D    127.0.0.1    InLoopBack0
     172.16.0.0/24  Direct 0    0     D    172.16.0.1   Serial2/0/0
                                                        --直连网段路由
     172.16.0.1/32  Direct 0    0     D    127.0.0.1    Serial2/0/0
     172.16.0.2/32  Direct 0    0     D    172.16.0.2   Serial2/0/0
   172.16.0.255/32  Direct 0    0     D    127.0.0.1    Serial2/0/0
    192.168.0.0/24  Direct 0    0     D    192.168.0.1 Vlanif1
                                                        --直连网段路由
    192.168.0.1/32  Direct 0    0     D    127.0.0.1    Vlanif1
  192.168.0.255/32  Direct 0    0     D    127.0.0.1    Vlanif1
255.255.255.255/32  Direct 0    0     D    127.0.0.1    InLoopBack0
```

可以看到路由表中已经有了到两个直连网段的路由条目。

在路由器AR1、AR2和AR3上添加静态路由。

（1）在路由器AR1上添加到172.16.1.0/24、192.168.1.0/24网段的路由，显示添加的静态路由。

```
[AR1]ip route-static 172.16.1.0 24 172.16.0.2    --添加静态路由、下一跳地址
[AR1]ip route-static 192.168.1.0 255.255.255.0 Serial 2/0/0
                                                 --添加静态路由、出口
[AR1]display ip routing-table                    --显示路由表
[AR1]display ip routing-table protocol static    --只显示静态路由表
Route Flags: R - relay, D - download to fib
------------------------------------------------------------------------------
Public routing table : Static
        Destinations : 2        Routes : 2    Configured Routes : 2
Static routing table status : <Active>
        Destinations : 2        Routes : 2
Destination/Mask    Proto   Pre  Cost  Flags   NextHop      Interface
    172.16.1.0/24   Static   60   0     RD    172.16.0.2    Serial2/0/0
   192.168.1.0/24   Static   60   0     D     172.16.0.1    Serial2/0/0
Static routing table status : <Inactive>
        Destinations : 0        Routes : 0
```

（2）在路由器AR2上添加到192.168.0.0/24、192.168.1.0/24网段的路由。

```
[AR2]ip route-static 192.168.0.0 24 172.16.0.1
[AR2]ip route-static 192.168.1.0 24 172.16.1.2
```

（3）在路由器AR3上添加到192.168.0.0/24、172.16.0.0/24网段的路由。

```
[AR3]ip route-static 192.168.0.0 24 172.16.1.1
[AR3]ip route-static 172.16.0.0 24 172.16.1.1
```

（4）在R2路由器上删除到192.168.1.0/24网络的路由。

```
[AR2]undo ip route-static 192.168.1.0 24
                                   --删除到某个网段的路由，不用指定下一跳地址
```

注意当PC1 ping PC2，显示Request timeout!请求超时，实际上是目标主机不可到达。

并不是所有的“请求超时”都是路由器的路由表造成的，其他的原因也可能导致请求超时，比如对方的计算机启用防火墙，或对方的计算机关机，这些都能引起“请求超时”。

5.2 路由汇总

Internet 是全球最大的互联网，如果 Internet 上的路由器把全球所有的网段都添加到路由表中，那将是一张非常庞大的路由表。路由器每转发一个数据包，都要检查路由表，为该数据包选择转发出口，庞大的路由表势必会增加处理时延。

如果为物理位置连续的网络分配地址连续的网段，就可以在边界路由器上将远程的网段合并成一条路由，这就是路由汇总。通过路由汇总能够大大减少路由器上的路由表条目。

5.2.1 通过路由汇总精简路由表

下面以实例来说明如何实现路由汇总。

如图 5-6 所示，北京市的网络可以认为是物理位置连续的网络，为北京市的网络分配连续的网段，即从 192.168.0.0/24、192.168.1.0/24、192.168.2.0/24、192.168.3.0/24、192.168.4.0/24 一直到 192.168.255.0/24 的网段。

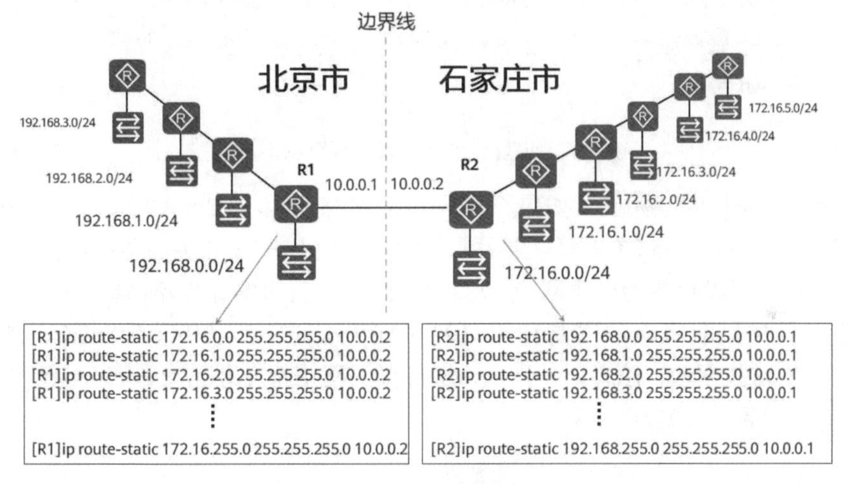

图 5-6 地址规划

石家庄市的网络也可以认为是物理位置连续的网络，为石家庄市的网络分配连续的网段，即从 172.16.0.0/24、172.16.1.0/24、172.16.2.0/24、172.16.3.0/24、172.16.4.0/24 一直到 172.16.255.0/24 的网段。

在北京市的路由器中添加到石家庄市全部网段的路由，如果为每一个网段添加一条路由，需要添加 256 条路由。在石家庄市的路由器中添加到北京市全部网络的路由，如果为每一个网段添加一条路由，也需要添加 256 条路由。

石家庄市的这些子网 172.16.0.0/24、172.16.1.0/24、172.16.2.0/24、…、172.16.255.0/24 都属于 172.16.0.0/16 网段，这个网段包括全部以 172.16 开始的网段。因此，在北京市的路由器中添加一条到 172.16.0.0/16 这个网段的路由即可。

北京市的网段从 192.168.0.0/24、192.168.1.0/24、192.168.2.0/24、192.168.3.0/24、

192.168.4.0/24 一直到 192.168.255.0/24，也可以合并成一个网段 192.168.0.0/16（这时候一定要能够想起 IP 地址和子网划分那一章讲到的使用超网合并网段，192.168.0.0/16 就是一个超网，子网掩码前移了 8 位，合并了 256 个 C 类网络），这个网段包括全部以 192.168 开始的网段。因此，在石家庄市的路由器中添加一条到 192.168.0.0/16 这个网段的路由即可。

汇总北京市的路由器 R1 中的路由和石家庄市的路由器 R2 中的路由后，路由表得到极大的精简，如图 5-7 所示。

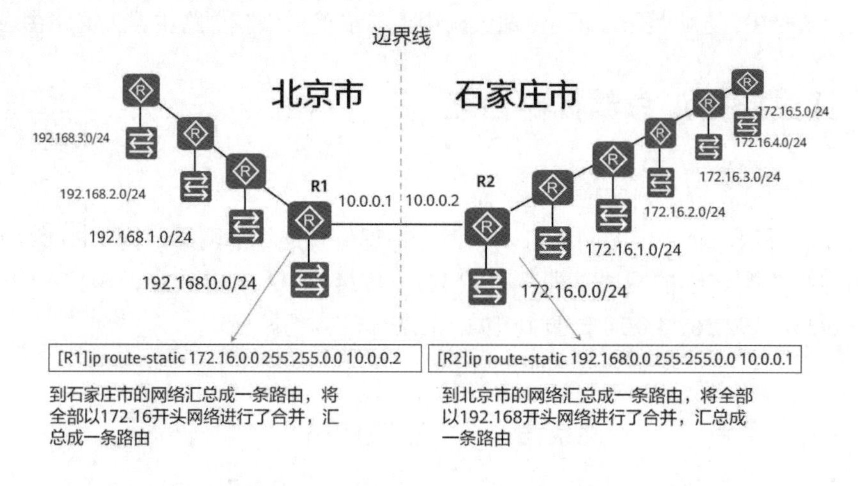

图 5-7 地址规划后可以进行路由汇总

进一步，如图 5-8 所示，如果石家庄市的网络使用 172.0.0.0/16、172.1.0.0/26、172.2.0.0/16、…、172.255.0.0/16 这些网段，总之，凡是以 172 开头的网络都在石家庄市，那么可以将这些网段合并为一个网段 172.0.0.0/8。在北京市的边界路由器 R1 中只需要添加一条路由。如果北京市的网络使用 192.0.0.0/16、192.1.0.0/16、192.2.0.0/16、…、192.255.0.0/26 这些网段，总之，凡是以 192 打头的网络都在北京市，那么也可以将这些网段合并为一个网段 192.0.0.0/8。

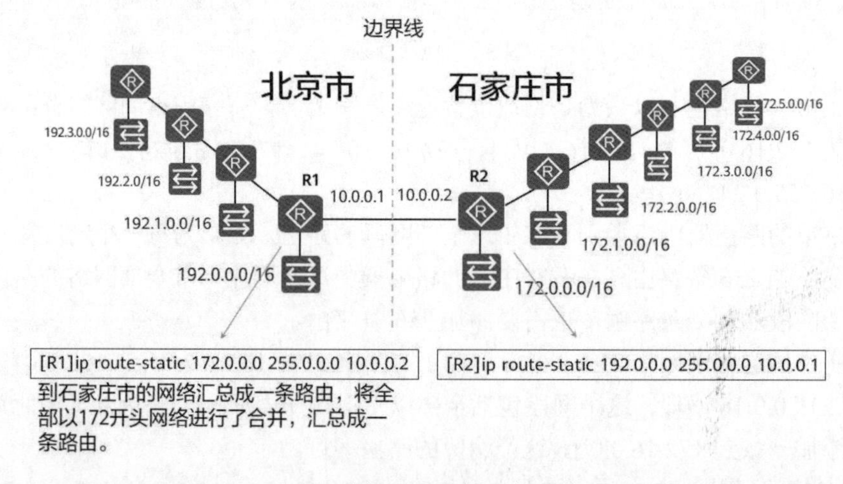

图 5-8 路由汇总

可以看出规律，添加路由时，网络位越少（子网掩码中 1 的个数越少），路由汇总的网段越多。

5.2.2　路由汇总例外

如图 5-9 所示，在北京市有个网络使用了 172.16.10.0/24 网段，后来石家庄市的网络连接北京市的网络，给石家庄市的网络规划使用 172.16 打头的网段，这种情况下，北京市网络的路由器还能不能把石家庄市的网络汇总成一条路由呢？

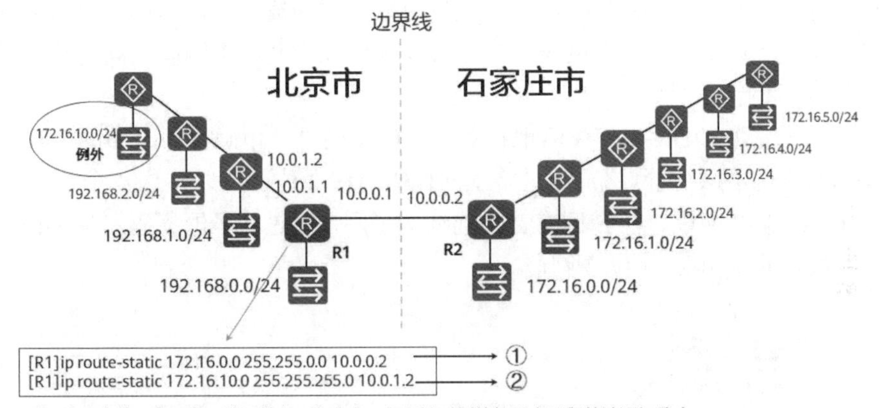

图 5-9　路由汇总例外

这种情况下，在北京市的路由器中照样可以把到石家庄市网络的路由汇总成一条路由，但要针对例外的网段单独再添加一条路由，如图 5-9 所示。

如果路由器 R1 收到目标地址是 172.16.10.2 的数据包，应该使用哪一条路由进行路径选择呢？

因为该数据包的目标地址与第①条路由和第②条路由都匹配，路由器将使用最精确匹配的那条路由来转发数据包。这叫作最长前缀匹配（Longest Prefix Match），是指在 IP 协议中被路由器用于在路由表中进行选择的一种算法。因为路由表中的每个表项都指定了一个网络，所以一个目的地址可能与多个表项匹配。最明确的一个表项（子网掩码最长的一个）就叫作最长前缀匹配。之所以这样称呼它，是因为这个表项也是路由表中，与目的地址的高位匹配得最多的表项。

下面举例说明什么是最长前缀匹配算法，比如在路由器中添加了 3 条路由。

```
[R1]ip route-static 172.0.0.0  255.0.0.0  10.0.0.2          --第 1 条路由
[R1]ip route-static 172.16.0.0  255.255.0.0  10.0.1.2       --第 2 条路由
[R1]ip route-static 172.16.10.0  255.255.255.0  10.0.3.2    --第 3 条路由
```

路由器 R1 收到一个目标地址是 172.16.10.12 的数据包，会使用第 3 条路由转发该数据包。路由器 R1 收到一个目标地址是 172.16.7.12 的数据包，会使用第 2 条路由转发该数据包。路由器 R1 收到一个目标地址是 172.18.17.12 的数据包，会使用第 1 条路由转发该数据包。

路由表中常常包含一个默认路由。这个路由在所有表项都不匹配的时候有着最短的前缀匹配。本章 5.3 节将讲解默认路由。

5.2.3 无类域间路由（CIDR）

为了让初学者容易理解，以上讲述的路由汇总通过将子网掩码向左移 8 位，合并了 256 个网段。无类域间路由（CIDR）采用 13～27 位可变网络 ID，而不是 A、B、C 类网络 ID 所用的固定的 8 位、16 位和 24 位。这样可以将子网掩码向左移动 1 位以合并两个网段；向左移动 2 位以合并 4 个网段；向左移动 3 位以合并 8 个网段；向左移动 n 位，就可以合并 2^n 个网段。

下面就举例说明 CIDR 如何灵活地将对连续的子网进行精确合并。如图 5-10 所示，在 A 区有 4 个连续的 C 类网络，通过将子网掩码前移 2 位，可以将这 4 个 C 类网络合并到 192.168.16.0/22 网段。在 B 区有 2 个连续的子网，通过将子网掩码左移 1 位，可以将这两个网段合并到 10.7.78.0/23 网段。

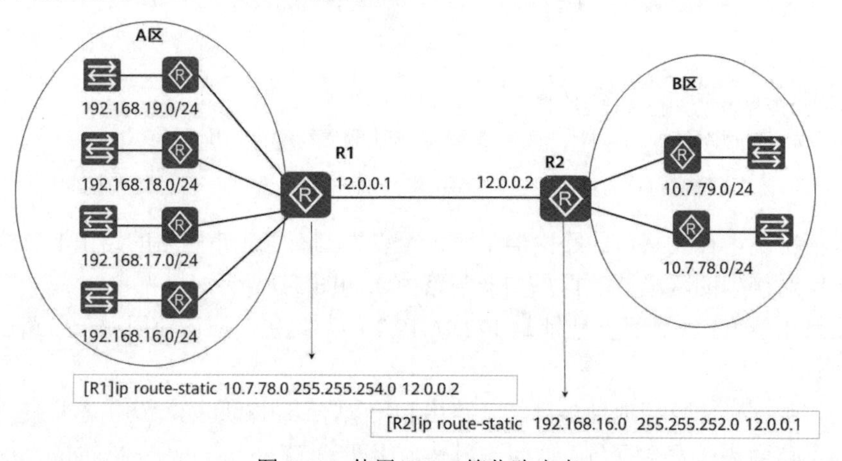

图 5-10 使用 CIDR 简化路由表

学习本节知识时，一定要和第 3 章（IP 地址和子网划分）所讲的使用超网合并网段结合起来理解。

5.3 默认路由

默认路由是一种特殊的静态路由，指的是当路由表中没有与数据包的目的地址相匹配的路由时路由器能够做出的选择。如果没有默认路由，那么目的地址在路由表中没有匹配的路由的包将被丢弃。默认路由在某些时候非常有用。如连接末端网络的路由器，使用默认路由会大大简化路由器的路由表，减轻管理员的工作负担，提高网络性能。

5.3.1　全球最大的网段

在理默认路由之前，先看看全球最大的网段在路由器中如何表示。在路由器中添加以下 3 条路由。

```
[R1]ip route-static 172.0.0.0   255.0.0.0   10.0.0.2           --第 1 条路由
[R1]ip route-static 172.16.0.0  255.255.0.0  10.0.1.2          --第 2 条路由
[R1]ip route-static 172.16.10.0  255.255.255.0  10.0.3.2       --第 3 条路由
```

从上面 3 条路由可以看出，子网掩码越短（子网掩码写成二进制形式后 1 的个数越少），主机位越多，该网段的地址数量就越大。

如果想让一个网段包括全部的 IP 地址，就要求子网掩码短到极限，最短就是 0，子网掩码变成了 0.0.0.0，这也意味着该网段的 32 位二进制形式的 IP 地址都是主机位，任何一个地址都属于该网段。因此，0.0.0.0 子网掩码为 0.0.0.0 的网段包括全球所有的 IPv4 地址，也就是全球最大的网段，换一种写法就是 0.0.0.0/0。

在路由器中添加到 0.0.0.0 0.0.0.0 网段的路由，就是默认路由。

```
[R1]ip route-static 0.0.0.0 0.0.0.0 10.0.0.2                   --第 4 条路由
```

任何一个目标地址都与默认路由匹配，根据前面所讲的“最长前缀匹配”算法，可知默认路由是在路由器没有为数据包找到更为精确匹配的路由时最后匹配的一条路由。

下面的几个小节给大家讲解默认路由的几个经典应用场景。

5.3.2　使用默认路由作为指向 Internet 的路由

本案例是默认路由的一个应用场景。

某公司内网有 A、B、C 和 D 共 4 个路由器，有 10.1.0.0/24、10.2.0.0/24、10.3.0.0/24、10.4.0.0/24、10.5.0.0/24、10.6.0.0/24 共 6 个网段，网络拓扑和地址规划如图 5-11 所示。现在要求在这 4 个路由器中添加路由，使内网的 6 个网段之间能够相互通信，同时这 6 个网段也要能够访问 Internet。

路由器 B 和路由器 D 是网络的末端路由器，直连两个网段，到其他网络都需要转发到路由器 C，在这两个路由器中只需要添加一条默认路由即可。

对于路由器 C 来说，直连了 3 个网段，到 10.1.0.0/24、10.4.0.0/24 两个网段的路由需要单独添加，到 Internet 或 10.6.0.0/24 网段的数据包，都需要转发给路由器 A，再添加一条默认路由即可。

对于路由器 A 来说，直连 3 个网段，对于没有直连的几个内网，需要单独添加路由，到 Internet 的访问只需要添加一条默认路由即可。

到 Internet 上所有网段的路由，只需要添加一条默认路由即可。

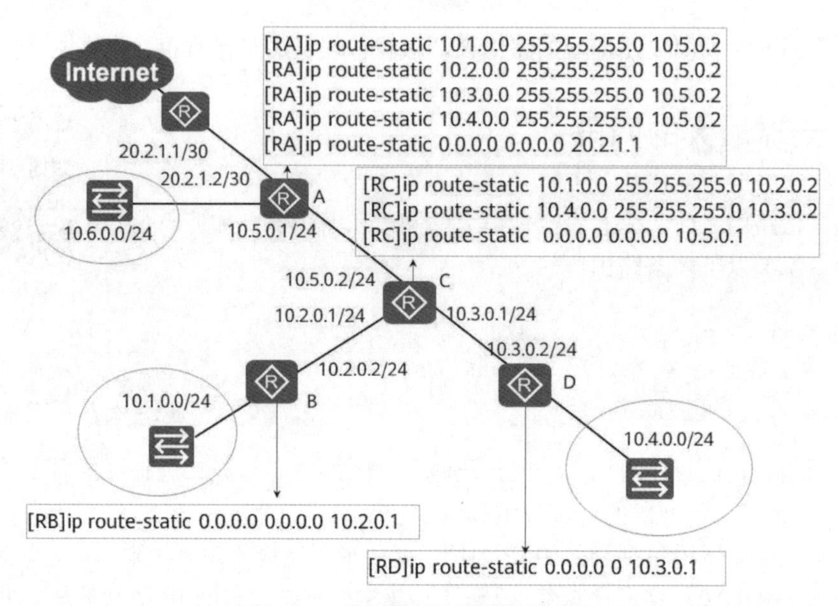

图 5-11 使用默认路由简化路由表

如图 5-12 所示，看看路由器 A 中的路由表是否可以进一步简化。企业内网使用的网段可以合并到 10.0.0.0/8 网段中，因此在路由器 A 中，到内网网段的路由可以汇总成一条，如图 5-12 所示。大家想想路由器 C 中的路由表还能简化吗？

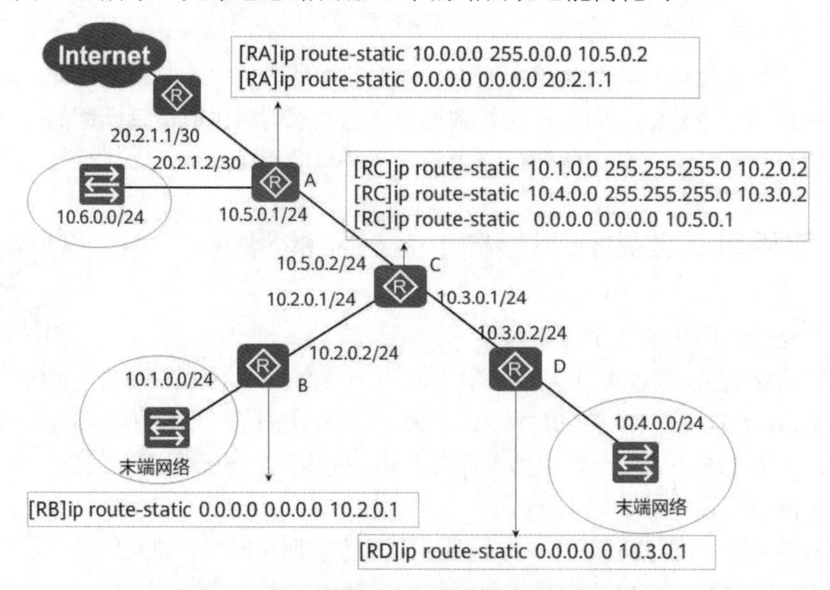

图 5-12 路由器路由汇总和默认路由简化路由表

5.3.3 使用默认路由和路由汇总简化路由表

Internet 是全球最大的互联网，也是全球拥有最多网段的网络。整个 Internet 上的计算机要想实现互相通信，就要正确配置 Internet 上路由器

中的路由表。如果公网 IP 地址规划得当，就能够使用默认路由和路由汇总大大简化 Internet 上路由器中的路由表。

下面就举例说明 Internet 上的 IP 地址规划，以及网络中的各级路由器如何使用默认路由和路由汇总简化路由表。为了方便说明，在这里只画出了 3 个国家。

国家级网络规划：英国使用 30.0.0.0/8 网段，美国使用 20.0.0.0/8 网段，中国使用 40.0.0.0/8 网段，一个国家分配一个大的网段，方便路由汇总。

中国国内的地址规划：省级 IP 地址规划：河北省使用 40.2.0.0/16 网段，河南省使用 40.1.0.0/16 网段，其他省份分别使用 40.3.0.0/16、40.4.0.0/16、…、40.255.0.0/16 网段。

河北省内的地址规划：石家庄地区使用 40.2.1.0/24 网段，秦皇岛地区使用 40.2.2.0/24 网段，保定地区使用 40.2.3.0/24 网段，如图 5-13 所示。

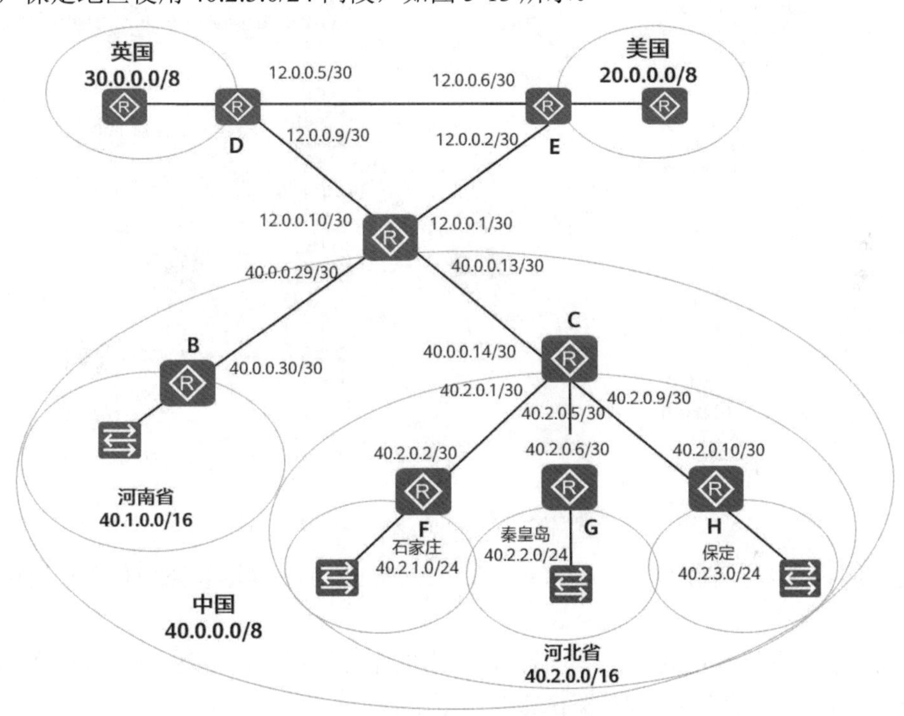

图 5-13　Internet 地址规划示意图

路由表的添加如图 5-14 所示，路由器 A、D 和 E 是中国、英国和美国的国际出口路由器。这一级别的路由器，到中国只需要添加一条 40.0.0.0 255.0.0.0 路由，到美国只需要添加一条 20.0.0.0 255.0.0.0 路由，到英国只需要添加一条 30.0.0.0 255.0.0.0 路由。由于很好地规划了 IP 地址，可以将一个国家的网络汇总为一条路由，这一级路由器中的路由表就变得精简了。

中国的国际出口路由器 A，除了添加到美国和英国两个国家的路由，还需要添加到河南省、河北省以及其他省份的路由。由于各个省份的 IP 地址也得到了很好的规划，一个省份的网络可以汇总成一条路由，这一级路由器的路由表也很精简。

河北省的路由器 C，它的路由如何添加呢？对于路由器 C 来说，数据包除了到石家庄、秦皇岛和保定的网络以外，其他要么是出省的，要么是出国的，都需要转发到路由器 A。在省级路由器 C 中要添加到石家庄、秦皇岛或保定的网络的路由，到其他网络的路由则使用一条默认路由指向路由器 A。这一级路由器使用默认路由，也能够使路由表变得精简。

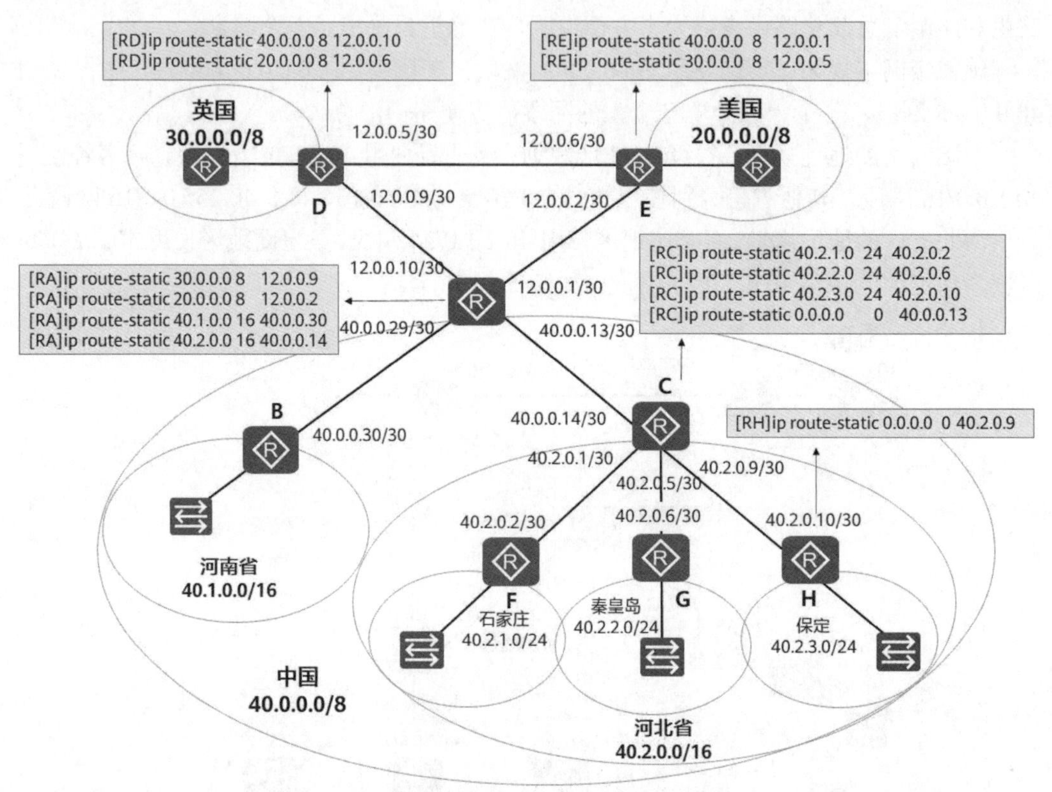

图 5-14 使用路由汇总和默认路由简化路由表

对于网络末端的路由器 H、G 和 F 来说，只需要添加一条默认路由指向省级路由器 C 即可。

总结：要想网络地址规划合理，骨干网络上的路由器可以使用路由汇总精简路由表，网络末端的路由器可以使用默认路由精简路由表。

5.3.4 默认路由造成路由环路

如图 5-15 所示，网络中的路由器 A、B、C、D、E、F 连成一个环，要想让整个网络畅通，只需要在每个路由器中添加一条默认路由以指向下一个路由器的地址即可，配置方法如图 5-16 所示。

通过这种方式配置路由，网络中的数据包就沿着环路顺时针传递。下面就以网络中的 A 计算机和 B 计算机通信为例，A 计算机到 B 计算机的数据包途经路由器 F→A→B→C→D→E，B 计算机到 A 计算机的数据包途经路由器 E→F。如图 5-16 所示，可以看到数据包到达目标地址的路径和返回的路径不一定是同一条路径，数据包走哪条路径，完全由路由表决定。

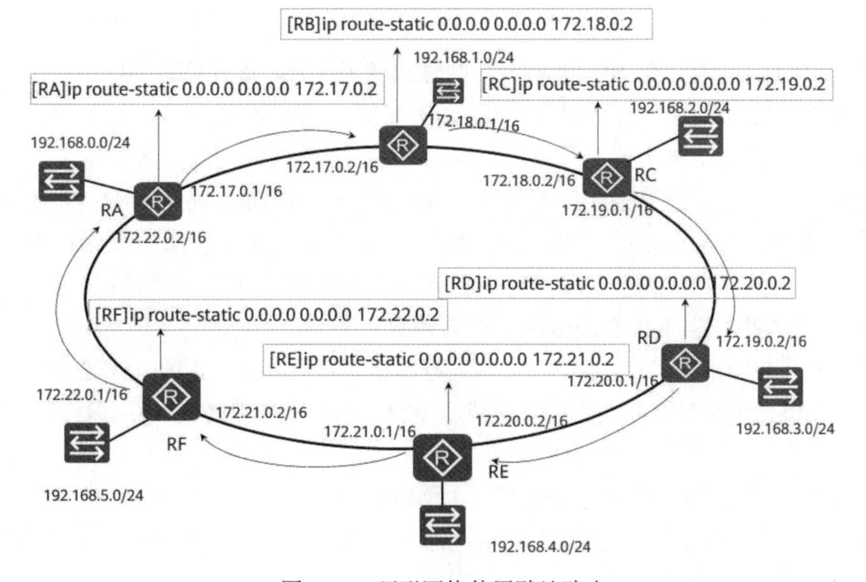

图 5-15　环形网络使用默认路由

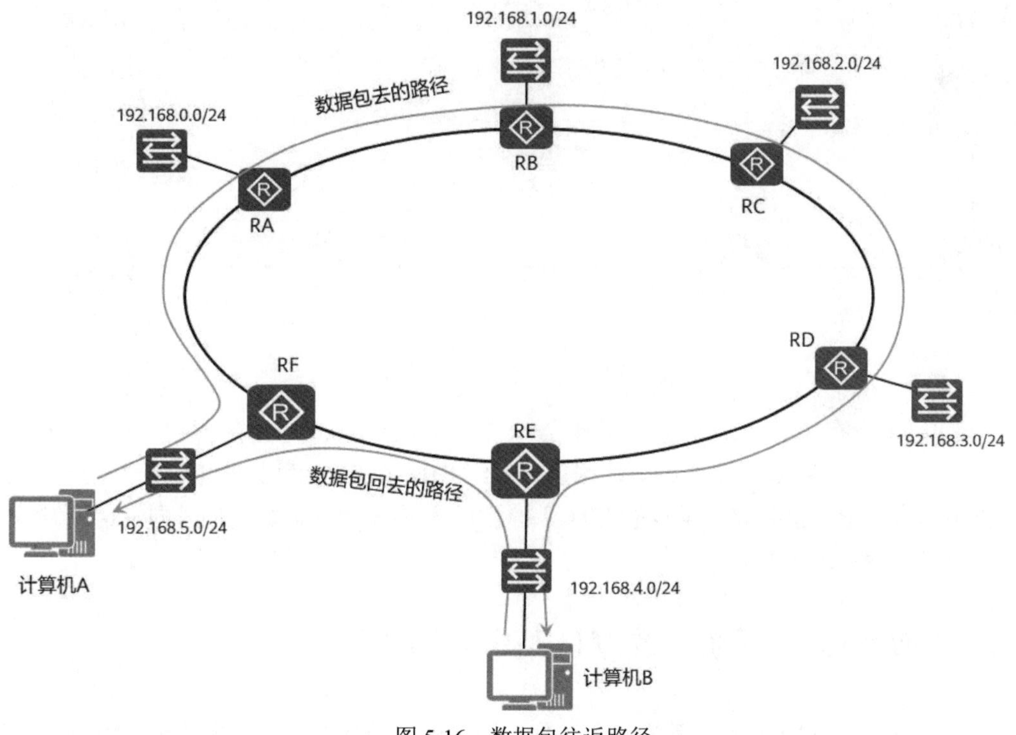

图 5-16　数据包往返路径

该环状网络没有 40.0.0.0/8 这个网段，如果 A 计算机 ping 40.0.0.2 这个地址，会出现什么情况呢？分析一下。

如果 A 计算机 ping 40.0.0.2 这个地址，所有的路由器都会使用默认路由将数据包转发到下一个路由器。数据包会在这个环状网络中一直顺时针转发，永远也不能到达目标网络，一直消耗网络带宽，就形成一个路由环路。幸好数据包的网络层首部有一个字段用来指定数据包的 TTL（time to live，生存时间），TTL 是一个数值，其作用是限制 IP 数据包在计算机网络中存在的时间。TTL 的最大值是 255，推荐值是 64。

虽然 TTL 从字面上翻译，是指可以存活的时间，但实际上，TTL 是 IP 数据包在计算机网络中可以经过的路由器的数量。TTL 字段由 IP 数据包的发送者设置，在 IP 数据包从源地址到目标地址的整条转发路径上，每经过一个路由器，路由器都会修改 TTL 字段的值，具体的做法是把 TTL 的值减 1，然后将 IP 数据包转发出去。如果在 IP 数据包到达目标地址之前，TTL 减少为 0，路由器将会丢弃收到的 TTL=0 的 IP 数据包，并向 IP 数据包的发送者发送 ICMP time exceeded 消息。

上面讲到环状网络使用默认路由，造成数据包在环状网络中一直顺时针转发的情况。即便不是环状网络，使用默认路由也可能造成数据包在链路上往复转发，直到数据包的 TTL 耗尽。

如图 5-17 所示，网络中有 3 个网段、2 个路由器。在 RA 路由器中添加默认路由，下一跳指向 RB 路由器；在 RB 路由器中也添加默认路由，下一跳指向 RA 路由器，从而实现这 3 个网段间网络的畅通。

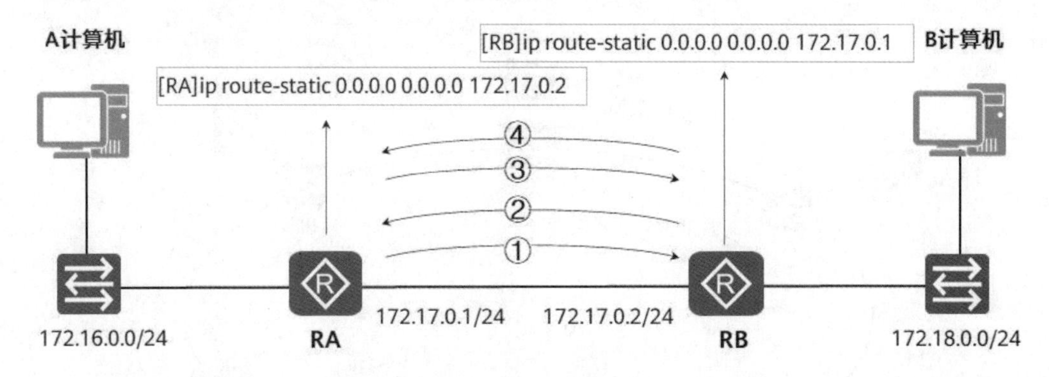

图 5-17　默认路由产生的问题

该网络中没有 40.0.0.0/8 网段，如果 A 计算机 ping 40.0.0.2 这个地址，该数据包会转发给 RA，RA 根据默认路由将该数据包转发给 RB，RB 使用默认路由，转发给 RA，RA 再转发给 RB，直到该数据包的 TTL 减为 0，路由器丢弃该数据包，向发送者发送 ICMP time exceeded 消息。

5.3.5　Windows 系统中的默认路由和网关

以上介绍了为路由器添加静态路由，其实计算机也有路由表，可以在 Windows 操作系统上执行 route print 命令来显示 Windows 操作系统中的路由表，执行 netstat -r 命令也可以实现相同的效果。

如图 5-18 所示，给计算机配置网关就是为计算机添加默认路由，网关通常是本网段路由器接口的地址。如果不配置网关，计算机将不能跨网段通信，因为不知道把到其他网段的下一跳给哪个接口。

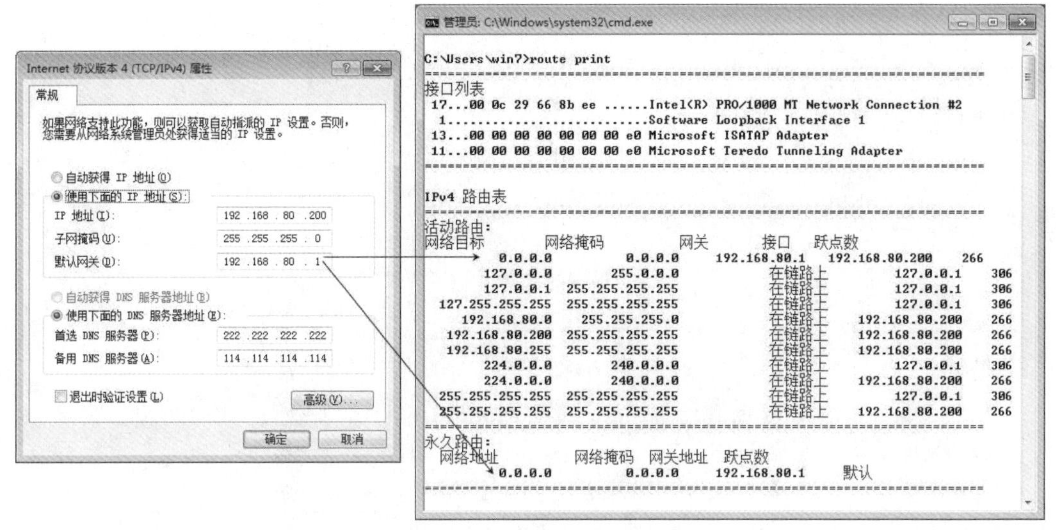

图 5-18　网关等于默认路由

如果计算机的本地连接没有配置网关，使用 route add 命令添加默认路由也可以。如图 5-19 所示，去掉本地连接的网关，在命令提示符下执行“netstat -r”将显示路由表，可以看到没有默认路由了。

```
管理员: C:\Windows\system32\cmd.exe
C:\Users\win7>netstat -r
===========================================================================
接口列表
 17...00 0c 29 66 8b ee ......Intel(R) PRO/1000 MT Network Connection #2
  1...........................Software Loopback Interface 1
 13...00 00 00 00 00 00 00 e0 Microsoft ISATAP Adapter
 11...00 00 00 00 00 00 00 e0 Microsoft Teredo Tunneling Adapter
===========================================================================

IPv4 路由表
===========================================================================
活动路由:
网络目标        网络掩码          网关       接口   跃点数
        127.0.0.0        255.0.0.0            在链路上         127.0.0.1    306
        127.0.0.1  255.255.255.255            在链路上         127.0.0.1    306
  127.255.255.255  255.255.255.255            在链路上         127.0.0.1    306
     192.168.80.0    255.255.255.0            在链路上    192.168.80.200    266
   192.168.80.200  255.255.255.255            在链路上    192.168.80.200    266
   192.168.80.255  255.255.255.255            在链路上    192.168.80.200    266
        224.0.0.0        240.0.0.0            在链路上         127.0.0.1    306
        224.0.0.0        240.0.0.0            在链路上    192.168.80.200    266
  255.255.255.255  255.255.255.255            在链路上         127.0.0.1    306
  255.255.255.255  255.255.255.255            在链路上    192.168.80.200    266
===========================================================================
永久路由:
  无
```

图 5-19　查看路由表

在命令提示符下执行“route /?”可以看到该命令的帮助信息。

```
C:\Users\win7>route /?
操作网络路由表。
UTE [-f] [-p] [-4|-6] command [destination]
          [MASK netmask] [gateway] [METRIC metric]  [IF interface]
-f        清除所有网关项的路由表。如果与某个命令结合使用，在运行该命令前，应清除路由表
-p        与 ADD 命令结合使用时，将路由设置为在系统引导期间保持不变。默认情况下，重新
          启动系统时，不保存路由。忽略所有其他命令，这始终会影响相应的永久路由
          Windows 95 不支持此选项
```

```
-4                  强制使用 IPv4。
-6                  强制使用 IPv6。
command             其中之一：
                    PRINT        打印路由
                    ADD          添加路由
                    DELETE       删除路由
                    CHANGE       修改现有路由
Destination         指定主机
MASK                指定下一个参数为“网络掩码”值
Netmask             指定此路由项的子网掩码值。如果未指定，默认设为 255.255.255.255
gateway             指定网关
Interface           指定路由的接口号码
METRIC              指定跃点数，例如目标的成本
```

如图 5-20 所示，输入 route add 0.0.0.0 mask 0.0.0.0 192.168.80.1 -p，-p 参数代表添加一条永久默认路由，即重启计算机后默认路由依然存在。

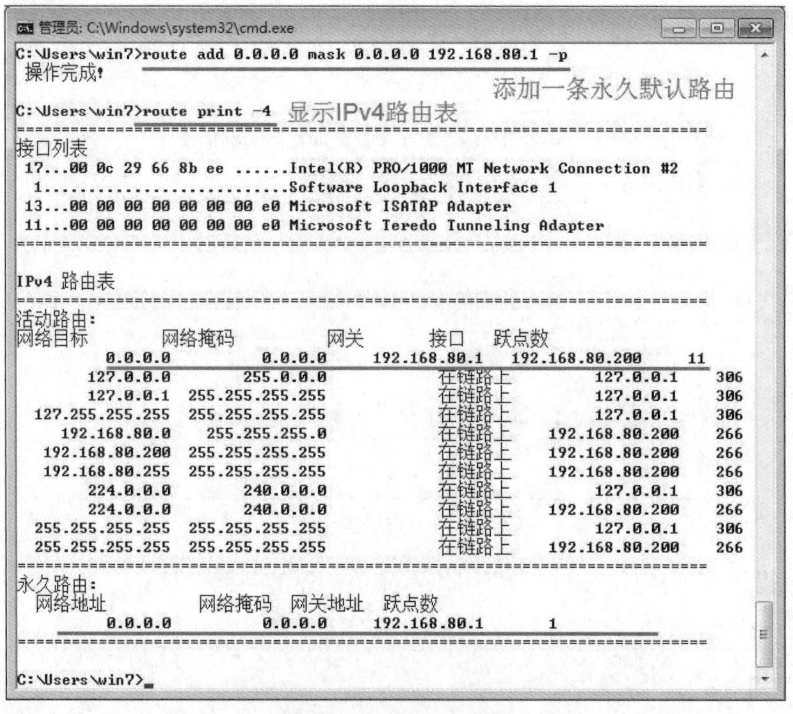

图 5-20　添加默认路由

什么情况下会给计算机添加路由呢？下面介绍一个应用场景。

如图 5-21 所示，某公司在电信机房部署了一个 Web 服务器，该 Web 服务器需要访问数据库服务器，安全起见，将数据库单独部署到一个网段（内网）。该公司在电信机房又部署了一个路由器和一个交换机，将数据库服务器部署在内网。

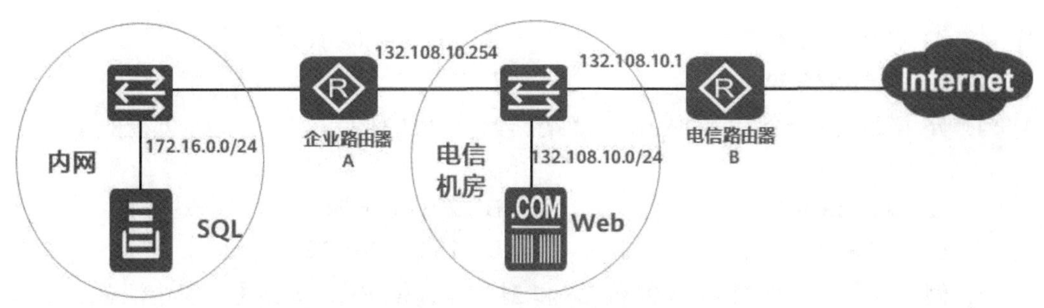

图 5-21　需要添加静态路由

在企业路由器上没有添加任何路由，在电信路由器上也没有添加到内网的路由（关键是电信机房的网络管理员也不同意添加到内网的路由）。

这种情况下，需要在 Web 服务器上添加一条到 Internet 的默认路由，再添加一条到内网的路由，如图 5-22 所示。

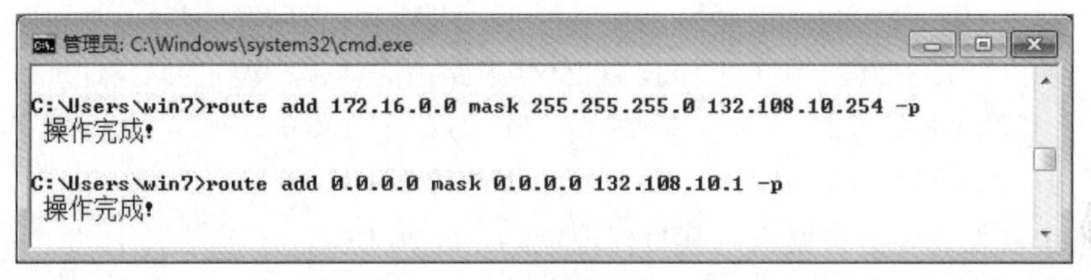

```
管理员: C:\Windows\system32\cmd.exe

C:\Users\win7>route add 172.16.0.0 mask 255.255.255.0 132.108.10.254 -p
 操作完成!

C:\Users\win7>route add 0.0.0.0 mask 0.0.0.0 132.108.10.1 -p
 操作完成!
```

图 5-22　添加静态路由和默认路由

这种情况下千万不要在 Web 服务器上添加两条默认路由，一条指向 132.108.10.1，另一条指向 132.108.10.254，或在本地连接中添加两个默认网关。如果添加两条默认路由，就相当于到 Internet 有两条等价路径，到 Internet 的一半流量将会发送到企业路由器，被企业路由器丢掉。

如果想删除到 172.16.0.0 255.255.255.0 网段的路由，执行以下命令：

```
route delete 172.16.0.0 mask 255.255.255.0
```

5.4　习题

1．华为路由器静态路由的配置命令为（　　）。

A．ip route-static　　B．ip route static

C．route-static ip　　D．route static ip

2．假设有下面 4 条路由：170.18.129.0/24、170.18.130.0/24、170.18.132.0/24 和 170.18.133.0/24。如果进行路由汇总，能覆盖这 4 条路由的地址是（　　）。

A．170.18.128.0/21　　B．170.18.128.0/22

C．170.18.130.0/22　　D．170.18.132.0/23

3．假设有两条路由 21.1.193.0/24 和 21.1.194.0/24，如果进行路由汇总，覆盖这两条路由的地址是（　　）。

A．21.1.200.0/22　　B．21.1.192.0/23

C．21.1.192.0/22　　D．21.1.224.0/20

4．路由器收到一个 IP 数据包，其目标地址为 202.31.17.4，与该地址匹配的子网是（　　）。

A．202.31.0.0/21　　B．202.31.16.0/20

C．202.31.8.0/22　　D．202.31.20.0/22

5．假设有两个子网 210.103.133.0/24 和 210.103.130.0/24，如果进行路由汇总，得到的网络地址是（　　）。

A．210.103.128.0/21　　B．210.103.128.0/22

C．210.103.130.0/22　　D．210.103.132.0/20

6．在路由表中设置一条默认路由，目标地址和子网掩码应为（　　）。

A．127.0.0.0　255.0.0.0　　B．127.0.0.1　0.0.0.0

C．1.0.0.0　255.255.255.255　　D．0.0.0.0　0.0.0.0

7．网络 122.21.136.0/24 和 122.21.143.0/24 经过路由汇总后，得到的网络地址是（　　）。

A．122.21.136.0/22　　B．122.21.136.0/21

C．122.21.143.0/22　　D．122.21.128.0/24

8．路由器收到一个数据包，其目标地址为 195.26.17.4，该地址属于（　　）子网。

A．195.26.0.0/21　　B．195.26.16.0/20

C．195.26.8.0/22　　D．195.26.20.0/22

9．如图 5-23 所示，R1 路由器连接的网段在 R2 路由器上汇总成一条路由 192.1.144.0/20，哪个数据包会被 R2 路由器使用这条汇总的路由转发给 R1？（　　）

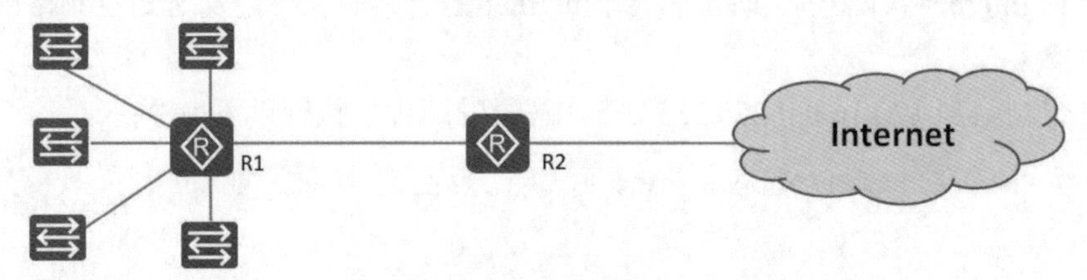

图 5-23　示例网络（1）

A．192.1.159.2　　B．192.1.160.11

C．192.1.138.41　　D．192.1.1.144

10．如图 5-24 所示，需要在 RouterA 和 RouterB 路由器中添加路由表，让 A 网段和 B 网段能够相互访问。

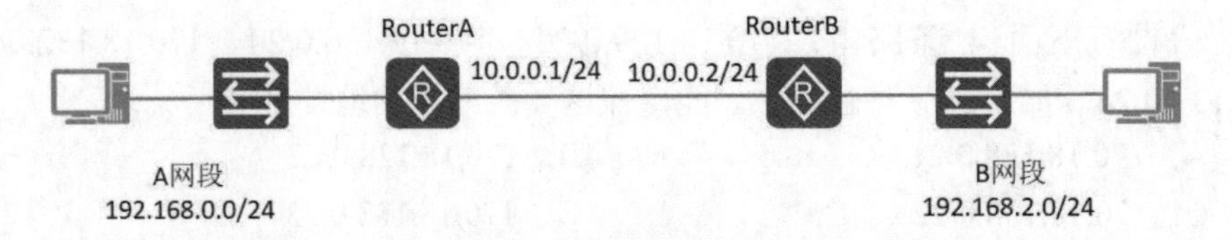

图 5-24　示例网络（2）

[RouterA]ip route-static ________ ________ ________

[RouterB]ip route-static ________ ________ ________

11．如图 5-25 所示，要求 192.168.1.0/24 网段到达 192.168.2.0/24 网段的数据包，经过 R1→R2→R4；192.168.2.0/24 网段到达 192.168.1.0/24 网段的数据包，经过 R4→R3→R1。在这 4 个路由器上添加静态路由，让 192.168.1.0/24 和 192.168.2.0/24 两个网段能够相互通信。

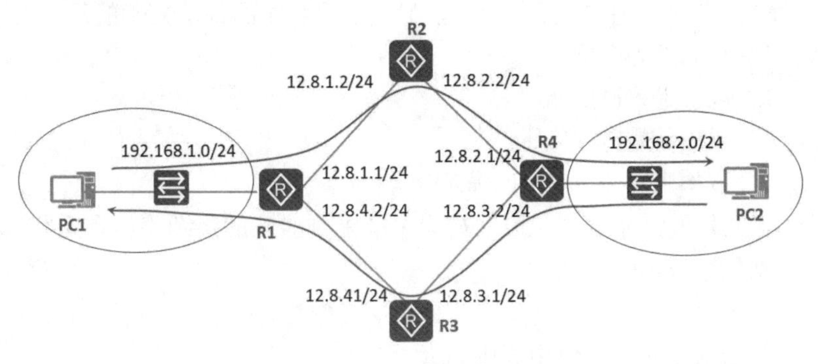

图 5-25　示例网络（3）

[R1]ip route-static ________ ________ ________

[R2]ip route-static ________ ________ ________

[R3]ip route-static ________ ________ ________

[R4]ip route-static ________ ________ ________

12．如图 5-26 所示，在路由器上执行以下命令来添加静态路由。

[R1]ip route-static 0.0.0.0 0 192.168.1.1

[R1]ip route-static 10.1.0.0 255.255.0.0 192.168.3.3

[R1]ip route-static 10.1.0.0 255.255.255.0 192.168.2.2

连线图 5-26 左侧的目标 IP 地址和右侧路由器的下一跳地址。

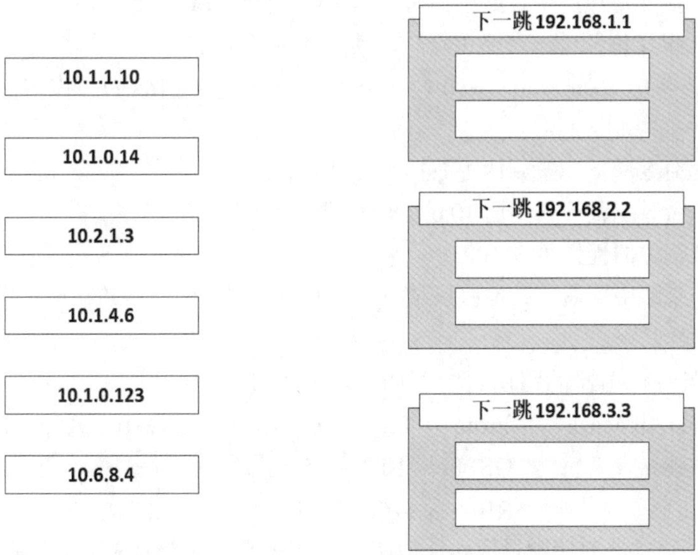

10.1.1.10

10.1.0.14

10.2.1.3

10.1.4.6

10.1.0.123

10.6.8.4

下一跳 192.168.1.1

下一跳 192.168.2.2

下一跳 192.168.3.3

图 5-26　连线目标 IP 地址和下一跳地址

13．下列静态路由配置中正确的是（　　）。

A．[R1]ip route-static 129.1.4.0 16 serial 0

B．[R1]ip route-static 10.0.0.2 16 129.1.0.0

C．[R1]ip route-static 129.1.0.0 16 10.0.0.2

D．[R1]ip route-static 129.1.2.0 255.255.0.0 10.0.0.2

14．IP 报文头部有一个 TTL 字段，以下关于该字段的说法正确的是（　　）。

A．该字段长度为 7 位

B．该字段用于数据包分片

C．该字段用于数据包防环

D．该字段用来表述数据包的优先级

15．路由器在转发某个数据包时，如果未匹配到对应的明细路由且无默认路由，将直接丢弃该数据包，正确与否？（　　）。

A．正确　　　　B．错误

16．以下哪一项不包含在路由表中？（　　）

A．源地址　　　　B．下一跳

C．目标网络　　　　D．路由开销

17．下列关于华为设备中静态路由的优先级说法中，错误的是（　　）。

A．静态路由器优先级值的范围为 0～65535

B．静态路由器优先级的默认值为 60

C．静态路由的优先级值可以指定

D．静态路由的优先级值为 255 表示该路由不可用

18．下面关于 IP 报文头部中 TTL 字段的说法中，正确的是（　　）。

A．TTL 定义了源主机可以发送的数据包数量

B．TTL 定义了源主机可以发送数据包的时间间隔

C．IP 报文每经过一台路由器时，其 TTL 值会被减 1

D．IP 报文每经过一台路由器时，其 TTL 值会被加 1

19．对于命令 ip route-static 10.0.12.0 255.255.255.0 192.168.11，以下描述中正确的是（　　）。

A．此命令配置一条到达 192.168.1.1 网络的路由

B．此命令配置一条到达 10.0.12.0/24 网络的路由

C．该路由的优先级为 100

D．如果路由器通过其他协议学习到和此路由相同的网络的路由，路由器将会优先选择此路由

20．已知某台路由器的路由表中有如下两个条目：

Destination/Mask	Proto	Pre	Cost	NextHop	Interface
9.0.0.0/8	OSPF	10	50	1.1.1.1	Serial0
9.1.0.0/16	RIP	100	5	2.2.2.2	Ethernet0

如果该路由器要转发目标地址为 9.1.4.5 的报文，则下列说法中正确的是（　　）。

A. 选择第一项作为最优匹配项，因为 OSPF 协议的优先级较高

B. 选择第二项作为最优匹配项，因为 RIP 协议的开销较小

C. 选择第二项作为最优匹配项，因为出口是 Ethternet0，比 Serial 0 速度快

D. 选择第二项作为最优匹配项，因为该路由项对于目标地址 9.1.4.5 来说，是更为精确的匹配

21. 下面哪个程序或命令可以用来探测源节点到目标节点之间数据报文所经过的路径？（　　）

A. route　　B. netstat

C. tracert　　D. send

22. 如图 5-27 所示，和总公司网络连接的网络是分公司的内网，分公司为了访问 Internet，又组建了公司外网，分公司内网和外网的地址规划如图 5-27 所示。分公司计算机有两根网线，访问 Internet 时接分公司外网，访问总公司网络时接分公司内网。现在需要规划一下分公司的网络，在不用切换网络的情况下，让分公司计算机既能访问 Internet，又能访问总公司网络。

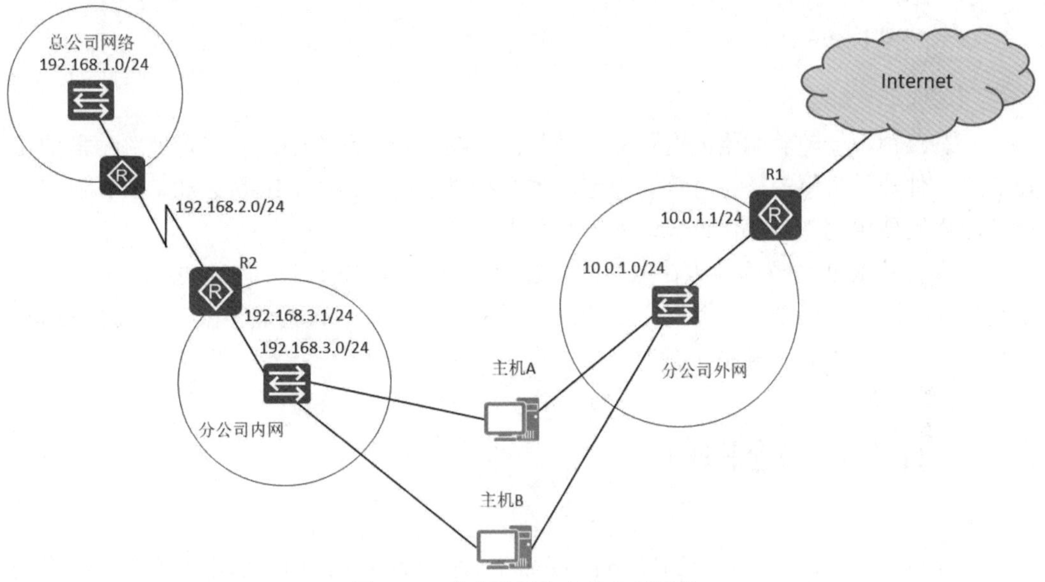

图 5-27 总公司网络和分公司网络

第6章 动态路由

本章内容

- 什么是动态路由
- 动态路由协议——RIP 协议
- 动态路由协议——OSPF 协议
- 配置 OSPF 协议

静态路由不能随着网络的变化自动调整，且在大规模网络中，人工管理路由器的路由表是一件非常艰巨的任务且容易出错。本章将讲解动态路由 RIP 协议和 OSPF 协议，配置路由器使用动态路由协议自动构建路由表。

本章讲解 RIP 协议的特点，以及配置过程。介绍 OSPF 协议的工作过程，OSPF 协议选择最佳路径的标准，配置网络中的路由器使用 OSPF 协议构建路由表，查看 OSPF 协议邻居表、路由表、链路状态表。

6.1 什么是动态路由

第 5 章介绍了在路由器上通过 ip route-static 添加的路由是静态路由。如果网络有变化，比如增加一个网段，就需要在网络中的所有没有直连的路由器上添加新网段的路由。如果某个网段更改成新的网段，就需要在网络中的路由器上删除原来网段的路由，并添加新网段的路由。如果网络中的某条链路断了，静态路由依然会把数据包转发到该链路，这就造成网络不通。

总之，静态路由不能随着网络的变化自动调整路由器的路由表，并且在网络规模比较大的情况下，人工添加路由也是一件很麻烦的事情。下面要讲的动态路由能够让路由器自动学习构建路由表，根据链路的状态动态寻找各个网段的最佳路径。

动态路由就是配置网络中的路由器以运行动态路由协议，路由表项是通过相互连接的路由器之间交换彼此信息，然后按照一定的算法计算出来的，而这些路由信息是周期性更新的，以适应不断变化的网络，并及时获得最优的寻径效果。

动态路由协议有以下功能。

- 能够知道有哪些邻居路由器。
- 能够学习到网络中有哪些网段。
- 能够学习到某个网段的所有路径。
- 能够从众多的路径中选择最佳的路径。
- 能够维护和更新路由信息。

下面来学习动态路由协议，也就是配置路由器使用动态路由协议 RIP 和 OSPF 构建路由表。

6.2 RIP 协议

6.2.1 RIP 协议特点

路由信息协议 RIP（Routing Information Protocol）是一个真正的距离矢量路由选择协议。它每隔 30 秒就送出自己完整的路由表到所有激活的接口。RIP 协议选择最佳路径的标准就是跳数，认为到达目标网络经过的路由器最少的路径就是最佳路径。默认它所允许的最大跳数为 15 跳，也就是说 16 跳的距离将被认为是不可达的。

在小型网络中，RIP 会运转良好，但是对于使用慢速 WAN 连接的大型网络或者安装有大量路由器的网络来说，它的效率就很低了。即便是网络没有变化，也是每隔 30 秒发送路由表到所有激活的接口，占用网络带宽。

当路由器 A 意外故障宕机，需要由它的邻居路由器 B 将路由器 A 所连接的网段不可到达的信息通告出去。路由器 B 如何断定某个路由失效呢？如果路由器 B 180 秒没有收到某个网段的路由的更新，就认为这条路由失效，所以这个周期性更新是必须的。

RIP 版本 1（RIPv1）使用有类路由选择，即在该网络中的所有设备必须使用相同的子网掩码，这是因为 RIPv1 通告的路由信息不包括子网掩码信息，所以 RIPv1 只支持等长子网，RIPv1 使用广播包通告路由信息。RIP 版本 2（RIPv2）通告的路由信息包括子网掩码信息，所以支持变长子网，这就是所谓的无类路由选择，RIPv2 使用多播地址通告路由信息。

RIP 只使用跳数来决定到达某个网络的最佳路径。如果 RIP 发现到达某一个远程网络存在不止一条路径，并且它们又都具有相同的跳数，则路由器将自动执行循环负载均衡。RIP 可以对多达 6 个相同开销的路径实现负载均衡（默认为 4 个）。

6.2.2 RIP 协议工作原理

下面介绍 RIP 协议的工作原理，如图 6-1 所示，网络中有 A、B、C、D、E 五个路由器，路由器 A 连接 192.168.10.0/24 网段，为了描述方便，以该网段为例，讲解网络中的路由器如何通过 RIP 协议学习到该网段的路由。

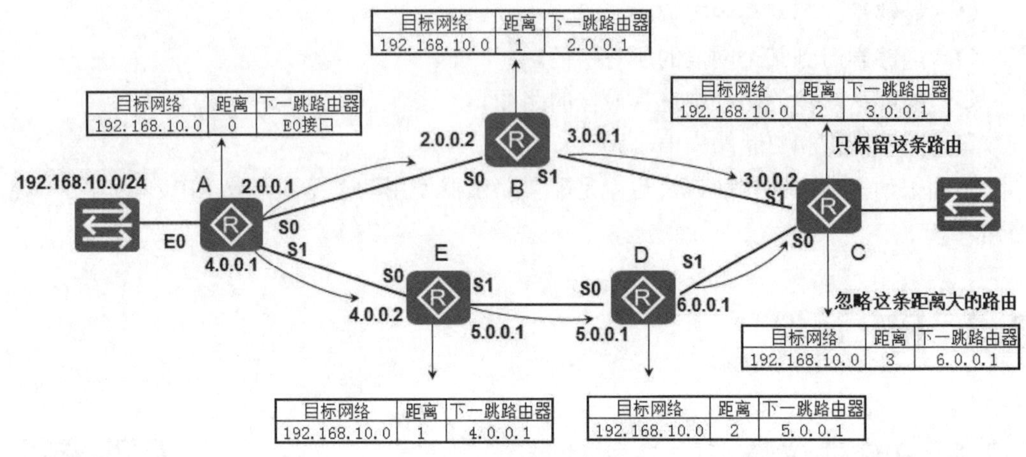

图 6-1 RIP 协议工作过程

首先确保网络中的 A、B、C、D、E 这五个路由器都配置了 RIP 协议。下面讲解 RIP 协议工作原理，如图 6-1 所示的网络为例，讲解 RIPv2 版本的工作过程。

路由器 A 的 E0 接口直接连接 192.168.10.0/24 网段，在路由器 A 上就有一条到该网段的路由，由于是直连的网段，距离是 0，下一跳路由器是 E0 接口。

路由器 A 每隔 30 秒就要把自己的路由表通过多播地址 224.0.0.9 通告出去，通过 S0 接口通告的数据包源地址是 2.0.0.1，路由器 B 接收到路由通告后，就会把到 192.168.10.0/24 网段的路由添加到路由表，距离加 1，下一跳路由器指向 2.0.0.1。

路由器 B 每隔 30 秒会把自己的路由表通过 S1 接口通告出去，通过 S1 接口通告的数据包源地址是 3.0.0.1，路由器 C 接收到路由通告后，就会把到 192.168.10.0/24 网段的路由添加到路由表，距离加 1 变为 2，下一跳路由器指向 3.0.0.1。

同样到 192.168.10.0/24 网段的路由，还会通过路由器 E 和路由器 D 传递到路由器 C，路由器 C 收到后，距离加 1 变为 3，比通过路由器 B 那条路由距离大，因此路由器 C 忽略这条路由。

以上这种计算最短路径的方法称为距离矢量路由算法（Distance Vector Routing），RIP 协议是典型的距离矢量协议。

如果路由器 A 和路由器 B 之间连接断开了，路由器 B 就收不到路由器 A 发过来的到 192.168.10.0/24 网段路由信息，经过 180 秒，路由器 B 将到 192.168.10.0/24 网段的路由跳数设置为 16，这意味着到该网段不可到达，然后通过 S1 接口将这条路由通告给路由器 C，路由器 C 也将到该网段的路由的跳数设置为 16。

这时路由器 D 向路由器 C 通告到 192.168.10.0/24 网段的路由，路由器 C 就更新到该网段的路由，下一跳指向 6.0.0.1，跳数为 3。路由器 C 向路由器 B 通告该网段的路由，路由器 B 就更新到该网段的路由，下一跳指向 3.0.0.2，跳数为 4。这样网络中的路由器都有了到达 192.168.10.0/24 网段的路由。

总之，启用了 RIP 协议的路由器都和自己相邻路由器定期交换路由信息，并周期性更新路由表，使得从路由器到每一个目标网络的路由都是最短的（跳数最少）。如果网络中的链路带宽都一样，按跳数最少选择出来的路径是最佳路径。如果每条链路带宽不一样，只考虑跳数最少，RIP 协议选择出来的最佳路径也许不是真正的最佳路径。

6.2.3 在路由器上配置 RIP 协议

下面使用 eNSP 搭建学习 RIP 协议的环境。网络拓扑如图 6-2 所示，为了方便记忆，网络中路由器以太网接口使用该网段的第一个地址，路由器和路由器连接的链路，左侧接口使用相应网段的第一个地址，右侧接口使用该网段的第二个地址。给路由器和 PC 配置 IP 地址的过程在这里不再赘述。

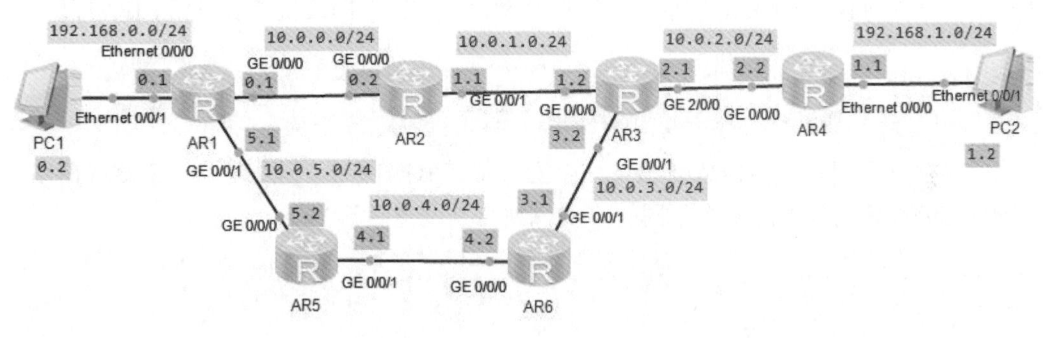

图 6-2 RIP 协议网络环境

下面配置网络中的路由器启用 RIPv2 协议，并指定参与 RIP 协议的接口。

在 R1 上启用并配置 RIP 协议，路由器 AR1 连接三个网段，network 后面跟着三个网段，就是告诉路由器这三个网段都参与 RIP 协议，即路由器 AR1 通过 RIP 协议将这三个网段通告出去，同时连接这三个网段的接口能够发送和接收 RIP 协议产生的路由通告数据包。version 2 命令将 RIP 协议更改为 RIPv2 版本。

```
[AR1]rip ?                                --查看 rip 协议后面的参数
 INTEGER<1-65535>  Process ID             --进程号的范围，可以运行多个进程
 mib-binding       Mib-Binding a process
 vpn-instance      VPN instance
 <cr>              Please press ENTER to execute command
[AR1]rip 1                                --启用 rip 协议 进程号是 1
[AR1-rip-1]network 192.168.0.0            --指定 rip 1 进程工作的网络
[AR1-rip-1]network 10.0.0.0               --指定 rip 1 进程工作的网络
[AR1-rip-1]version 2                      --指定 rip 协议的版本默认是 1
[AR1-rip-1]display this                   --显示 RIP 协议的配置
[V200R003C00]
#
```

```
rip 1
 version 2
 network 192.168.0.0
 network 10.0.0.0
#
return
[AR1-rip-1]
```

network 命令后面的网段，是不写子网掩码的，如果是 A 类网络，子网掩码默认就是 255.0.0.0，如果是 B 类网络，子网掩码默认是 255.255.0.0，如果是 C 类网络子网掩码默认是 255.255.255.0。如图 6-3 所示，路由器 A 连接三个网段，172.16.10.0/24 和 172.16.20.0/24 是同一个 B 类网络的子网，因此 network 172.16.0.0 就包括了这两个子网。RA 配置 RIP 协议，network 需要写以下两个网段，这三个网段就能参与到 RIP 协议中。

```
[AR1-rip-1]network 172.16.0.0
[AR1-rip-1]network 192.168.10.0
```

如图 6-4 所示，路由器 A 连接的三个网段都是 B 类网络，但不是同一个 B 类网络，因此 network 需要针对这两个不同的 B 类网络分别配置。

```
[AR1-rip-1]network 172.16.0.0
[AR1-rip-1]network 172.17. 0.0
```

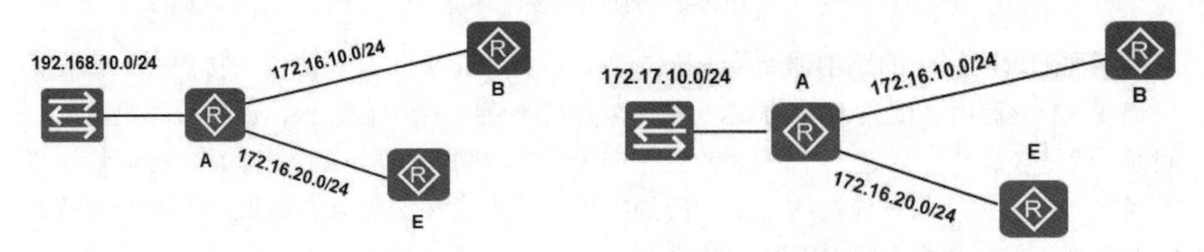

图 6-3　RIP 协议 network 写法（1）　　　　图 6-4　RIP 协议 network 写法（2）

如图 6-5 所示，路由器 A 连接的三个网段都属于同一个 A 类网络 72.0.0.0/8，network 只需写这一个 A 类网络即可。

```
[AR1-rip-1]network 72.0.0.0
```

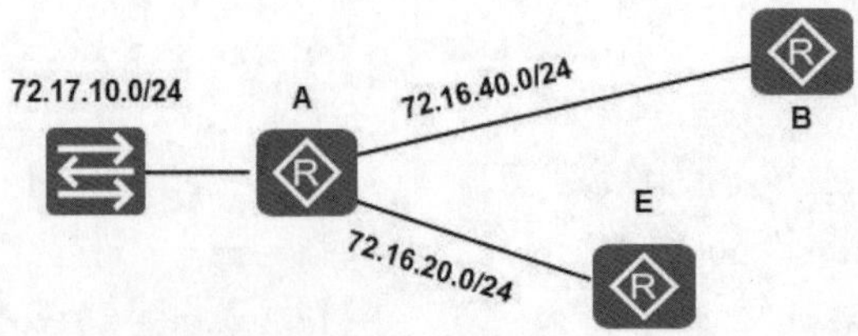

图 6-5　RIP 协议 network 写法（3）

在 AR2 上启用并配置 RIP 协议。

```
[AR2]rip 1
[AR2-rip-1]network 10.0.0.0
[AR2-rip-1]version 2
```

在 AR3 上启用并配置 RIP 协议。

```
[AR3]rip 1
[AR3-rip-1]network 10.0.0.0
[AR3-rip-1]version 2
```

在 AR4 上启用并配置 RIP 协议。

```
[AR4]rip 1
[AR4-rip-1]network 192.168.1.0
[AR4-rip-1]network 10.0.0.0
[AR4-rip-1]version 2
```

在 AR5 上启用并配置 RIP 协议。

```
[AR5]rip 1
[AR5-rip-1]network 10.0.0.0
[AR5-rip-1]version 2
```

在 AR6 上启用并配置 RIP 协议。

```
[AR6]rip 1
[AR6-rip-1]network 10.0.0.0
[AR6-rip-1]version 2
```

进程号不一样，也可以交换路由信息。

如果 network 后跟的网段写错了，可以输入 undo network 取消。

[AR5-rip-1]undo network 10.0.0.0

6.2.4　查看路由表

在网络中所有路由器都配置了 RIP 协议，现在可以查看网络中的路由器是否通过 RIP 协议学到了到各个网段的路由。

下面的操作在 AR3 上执行，在特权模式下输入 display ip routing-table protocol rip 可以只显示由 RIP 协议学到的路由。可以看到通过 RIP 协议学到了 5 个网段路由，到 10.0.5.0/24 网段有两条等价路由。

```
[AR3]display ip routing-table                    --显示路由表
```

```
[AR3]display ip routing-table protocol rip      --只显示RIP协议学到的路由
Route Flags: R - relay, D - download to fib
------------------------------------------------------------------------------
Public routing table : RIP
      Destinations : 5       Routes : 6

RIP routing table status : <Active>
      Destinations : 5       Routes : 6

Destination/Mask   Proto   Pre  Cost  Flags NextHop    Interface

     10.0.0.0/24  RIP    100  1    D   10.0.1.1  GigabitEthernet 0/0/0
     10.0.4.0/24  RIP    100  1    D   10.0.3.1  GigabitEthernet 0/0/1
     10.0.5.0/24  RIP    100  2    D   10.0.1.1  GigabitEthernet 0/0/0
--两条等价路由
                  RIP    100  2    D   10.0.3.1  GigabitEthernet 0/0/1
   192.168.0.0/24  RIP    100  2    D   10.0.1.1  GigabitEthernet 0/0/0
   192.168.1.0/24  RIP    100  1    D   10.0.2.2  GigabitEthernet 2/0/0

RIP routing table status : <Inactive>
      Destinations : 0       Routes : 0
```

Pre是优先级，在华为路由器上RIP协议的优先级默认是100，思科路由器RIP协议优先级默认是120。

Cost是开销，开销小的路由出现在路由表，RIP协议中，开销就是跳数，到目标网络经过的路由器的个数。

Flag标记D代表加载到转发表。

静态路由的优先级高于RIP协议，在AR3路由器添加192.168.0.0/24的静态路由。

```
[AR3]ip route-static 192.168.0.0 24 10.0.3.1
```

再次查看RIP协议学习到的路由。

```
[AR3]display ip routing-table protocol rip
Route Flags: R - relay, D - download to fib
------------------------------------------------------------------------------
Public routing table : RIP
      Destinations : 5       Routes : 6

RIP routing table status : <Active>       --活跃的路由
      Destinations : 4       Routes : 5
```

```
Destination/Mask  Proto Pre  Cost Flags NextHop   Interface

      10.0.0.0/24  RIP   100  1     D     10.0.1.1 GigabitEthernet 0/0/0
      10.0.4.0/24  RIP   100  1     D     10.0.3.1 GigabitEthernet 0/0/1
      10.0.5.0/24  RIP   100  2     D     10.0.1.1 GigabitEthernet 0/0/0
                   RIP   100  2     D     10.0.3.1 GigabitEthernet 0/0/1
    192.168.1.0/24 RIP   100  1     D     10.0.2.2 GigabitEthernet 2/0/0

RIP routing table status : <Inactive>        --不活跃的路由
        Destinations : 1        Routes : 1

Destination/Mask    Proto   Pre  Cost   Flags NextHop   Interface

    192.168.0.0/24  RIP     100  2    10.0.1.1  GigabitEthernet 0/0/0

                                                --不活跃路由
```

可以看到针对到某个网段的静态路由优先级高于 RIP 协议学习到的路由。

在华为路由器的操作系统中，路由优先级的取值为 0~255，值越小优先级越高。
直连接口优先级为 0。
静态路由优先级为 60。
OSPF 优先级为 10。
RIP 优先级为 100。

显示 RIP 协议的配置和运行情况。

```
[AR1]display rip 1
Public VPN-instance
   RIP process : 1
      RIP version   : 2
      Preference    : 100
      Checkzero     : Enabled
      Default-cost  : 0
      Summary       : Enabled
      Host-route    : Enabled
      Maximum number of balanced paths : 4
      Update time   : 30 sec             Age time : 180 sec
      Garbage-collect time : 120 sec
```

```
Graceful restart  : Disabled
BFD               : Disabled
Silent-interfaces : None
Default-route : Disabled
Verify-source : Enabled
Networks :
10.0.0.0        192.168.0.0
Configured peers            : None
```

显示 RIP 协议学到的路由:

<AR1>display ip routing-table protocol rip

显示 RIP 1 的配置:

<AR4>display rip 1

显示 RIP 协议学到的路由:

<AR4>display rip 1 route

显示运行 RIP 协议的接口:

<AR4>display rip 1 interface

6.2.5 观察 RIP 协议路由更新活动

默认情况下 RIP 协议发送和接收路由更新信息以及构建路由表的细节是不显示的，如果想观察 RIP 协议路由更新的活动，可以输入命令 debugging rip 1 packet，输入该命令后将显示发送和接收到的 RIP 路由更新信息，显示路由器使用了 RIP 的 v1 版还是 v2 版本。可以看到发送路由消息使用的多播地址是 224.0.0.9， 输入 undebug all 关闭所有诊断输出。

```
<AR3>terminal monitor        --开启终端监视
Info: Current terminal monitor is on.
<AR3>terminal debugging      --开启终端诊断
Info: Current terminal debugging is on.
<AR3>debugging rip 1 packet --诊断 rip 1 数据包
<AR3>
May  6 2018 10:19:05.320.1-08:00 AR3 RIP/7/DBG: 6: 13465: RIP 1: Receive
response from 10.0.1.1 on GigabitEthernet0/0/0
                        --接口 GigabitEthernet0/0/0 从 10.0.1.1 收响应
<AR3>
May  6 2018 10:19:05.320.2-08:00 AR3 RIP/7/DBG: 6: 13476: Packet: Version
2, Cmd response, Length 64       --RIP 版本 2
```

```
<AR3>
May  6 2018 10:19:05.320.3-08:00 AR3 RIP/7/DBG: 6: 13546: Dest 10.0.0.0/24,
Nexthop 0.0.0.0, Cost 1, Tag 0 --收到一条到10.0.0.0/24的路由，开销是1
<AR3>
May  6 2018 10:19:05.320.4-08:00 AR3 RIP/7/DBG: 6: 13546: Dest 10.0.5.0/24,
Nexthop 0.0.0.0, Cost 2, Tag 0 --收到一条到10.0.5.0/24的路由，开销是2
<AR3>
May  6 2018 10:19:05.320.5-08:00 AR3 RIP/7/DBG: 6: 13546: Dest
192.168.0.0/24, Nexthop 0.0.0.0, Cost 2, Tag 0
                                    --收到一条到192.168.0.0/24的路由，开销是2
<AR3>
May  6 2018 10:19:06.550.1-08:00 AR3 RIP/7/DBG: 6: 13456: RIP 1: Sending
response on interface GigabitEthernet2/0/0 from 10.0.2.1 to 224.0.0.9
--GigabitEthernet2/0/0 使用224.0.0.9地址发送RIP信息
<AR3>
May  6 2018 10:19:06.550.2-08:00 AR3 RIP/7/DBG: 6: 13476: Packet: Version
2, Cmd response, Length 124
<AR3>
May  6 2018 10:19:06.550.3-08:00 AR3 RIP/7/DBG: 6: 13546: Dest 10.0.0.0/24,
Nexthop 0.0.0.0, Cost 2, Tag 0
<AR3>
May  6 2018 10:19:06.550.4-08:00 AR3 RIP/7/DBG: 6: 13546: Dest 10.0.1.0/24,
Nexthop 0.0.0.0, Cost 1, Tag 0
```

从上面的输出，可以看到RIP协议在各个接口发送和接收路由更新的活动。

关闭rip 1诊断输出:

<AR3>undo debugging rip 1 packet

关闭全部诊断输出:

<AR3>undo debugging all

Info: All possible debugging has been turned off

6.2.6 RIP协议数据包报文格式

可以通过抓包工具捕获RIP协议发送路由信息的数据包，抓包工具捕获的RIPv2的数据包，如图6-6所示，可以看到RIP报文首部和路由信息部分，每一条路由占20个字节，每一条路由信息都包含子网掩码信息，一个RIP报文最多可包括25条路由。

图 6-6　RIP 协议数据包格式

如图 6-7 所示，RIP 报文由首部和路由部分组成。

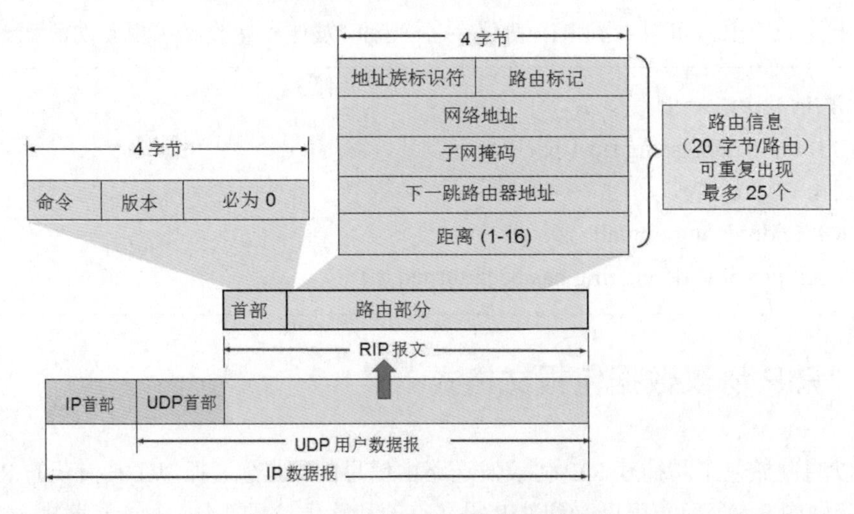

图 6-7　RIP 报文首部和路由部分

RIP 的首部占 4 个字节，其中的命令字段指出报文的意义。例如，1 表示请求路由信息，2 表示对请求路由信息的响应或未被请求而发出的路由更新报文。首部后面的“必为0”是为了4字节字的对齐。

RIPv2报文中的路由部分由若干个路由信息组成。每个路由信息需要用20个字节。地址族标识符（又称为地址类别）字段用来标识所使用的地址协议。如采用IP地址就令这个字段的值为2（原来考虑RIP也可用于其他非TCP/IP协议的情况）。路由标记填入自治系统号ASN（Autonomous System Number），这是考虑使RIP有可能收到自治系统以外的路由选择信息。再后面指出某个网络地址、该网络的子网掩码、下一跳路由器地址以及到此网络的距离。一个RIP报文最多可包括25个路由，因而RIP报文的最大长度是4+20×25=504字节。如果超过，必须再使用一个RIP报文来传送。

6.2.7 RIP协议定时器

RIP协议使用了3个定时器。

1. 更新定时器

运行RIP协议的路由器，每隔30秒将路由信息通告给其他路由器。

2. 无效定时器

每条路由都有一个倒计时定时器，路由更新后，无效定时器的值就被复位成初始值（默认180秒），开始倒计时，如果到某个网段的路由经过180秒没有更新，无效计时器的值为0时，这条路由就被设置为无效路由，到该网络的Cost就被设置为16，在RIP路由通告中依然包括这条路由，确保网络中的其他路由器也能学到该网段不可到达的信息。

3. 垃圾收集器定时器

一个路由项的无效定时器为0时，该路由便成了一条无效路由，Cost值设置为16，路由器并不会立即将这个无效的路由项删掉，而是为该无效路由项启用一个垃圾收集定时器的倒数计时器，垃圾收集定时器的默认初始值为120秒。

图6-8表示了某条路由项，两次周期性更新后，没有后续更新，该路由经过180秒，Cost设置成16，变成无效路由，经过120秒，从路由表中删除该路由项。

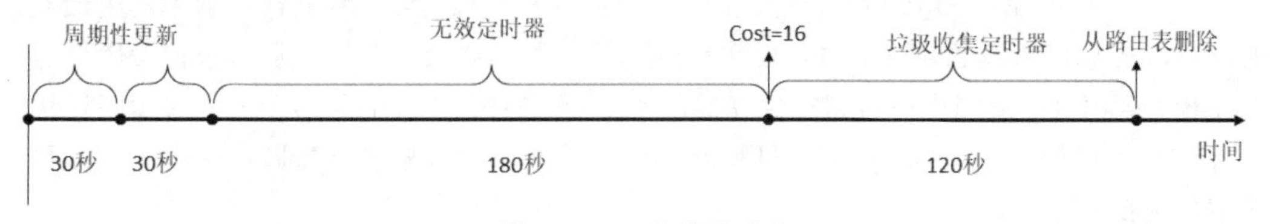

图6-8　RIP协议计时器

6.3 动态路由——OSPF协议

下面学习能够在Internet上使用的动态路由协议——OSPF协议。

OSPF（Open Shortest Path First）协议是开放式最短路径优先协议，该协议是链路状态协议。OSPF 协议通过路由器之间通告链路的状态来建立链路状态数据库，网络中所有路由器具有相同的链路状态数据库，通过链路状态数据库就能构建出网络拓扑（哪个路由器连接哪个路由器，以及连接的开销，带宽越高开销越低），运行OSPF协议的路由器通过网络拓扑计算到各个网络的最短路径（开销最小的路径），路由器使用这些最短路径来构建路由表。

6.3.1 什么是最短路径优先算法

为了让大家更好地理解最短路径优先，下面举一个生活中容易理解的案例类比说明OSPF协议的工作过程。如图6-9所示列出了石家庄市的公交车站路线，图中画出了青园小区、北国超市、43中学、富强小学、河北剧场、亚太大酒店、车辆厂和博物馆的公交线路，并标注了每条线路的乘车费用，这相当于OSPF协议对每条链路计算的开销。这张图就相当于使用OSPF协议的链路状态数据库构建的网络拓扑。

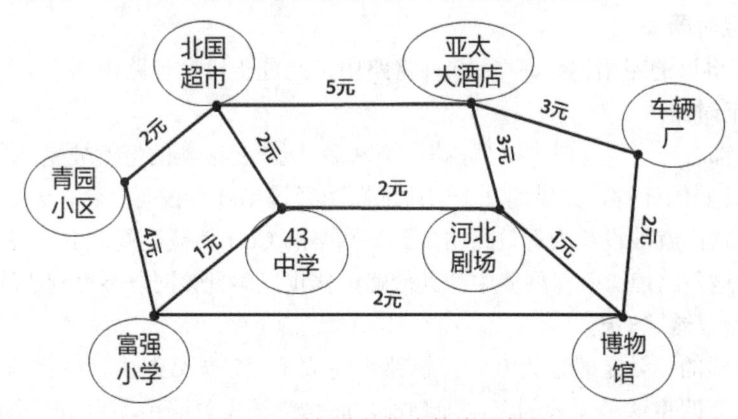

图6-9 最短路径优先算法示意图

每个车站都有一个人负责计算到其他目的地的费用最低的乘车路线。在网络中，运行OSPF协议的路由器负责计算到各个网段累计开销最小的路径，即最短路径。

以青园小区为例，该站的负责人计算以青园小区为出发点，到其他站乘车费用最低的路径，计算费用最低的路径时需要将经过的每一段线路乘车费用累加，求得费用最低的路径（这种算法就叫作最短路径优先算法）。运行OSPF协议的路由器使用最短路径优先算法来找到到达目标网络的累计开销最小的路径。下面列出了从青园小区到其他站乘车费用最低的路线。

到北国超市乘车路线：青园小区→北国超市，合计2元。

到亚太大酒店乘车路线：青园小区→北国超市→亚太大酒店，合计7元。

到车辆厂乘车路线：青园小区→富强小学→博物馆→车辆厂，合计8元。

到博物馆乘车路线：青园小区→富强小学→博物馆，合计6元。

到河北剧场乘车路线：青园小区→北国超市→43中学→河北剧场，合计6元。

到43中学乘车路线：青园小区→北国超市→43中学，合计4元。

到富强小学乘车路线：青园小区→富强小学，合计4元。

为了出行方便，该站的负责人在青园小区公交站放置指示牌，指示到目的地的下一站以及总开销，如图 6-10 所示，这就相当于运行 OSPF 协议由最短路径算法得到的路由表。

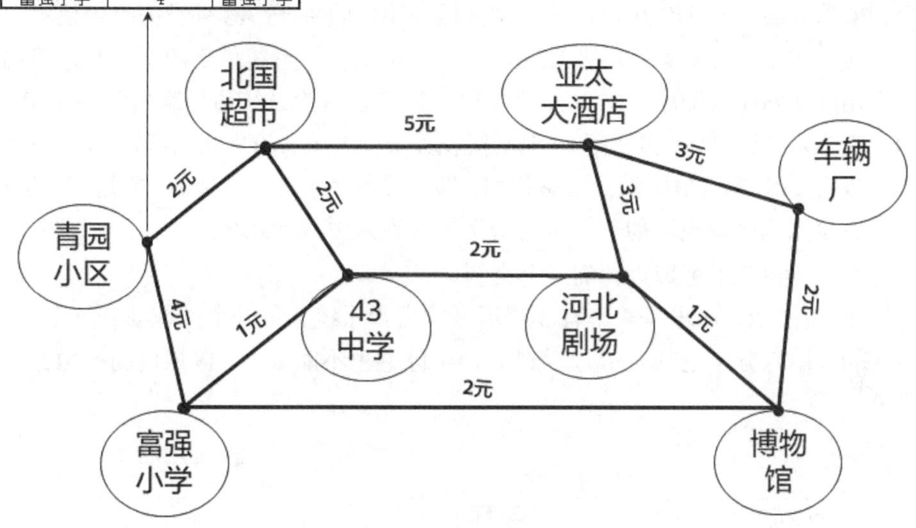

目的地	总费用（元）	下一站
青园小区	0	本站
北国超市	2	北国超市
亚太大酒店	7	北国超市
车辆厂	8	北国超市
博物馆	6	富强小学
河北剧场	6	北国超市
43中学	4	北国超市
富强小学	4	富强小学

图 6-10　计算出的最佳路径

以上是以青园小区为出发点来由公交线路计算出到各个站的最短路径，进而得到去往每个站的指示牌。北国超市、亚太大酒店等站的负责人也要进行相同的算法和过程以得到去往每个站的指示牌。

6.3.2　OSPF 区域

为了使 OSPF 能够用于规模很大的网络，OSPF 将一个自治系统再划分为若干更小的范围，叫作区域（area）。划分区域的好处，就是可以把利用洪泛法交换链路状态信息的范围局限于每一个区域而不是整个自治系统，这就减少了整个网络上的通信量，减小链路状态数据库 LSDB 大小，改善网络的可扩展性，达到快速地收敛。一个区域内部的路由器只知道本区域的完整网络拓扑，而不需要知道其他区域的网络拓扑情况。为了使每一个区域能够和本区域以外的区域进行通信，OSPF 使用层次结构的区域划分。

当网络中包含多个区域时，OSPF 协议有特殊的规定，即其中必须有一个 Area 0，通常也叫作骨干区域（Backbone Area），当设计 OSPF 网络时，一个很好的方法就是从骨干区域开始，然后再扩展到其他区域。骨干区域在所有其他区域的中心，即所有区域都必须与骨干区域有物理或逻辑上的相连，这种设计思想的原因是 OSPF

协议要把所有区域的路由信息引入骨干区域，然后再依次将路由信息从骨干区域分发到其他区域中。

OSPF 将区域划分为几种类型。

- **骨干区域。**作为中央实体，其他区域与之相连，骨干区域编号为 0，在该区域中，各种类型的 LSA 均允许发布。
- **标准区域。**除骨干区域外的默认的区域类型，在该类型区域中，各种类型的 LSA 均允许发布。
- **末梢区域。** STUB 区域，该类型区域中不接收关于 AS 外部的路由信息，即不接收类型 5 的 AS 外部 LSA，需要路由到自治系统外部的网络时，路由器使用默认路由（0.0.0.0），末梢区域中不能包含自治系统边界路由器 ASBR。
- **完全末梢区域。**该类型区域中不接收关于 AS 外部的路由信息，同时也不接收来自 AS 中其他区域的汇总路由，即不接收类型 3、类型 4、类型 5 的 LSA，完全末梢区域也不能包含有自治系统边界路由器 ASBR。

下面介绍 OSPF 多区域设计的一个案例。

如图 6-11 所示，画出了一个有 3 个区域的自治系统。每一个区域都有一个 32 位的区域标识符（用点分十进制表示）。当然，一个区域也不能太大，区域内的路由器最好不超过 200 个。

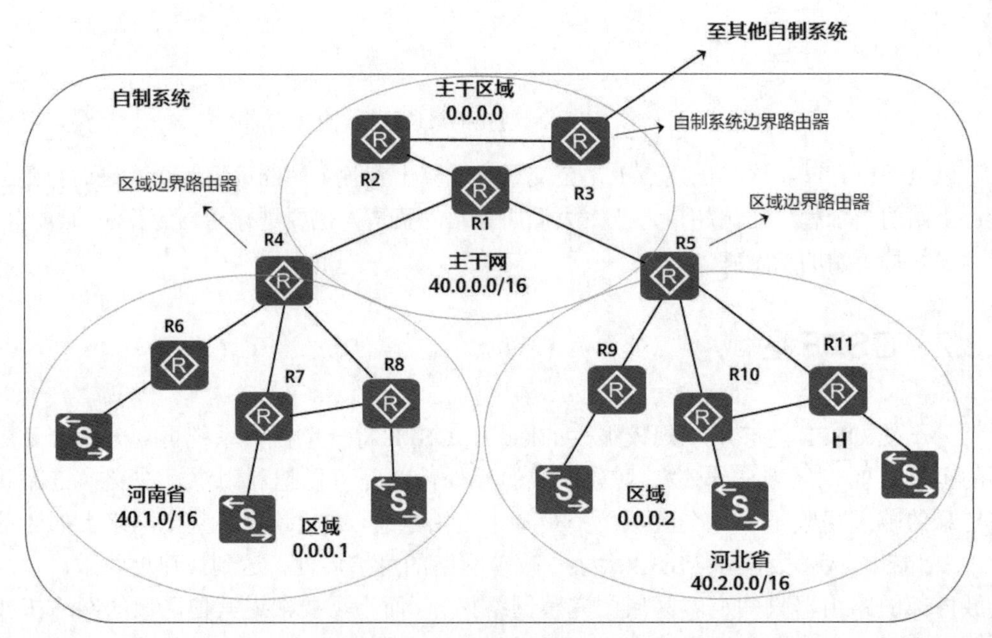

图 6-11　自治系统和 OSPF 区域

使用多区域划分要和 IP 地址规划相结合，确保一个区域的地址空间连续，这样才能将一个区域的网络汇总成一条路由通告给主干区域。

上层的区域叫作主干区域，主干区域的标识符规定为 0.0.0.0。主干区域的作用是连通其他下层的区域。从其他区域发来的信息都由区域边界路由器（Area Border Router）

进行概括（路由汇总）。图 6-11 中，路由器 R4 和 R5 都是区域边界路由器。显然，每一个区域至少应当有一个区域边界路由器。主干区域内的路由器叫作主干路由器（Backbone outer），如 R1、R2、R3、R4 和 R5。主干路由器可以同时是区域边界路由器，如 R4 和 R5。主干区域内还要有一个路由器（图 6-11 中的 R3）专门和本自治系统外的其他自治系统交换路由信息，这样的路由器叫作自治系统边界路由器。

6.3.3 OSPF 协议相关术语

1. Router-ID

网络中运行 OSPF 协议的路由器都要有一个唯一的标识，就是 Router-ID，并且 Router-ID 在网络中不可以重复，否则路由器收到的链路状态就无法确定发起者的身份，也就无法通过链路状态信息确定网络位置，OSPF 路由器发出的链路状态都会写上自己的 Router-ID。

每一台 OSPF 路由器只有一个 Router-ID，Router-ID 使用 IP 地址的形式来表示，确定 Router-ID 的方法为以下方式。

- 手工指定 Router-ID。
- 路由器上活动 Loopback 接口中最大的 IP 地址，也就是数字最大的 IP 地址，如 C 类地址优先于 B 类地址，一个非活动接口的 IP 地址是不能用作 Router-ID 的。
- 如果没有活动的 Loopback 接口，则选择活动物理接口中最大的 IP 地址。

2. 开销

OSPF 协议选择最佳路径的标准是带宽，带宽越高，计算出来的开销（Cost）越低。到达目标网络的各条链路中累计开销最低的，就是最佳路径。

OSPF 使用接口的带宽来计算度量值（Metric），例如一个带宽为 10Mbit/s 的接口，计算开销的方法为：

将 10Mbit 换算成 bit，为 10 000 000bit，然后用 100 000 000 除以该带宽，结果为 100 000 000/10 000 000 ＝ 10，所以一个 10Mbit/s 的接口，OSPF 认为该接口的度量值为 10。需要注意的是，在计算中，带宽的单位取 bit/s 而不是 Kbit/s，例如一个带宽为 100Mbit/s 的接口，开销值为 100 000 000/100 000 000=1，因为开销值必须为整数，所以即使是一个带宽为 1 000Mbit/s（1Gbit/s）的接口，开销值也和 100Mbit/s 一样，为 1。如果路由器要经过两个接口才能到达目标网络，那么很显然，两个接口的开销值要累加起来，才算是到达目标网络的度量值，所以 OSPF 路由器计算到达目标网络的度量值时，必须将沿途所有接口的开销值累加起来，在累加时，只计算出接口，不计算进接口。

OSPF 会自动计算接口上的开销值，但也可以手工指定接口的开销值，手工指定的优先于自动计算的。到达目标开销值相同的路径，可以执行负载均衡，最多允许 6 条链路同时执行负载均衡。

3. 链路

链路（Link）就是路由器上的接口，在这里，应该指运行在 OSPF 进程下的接口。

4. 链路状态

链路状态（Link-State）就是 OSPF 接口的描述信息，例如接口的 IP 地址、子网掩码、网络类型、开销值等，OSPF 路由器之间交换的并不是路由表，而是链路状态。OSPF 通过获得网络中所有的链路状态信息，从而计算出到达每个目标的精确的网络路径。OSPF 路由器会将自己所有的链路状态毫不保留地全部发给邻居，该邻居将收到的链路状态全部放入链路状态数据库（Link-State Database），然后再发给自己的所有邻居，并且在传递过程中，绝对不会有任何更改。通过这样的过程，最终网络中所有的 OSPF 路由器都拥有网络中所有的链路状态，并且所有路由器的链路状态应该能描绘出相同的网络拓扑。

OSPF 根据路由器各接口的信息（链路状态），计算出网络拓扑图，OSPF 之间交换链路状态，而不像 RIP 直接交换路由表，交换路由表就等于直接给人看线路图，可见 OSPF 的智能算法相比距离矢量协议对网络有更精确的认知。

5. 邻居

OSPF 只有在邻接状态下才会交换链路状态，路由器会将链路状态数据库中所有的内容毫不保留地发给所有邻居（Neighbor），要想在 OSPF 路由器之间交换链路状态，必须先形成 OSPF 邻居，OSPF 邻居靠发送 Hello 包来建立和维护，Hello 包会在启动 OSPF 的接口上周期性发送，在不同的网络中，发送 Hello 包的时间间隔也会不同，当超出 4 倍的 Hello 时间间隔，也就是 Dead 时间过后还没有收到邻居的 Hello 包，邻居关系将被断开。

6.4 配置 OSPF 协议

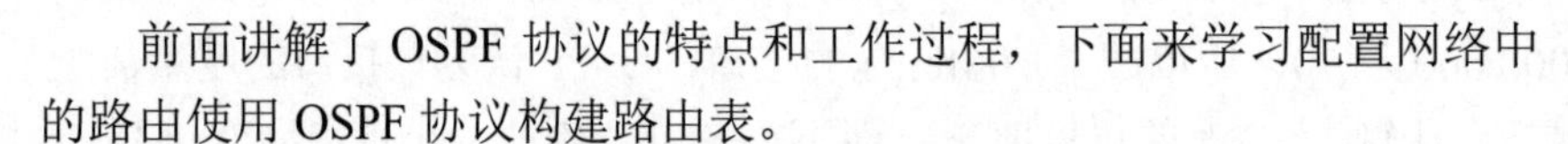

前面讲解了 OSPF 协议的特点和工作过程，下面来学习配置网络中的路由使用 OSPF 协议构建路由表。

6.4.1 OSPF 多区域配置

参照图 6-12 搭建网络环境，网络中的路由器按照图 6-12 中的拓扑连接，按照规划的网段并配置接口 IP 地址。一定要确保直连的路由器能够相互 ping 通。以下操作配置这些路由器使用 OSPF 协议构建路由表，将这些路由器配置在一个区域，如果只有一个区域，只能是主干区域，区域编号是 0.0.0.0，也可以写成 0。

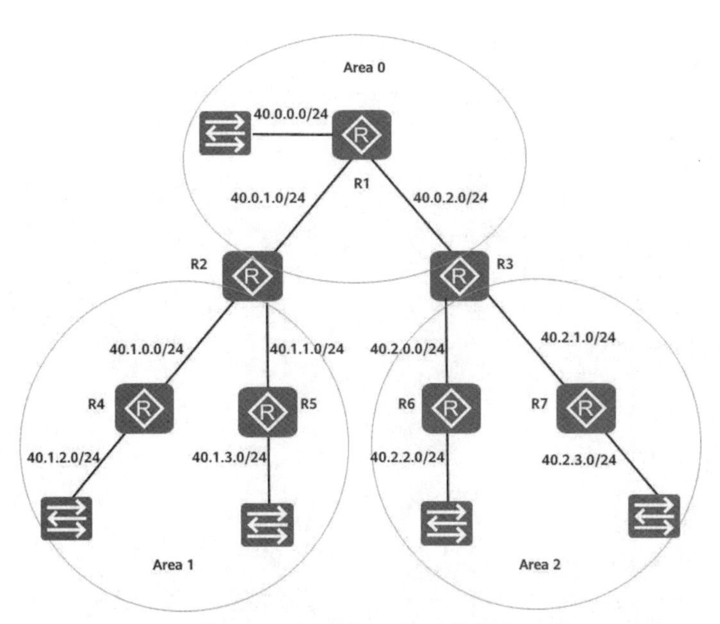

图 6-12　多区域 OSPF 网络拓扑

路由器 R1 上的配置，R1 是骨干区域路由器。

```
<R1>display router id
RouterID:40.0.0.1                   --查看路由器的当前 ID
<R1>system
[R1]ospf 1 router-id 1.1.1.1        --启用 ospf 1 进程并指明使用的 Router-ID
[R1-ospf-1]area 0.0.0.0             --创建区域并进入区域 0.0.0.0
[R1-ospf-1-area-0.0.0.0]network 40.0.0.0 0.0.255.255
                                    --指定工作在 Area 0 的地址接口
[R1-ospf-1-area-0.0.0.0]quit
```

路由器 R2 上的配置，R2 是区域边界路由器，要指定工作在 Area 0 的接口和 Area 1 的接口。

```
[R2]ospf 1 router-id 2.2.2.2
[R2-ospf-1]area 0
[R2-ospf-1-area-0.0.0.0]network 40.0.0.0 0.0.255.255
                                    --指定工作在 Area 0 的接口
[R2-ospf-1-area-0.0.0.0]quit

[R2-ospf-1]area 0.0.0.1
[R2-ospf-1-area-0.0.0.1]network 40.1.0.0 0.0.255.255
                                    --指定工作在 Area 1 的接口
[R2-ospf-1-area-0.0.0.1]quit
[R2-ospf-1]display this             --显示 OSPF 1 的配置
```

```
[V200R003C00]
#
ospf 1 router-id 2.2.2.2
 area 0.0.0.0
  network 40.0.0.0 0.0.255.255
 area 0.0.0.1
  network 40.1.0.0 0.0.255.255
#
return
```

路由器 R3 上的配置。

```
[R3]ospf 1 router-id 3.3.3.3
[R3-ospf-1]area 0.0.0.0
[R3-ospf-1-area-0.0.0.0]network 40.0.0.0 0.0.255.255
[R3-ospf-1-area-0.0.0.0]quit
[R3-ospf-1]area 0.0.0.2
[R3-ospf-1-area-0.0.0.2]network 40.2.0.1 0.0.0.0
--写接口地址，wildcard-mask 为 0.0.0.0
[R3-ospf-1-area-0.0.0.2]network 40.2.1.1 0.0.0.0
--写接口地址，wildcard-mask 为 0.0.0.0
[R3-ospf-1-area-0.0.0.2]quit
```

路由器 R4 上的配置。

```
[R4]ospf 1 router-id 4.4.4.4
[R4-ospf-1]area 1
[R4-ospf-1-area-0.0.0.1]net
[R4-ospf-1-area-0.0.0.1]network 40.1.0.0 0.0.255.255
[R4-ospf-1-area-0.0.0.1]quit
```

路由器 R5 上的配置。

```
[R5]ospf 1 router-id 5.5.5.5
[R5-ospf-1]area 1
[R5-ospf-1-area-0.0.0.1]network 40.1.0.0 0.0.255.255
[R5-ospf-1-area-0.0.0.1]quit
```

路由器 R6 上的配置。

```
[R6]ospf 1 router-id 6.6.6.6
[R6-ospf-1]area 2
[R6-ospf-1-area-0.0.0.2]network 40.2.0.0 0.0.255.255
```

```
[R6-ospf-1-area-0.0.0.2]quit
```

路由器 R7 上的配置。

```
[R7]ospf 1 router-id 7.7.7.7
[R7-ospf-1]area 2
[R7-ospf-1-area-0.0.0.2]network 40.2.0.0 0.0.255.255
[R7-ospf-1-area-0.0.0.2]quit
```

6.4.2　查看 OSPF 协议的 3 张表

运行 OSPF 协议的路由器有 3 张表，分别是邻居表、链路状态表和路由表，下面就看一下这 3 张表。

1. 查看 R1 路由器的邻居表

在系统视图下输入 display ospf peer，可以查看邻居路由器信息，输入 display ospf peer brief 可以显示邻居路由器摘要信息。

```
<R1>display ospf peer brief            --显示邻居路由器摘要信息
 OSPF Process 1 with Router ID 1.1.1.1
      Peer Statistic Information
 ----------------------------------------------------------------------
 Area Id          Interface                    Neighbor id      State
 0.0.0.0          Serial2/0/0                  2.2.2.2          Full
 0.0.0.0          Serial2/0/1                  3.3.3.3          Full
----------------------------------------------------------------------
<R1>display ospf peer                  --显示邻居详细信息
```

在 Full 状态下，路由器及其邻居会达到完全邻接状态。所有路由器和网络 LSA 都会交换并且路由器链路状态数据库达到同步。

---

2. 显示链路状态数据库

以下命令显示链路状态数据库中有几个路由器通告了链路状态。通告链路状态的路由器就是 AdvRouter。

```
<R1>display ospf lsdb

 OSPF Process 1 with Router ID 1.1.1.1
     Link State Database

            Area: 0.0.0.0
```

```
Type       LinkState ID  AdvRouter    Age     Len      Sequence     Metric
Router      2.2.2.2      2.2.2.2      1260    48       80000011     48
Router      1.1.1.1      1.1.1.1      1218    84       80000013     1
Router      3.3.3.3      3.3.3.3      1253    48       80000010     48
Sum-Net    40.1.3.0      2.2.2.2      301     28       80000001     49
Sum-Net    40.1.2.0      2.2.2.2      221     28       80000001     49
Sum-Net    40.1.1.0      2.2.2.2      932     28       80000001     48
Sum-Net    40.1.0.255    2.2.2.2      932     28       80000001     48
Sum-Net    40.2.3.0      3.3.3.3      856     28       80000001     49
Sum-Net    40.2.2.0      3.3.3.3      856     28       80000001     49
Sum-Net    40.2.1.0      3.3.3.3      856     28       80000001     48
Sum-Net    40.2.0.255    3.3.3.3      856     28       80000001     48
```

从以上输出可以看到骨干区域路由器 R1 的链路状态数据库出现了 Area 1 和 Area 2 的子网信息。这些子网信息是由区域边界路由器通告到骨干区域。在区域边界路由器上配置了路由汇总，Area 1、Area 2 就被汇总成一条链路状态。

前面给大家讲了 OSPF 是根据链路状态数据库计算最短路径的。链路状态数据库记录了运行 OSPF 的路由器有哪些，每个路由器连接几个网段（subnet），每个路由器有哪些邻居，通过什么链路连接（点到点还是以太网链路）。如果想查看完整的链路状态数据库，需要输入 display ospf lsdb router 命令，可以看到每个路由器的相关链路状态。

3. 查看路由表

输入 display ip routing-table 可以查看路由表。Proto 是通过 OSPF 协议学到的路由，OSPF 协议的优先级（也就是 pre）是 10，Cost 是通过带宽计算的到达目标网段的累计开销。

```
<R1>display ip routing-table protocol ospf                --查看 OSPF 路由
Route Flags: R - relay, D - download to fib
------------------------------------------------------------------------------
Public routing table : OSPF
         Destinations : 8        Routes : 8

OSPF routing table status : <Active>
         Destinations : 8        Routes : 8

Destination/Mask Proto   Pre  Cost      Flags NextHop          Interface

     40.1.0.0/24  OSPF    10   96          D   40.0.1.2         Serial2/0/0
     40.1.1.0/24  OSPF    10   96          D   40.0.1.2         Serial2/0/0
     40.1.2.0/24  OSPF    10   97          D   40.0.1.2         Serial2/0/0
```

```
    40.1.3.0/24  OSPF    10   97         D   40.0.1.2       Serial2/0/0
    40.2.0.0/24  OSPF    10   96         D   40.0.2.2       Serial2/0/1
    40.2.1.0/24  OSPF    10   96         D   40.0.2.2       Serial2/0/1
    40.2.2.0/24  OSPF    10   97         D   40.0.2.2       Serial2/0/1
    40.2.3.0/24  OSPF    10   97         D   40.0.2.2       Serial2/0/1

OSPF routing table status : <Inactive>
        Destinations : 0        Routes : 0
```

输入以下命令，也是只显示 OSPF 协议生成的路由，能够看到通告者的 ID，也就是 AdvRouter。可以看到直连的以太网开销默认为 1，串口默认开销 48。

```
<R1>display ospf routing

OSPF Process 1 with Router ID 1.1.1.1
     Routing Tables

Routing for Network
Destination        Cost  Type        NextHop         AdvRouter     Area
40.0.0.0/24        1     Stub        40.0.0.1        1.1.1.1       0.0.0.0
40.0.1.0/24        48    Stub        40.0.1.1        1.1.1.1       0.0.0.0
40.0.2.0/24        48    Stub        40.0.2.1        1.1.1.1       0.0.0.0
40.1.0.0/24        96    Inter-area  40.0.1.2        2.2.2.2       0.0.0.0
40.1.1.0/24        96    Inter-area  40.0.1.2        2.2.2.2       0.0.0.0
40.1.2.0/24        97    Inter-area  40.0.1.2        2.2.2.2       0.0.0.0
40.1.3.0/24        97    Inter-area  40.0.1.2        2.2.2.2       0.0.0.0
40.2.0.0/24        96    Inter-area  40.0.2.2        3.3.3.3       0.0.0.0
40.2.1.0/24        96    Inter-area  40.0.2.2        3.3.3.3       0.0.0.0
40.2.2.0/24        97    Inter-area  40.0.2.2        3.3.3.3       0.0.0.0
40.2.3.0/24        97    Inter-area  40.0.2.2        3.3.3.3       0.0.0.0

Total Nets: 11
Intra Area: 3  Inter Area: 8  ASE: 0  NSSA: 0
```

6.4.3 在区域边界路由器上进行路由汇总

在区域边界路由器 R2 上进行汇总。将 Area 1 汇总成 40.1.0.0 255.255.0.0，指定开销为 10，将 Area 0 汇总成 40.0.0.0 255.255.0.0，指定开销为 10。

```
[R2]ospf 1
```

```
[R2-ospf-1]area 1
[R2-ospf-1-area-0.0.0.1]abr-summary 40.1.0.0 255.255.0.0 cost 10
[R2-ospf-1-area-0.0.0.1]quit

[R2-ospf-1]area 0
[R2-ospf-1-area-0.0.0.0]abr-summary 40.0.0.0 255.255.0.0 cost 10
[R2-ospf-1-area-0.0.0.0]quit
```

在区域边界路由器 R3 上进行汇总。将 Area 2 汇总成 40.2.0.0 255.255.0.0，指定开销为 20，将 Area 0 汇总成 40.0.0.0 255.255.0.0，指定开销为 10。

```
[R3]ospf 1
[R3-ospf-1]area 0
[R3-ospf-1-area-0.0.0.0]abr-summary 40.0.0.0 255.255.0.0 cost 10
[R3-ospf-1-area-0.0.0.0]quit
[R3-ospf-1]area 2
[R3-ospf-1-area-0.0.0.2]abr-summary 40.2.0.0 255.255.0.0 cost 20
[R3-ospf-1-area-0.0.0.2]quit
[R3-ospf-1]quit
```

在区域边界路由器配置汇总后，在 R1 上查看 OSPF 链路状态，可以看到 Area 1 和 Area 2 在 R1 的链路状态数据库只显示一条记录。

```
<R1>display ospf lsdb

 OSPF Process 1 with Router ID 1.1.1.1
     Link State Database

             Area: 0.0.0.0
 Type      LinkState ID      AdvRouter       Age  Len  Sequence    Metric
 Router     2.2.2.2           2.2.2.2        1732  48   80000011     48
 Router     1.1.1.1           1.1.1.1        1690  84   80000013      1
 Router     3.3.3.3           3.3.3.3        1725  48   80000010     48
 Sum-Net   40.1.0.0           2.2.2.2          99  28   80000001     10
 Sum-Net   40.2.0.0           3.3.3.3          26  28   80000001     20
```

在 R1 上显示 OSPF 协议生成的路由。可以看到 Area 0 和 Area 1 汇总成一条路由，开销分别是 58 和 68，这和汇总时指定的开销有关。

```
<R1>display ospf routing

 OSPF Process 1 with Router ID 1.1.1.1
```

```
        Routing Tables

    Routing for Network
    Destination        Cost  Type       NextHop     AdvRouter     Area
    40.0.0.0/24        1     Stub       40.0.0.1    1.1.1.1       0.0.0.0
    40.0.1.0/24        48    Stub       40.0.1.1    1.1.1.1       0.0.0.0
    40.0.2.0/24        48    Stub       40.0.2.1    1.1.1.1       0.0.0.0
    40.1.0.0/16        58    Inter-area 40.0.1.2    2.2.2.2       0.0.0.0
    40.2.0.0/16        68    Inter-area 40.0.2.2    3.3.3.3       0.0.0.0

    Total Nets: 5
    Intra Area: 3  Inter Area: 2  ASE: 0  NSSA: 0
```

6.4.4　OSPF 协议配置排错

如果为网络中的路由器配置了 OSPF 协议，但在查看路由表后发现有些网段没有通过 OSPF 学到，那么需要检查路由器接口是否配置了正确的 IP 地址和子网掩码。除了进行这些常规检查，还要检查 OSPF 协议的配置。

要查看 OSPF 协议的配置，可以输入 display current-configuration 命令。

```
[R1]display current-configuration
......
ospf 1 router-id 1.1.1.1
 area 0.0.0.0
  network 172.16.0.0 0.0.255.255
......
```

也可以进入 ospf 1 视图，输入 display this，显示 OSPF 协议的配置。

```
[R1]ospf 1
 [R1-ospf-1]display this
[V200R003C00]
#
ospf 1 router-id 1.1.1.1
 area 0.0.0.0
  network 172.16.0.0 0.0.255.255
#
return
```

输入 display ospf interface 可以查看运行 OSPF 协议的接口。如果发现缺少路由器的某个接口，需要使用 network 添加该接口。

```
<R1>display ospf interface

    OSPF Process 1 with Router ID 1.1.1.1
        Interfaces

 Area: 0.0.0.0           (MPLS TE not enabled)
 IP Address        Type          State     Cost     Pri    DR          BDR
 172.16.1.1        Broadcast     DR        1        1   172.16.1.1  0.0.0.0
 172.16.0.1        P2P           P-2-P     48       1   0.0.0.0     0.0.0.0
 172.16.0.17       P2P           P-2-P     48       1   0.0.0.0     0.0.0.0
```

可以看到当时配置OSPF协议用network添加的3个网段和所属的区域。如果network后面3个网段和路由器的接口所在的网段不一致，该接口就不能发送和接收OSPF协议相关数据包，该网段也不会包含在链路状态中。或者如果network后面的区域编号和相邻路由器配置的区域编号不一致，也不能交换链路状态信息，也可能导致错误。

如果配置OSPF时network写错网段，可以使用undo network命令删除该网段，然后用network添加正确的网段。

可以在路由器上，使用以下命令取消192.168.0.0/24网段参与OSPF协议。

```
[R3]ospf 1
[R3-ospf-1]display this
[V200R003C00]
#
ospf 1 router-id 3.3.3.3
 area 0.0.0.0
  network 172.16.0.6 0.0.0.0
  network 172.16.0.9 0.0.0.0
  network 172.16.2.1 0.0.0.0
#
return
[R3-ospf-1]area 0
[R3-ospf-1-area-0.0.0.0]undo network 172.16.2.1 0.0.0.0
```

6.5 习题

1. 以下关于OSPF协议的描述中，最准确的是（　　）。
   A. OSPF协议根据链路状态法计算最佳路由
   B. OSPF协议是用于自治系统之间的外部网关协议

C．OSPF 协议不能根据网络通信情况动态地改变路由

D．OSPF 协议只能适用于小型网络

2．关于 OSPF 协议，下面的描述中不正确的是（　　）。

A．OSPF 是一种链路状态协议

B．OSPF 使用链路状态公告（LSA）扩散路由信息

C．OSPF 网络中用区域 1 表示主干网段

D．OSPF 路由器中可以配置多个路由进程

3．OSPF 支持多进程，如果不指定进程号，则默认使用的进程号是（　　）。

A．0　　B．1　　C．10　　D．100

4．如图 6-13 所示，为网络中的路由器配置了 OSPF 协议，在路由器 A 和路由器 B 上进行以下配置。

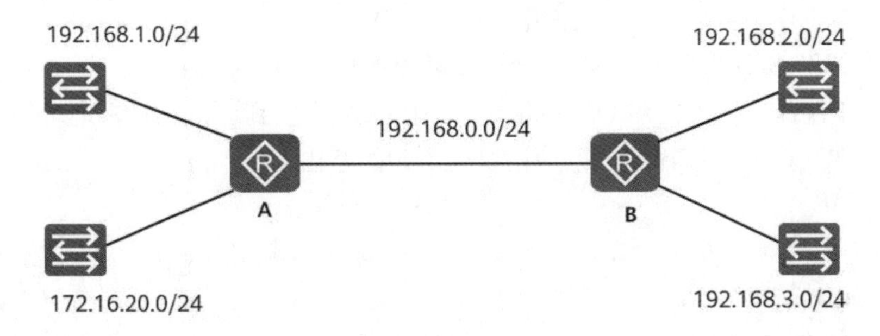

图 6-13　网络拓扑

```
[A]ospf 1 router-id 1.1.1.1
[A-ospf-1]area 0.0.0.0
[A-ospf-1-area-0.0.0.0]network 172.16.0.0 0.0.255.255
[A-ospf-1-area-0.0.0.0]network 192.168.0.0 0.0.0.255
[B]ospf 1 router-id 1.1.1.2
[B-ospf-1]area 0.0.0.0
[B-ospf-1-area-0.0.0.0]network 192.168.0.0 0.0.255.255
```

以下哪些说法不正确？（　　）

A．在路由器 B 上能够通过 OSPF 协议学到 172.16.0.0/24 网段的路由

B．在路由器 B 上能够通过 OSPF 协议学到 192.168.1.0/24 网段的路由

C．在路由器 A 上能够通过 OSPF 协议学到 192.168.2.0/24 网段的路由

D．在路由器 A 上能够通过 OSPF 协议学到 192.168.3.0/24 网段的路由

5．在一台路由器上配置 OSPF，必须手动进行的配置有（　　）。（多选）

A．配置 Router-ID　　B．开启 OSPF 进程

C．创建 OSPF 区域　　D．指定每个区域中包含的网段

6．在 VRP 平台上，直连路由、静态路由、RIP、OSPF 的默认协议优先级从高到低依次是（　　）。

A．直连路由、静态路由、RIP、OSPF

B．直连路由、OSPF、静态路由、RIP

C．直连路由、OSPF、RIP、静态路由

D．直连路由、RIP、静态路由、OSPF

7．管理员在某台路由器上配置 OSPF，但该路由器上未配置 back 接口，则以下关于 Router-ID 的描述中正确的（　）。

A．该路由器物理接口的最小 IP 地址将会成为 Router-ID

B．该路由器物理接口的最大 IP 地址将会成为 Router-ID

C．该路由器管理接口的 IP 地址将会成为 Router-ID

D．该路由器的优先级将会成为 Router-ID

8．以下关于 OSPF 中 Router-ID 的描述正确的是（　）。

A．同一区域内 Router-ID 必须相同，不同区域内的 Router-ID 可以不同

B．Router-ID 必须是路由器某接口的 IP 地址

C．必须通过手工配置方式来指定 Router-ID

D．OSPF 协议正常运行的前提条件是路由器有 Router-ID

9．一台路由器通过 RIP、OSPF 和静态路由学习到了到达同一目标地址的路由。默认情况下，VRP 将最终选择通过哪种协议学习到的路由？（　）

A．RIP　　B．OSPF

C．RIP　　D．静态路由

10．假定配置如下所示：

```
[R1]ospf
[R1-ospf-1]area 1
[R1-ospf-1-area-0.0.0.1]network 10.0.12.0 0.0.0.255
```

管理员在路由器 R1 上配置了 OSPF，但路由器 R1 学习不到其他路由器的路由，那么可能的原因是（　）。（多选）

A．此路由器配置的区域 ID 和它的邻居路由器的区域 ID 不同

B．此路由器没有配置认证功能，但是邻居路由器配置了认证功能

C．此路由器有配置时没有配置 OSPF 进程号

D．此路由器在配置 OSPF 时没有宣告连接邻居的网络

11．OSPFV3 使用哪个区域号标识骨干区域？（　）

A．0　　B．3

C．1　　D．2

第7章

组建局域网

本章内容

- 交换机常规配置
- 交换机端口安全
- 生成树协议
- 创建和管理 VLAN
- 实现 VLAN 间路由
- 端口隔离技术
- 链路聚合

本章讲解交换机组网相关技术，包括设置交换机管理地址和交换机登录密码，允许 telnet 配置交换机。

交换机基于 MAC 地址转发帧，可以设置交换机端口以启用安全功能，交换机端口可以限制连接的计算机数量和绑定 MAC 地址。可以设置交换机监控端口以监控网络中的流量。

在进行交换机组网时，为了避免单台设备的故障造成网络长时间中断，往往需要设计成有冗余的网络结构，比如双汇聚层网络，但这样会形成环路。为了避免广播帧在环路中无限转发，交换机使用生成树协议来阻断环路。本章讲解生成树协议的工作过程，指定根网桥和备用根网桥。

交换机组网使得网段划分变得非常灵活，可以根据部门而不是物理位置划分网段，一个部门的计算机使用一个网段，占用一个 VLAN、本章先讲解一个交换机划分多个 VLAN，再讲解跨交换机的 VLAN、交换机的端口类型，使用三层交换实现 VLAN 间路由以及使用单臂路由器实现 VLAN 间路由。

端口隔离技术可以使同一个 VLAN 内的计算机不能相互通信，只能访问 Internet，这种技术在很多单位都在用。

交换机之间的多条物理链路可以使用 Eth-Trunk 技术捆绑在一起，形成一条逻辑链路，实现带宽加倍、流量负载均衡和链路容错。

7.1 交换机常规配置

用交换机的端口在连接计算机时，不能设置IP地址，也不能充当计算机的网关。但是为了远程管理交换机，需要给交换机设置管理地址。该地址不充当计算机的网关，目的就是使用telnet远程管理交换机。

如图7-1所示，交换机LSW1和LSW2的管理地址分别是它们所在网段的一个地址，并且需要设置网关。

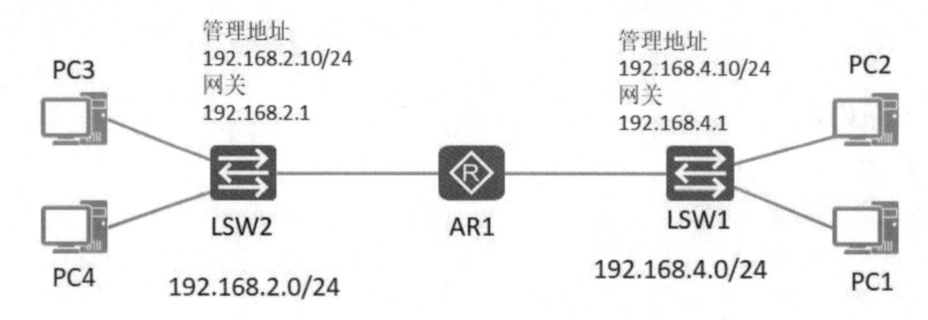

图7-1　交换机的管理地址

下面为LSW1配置管理地址，默认情况下交换机的所有接口都在VLAN 1，交换机的每个VLAN都有一个对应的虚拟接口（Vlanif），可以给虚拟接口设置IP地址作为管理地址，关于VLAN的知识在本章后面会讲到。

```
[LSW1]interface Vlanif 1                          --给 vlanif 1 接口设置管理地址
[LSW1-Vlanif1]ip address 192.168.4.10 24              --设置管理地址
[LSW1-Vlanif1]quit
[LSW1]ip route-static 0.0.0.0 0.0.0.0 192.168.4.1 --添加默认路由，也就是网关
```

设置Console口的身份验证模式和密码，和配置路由器的Console口类似。

```
[LSW1]user-interface console 0
[LSW1-ui-console0]authentication-mode password
[LSW1-ui-console0]set authentication password cipher 91xueit
[LSW1-ui-console0]idle-timeout 5 30
```

设置VTY接口的身份验证模式和密码。

```
[LSW1]user-interface vty 0 4
[LSW1-ui-vty0-4]authentication-mode password
[LSW1-ui-vty0-4]set authentication password cipher 51cto
[LSW1-ui-vty0-4]idle-timeout 3 30
```

7.2　交换机端口安全

企业网络如果对安全要求比较高的话，通常会对接入网络的计算机进行控制。在交换机上启用端口安全，对接入的计算机进行控制。

7.2.1　交换机端口安全详解

- 启用端口安全。在交换机接口上激活 Port-Security 后，该接口就有了安全功能，例如能够限制接口的最大 MAC 地址数量，从而限制接入的主机数量；也可以将接口和 MAC 地址绑定，从而实现接入安全。
- 保护措施（protect-action）。如果违反了端口的安全设置，比如一个端口的 MAC 地址数量超过设定数量，或这个端口绑定的 MAC 地址有变化，那么该端口将会启动保护措施。保护措施有 protect（丢弃违反安全设置的帧）、restrict（丢弃违反安全设置的帧并产生警报）、shutdown（关闭端口，需要人工启用端口才能恢复），默认是 restrict。
- Port-Security 与 Sticky MAC 地址。配置端口和进行 MAC 地址绑定的工作量很大。可以让交换机将动态学习到的 MAC 地址变成“粘滞状态”。可以简单理解为，先动态地学，学完之后再将 MAC 地址和端口粘起来（进行绑定），形成“静态”条目。

7.2.2　配置交换机端口安全

如图 7-2 所示，在 LSW2 交换机上设置端口安全，端口 Ethernet 0/0/1 只允许连接 PC1，端口 Ethernet 0/0/2 只允许连接 PC2，端口 Ethernet 0/0/3 只允许连接 PC3，端口 Ethernet 0/0/4 最多只允许连接两台计算机且只能是 PC4 和 PC5，违反安全规则，端口关闭（shutdown）。

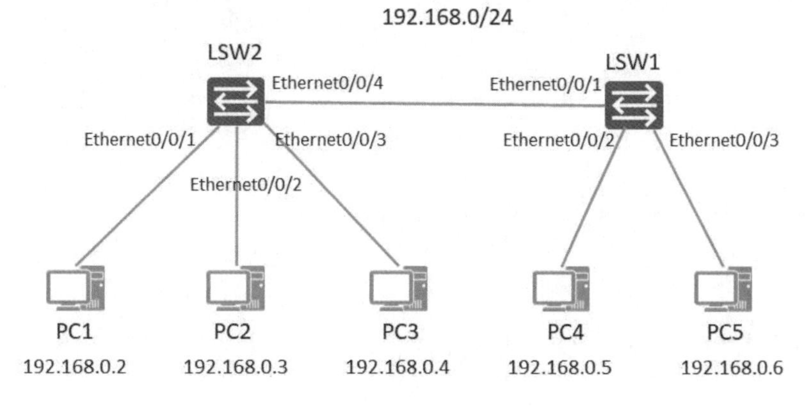

图 7-2　配置交换机端口安全

以下操作将设置交换机 LSW2，为 Ethernet 0/0/1～Ethernet 0/0/3 启用端口安全，每个端口只允许连接一个 MAC 地址（计算机），端口和 MAC 地址的绑定通过 Sticky 的方式实现。为 Ethernet 0/0/4 启用端口安全，设置最多允许两个 MAC 地址，并且人工绑定 PC4 和 PC5 两个 MAC 地址。

LSW2 上的配置如下。

```
[Huawei]sysname LSW2                    --改名为 LSW2
```

在 PC1 上 ping PC2、PC3、PC4、PC5，LSW2 完成 MAC 地址表的构建。

```
[LSW2]display mac-address               --显示 MAC 地址表
MAC address table of slot 0:
-----------------------------------------------------------------------------
MAC Address    VLAN/       PEVLAN CEVLAN Port      Type     LSP/LSR-ID
               VSI/SI                                       MAC-Tunnel
-----------------------------------------------------------------------------
5489-9854-3d93  1            -      -    Eth0/0/1  dynamic    0/-
5489-9813-531a  1            -      -    Eth0/0/2  dynamic    0/-
5489-9889-60df  1            -      -    Eth0/0/3  dynamic    0/-
5489-9809-119b  1            -      -    Eth0/0/4  dynamic    0/-
5489-98bd-0b2c  1            -      -    Eth0/0/4  dynamic    0/-
-----------------------------------------------------------------------------
Total matching items on slot 0 displayed = 5
```

可以看到 MAC 地址表中列出了每个 MAC 地址所属的 VLAN、对应的接口和类型。

设置 Ethernet 0/0/1～Ethernet 0/0/3 端口安全，将现有计算机的 MAC 地址和端口绑定，可以逐个端口进行设置，也可以定义一个端口组，添加端口成员，进行批量安全设置。

```
[LSW2]port-group 1to3                           --定义端口组 1to3
[LSW2-port-group-1to3]group-member Ethernet 0/0/1 to Ethernet 0/0/3
                                                --添加成员
[LSW2-port-group-1to3]display this              --显示端口组设置
#
port-group 1to3
 group-member Ethernet 0/0/1
 group-member Ethernet 0/0/2
 group-member Ethernet 0/0/3
#
Return
```

对于以下操作，步骤不能少，且顺序不能颠倒。

```
[LSW2-port-group-1to3]port-security enable  --启用端口安全
[LSW2-port-group-1to3]port-security protect-action shutdown
                                        --违反安全规定，关闭端口
[LSW2-port-group-1to3]port-security mac-address sticky
                                        --将现有端口与对应的 MAC 地址绑定
[LSW2-port-group-1to3]quit
```

交换机的 MAC 地址表中的条目有老化时间，默认为 300 秒，如果某条目没有被刷新，300 秒后就会从 MAC 地址表中清除。再次在 PC1 上 ping PC2、PC3、PC4、PC5，交换机会自动重新构建 MAC 地址表。

查看 MAC 地址表，可以看到端口 Ethernet 0/0/1～Eth0/0/3 的 Type 为 sticky，端口 Ethernet 0/0/4 的 Type 依然是 dynamic。

```
[LSW2]display mac-address vlan 1          --只显示 VLAN 1 的 MAC 地址表
MAC address table of slot 0:
-------------------------------------------------------------------------------
MAC Address     VLAN/         PEVLAN CEVLAN Port         Type    LSP/LSR-ID
                VSI/SI                                           MAC-Tunnel
-------------------------------------------------------------------------------
5489-9854-3d93  1             -      -      Eth0/0/1     sticky    -
5489-9889-60df  1             -      -      Eth0/0/3     sticky    -
5489-9813-531a  1             -      -      Eth0/0/2     sticky    -
-------------------------------------------------------------------------------
Total matching items on slot 0 displayed = 3

MAC address table of slot 0:
-------------------------------------------------------------------------------
MAC Address     VLAN/         PEVLAN CEVLAN Port         Type    LSP/LSR-ID
                VSI/SI                                           MAC-Tunnel
-------------------------------------------------------------------------------
5489-9809-119b 1              -      -      Eth0/0/4     dynamic   0/-
5489-98bd-0b2c 1              -      -      Eth0/0/4     dynamic   0/-
-------------------------------------------------------------------------------
Total matching items on slot 0 displayed = 2
```

设置交换机的 Eth0/0/4 端口安全，只允许连接两台计算机。

```
[LSW2]interface Ethernet 0/0/4                        --接入接口视图
[LSW2-Ethernet0/0/4]port-security enable
[LSW2-Ethernet0/0/4]port-security protect-action shutdown
```

```
[LSW2-Ethernet0/0/4]port-security max-mac-num 2          --设置最大数量
```

再次查看 MAC 地址表，可以看到端口 Ethernet 0/0/4 的 Type 为 Security，说明启用了端口安全。

```
[LSW2]display mac-address
MAC address table of slot 0:
-------------------------------------------------------------------------------
MAC Address    VLAN/       PEVLAN CEVLAN Port        Type   LSP/LSR-ID
               VSI/SI                                       MAC-Tunnel
-------------------------------------------------------------------------------
5489-9813-531a 1           -      -      Eth0/0/2    sticky      -
5489-9809-119b 1           -      -      Eth0/0/4    security    -
5489-98bd-0b2c 1           -      -      Eth0/0/4    security    -
5489-9889-60df 1           -      -      Eth0/0/3    sticky      -
5489-9854-3d93 1           -      -      Eth0/0/1    sticky      -
-------------------------------------------------------------------------------
Total matching items on slot 0 displayed = 5
```

上面的设置只是指定了 Ethernet 0/0/4 端口的 MAC 地址数量。如果进一步打算将 Ethernet 0/0/4 端口和指定的两个 MAC 地址绑定，就需要在端口视图中启用 sticky，绑定 MAC 地址。

因为前面设置 Ethernet 0/0/4 端口对应的 MAC 地址的最大数量为 2，所以这里可以设置两个 MAC 地址。默认只允许 1 个端口绑定 1 个 MAC 地址。

```
[LSW2]interface Ethernet 0/0/4                              --接入接口视图
[LSW2-Ethernet0/0/4]port-security mac-address sticky        --启用sticky
[LSW2-Ethernet0/0/4]port-security mac-address sticky 5489-9809-119b
vlan 1                                                      --绑定 MAC 地址
[LSW2-Ethernet0/0/4]port-security mac-address sticky 5489-98bd-0b2c vl
an 1                                                        --绑定 MAC 地址
```

以上操作设置了交换机端口安全，违反安全规则的话，端口将处于关闭状态，需要运行 undo shutdown 启用端口。

运行以下命令，清除端口的全部配置，清除配置后，端口将处于关闭状态，需要执行 undo shutdown 重新启用端口。

```
[LSW2]clear configuration interface Ethernet 0/0/4
```

7.2.3　镜像端口监控网络流量

如图 7-3 所示，如果打算在 PC4 上安装抓包工具或流量监控软件来监控网络中的计算机上网流量，PC4 只能捕获自己发送出去和接收到的数据包，PC1、PC2、PC3 的上网流量由交换机直接转发到路由器的 GE0/0/0 端口，PC4 上的抓包工具或流量监控软件是没有办法捕获这些数据包的。

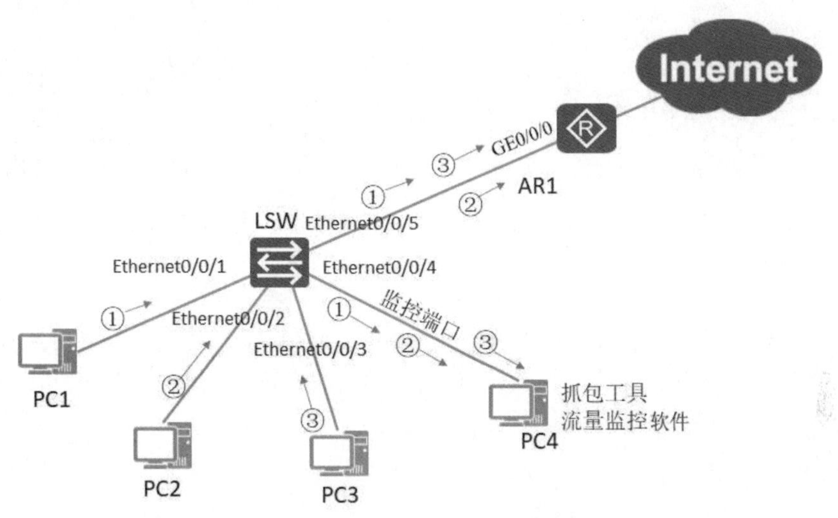

图 7-3　镜像端口监控网络流量

为了让 PC4 上的抓包工具或流量监控软件能够捕获分析内网计算机访问 Internet 的流量，可以将交换机的 Ethernet 0/0/4 端口设置为监控端口，为 Ethernet 0/0/5 端口指定镜像端口（监控端口）。这样进出 Ethernet 0/0/5 端口的帧会同时转发给 Ethernet 0/0/4 端口。

由于 eNSP 软件中模拟的交换机不支持镜像端口功能，因此使用 AR1220 路由器替代交换机来做镜像端口实验，如图 7-4 所示。

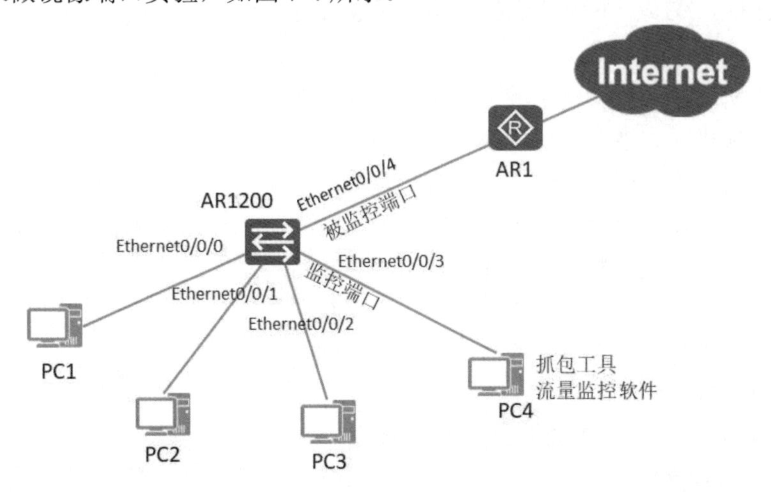

图 7-4　通过 AR1220 路由器做镜像端口

```
[AR1200]observe-port interface Ethernet 0/0/3          --指定监控端口
[AR1200]interface Ethernet 0/0/4
[AR1200-Ethernet0/0/4]mirror to observe-port ?
  Both     Assign Mirror to both inbound and outbound of an interface
                                                  --出入端口的流量
  Inbound  Assign Mirror to the inbound of an interface
                                                  --进端口的流量
  Outbound Assign Mirror to the outbound of an interface
                                                  --出端口的流量
[AR1200-Ethernet0/0/4]mirror to observe-port both
                                                  --将出入端口的流量同时发送到监控端口
```

验证镜像端口，捕获 PC4 Ethernet 0/0/1 端口的数据包，用 PC1 ping 网关 192.168.0.1，可以看到捕获了 PC1 到网关的数据包。

注意：华为交换机只能设置一个 observe-port 监控端口。如果打算取消监控端口，需要先在被监视端口上取消镜像，再取消监控端口，配置命令如下。

```
[AR1200]interface Ethernet 0/0/4
[AR1200-Ethernet0/0/4]undo mirror both
[AR1200-Ethernet0/0/4]quit
[AR1200]undo observe-port
```

7.3 生成树协议

7.3.1 交换机组网环路问题

如图 7-5 所示，企业组建局域网，接入层交换机连接汇聚层交换机，如果汇聚层交换机出现故障，两台接入层交换机就不能相互访问，这就是单点故障。某些企业和单位不允许因设备故障造成网络长时间中断，为了避免汇聚层交换机单点故障，在组网时通常会部署两台汇聚层交换机，如图 7-6 所示，当汇聚层交换机 1 出现故障时，接入层的两台交换机可以通过汇聚层交换机 2 进行通信。

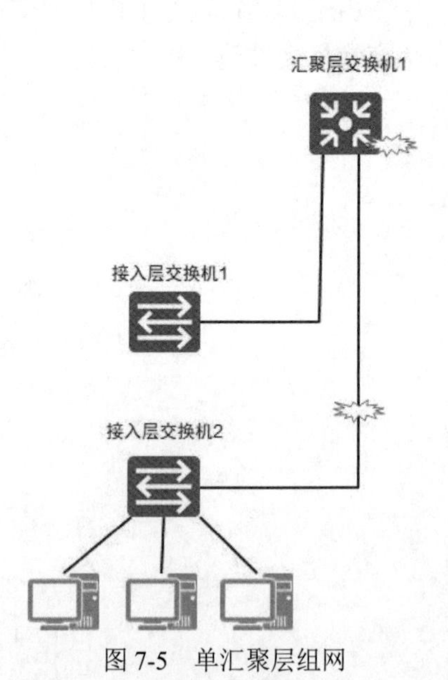

图 7-5　单汇聚层组网

这样一来，交换机组建的网络会形成环路。如图 7-2 所示，如果网络中计算机 PC3 发送广播帧，广播帧会在环路中一直转发，占用交换机的接口带宽，消耗交换机的资源，网络中的计算机会一直重复收到该帧，影响计算机接收正常通信的帧，这就是广播风暴。

交换机组建的网络如果有环路，还会出现交换机 MAC 地址表的快速翻摆。如图 7-6 所示，在①时刻接入层交换机 2 的 GE0/0/1 接口收到了 PC3 的广播帧，会在 MAC 地址表添加一条 MAC3 和 GE0/0/1 接口的映射。该广播帧会从接入层交换机 2 的 GE0/0/3 和 GE0/0/2 接口发送出去。在②时刻交换机 2 的 GE0/0/2 从汇聚层交换机收到该广播帧，将 MAC 地址表中 MAC3 对应的端口修改为 GE0/0/2。在③时刻接入层交换机的 GE0/0/3 接口从汇聚层交换机 1 收到该广播帧，将 MAC 地址表中 MAC3 对应的端口更改为 GE0/0/3。这样一来，接入层交换机 2 的 MAC 地址表中关于 PC3 的 MAC 地址表项内容就会无休止地、快速地变来变去，这就是翻摆现象。接入层交换机 1 和汇聚层交换机 1、2 的 MAC 地址表也会出现完全一样的快速翻摆现象。MAC 地址表的快速翻摆会大量消耗交换机的处理资源，甚至可能会导致交换机瘫痪。

这就要求交换机能够有效解决环路的问题。交换机使用生成树协议来阻断环路，大家都知道树结构是没有环路的。

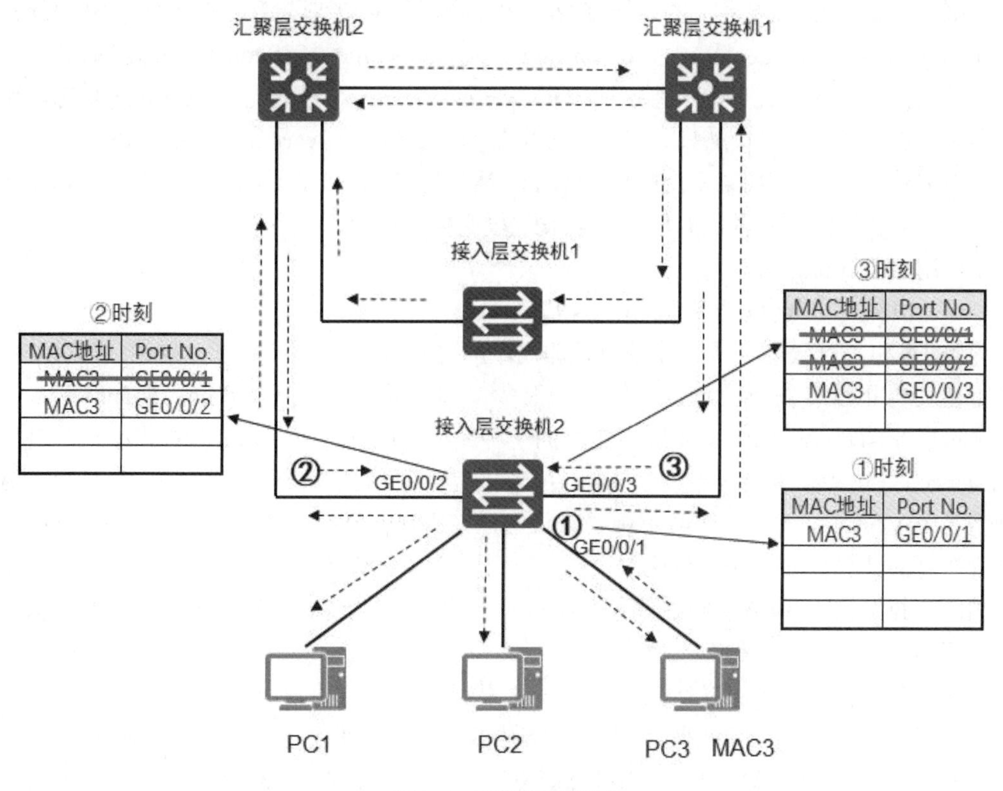

图 7-6　双汇聚层组网

7.3.2　生成树协议概述

STP（Spanning Tree Protocol，生成树协议），是 IEEE 802.1D 中定义的数据链路层

协议，可应用于计算机网络中树状拓扑结构的建立，主要作用是防止网桥网络中的冗余链路形成环路工作。生成树协议适合所有厂商的网络设备，在配置上和体现功能强度上有所差别，但是原理和应用效果是一致的。

通过在交换机之间传递网桥协议数据单元（Bridge Protocol Data Unit，BPDU），通过采用 STA 生成树算法选举根桥、根端口和指定端口的方式，最终将网络形成一个树结构的网络，其中，根端口、指定端口都处于转发状态，其他端口处于禁用状态。如果网络拓扑发生改变，将重新计算生成树拓扑。生成树协议的存在，既解决了核心层网络需要冗余链路的网络健壮性要求，又解决了因为冗余链路形成的物理环路导致“广播风暴”问题。

生成树协议有三个版本。

- CTP（Common Spanning Tree）

CST 的协议号有 802.1D，如果交换机运行在 CST 的模式下，不管交换机中有多少个 VLAN，所有的流量都会走相同的路径 。

- RSTP（Rapid Spanning Tree Protocol）

RSTP 称为快速生成树，协议号有 802.1W；在运行 CST 时，接口的状态有 Blocking、Listening、Disabled、Learning、Forwarding，其中 Blocking、Listening、Disabled 状态是不发送数据的，在 RSTP 中，将这三种状态归为一个状态，那就是 Discarding 状态，所以在 RSTP 中，接口的状态只有三种，分别是 Discarding、Learning、Forwarding。

在 CST 模式中，如果根交换机失效了，需要等待 50 秒的时间才可以启用 block 端口；而 RSTP 只需要 6 秒的时间便可以发现根交换机失效，一旦发现根交换机失效，会立刻启用 Discarding 端口。

- MSTP（Mutiple Spanning Tree Protocol）

RSTP 和 STP 还存在同一个缺陷，即局域网内所有的 VLAN 共享一棵生成树，链路被阻塞后将不承载任何流量，造成带宽浪费。多生成树协议（Multiple Spanning Tree Protocol，MSTP）是 IEEE 802.1s 中定义的一种新型生成树协议。MSTP 中引入了“实例”（Instance）和“域”（Region）的概念。所谓“实例”，就是多个 VLAN 的一个集合，这种将多个 VLAN 捆绑到一个实例中的方法可以节省通信开销和资源占用率。MSTP 各个实例拓扑的计算是独立的，在这些实例上就可以实现负载均衡。使用的时候，可以把多个相同拓扑结构的 VLAN 映射到某个实例中，这些 VLAN 在端口上的转发状态将取决于对应实例在 MSTP 里的转发状态。

华为交换机生成树协议默认使用 MSTP 模式，本课程重点讲解 STP 模式，也就是 CTP，在华为路由器上 CTP 就是 STP。在描述 STP 之前，我们还需要了解几个基本术语：桥（Bridge）、桥的 MAC 地址（Bridge MAC Address）、桥 ID（Bridge Identifier，BID）、端口 ID（Port Identifier，PID）。

1. 桥

因为性能方面的限制等因素，早期的交换机一般只有两个转发端口（如果端口多了，交换的转发速度就会慢得无法接受），所以那时的交换机常常被称为“网桥”，或简称“桥”。

在 IEEE 的术语中，“桥”这个术语一直沿用至今，但并不只是指只有两个转发端口的交换机了，而是泛指具有任意多端口的交换机。目前，“桥”和“交换机”这两个术语是完全混用的，本书也采用了这一混用习惯。

2. 桥的 MAC 地址

我们知道，一个桥有多个转发端口，每个端口有一个 MAC 地址。通常，我们把端口编号最小的那个端口的 MAC 地址作为整个桥的 MAC 地址。

3. 桥 ID

如图 7-7 所示，一个桥（交换机）的桥 ID 由两部分组成，前面 2 字节是这个桥的桥优先级，后面 6 字节是这个桥的 MAC 地址。桥优先级的值可以人为设定，默认值为 0x8000（相当于十进制的 32768）。

图 7-7　BID 的组成

4. 端口 ID

一个桥（交换机）的某个端口的端口 ID 的定义方法有很多种，图 7-8 给出了其中的两种定义。在第一种定义中，端口 ID 由两个字节组成，第一个字节是该端口的端口优先级，后一个字节是该端口的端口编号。在第二种定义中，端口 ID 由 16 个比特组成，前 4 个比特是该端口的端口优先级，后 12 比特是该端口的端口编号。端口优先级的值是可以人为设定的。不同的设备商采用的 PID 定义方法可能不同。

图 7-8　PID 的组成

7.3.3　生成树协议基本概念和工作原理

生成树协议（Spanning Tree Protocol，STP）的基本原理，就是在具有物理环路的交换网络中，交换机通过运行 STP，自动生成没有环路的网络拓扑。

STP 的任务是找到网络中的所有链路，并关闭所有冗余的链路，这样就可以防止网络环路的产生。为了达到这个目的，STP 首先需要选举一个根桥（根交换机），由根桥负责决定网络拓扑。一旦所有的交换机都同意将某台交换机选举为根桥，就必须为其余的交换机选定唯一的根端口。还必须为两台交换机之间的每一条链路两端连接的端口（一根网线就是一条链路）选定一个指定端口，既不是根端口也不是指定端口的端口就成为备用端口，备用端口不转发计算机通信的帧，阻断环路。

下面将以图7-9所示的网络拓扑为例讲解生成树的工作过程，分为以下4个步骤。

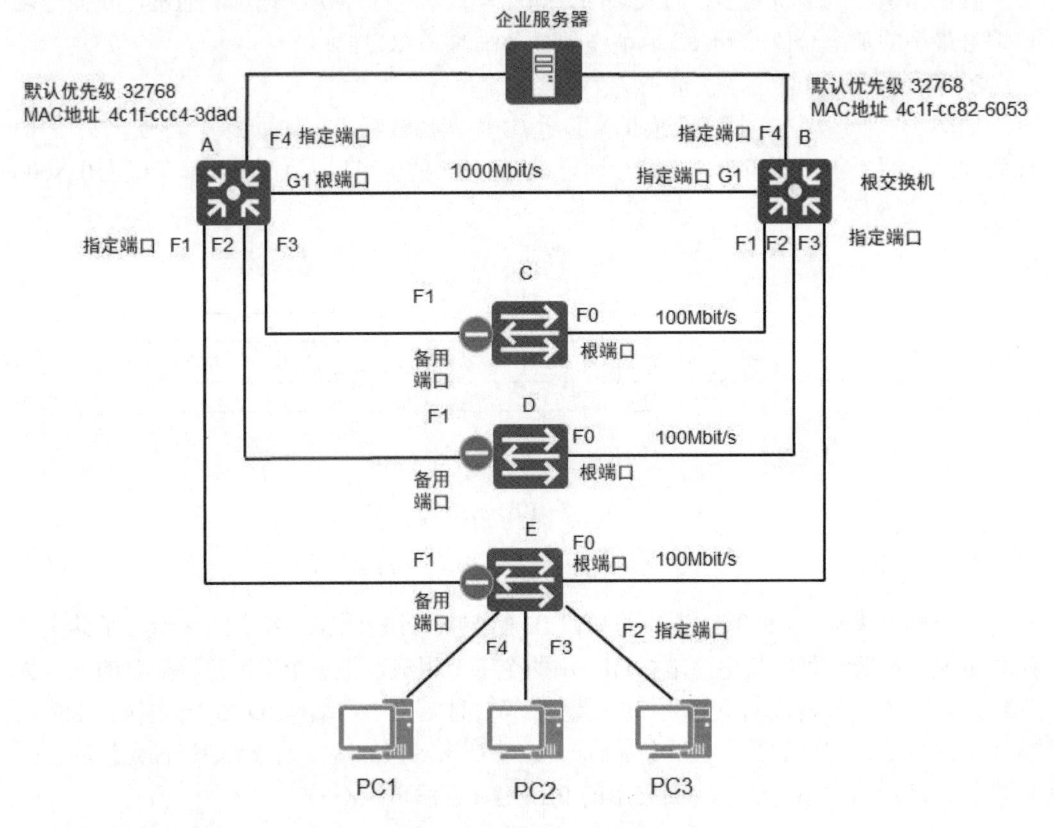

图7-9 生成树的工作过程

1. 选举根桥

根桥（Root Bridge）是STP树的根节点。要生成一棵STP树，首先要确定出一个根桥。根桥是整个交换网络的逻辑中心，但不一定是它的物理中心。当网络的拓扑发生变化时，根桥也可能会发生变化。

运行STP协议的交换机（简称为STP交换机）会相互交换STP协议帧，这些协议帧的载荷数据被称为BPDU（Bridge Protocol Data Unit，网桥协议数据单元）。虽然BPDU是STP协议帧的载荷数据，但它并非网络层的数据单元；BPDU的产生者、接收者、处理者都是STP交换机本身，而非终端计算机。BPDU中包含了与STP协议相关的所有信息（后续会对BPDU进行专门的讲解），其中就有BID。

STP交换机初始启动之后，都会认为自己是根桥，并在发送给别的交换机的BPDU中宣告自己是根桥。当交换机从网络中收到其他设备发送过来的BPDU的时候，会比较BPDU中指定的根桥BID和自己的BID。交换机不断地交互BPDU，同时对BID进行比较，直至最终选举出一台 BID 最小的交换机作为根桥。

图 7-9 所示的网络中有 A、B、C、D、E 这 5 台交换机，BID 最小的将被选举为根桥。

默认每隔 2 秒发送一次 BPDU。在本例中，交换机 A 和交换机 B 的优先级相同，交换机 B 的 MAC 地址为 4c1f-cc82-6053，比交换机 A 的 MAC 地址 4c1f-ccc4-3dad 小，交换机 B 就更有可能成为根桥。此外，可以通过更改交换机的优先级来指定成为根桥的首选和备用交换机。通常会事先指定性能较好、距离网络中心较近的交换机作为根桥。在本示例中显然让交换机 A 和交换机 B 成为根桥的首选和备用交换机最佳。

2. 选定根端口

根桥确定后，其他没有成为根桥的交换机都被称为非根桥。一台非根桥设备上可能会有多个端口与网络相连，为了保证从某台非根桥设备到根桥设备的工作路径是最优且唯一的，就必须从该非根桥设备的端口中确定出一个被称为“根端口（Root Port，RP）”的端口，由根端口来作为该非根桥设备与根桥设备之间进行报文交互的端口。一台非根桥设备上最多只能有一个根端口。

STP 协议把根路径开销作为确定根端口的一个重要依据。一个运行 STP 协议的网络中，将某个交换机的端口到根桥的累计路径开销（从该端口到根桥所经过的所有链路的路径开销的和）称为这个端口的根路径开销（Root Path Cost，RPC）。链路的路径开销（Path Cost）与端口速率有关，端口转发速率越大，则路径开销越小。端口速率与路径开销的对应关系可参考表 7-1。

表 7-1　端口速率和路径开销的对应关系

端口速率	路径开销（IEEE 802.1t 标准）
10Mb/s	2 000 000
100Mb/s	200 000
1000Mb/s	20 000
10Gb/s	2 000

本例中，确定了交换机 B 为根桥后，交换机 A、C、D 和 E 为非根桥，每个非根桥要选择一个到达根桥最近（累计开销最小）的端口作为根端口。对于交换机 A 的 G1 接口，交换机 C、D、E 的 F0 接口成为这些交换机的根端口。

如图 7-10 所示，S1 为根桥，假设 S4 到根桥的路径 1 开销和路径 2 开销相同，则 S4 会对上行设备 S2 和 S3 的网桥 ID 进行比较，如果 S2 的网桥 ID 小于 S3 的网桥 ID，S4 会将自己的 G0/0/1 确定为自己的根端口；如果 S3 的网桥 ID 小于 S2 的网桥 ID，S4 会将自己的 G0/0/2 确定为自己的根端口。

对于 S5 而言，假设其 GE 0/0/1 端口的 RPC 与 GE0/0/2 的端口 RPC 相同，由于这两个接口的上行设备同为 S4，所以 S5 还会对 S4 的 GE0/0/3 和 GE0/0/4 端口的 PID 进行比较，如果 S4 的 GE0/0/3 端口 PID 小于 GE0/0/4 的 PID，则 S5 会将自己的 GE0/0/1 作为根端口。如果 S4 的 GE0/0/4 端口 PID 小于 GE0/0/3 的 PID，则 S5 会将自己的 GE0/0/2 作为根端口。

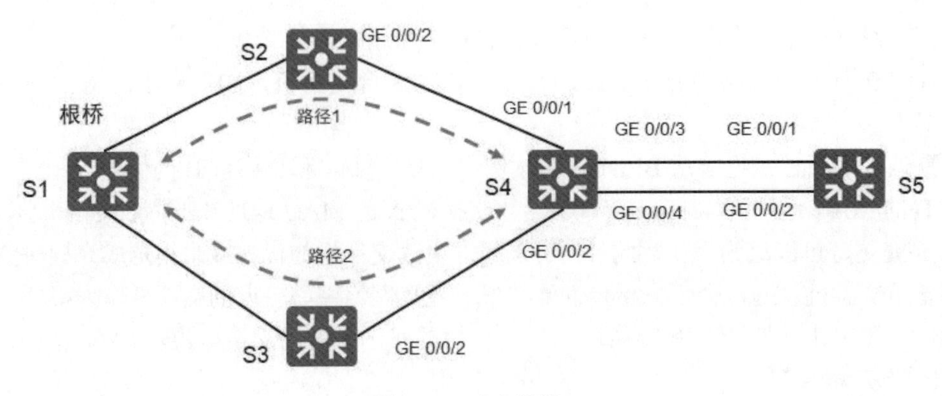

图 7-10　确定根端口

3. 选定指定端口

根端口保证了交换机与根桥之间工作路径的唯一性和最优性。为了防止工作环路的存在，连接交换机的每根网线两端连接的端口要确定一个指定端口。当一个网段有两条及两条以上的路径通往根桥时（该网段连接了不同的交换机，或者该网段连接了同台交换机的不同端 ID），与该网段相连的交换机（可能不止一台）就必须确定出一个唯一的指定端口。

指定端口（Designated Port，DP）也是通过比较 RPC 来确定的，RPC 较小的端口将成为指定端口，如果 RPC 相同，则先比较 BID，如果 BID 相同比较接口的 PID，值小的那个接口成为指定端口。

如图 7-11 所示，假定 S1 已被选举为根桥，并且假定各链路的开销均相等。显然，S3 的 GE0/0/1 端口的 RPC 小于 S3 的 GE0/0/2 端的 RPC，所以 S3 将自己的 GE0/0/1 端口确定为自己的根端口。类似的，S2 的 GE0/0/1 端口的 RPC 小于 S2 的 GE0/0/2 端口的 RPC，所以 S2 将自己的 GE0/0/1 端口确定为自己的根端口。

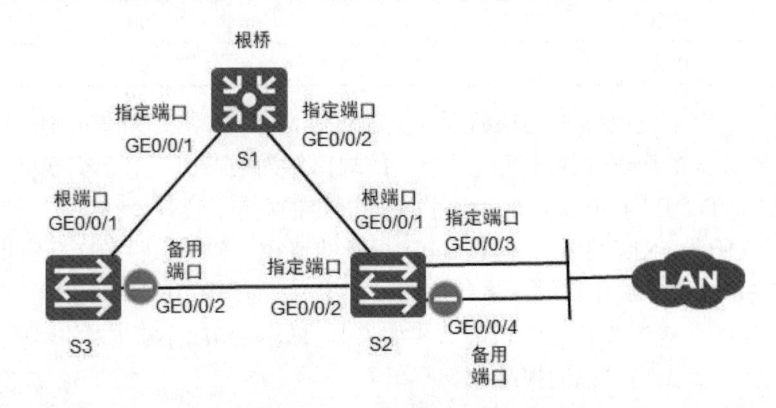

图 7-11　确定指定端口

对于 S3 的 GE0/0/2 和 S2 的 GE0/0/2 之间的网段来说，S3 的 GE0/0/2 端口的 RPC 与 S2 的 GE0/0/2 端口的 RPC 相等，所以需要比较 S3 的 BID 和 S2 的 BID。假定 S2 的 BID 小于 S3 的 BID，则 S2 的 GE0/0/2 端口将被确定为 S3 的 GE0/0/3 和 S2 的 GE0/0/2 之间的网段的指定端口。

对于网段 LAN 来说，与之相连的交换机只有 S2。在这种情况下，就需要比较 S2 的 GE0/0/3 端口的 PID 和 GE0/0/4 端口的 PID。假定 GE0/0/3 端口的 PID 小于 GE0/0/4 端口的 PID，则 S2 的 GE0/0/3 端口将被确定为网段 LAN 的指定端口。

图 7-9 网络中，由于交换机 A 和 B 之间的连接带宽为 1000Mbit/s，因此交换机 A 的 F1、F2、F3 端口比交换机 C、D 和 E 的 F1 端口的 RPC 小，因此交换机 A 的 F1、F2 和 F3 端口成为指定端口。根桥的所有端口都是指定端口，E 交换机连接计算机的 F2、F3、F4 端口为指定端口。

4. 阻塞备用端口

确定了根端口和指定端口后，剩下的端口就是非指定端口和非根端口，这些端口统称为备用端口（Alternate Port，AP）。STP 会对这些备用端口进行逻辑阻塞。所谓逻辑阻塞，是指这些备用端口不能转发由终端计算机产生并发送的帧，这些帧也被称为用户数据帧。不过，备用端口可以接收并处理 STP 协议帧，根端口和指定端口既可以发送和接收 STP 协议帧，又可以转发用户数据帧。

一旦备用端口被逻辑阻塞后，STP 树（无环工作拓扑）的生成过程便告完成。

7.3.4　生成树的端口状态

对于运行 STP 的网桥或交换机来说，其端口状态会在下列 5 种状态之间转换。

- 阻塞（Blocking）：被阻塞的端口将不能转发帧，它只监听 BPDU。设置阻塞状态的意图是防止使用有环路的路径。当交换机加电时，默认情况下所有的端口都处于阻塞状态。
- 侦听（Listening）：端口都侦听 BPDU，以确信在传送数据帧之前，在网络上没有环路产生。在侦听状态的端口没有形成 MAC 地址表时，就准备转发数据帧。
- 学习（Learning）：交换机端口侦听 BPDU，并学习交换式网络中的所有路径。处在学习状态的端口形成 MAC 地址表，但不能转发数据帧。转发延迟是指将端口从侦听状态转换到学习状态所花费的时间，默认设置为 15 秒，可以执行命令 display spanning-tree 来查看。
- 转发（Forwarding）：在桥接的端口上，处在转发状态的端口发送并接收所有的数据帧。如果在学习状态结束时，端口仍然是指定端口或根端口，它就会进入转发状态。
- 禁用（Disabled）：从管理上讲，处于禁用状态的端口不能参与帧的转发或形成 STP。禁用状态下，端口实质上是不工作的。

大多数情况下，交换机端口都处在阻塞或转发状态。转发端口是指到根桥开销最低的端口，但如果网络的拓扑发生改变（可能是链路失效了，或者有人添加了一台新的交换机），交换机上的端口就会处于侦听或学习状态。

正如前面提到的，阻塞端口是一种防止网络环路的策略。一旦交换机决定了到根桥的最佳路径，所有其他的端口就将处于阻塞状态。被阻塞的端口仍然能接收 BPDU，它们只是不能发送任何帧。

7.3.5 STP 缺点和 RSTP 概述

在 STP 网络中，如果新增或减少交换机，或者更改了交换机的网桥优先级，或者某条链路失效，那么 STP 协议有可能要重新选定根桥，为非根桥重新选定根端口，以及为每条链路重新选定指定端口，那些处于阻塞状态的端口有可能变成转发端口，这个过程需要十几秒的时间（这段时间又称为收敛时间），在此期间会引起网络中断。为了缩短收敛时间，IEEE 802.1w 定义了快连生成树协议（Rapid Spanning Tree Protocol，RSTP），RSTP 在 STP 的基础上进行了许多改进，使收敛时间大大减少，一般只需要几秒。在现实网络中 STP 几乎已经停止使用，取而代之的是 RSTP，RSTP 最重要的一个改进，就是端口状态只有 3 种：放弃、学习和转发。

7.3.6 查看和配置 STP

用 3 台交换机 S1、S2 和 S3 组建企业局域网，网络拓扑如图 7-12 所示，下面的操作实现以下功能。

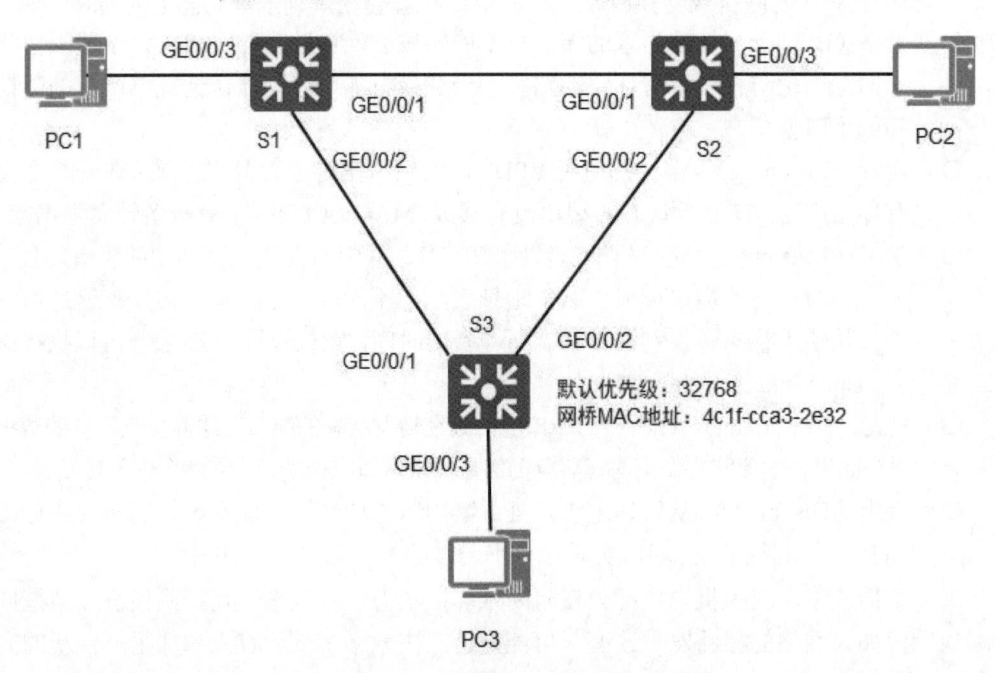

图 7-12　生成树实验网络拓扑

（1）启用 STP。

（2）确定根桥。

（3）查看端口状态。

（4）配置 STP 模式为 RSTP。

（5）指定根桥和备用的根桥。

（6）配置边缘端口。

在 S1 上显示生成树运行状态。

```
 [S1]display stp
-------[CIST Global Info][Mode MSTP]------- --全局设置，STP 模式默认为 MSTP
CIST Bridge          :32768.4c1f-cc82-6053  --交换机 S1 的 ID，32768 是优先级
Config Times         :Hello 2s MaxAge 20s FwDly 15s MaxHop 20
Active Times         :Hello 2s MaxAge 20s FwDly 15s MaxHop 20
CIST Root/ERPC       :32768.4c1f-cc82-6053 / 0
                                               --根交换机 ID，S1 就是根交换机
CIST RegRoot/IRPC    :32768.4c1f-cc82-6053 / 0
CIST RootPortId      :0.0
BPDU-Protection      :Disabled
TC or TCN received   :7
TC count per hello   :0
STP Converge Mode    :Normal
Time since last TC   :0 days 0h:3m:23s
Number of TC         :8
Last TC occurred     :GigabitEthernet0/0/1
----[Port1(GigabitEthernet0/0/1)][FORWARDING]-- --端口
GigabitEthernet 0/0/1 处于转发状态
 Port Protocol        :Enabled
 Port Role            :Designated Port
 Port Priority        :128                    --端口优先级，默认为 128
 Port Cost(Dot1T )    :Config=auto / Active=20000
 Designated Bridge/Port    :32768.4c1f-cc82-6053 / 128.1
 Port Edged           :Config=default / Active=disabled
 Point-to-point       :Config=auto / Active=true
 Transit Limit        :147 packets/hello-time
 Protection Type      :None
 Port STP Mode        :MSTP
 Port Protocol Type   :Config=auto / Active=dot1s
 BPDU Encapsulation   :Config=stp / Active=stp
 PortTimes            :Hello 2s MaxAge 20s FwDly 15s RemHop 20
 TC or TCN send       :1
 TC or TCN received   :0
 BPDU Sent            :96
```

```
          TCN: 0, Config: 0, RST: 0, MST: 96
 BPDU Received        :1
          TCN: 0, Config: 0, RST: 0, MST: 1
        ......
```

显示 STP 端口状态。

```
[S1]display stp brief
 MSTID  Port                        Role  STP State     Protection
    0    GigabitEthernet0/0/1        DESI  FORWARDING    NONE
                                                  --指定端口，转发状态
    0    GigabitEthernet0/0/2        DESI  FORWARDING    NONE
                                                  --指定端口，转发状态
    0    GigabitEthernet0/0/3        DESI  FORWARDING    NONE
                                                  --指定端口，转发状态
```

根交换机上的所有端口都是指定端口（DESI），其中 GigabitEthernet 0/0/3 端口连接计算机，也会参与生成树协议。

关闭生成树协议。

[S1]stp disable

启用生成树协议，华为交换机 STP 协议默认已经启用。

[S1]stp enable

配置 STP 模式为 RSTP。

```
[S1]stp mode ?                --查看生成树有几种模式
  mstp  Multiple Spanning Tree Protocol (MSTP) mode
  rstp  Rapid Spanning Tree Protocol (RSTP) mode
  stp   Spanning Tree Protocol (STP) mode
[S1]stp mode rstp             --设置 STP 模式为 RSTP
```

虽然 STP 会自动选举根桥，但通常情况下，网络管理员会事先指定性能较好、距离网络中心较近的交换机作为根桥。可以更改交换机的优先级来指定根桥和备用的根桥。

下面更改交换机 S2 的优先级，让其优先成为根桥，更改 S1 的优先级，让其成为备用根桥。

```
[S2]stp priority ?
  INTEGER<0-61440>  Bridge priority, in steps of 4096
                                    --优先级取值范围，取值是 4096 的倍数
[S2]stp priority 0                  --优先级设置为 0
[S1]stp priority 4096               --优先级设置为 4096
```

也可以使用以下命令将 S2 的优先级设置为 0。

```
[S2]stp root primary
```

也可以使用以下命令将 S1 的优先级设置为 4096。

```
[S1]stp root secondary
```

在 S2 上查看 STP 信息。

```
[S2]display stp
-------[CIST Global Info][Mode RSTP]-------         --STP 模式为 RSTP
CIST Bridge          :0    .4c1f-ccc4-3dad          --优先级为 0
Config Times         :Hello 2s MaxAge 20s FwDly 15s MaxHop 20
Active Times         :Hello 2s MaxAge 20s FwDly 15s MaxHop 20
CIST Root/ERPC       :0    .4c1f-ccc4-3dad / 0
CIST RegRoot/IRPC    :0    .4c1f-ccc4-3dad / 0
…
```

在 S3 上查看 STP 摘要信息。

```
<S3>display stp brief
 MSTID  Port                        Role  STP State     Protection
   0    GigabitEthernet0/0/1        ALTE  DISCARDING    NONE
   0    GigabitEthernet0/0/2        ROOT  FORWARDING    NONE
   0    GigabitEthernet0/0/3        DESI  FORWARDING    NONE
```

可以看到 GigabitEthernet 0/0/1 为备用端口，状态为 DISCARDING（丢弃）。GigabitEthernet 0/0/2 为根端口，状态为 FORWARDING（转发）。GigabitEthernet 0/0/3 为指定端口，状态为 FORWARDING（转发）。

ROOT 表示端口角色为根端口。

ALTE 是英文单词 Alternative 的缩写，端口角色为备用端口。

DESI 是英文单词 Designation 的缩写，端口角色为指定端口。

生成树的计算主要发生在交换机互连的链路上，而连接 PC 的端口没有必要参与生成树计算，为了优化网络，降低生成树计算机对终端设备的影响，把交换机连接 PC 的端口配置成边缘端口。

以下操作禁止启用交换机的端口 GigabitEthernet 0/0/3，可以看到端口的初始状态为丢弃，15 秒后，端口进入学习状态，30 秒后才最终进入转发状态。

```
[S3]display stp brief
 MSTID  Port                        Role  STP State     Protection
```

```
    0     GigabitEthernet0/0/1          ALTE   DISCARDING         NONE
    0     GigabitEthernet0/0/2          ROOT   FORWARDING         NONE
    0     GigabitEthernet0/0/3          DESI   FORWARDING         NONE
                                                           --处于转发状态
[S3]interface GigabitEthernet 0/0/3
[S3-GigabitEthernet0/0/3]shutdown                          --关闭端口
[S3-GigabitEthernet0/0/3]undo shutdown                     --启用端口
<S3>display stp brief
 MSTID  Port                            Role   STP State          Protection
    0     GigabitEthernet0/0/1          ALTE    DISCARDING        NONE
    0     GigabitEthernet0/0/2          ROOT   FORWARDING         NONE
    0     GigabitEthernet0/0/3          DESI    DISCARDING        NONE
                                                           --初始状态
```

7.4 VLAN

7.4.1 什么是 VLAN

VLAN（Virtual Local Area Network）的中文名为“虚拟局域网”。

VLAN 是一组逻辑上的设备和用户，这些设备和用户并不受物理位置的限制，使得管理员根据实际应用需求，把同一物理局域网内的不同用户逻辑地划分成不同的广播域，每一个 VLAN 都包含一组有着相同需求的计算机工作站，相互之间的通信就好像它们在同一个网段中一样，由此得名虚拟局域网。VLAN 是一种比较新的技术，工作在 OSI 参考模型的第 2 层和第 3 层，一个 VLAN 就是一个广播域，VLAN 之间的通信是通过第 3 层的路由器来完成的。

如图 7-13 所示，公司在办公大楼的第一层、第二层和第三层部署了交换机，这 3 台交换机均为接入层交换机，通过汇聚层交换机进行连接。公司的销售部、研发部和财务部的计算机在每一层都有。从安全和控制网络广播方面考虑，可以为每一个部门创建一个 VLAN。在交换机上不同的 VLAN 使用数字进行标识，可以将销售部的计算机指定到 VLAN 1，为研发部创建 VLAN 2，为财务部创建 VLAN 3。

一个 VLAN 就是一个广播域，同一个 VLAN 中的计算机 IP 地址在同一个网段。

VLAN 的优势：

- **广播风暴防范**。限制网络上的广播，将网络划分为多个 VLAN 可减少参与广播风暴的设备数量。VLAN 分段可以防止广播风暴波及整个网络。VLAN 可以提供建立防火墙的机制，防止交换网络的过量广播。使用 VLAN，可以将某个交换端口或用户赋予某一个特定的 VLAN 组，该 VLAN 组可以在一个交换网中跨接多个交换机，在一个 VLAN 中的广播不会送到 VLAN 之外。同样，相邻的端口不会收到其他 VLAN 产生的广播。这样可以减少广播流量，释放带宽给用户应用，减少广播的产生。

- **安全。**增强局域网的安全性，含有敏感数据的用户组可与网络的其余部分隔离，从而降低泄露机密信息的可能性。不同 VLAN 内的报文在传输时是相互隔离的，即一个 VLAN 内的用户不能和其他 VLAN 内的用户直接通信，如果不同 VLAN 要进行通信，则需要通过路由器或三层交换机等三层设备。
- **成本降低。**成本高昂的网络升级需求减少，现有带宽和上行链路的利用率更高，因而可节约成本。
- **性能提高。**将第二层平面网络划分为多个逻辑工作组（广播域）可以减少网络上不必要的流量并提高性能。
- **提高人员工作效率。**VLAN 为网络管理带来了方便，因为有相似网络需求的用户将共享同一个 VLAN。

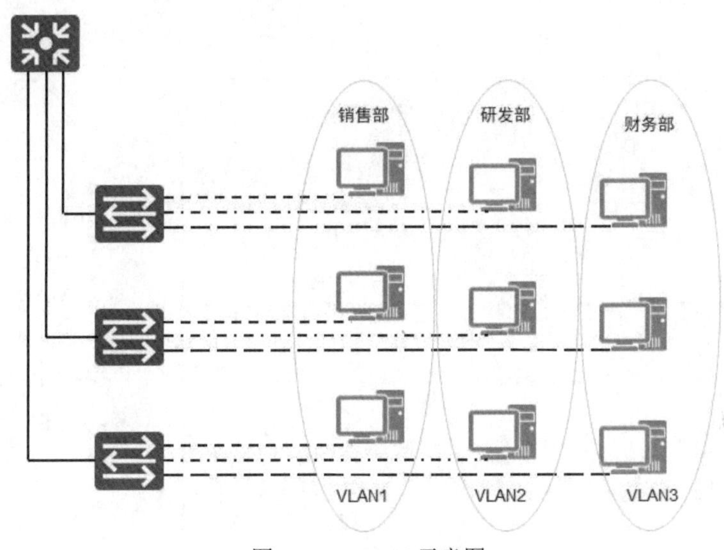

图 7-13　VLAN 示意图

7.4.2　理解 VLAN

交换机的所有端口默认都属于 VLAN 1，VLAN 1 是默认 VLAN，不能删除。如图 7-14 所示，交换机 S1 的所有端口都在 VLAN 1 中，进入交换机端口的帧自动加上端口所属 VLAN 的标记，出交换机端口则会去掉 VLAN 标记。在图 7-14 中，A 计算机给 D 计算机发送一个帧，帧进入 F0 端口，加了 VLAN 1 的标记，出 F3 端口，去掉 VLAN 1 的标记。对于通信的 A 计算机和 D 计算机而言，这个过程是透明的。如果 A 计算机发送一个广播帧，该帧会加上 VLAN 1 的标记，转发到 VLAN 1 的所有端口。

假如交换机 S1 上连接两个部门的计算机，A、B、C、D 是销售部门的计算机，E、F、G、H 是研发部门的计算机。为了安全考虑，将销售部门的计算机指定到 VLAN 1，将研发部门的计算机指定到 VLAN 2。如图 7-15 所示，E 计算机给 H 计算机发送一个帧，进入 F8 端口，该帧加上了 VLAN 2 的标记，从 F11 端口出去，去掉了 VLAN 2 的标记。计算机发送和接收的帧不带 VLAN 标记。

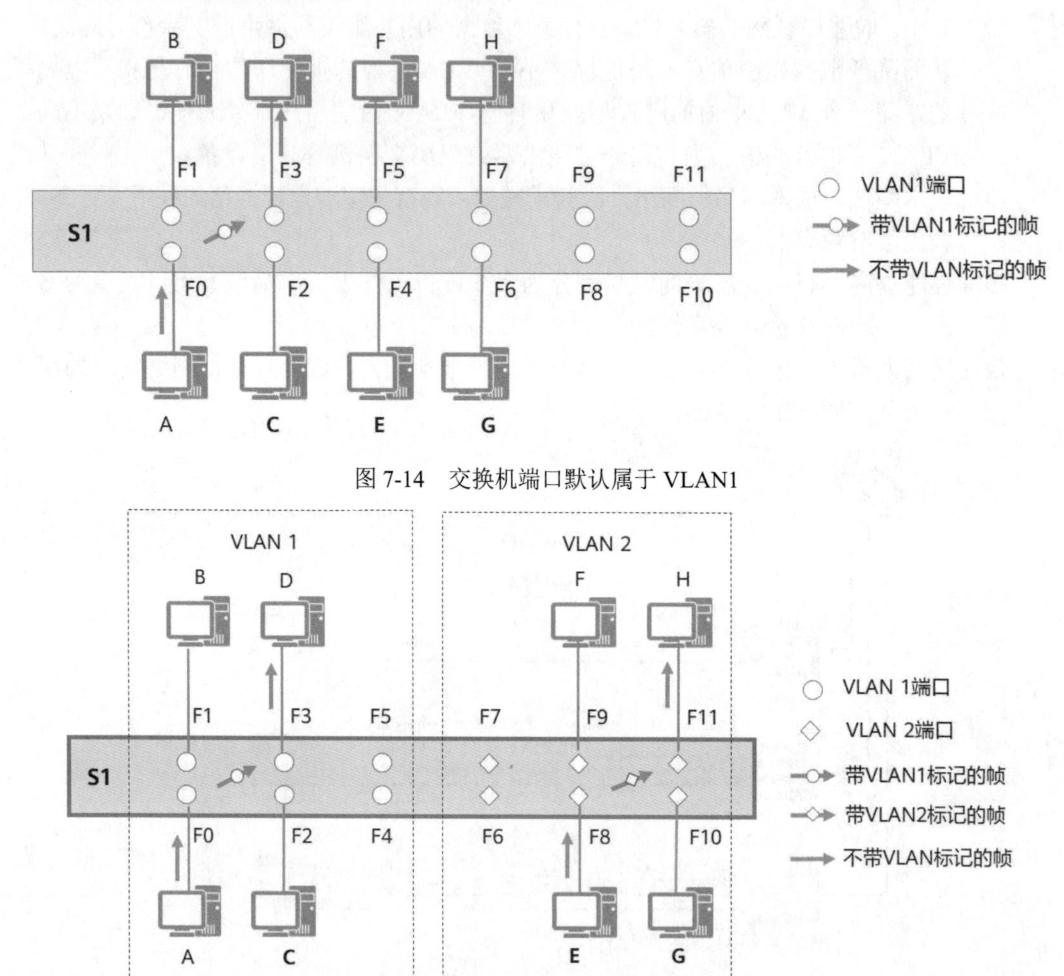

图 7-14　交换机端口默认属于 VLAN1

图 7-15　交换机上同一 VLAN 通信过程

交换机 S1 划分了两个 VLAN，等价于把该交换机逻辑上分成了两个独立的交换机 S1-VLAN1 和 S1-VLAN2，等价如图 7-16 所示。看到这幅等价图，你就知道，不同 VLAN 的计算机即便 IP 地址设置成一个网段，也不能通信了。要想实现 VLAN 间通信，必须经过路由器（三层设备）转发，这就要求不同 VLAN 分配不同网段的 IP 地址，图 7-16 中 S1-VLAN 1 分配的网段是 192.168.1.0/24，S1-VLAN 2 分配的网段是 192.168.2.0/24。图 7-16 中添加了一个路由器来展示 VLAN 间的通信过程，路由器的 F0 端口连接 S1-VLAN 1 的 F5 端口，F1 端口连接 S1-VLAN 2 的 F7 端口。图 7-16 中标记了 C 计算机给 E 计算机发送数据包，帧进出交换机端口，以及 VLAN 标记的变化。

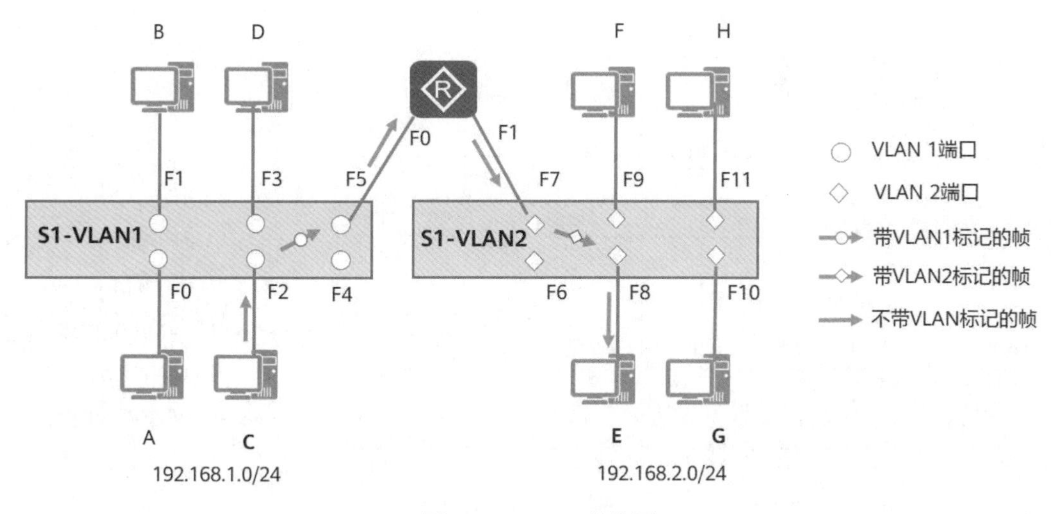

图 7-16 VLAN 等价图

7.4.3 跨交换机 VLAN

前面讲了一台交换机上可以创建多个 VLAN，有时候同一个部门的计算机接到不同的交换机，也要把它们划分到同一个 VLAN，这就是跨交换机 VLAN。

如图 7-17 所示，网络中有两台交换机 S1 和 S2， A、B、C、D 计算机属于销售部门， E、F、G、H 计算机属于研发部门。按部门划分 VLAN，销售部门为 VLAN 1，研发部门为 VLAN 2。为了让 S1 的 VLAN 1 和 S2 的 VLAN 1 能够通信，对两台交换机的 VLAN 1 端口进行连接，这样计算机 A、B、C、D 就属于同一个 VLAN，VLAN 1 跨两台交换机。同样对两台交换机上的 VLAN 2 端口进行连接，VLAN 2 也跨两台交换机。注意观察，D 计算机与 C 计算机通信时帧的 VLAN 标记变化。

通过图 7-18，大家能够很容易就理解跨交换机 VLAN 如何实现。上面给大家展示了两个跨交换机的 VLAN，每个 VLAN 使用单独的一根网线进行连接。跨交换机的多个 VLAN 也可以共用同一根网线，这根网线就称为干道链路，干道链路连接的交换机端口就称为干道端口，如图 7-18 所示。

在以上网络中，计算机连接交换机的链路称为接入（Access）链路。能够通过多个 VLAN 的交换机之间的链路称为干道（Trunk）链路。Access 链路上的帧不带 VLAN 标记（Untagged 帧），Trunk 链路上的帧带有 VLAN 标记（Tagged 帧）。通过干道传递帧，VLAN 信息不会丢失。比如 B 计算机发送一个广播帧，通过干道链路传到交换机 S2，交换机 S2 就知道这个广播帧来自 VLAN 1，就把该帧转发到 VLAN 1 的全部端口。

交换机上的端口分为 Access 端口、Trunk 端口和混合（Hybrid）端口。Access 端口只能属于一个 VLAN，一般用于连接计算机端口；Trunk 端口可以允许多个 VLAN 的帧通过，进出端口的帧带 VLAN 标记。

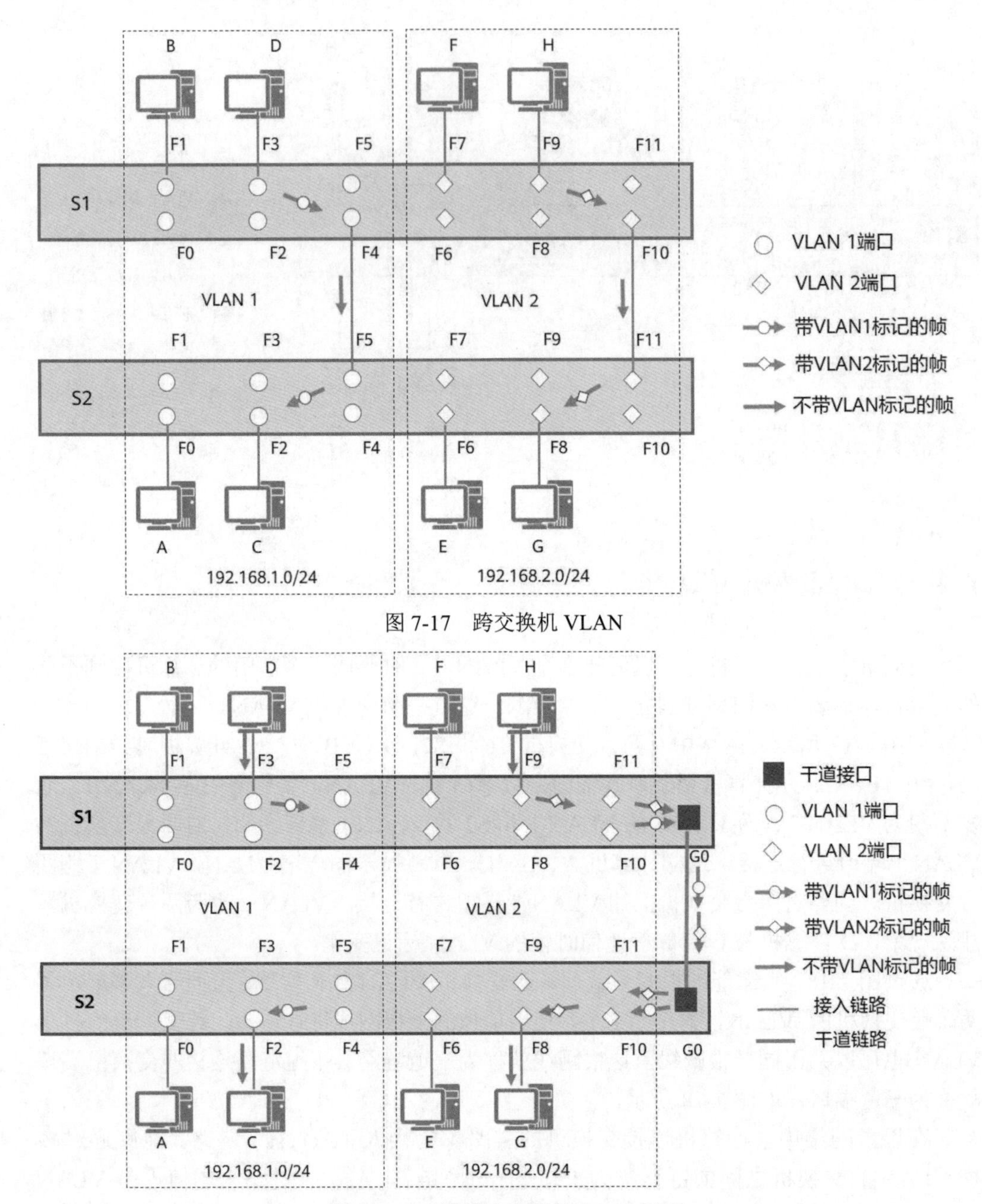

图 7-17　跨交换机 VLAN

图 7-18　干道链路的帧有 VLAN 标记

如图 7-19 所示，两台交换机有 3 个 VLAN，思考一下，由 VLAN 1 中的 A 计算机发送的一个广播帧是否能够发送到 VLAN 2 和 VLAN 3？

由图 7-19 可以看到 A 计算机发出的广播帧，从 F2 端口发送出去就不带 VLAN 标记，该帧进入 S2 的 F3 端口后加了 VLAN 2 标记，S2 就会把该帧转发到所有 VLAN 2 端口，B 计算机能够收到该帧，该帧从 S2 的 F5 端口发送出去，去掉 VLAN 2 标记。S1 的 F6 端口收到该帧，加上 VLAN 3 标记后，就把该帧转发给所有的 VLAN 3 端口，C 计算机也能收到该帧。

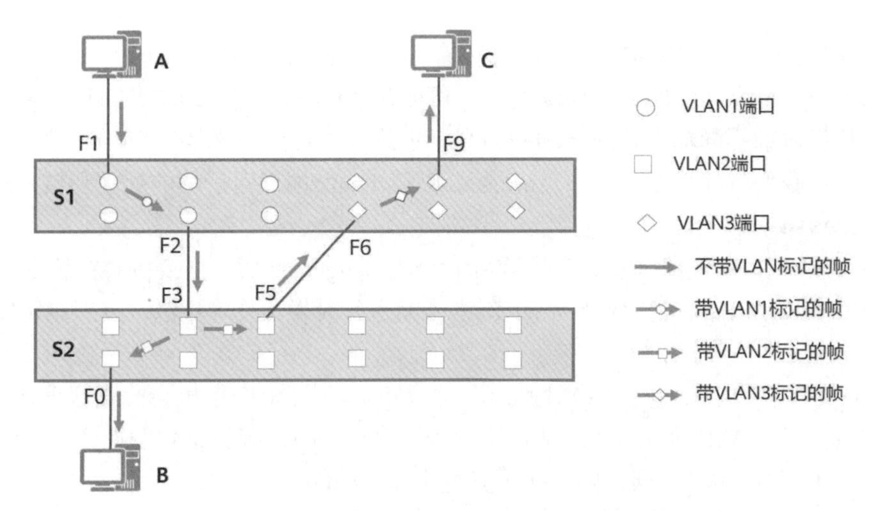

图 7-19　交换机之间不要使用 Access 端口连接

从以上分析可以看到创建了 VLAN 的交换机，交换机之间的连接最好不要使用 Access 端口，因为如果连接错误，会造成莫名其妙的网络故障。本来 VLAN 是隔绝广播帧的，这种连接使得广播帧能够扩散到 3 个 VLAN 中。

7.4.4　链路类型和端口类型

一个 VLAN 帧可能带有 Tag（称为 Tagged VLAN 帧，或简称为 Tagged 帧），也可能不带 Tag（称为 Untagged VLAN 帧，或简称为 Untagged 帧）。在谈及 VLAN 技术时，如果一个帧被交换机划分到 VLAN *i* （*i*=1，2，3，…，4094），我们就把这个帧简称为一个 VLAN *i* 帧。对于带有 Tag 的 VLAN *i* 帧，*i* 其实就是这个帧的 Tag 中的 VID 字段的取值。注意，对于 Tagged 帧，交换机显然能够从其 Tag 中的 VID 值判定出它属于哪个 VLAN；对于 Untagged 帧（例如终端计算机发出的帧），交换机需要根据某种原则（比如根据这个帧是从哪个端口进入交换机的）来判定或划分它属于哪个 VLAN。

在一个支持 VLAN 特性的交换网络中，我们把交换机与终端计算机直接相连的链路称为 Access 链路（Access Link），把 Access 链路上交换机一侧的端口称为 Access 端口（Access Port）。同时，我们把交换机之间直接相连的链路称为 Trunk 链路（Trunk Link），把 Trunk 链路上两侧的端口称为 Trunk 端口（Trunk Port）。在一条 Access 链路上运动的帧只能是（或者说应该是）Untagged 帧，并且这些帧只能属于某个特定的 VLAN；在一条 Trunk 链路上运动的帧只能是（或者说应该是）Tagged 帧，并且这些帧可以属于不同的 VLAN。一个 Access 端口只能属于某个特定的 VLAN，并且只能让属于这个特定 VLAN 的帧通过；一个 Trunk 端口可以同时属于多个 VLAN，并且可以让属于不同 VLAN 的帧通过。

每一个交换机的端口（无论是 Access 端口还是 Trunk 端口）都应该配置一个 PVID（Port VLAN ID），到达这个端口的 Untagged 帧将一律被交换机划分到 PVID 所指代的 VLAN。例如，如果一个端口的 PVID 被配置为 5，则所有到达这个端口的 Untagged

帧都将被认定为是属于 VLAN5 的帧。默认情况下，PVID 的值为 1。

概括地讲，链路（线路）上运动的帧，可能是 Tagged 帧，也可能是 Untagged 帧。但一台交换机内部不同端口之间运动的帧则一定是（或者说应该是）Tagged 帧。

接下来，我们具体地描述一下 Access 端口和 Trunk 端口对于帧的处理和转发规则。

1. Access 端口

当 Access 端口从链路（线路）上收到一个 Untagged 帧后，交换机会在这个帧中添加 VID 为 PVID 的 Tag，然后对得到的 Tagged 帧进行转发操作（泛洪，点到点转发，丢弃）。

当 Access 端口从链路（线路）上收到一个 Tagged 帧后，交换机会检查这个帧的 Tag 中的 VID 是否与 PVID 相同。如果相同，则对这个 Tagged 帧进行转发操作（泛洪，点到点转发，丢弃）；如果不同，则直接丢弃这个 Tagged 帧。

当一个 Tagged 帧从本交换机的其他端口到达一个 Access 端口后，交换机会检查这个帧的 Tag 中的 VID 是否与 PVID 相同。如果相同，则将这个 Tagged 帧的 Tag 进行剥离，然后将得到的 Untagged 帧从链路（线路）上发送出去：如果不同，则直接丢弃这个 Tagged 帧。

2. Trunk 端口

对于每一个 Trunk 端口，除了要配置 PVID 之外，还必须配置允许通过的 VLAN ID 列表。

当 Trunk 端口从链路（线路）上收到一个 Untagged 帧后，交换机会在这个帧中添加 VID 为 PVID 的 Tag，然后查看 PVID 是否在允许通过的 VLAN ID 列表中。如果在，则对得到的 Tagged 帧进行转发操作（泛洪，点到点转发，丢弃）；如果不在，则直接丢弃得到的 Tagged 帧。

当 Trunk 端口从链路（线路）上收到一个 Tagged 帧后，交换机会查看这个帧的 Tag 中的 VID 是否在允许通过的 VLAN ID 列表中。如果在，则对该 Tagged 帧进行转发操作（泛洪，点到点转发，丢弃）；如果不在，则直接丢弃该 Tagged 帧。

当一个 Tagged 帧从本交换机的其他端口到达一个 Trunk 端口后，如果这个帧的 Tag 中的 VID 不在允许通过的 VLAN ID 列表中，则该 Tagged 帧会被直接丢弃。

当一个 Tagged 帧从本交换机的其他端口到达一个 Trunk 端口后，如果这个帧的 Tag 中的 VID 在允许通过的 VLAN ID 列表中，且 VID 与 PVID 相同，则交换机会对这个 Tagged 帧的 Tag 进行剥离，然后将得到的 Untagged 帧从链路（线路）上发送出去。

当一个 Tagged 帧从本交换机的其他端口到达一个 Trunk 端口后，如果这个帧的 Tag 中的 VID 在允许通过的 VLAN ID 列表中，但 VID 与 PVID 不相同，则交换机不会对这个 Tagged 帧的 Tag 进行剥离，而是直接将它从链路（线路）上发送出去。

以上是对 Access 端口和 Trunk 端口的工作机制的描述。在实际的 VLAN 技术实现中，还常常会定义并配置另外一种类型的端口，称为 Hybrid 端口，既可以将交换机上与终端计算机相连的端口配置为 Hybrid 端口，也可以将交换机上与其他交换机相连的端口配置为 Hybrid 端口。

3. Hybrid 端口

Hybrid端口除了需要配置PVID外，还需要配置两个VLAN ID列表，一个是Untagged VLAN ID 列表，另一个是 Tagged VLAN ID 列表。这两个 VLAN ID 列表中的所有 VLAN 的帧都是允许通过 Hybrid 端口的。

当 Hybrid 端口从链路（线路）上收到一个 Untagged 帧后，交换机会在这个帧中添加 VID 为 PVID 的 Tag,然后查看是否在 Untagged VLAN ID 列表或 Tagged VLANID 列表中。如果在，则对得到的 Tagged 帧进行转发操作（泛洪，点到点转发，丢弃）：如果不在，则直接丢弃得到的 Tagged 帧。

当 Hybrid 端口从链路（线路）上收到一个 Tagged 帧后，交换机会查看这个帧的 Tag 中的 VID 是否在 Untagged VLAN ID 列表或 Tagged VLAN ID 列表中。如果在，则对该 Tagged 帧进行转发操作（泛洪，点到点转发，丢弃）；如果不在，则直接丢弃该 Tagged 帧。

当一个 Tagged 帧从本交换机的其他端口到达一个 Hybrid 端口后，如果这个帧的 Tag 中的 VID 既不在 Untagged VLAN ID 列表中，也不在 Tagged VLAN ID 列表中，则该 Tagged 帧会被直接丢弃。

当一个 Tagged 帧从本交换机的其他端口到达一个 Hybrid 端口后，如果这个帧的 Tag 中的 VID 在 Untagged VLAN ID 列表中，则交换机会对这个 Tagged 帧的 Tag 进行剥离，然后将得到的 Untagged 帧从链路（线路）上发送出去。

当一个 Tagged 帧从本交换机的其他端口到达一个 Hybrid 端口后，如果这个帧的 Tag 中的 VID 在 Tagged VLAN ID 列表中，则交换机不会对这个 Tagged 帧的 Tag 进行剥离，而是直接将它从链路（线路）上发送出去。

Hybrid 端口的工作机制比 Trunk 端口和 Access 端口更为丰富而灵活；Trunk 端口和 Access 端口可以看成是 Hybrid 端口的特例。当 Hybrid 端口配置中的 Untagged VLAN ID 列表中有且只有 PVID 时，Hybrid 端口就等效于一个 Trunk 端口；当 Hybrid 端口配置中的 Untagged VLAN ID 列表中有且只有 PVID，并且 Tagged VLAN ID 列表为空时，Hybrid 端口就等效于一个 Access 端口。

7.4.5 VLAN 的类型

计算机发送的帧都是不带 Tag 的。对于一个支持 VLAN 特性的交换网络来说，当计算机发送的 Untagged 帧一旦进入交换机后，交换机必须通过某种划分原则把这个帧划分到某个特定的 VLAN 中去。根据划分原则的不同，VLAN 便有了不同的类型。

1. 基于端口的 VLAN（Port-based VLAN）

其划分原则：将 VLAN 的编号（VLAN ID）配置影射到交换机的物理端口上，从某一物理端口进入交换机的、由终端计算机发送的 Untagged 帧都被划分到该端口的 VLAN ID 所表明的那个 VLAN。这种划分原则简单且直观，实现也很容易，并且也比较安全可靠。注意，对于这种类型的 VLAN，当计算机接入交换机的端口发生变化时，该计算机发送的帧的 VLAN 归属可能会发生改变。基于端口的 VLAN 通常也称为物理层 VLAN，或一层 VLAN。

2. 基于 MAC 地址的 VLAN（MAC-based VLAN）

其划分原则：交换机内部建立并维护了一个 MAC 地址与 VLAN ID 的对应表，当交换机接收到计算机发送的 Untagged 帧时，交换机将分析帧中的源 MAC 地址，然后查询 MAC 地址与 VLAN ID 的对应表，并根据对应关系把这个帧划分到相应的 VLAN 中。这种划分原则实现起来稍显复杂，但灵活性得到了提高。例如，当计算机接入交换机的端口发生了变化时，该计算机发送的帧的 VLAN 归属并不会发生改变（因为计算机的 MAC 地址不会发生变化）。但需要指出的是，这种类型的 VLAN 的安全性不是很高，因为一些恶意的计算机是很容易伪造自己的 MAC 地址的。基于 MAC 地址的 VLAN 通常也称为二层 VLAN。

3. 基于协议的 VLAN（Protocol-based VLAN）

其划分原则：交换机根据计算机发送的 Untagged 帧中的帧类型字段的值来决定帧的 VLAN 归属。例如，可以将类型值为 0x0800 的帧划分到一个 VLAN，将类型值为 0x86dd 的帧划分到另一个 VLAN；这实际上是将载荷数据为 IPv4 Packet 的帧和载荷数据为 IPv6 Packet 的帧分别划分到了不同的 VIAN。基于协议的 VLAN 通常也称为三层 VLAN。

以上介绍了 3 种不同类型的 VLAN。从理论上说，VLAN 的类型远远不止这些，因为划分 VLAN 的原则可以是灵活且多变的，并且某一种划分原则还可以是另外若干种划分原则的某种组合。在现实中，究竟该选择什么样的划分原则，需要根据网络的具体需求、实现成本等因素决定。就目前来看，基于端口的 VLAN 在实际的网络中应用最为广泛。如无特别说明，本书中所提到的 VLAN，均是指基于端口的 VLAN。

7.4.6 配置基于端口的 VLAN

下面就以二层结构的局域网为例创建基于端口的跨交换机的 VLAN。

如图 7-20 所示，网络中有两台接台层交换机 LSW2 和 LSW3、一台汇聚层交换机 LSW1，网络中有 6 台计算机，PC1 和 PC2 在 VLAN 1，PC3 和 PC4 在 VLAN 2，PC5 和 PC6 在 VLAN 3，VLAN1 所在的网段是 192.168.1.0/24，VLAN2 所在的网段是 192.168.2.0/24，VLAN3 所在的网段是 192.168.3.0/24。

我们需要完成以下功能。

（1）每个交换机都创建 VLAN 1、VLAN 2 和 VLAN 3，VLAN 1 是默认 VLAN 不需要创建。

（2）将接入层交换机端口 Ethernet 0/0/1～Ethernet 0/0/5 指定到 VLAN 1。

（3）将接入层交换机端口 Ethernet 0/0/6～Ethernet 0/0/10 指定到 VLAN 2。

（4）将接入层交换机端口 Ethernet 0/0/11～Ethernet 0/0/15 指定到 VLAN 3。

（5）将连接计算机的端口设置成 Access 端口。

（6）将交换机之间的连接端口设置成 Trunk，允许 VLAN 1、VLAN 2、VLAN 3 的帧通过。

（7）捕捉分析干道链路上带 VLAN 标记的帧。

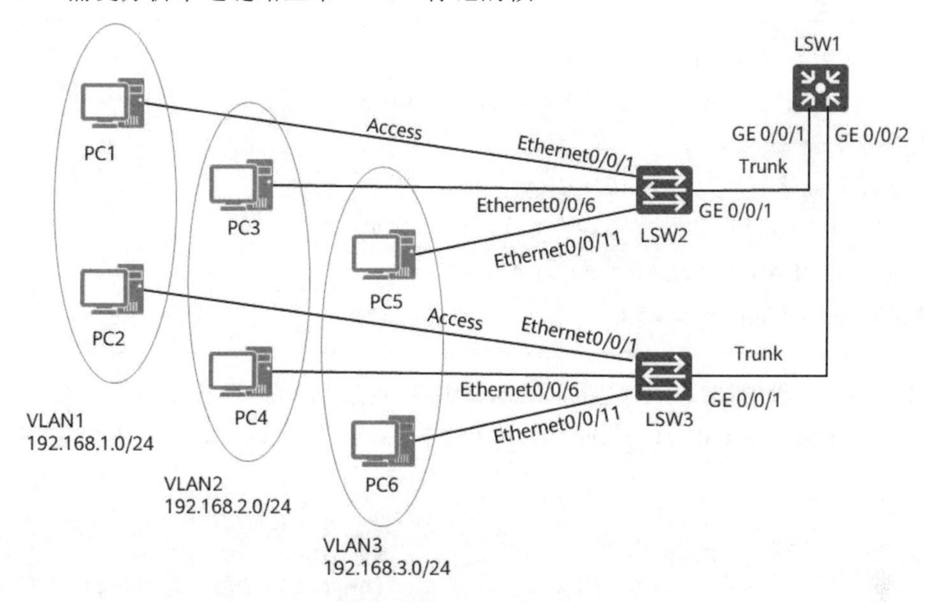

图 7-20　跨交换机 VLAN

在这里要记住接交换机接计算机的端口要设置成 Access 端口，交换机和交换机连接的端口要设置成 Trunk 端口，也可以这样记，如果接口需要多个 VLAN 的帧通过，就需要设置成 Trunk 端口。同时还要记住交换机的这些 Trunk 端口的 PVID 要一致。汇聚层交换机虽然没有连接 VLAN 2 和 VLAN 3 的计算机，也需要创建 VLAN 2 和 VLAN 3，也就是说网络中的这三台交换机要有相同的 VLAN。

在交换机 LSW2 上创建 VLAN。

```
[LSW2]vlan ?
  INTEGER<1-4094>  VLAN ID                   --支持的 VLAN 数量，最大 4094
  batch            Batch process             --可以批量创建 VLAN
[LSW2]vlan 2                                 --创建 VLAN 2
[LSW2-vlan2]quit
[LSW2]vlan 3                                 --创建 VLAN 3
[LSW2-vlan3]quit
[LSW2]display vlan summary                   --显示 VLAN 摘要信息
static vlan:
Total 3 static vlan.                         --总共 3 个 VLAN
  1 to 3
dynamic vlan:
Total 0 dynamic vlan.
reserved vlan:
```

```
Total 0 reserved vlan.
[LSW2]
```

VLAN 1 是默认 VLAN，不用创建。

以下命令批量创建 VLAN 4、VLAN 5 和 VLAN 6:

[LSW2]vlan batch 4 5 6

以下命令批量创建 VLAN 10 ~ VLAN 20 共 11 个 VLAN:

vlan batch 10 to 20

批量删除 VLAN 4、VLAN 5 和 VLAN 6:

[LSW2]undo vlan batch 4 5 6

由于要批量设置端口，有必要创建端口组进行批量设置。下面的操作创建端口组 vlan1port，将 Ethernet 0/0/1～Ethernet 0/0/5 端口设置为 Access 端口，并将它们指定到 VLAN 1。

```
[LSW2]port-group vlan1port
[LSW2-port-group-vlan1port]group-member Ethernet 0/0/1 to Ethernet 0/0/5
[LSW2-port-group-vlan1port]port link-type ?            --查看支持的端口类型
  access        Access port
  dot1q-tunnel  QinQ port
  hybrid        Hybrid port
  trunk         Trunk port
[LSW2-port-group-vlan1port]port link-type access     --将端口设置成 Access
[LSW2-port-group-vlan1port]port default vlan 1       --指定到 VLAN 1
[LSW2-port-group-vlan1port]quit
```

为 VLAN 2 创建端口组 vlan2port，将 Ethernet 0/0/6～Ethernet 0/0/10 端口设置为 Access 端口，并将它们指定到 VLAN 2。

```
[LSW2]port-group vlan2port
[LSW2-port-group-vlan2port]group-member Ethernet 0/0/6 to Ethernet 0/0/10
[LSW2-port-group-vlan2port]port link-type access
[LSW2-port-group-vlan2port]port default vlan 2
[LSW2-port-group-vlan2port]quit
```

为 VLAN 3 创建端口组 vlan3port，将 Ethernet 0/0/11～Ethernet 0/0/15 端口设置为 Access 端口，并将它们指定到 VLAN 3。

```
[LSW2]port-group vlan3port
[LSW2-port-group-vlan3port]group-member Ethernet 0/0/11 to Ethernet 0/0/15
[LSW2-port-group-vlan3port]port link-type access
```

```
[LSW2-port-group-vlan3port]port default vlan 3
[LSW2-port-group-vlan3port]quit
```

将 GigabitEthernet 0/0/1 端口配置为 Trunk 类型，允许 VLAN 1、VLAN 2 和 VLAN3 的帧通过。

```
[LSW2]interface GigabitEthernet 0/0/1
[LSW2-GigabitEthernet0/0/1]port link-type trunk
[LSW2-GigabitEthernet0/0/1]port trunk allow-pass vlan ?
  INTEGER<1-4094>  VLAN ID
  all              All                         --允许所有 VLAN 的帧通过
[LSW2-GigabitEthernet0/0/1]port trunk allow-pass vlan 1 2 3
                                               --指定允许通过的 VLAN
```

显示 VLAN 设置，可以看到端口 GE 0/0/1 同时属于 VLAN 1、VLAN 3 和 VLAN 3。

```
[LSW2]display vlan
The total number of vlans is : 3   --VLAN 数量
--------------------------------------------------------------------------------
U: Up;    D: Down;    TG: Tagged;     UT: Untagged;
                                           --TG:带 VLAN 标记。UT: 不带 VLAN 标记
MP: Vlan-mapping;          ST: Vlan-stacking;
#: ProtocolTransparent-vlan;     *: Management-vlan;
--------------------------------------------------------------------------------
VID  Type     Ports
--------------------------------------------------------------------------------
1    common   UT:Eth0/0/1(U)     Eth0/0/2(D)    Eth0/0/3(D)   Eth0/0/4(D)
                 Eth0/0/5(D)     Eth0/0/16(D)   Eth0/0/17(D)  Eth0/0/18(D)
                 Eth0/0/19(D)    Eth0/0/20(D)   Eth0/0/21(D)  Eth0/0/22(D)
                 GE0/0/1(U)      GE0/0/2(D)
2    common   UT:Eth0/0/6(U)     Eth0/0/7(D)    Eth0/0/8(D)   Eth0/0/9(D)
                 Eth0/0/10(D)
              TG:GE0/0/1(U)
3    common   UT:Eth0/0/11(U)    Eth0/0/12(D)   Eth0/0/13(D)  Eth0/0/14(D)
                 Eth0/0/15(D)
              TG:GE0/0/1(U)
......
```

参照 LSW2 的配置在 LSW3 上进行配置，创建 VLAN 并指定端口类型。

在汇聚层交换机 SW1 上，创建 VLAN 2、VLAN 3，将两个端口类型设置成 Trunk，允许 VLAN 1、VLAN 2、VLAN 3 的帧通过。

```
 [LSW1]vlan batch  2 3                    --批量创建 VLAN 2 和 VLAN 3
[LSW1]interface GigabitEthernet 0/0/1
[LSW1-GigabitEthernet0/0/1]port link-type trunk
[LSW1-GigabitEthernet0/0/1]port trunk allow-pass vlan 1 2 3
[LSW1-GigabitEthernet0/0/1]quit
[LSW1]interface GigabitEthernet 0/0/2
[LSW1-GigabitEthernet0/0/2]port link-type trunk
[LSW1-GigabitEthernet0/0/2]port trunk allow-pass vlan 1 2 3
[LSW1-GigabitEthernet0/0/2] quit
```

抓包捕获干道链路的帧，可以看到华为交换机的干道链路帧在数据链路层和网络层之间插入了 VLAN 标记，使用的是 IEEE 802.1Q 帧格式。VLAN ID 使用 12 位表示，VLAN ID 的取值范围为 0～4095，由于 0 和 4095 为协议保留取值，因此 VLAN ID 的有效取值范围为 1～4094，图 7-21 中展示的帧是 VLAN 2 的帧。

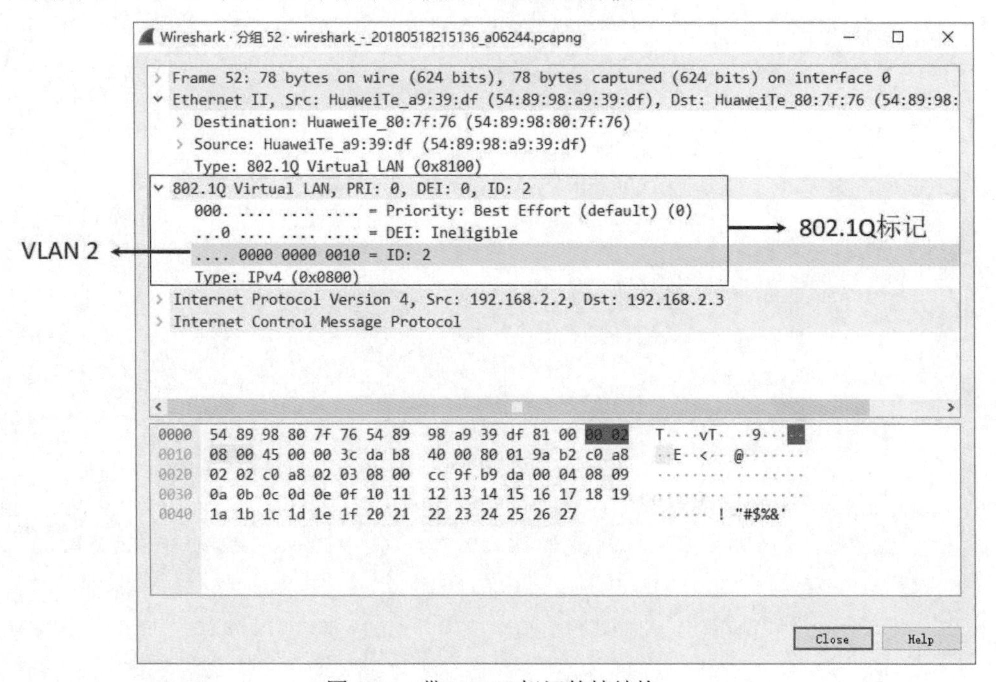

图 7-21　带 VLAN 标记的帧结构

7.4.7　配置基于 MAC 地址的 VLAN

其中基于 MAC 地址划分 VLAN 适用于位置经常移动但网卡不经常更换的小型网络，如移动 PC。

如图 7-22 所示，SwitchA 和 SwitchB 的 GE1/0/1 接口分别连接两会议室，Laptop1 和 Laptop2 是会议用笔记本电脑，在两个会议室间移动使用。Laptop1 和 Laptop2 分别属于两个部门，两个部门间使用 VLAN 100 和 VLAN 200 进行隔离。现要求这两台笔记本电脑无论在哪个会议室使用，均只能访问自己部门的服务器，即 Server1 和 Server2。Laptop1 和 Laptop2 的 MAC 地址分别 0001-00ef-00c0 和 0001-00ef-00c1。

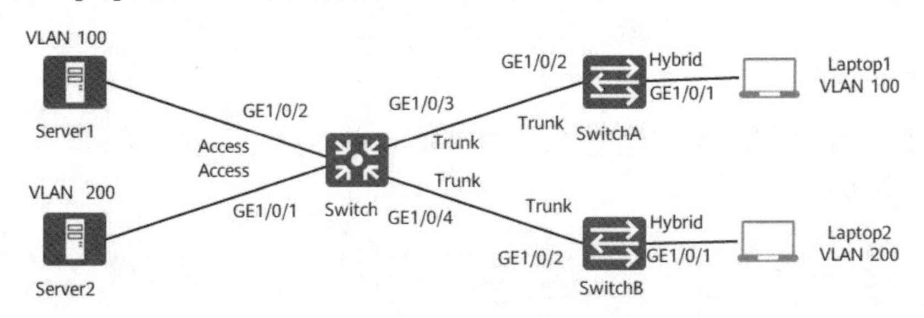

图 7-22 基于 MAC 地址的 VLAN

采用如下思路配置基于 MAC 地址划分 VLAN：

（1）在 SwitchA 和 SwitchB 上创建 VLAN，配置 Trunk 接口和 Hybrid 接口。

（2）在 SwitchA 和 SwitchB 基于 MAC 地址划分 VLAN。

（3）在 Switch 上创建 VLAN，配置 Trunk 和 Access 接口，保证笔记本电脑可以访问服务器。

操作步骤。

（1）配置 SwitchA。SwitchB 的配置与 SwitchA 相似，不再赘述。

```
<HUAWEI> system-view
[HUAWEI] sysname SwitchA
[SwitchA] vlan batch 100 200                    --创建 VLAN 100 和 VLAN 200
[SwitchA] interface gigabitethernet 1/0/2
[SwitchA-GigabitEthernet1/0/2] port link-type trunk
--交换机之间相连接口类型建议使用 trunk，接口默认类型不是 trunk，需要手动配置为 trunk
[SwitchA-GigabitEthernet1/0/2] port trunk allow-pass vlan 100 200
--接口 GE1/0/2 加入 VLAN 100 和 VLAN 200
[SwitchA-GigabitEthernet1/0/2] quit
[SwitchA] vlan 100
[SwitchA-vlan100] mac-vlan mac-address 0001-00ef-00c0
--MAC 地址为 0001-00ef-00c0 的报文在 VLAN 100 内转发
[SwitchA-vlan100] quit
[SwitchA] vlan 200
[SwitchA-vlan200] mac-vlan mac-address 0001-00ef-00c1
--MAC 地址为 0001-00ef-00c1 的报文在 VLAN 200 内转发
[SwitchA-vlan200] quit
[SwitchA] interface gigabitethernet 1/0/1
[SwitchA-GigabitEthernet1/0/1] port link-type hybrid
--基于 MAC 划分 VLAN 只能应用在类型为 hybrid 的接口，V200R005C00 及之后版本，默认接口类型不是 hybrid，需要手动配置
```

```
    [SwitchA-GigabitEthernet1/0/1] port hybrid untagged vlan 100 200
--对VLAN为100、200的报文，剥掉VLAN Tag
    [SwitchA-GigabitEthernet1/0/1] mac-vlan enable  --使能接口的MAC-VLAN功能
    [SwitchA-GigabitEthernet1/0/1] quit
```

（2）检查配置结果，在任意视图下执行 display mac-vlan mac-address all 命令，查看基于 MAC 划分 VLAN 的配置。

```
    [SwitchA] display mac-vlan mac-address all
    ---------------------------------------------------
    MAC Address     MASK            VLAN   Priority
    ---------------------------------------------------
    0001-00ef-00c0  ffff-ffff-ffff  100     0
    0001-00ef-00c1  ffff-ffff-ffff  200     0

    Total MAC VLAN address count: 2
```

（3）配置 Switch， GE1/0/3 和 GE1/0/4 的配置相同，配置成 Trunk 接口，允许 VLAN 100、VLAN200 的帧通过，不再赘述。接口 GE1/0/2 与 GE1/0/1 相同，配置成 Access 接口，不再赘述。

```
    <HUAWEI> system-view
    [HUAWEI] sysname Switch
    [Switch] vlan batch 100 200 --创建VLAN 100 200
    [Switch] interface gigabitethernet 1/0/3
    [Switch-GigabitEthernet1/0/3] port link-type trunk
    [Switch-GigabitEthernet1/0/3] port trunk allow-pass vlan 100 200
--将接口GE1/0/2加入VLAN 100和VLAN 200
    [Switch-GigabitEthernet1/0/3] quit
    [Switch] interface gigabitethernet 1/0/2
    [Switch-GigabitEthernet1/0/2] port link-type access
    [Switch-GigabitEthernet1/0/2] port default vlan 100
    [Switch-GigabitEthernet1/0/2] quit
```

7.5 实现 VLAN 间通信

7.5.1 使用多臂路由器实现 VLAN 间路由

在交换机上创建多个 VLAN，VLAN 间通信可以使用路由器实现。如图 7-23 所示，两台交换机使用干道链路连接，创建了 3 个 VLAN，路由器的 F0、F1 和 F2 端口连接 3 个 VLAN 的 Access 端口，路由器在不同 VLAN 间转发数据包。路由器的一条物理链路被形象地称为“手臂”，VLAN1、VLAN2 和 VLAN3 中的计算机网关分别是路由器 F0、F1、F2 接口的地址。图 7-23 展示了使用多臂路由器实现 VLAN 间路由，另外还展示了 VLAN 1 中的 A 计算机与 VLAN 3 中的 L 计算机通信的过程，注意观察帧在途经链路上的 VLAN 标记。思考一下 H 计算机给 L 计算机发送数据时，帧的路径和经过每条链路时的 VLAN 标记。

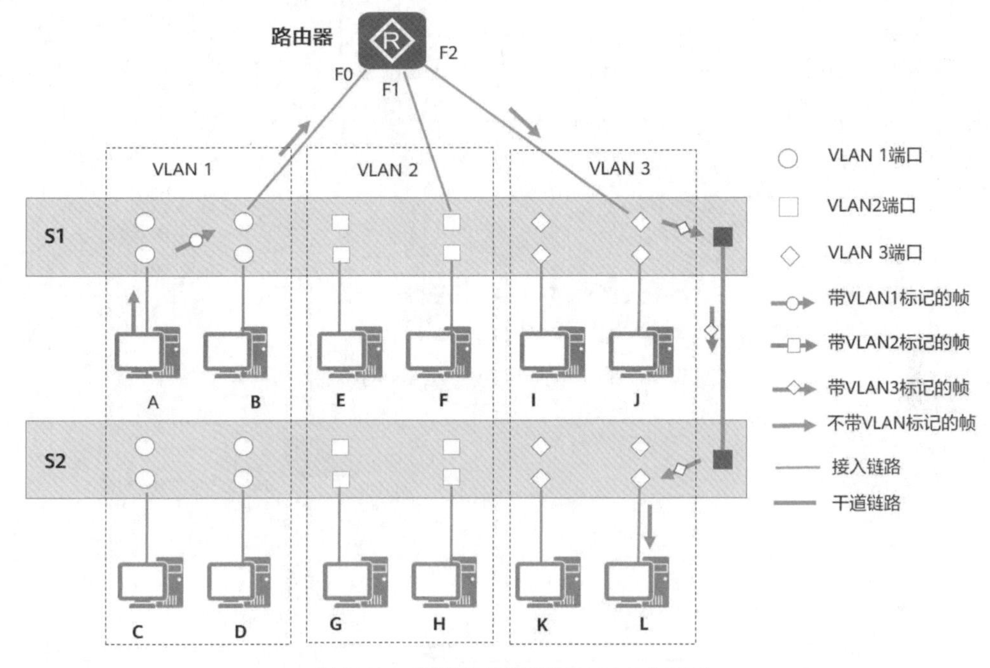

图 7-23　多臂路由器实现 VLAN 间路由

将路由器的一个端口连接 VLAN 的 Access 端口，一个 VLAN 需要路由器的一个物理端口，这样增加 VLAN 就要考虑路由器的端口是否够用。也可以将路由器的物理端口连接到交换机的干道接口，如图 7-24 所示，将路由器的物理端口划分成多个子端口，每个子端口对应一个 VLAN，在子端口设置 IP 地址作为对应 VLAN 的网关，一个物理端口就可以实现 VLAN 间路由，这就是使用单臂路由器实现 VLAN 间路由。图 7-24 展示了 VLAN 1 中的 A 计算机给 VLAN 3 中的 L 计算机发送数据包时经过的链路。

7.5.2　使用单臂路由器实现 VLAN 间路由

如图 7-25 所示，跨交换机的 3 个 VLAN 已经创建完成，在 LSW1 交换机上连接一个路由器以实现 VLAN 间通信，需要将 LSW1 交换机的 GE 0/0/3 配置成 Trunk 端口，允许 VLAN 1、VLAN 2 和 VLAN 3 通过。配置 AR1 路由器的 GE 0/0/0 物理端口作为 VLAN 1 的网关，配置 GE 0/0/0.2 子端口作为 VLAN 2 的网关，配置 GE 0/0/0.3 子端口作为 VLAN 3 的网关。

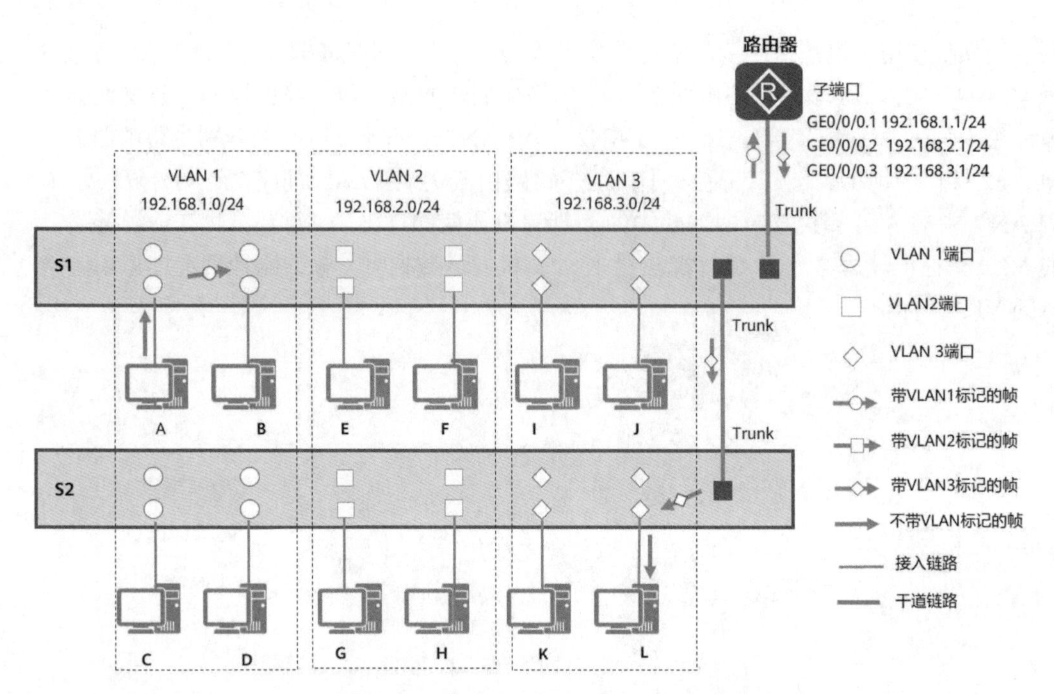

图 7-24 单臂路由器实现 VLAN 间路由

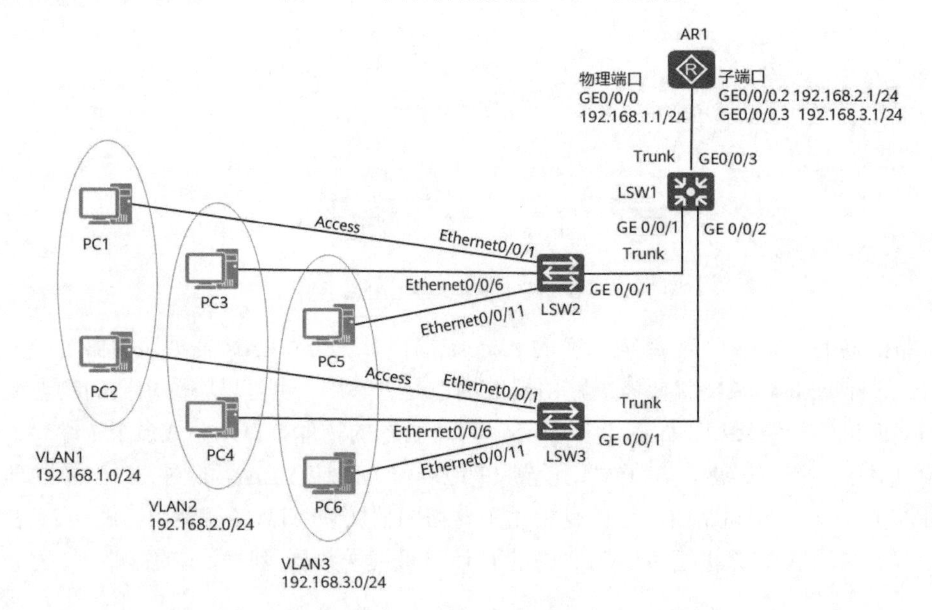

图 7-25 使用单臂路由器实现 VLAN 间路由

配置 LSW1 连接路由器的端口 GigabitEthernet 0/0/3 为 Trunk 端口，允许所有 VLAN 的帧通过。

```
[LSW1]interface GigabitEthernet 0/0/3
[LSW1-GigabitEthernet0/0/3]port link-type trunk
[LSW1-GigabitEthernet0/0/3]port trunk allow-pass vlan all
```

交换机的所有端口都有一个基于端口的VLAN ID（Port-base Vlan ID，PVID），Trunk端口也不例外。显示GigabitEthernet 0/0/3，可以看到GigabitEthernet 0/0/3的PVID是1。该端口发送VLAN 1的帧时去掉VLAN标记，接收到没有VLAN标记的帧时加上VLAN 1标记。发送和接收其他VLAN的帧时，帧的VLAN标记不变。

```
[LSW1]display interface GigabitEthernet 0/0/3
GigabitEthernet 0/0/3 current state : UP
Line protocol current state : UP
Description:
Switch Port, PVID :   1, TPID : 8100(Hex), The Maximum Frame Length is 9216
      --PVID是1
```

配置AR1路由器的GE 0/0/0端口和子端口。由于连接路由器的交换机的端口PVID是VLAN 1，让物理端口作为VLAN 1的网关，接收不带VLAN标记的帧。在物理端口后面加一个数字就是一个子端口，子端口编号和VLAN编号并不要求一致，这里为了方便记忆，子端口编号和VLAN编号一致。

```
[AR1]interface GigabitEthernet 0/0/0     --配置物理端口作为VLAN 1的网关
[AR1-GigabitEthernet0/0/0]ip address 192.168.1.1 24
[AR1-GigabitEthernet0/0/0]quit
[AR1]interface GigabitEthernet 0/0/0.2             --进入子端口
[AR1-GigabitEthernet0/0/0.2]ip address 192.168.2.1 24
[AR1-GigabitEthernet0/0/0.2]dot1q termination vid 2  --指定子端口对应的VLAN
[AR1-GigabitEthernet0/0/0.2]arp broadcast enable   --开启ARP广播功能
[AR1-GigabitEthernet0/0/0.2]quit
[AR1]interface GigabitEthernet 0/0/0.3
[AR1-GigabitEthernet0/0/0.3]ip address 192.168.3.1 24
[AR1-GigabitEthernet0/0/0.3]dot1q termination vid 3  --指定子端口对应的VLAN
[AR1-GigabitEthernet0/0/0.3]arp broadcast enable
[AR1-GigabitEthernet0/0/0.3]quit
```

7.5.3 使用三层交换实现VLAN间路由

三层交换是在网络交换机中引入路由模块，从而取代传统路由器以实现交换与路由相结合的网络技术。具有三层交换功能的设备是带有三层路由功能的二层交换机。其在IP路由的处理上进行了改进，实现了简化的IP转发流程，利用专用的ASIC芯片实现硬件的转发，这样绝大多数的报文处理就都可以在硬件中实现了，只有极少数报文才需要使用软件转发，整个系统的转发性能得以提升千倍，相同性能的设备在成本上也得到大幅下降。

具有三层交换功能的交换机，到底是交换机还是路由器？这对很多学生来说不好理解，大家可以把三层交换机理解成虚拟路由器和交换机的组合。在交换机上有几个VLAN，在虚拟路由器上就有几个虚拟端口（Vlanif）和这几个VLAN相连接。

如图7-26所示，在三层交换上创建了两个VLAN——VLAN 1和VLAN 2，在虚拟路由器上就有两个虚拟端口Vlanif 1和Vlanif 2，这两个虚拟端口相当于分别接入VLAN 1的某个接口和VLAN 2的某个接口。图7-26中的端口F5和Vlanif 1连接，端口F7和Vlanif 2连接。图7-26纯属为了形象展示，虚拟路由器是不可见的，也不占用交换机的物理端口和Vlanif端口连接。我们能够操作的就是给虚拟端口配置IP地址和子网掩码，让其充当VLAN的网关，让不同VLAN中的计算机能够相互通信。

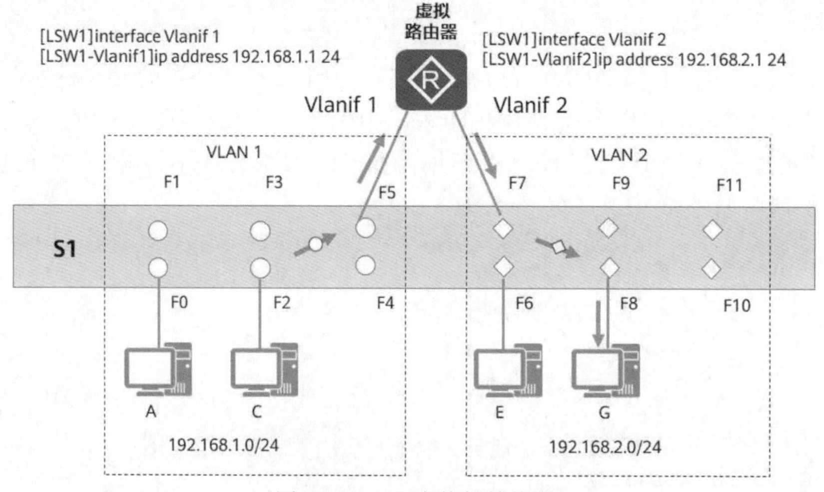

图7-26　三层交换机等价图

7.4.6节的实验只配置了跨交换机的VLAN，继续上面的实验，LSW1是三层交换机，配置LSW1交换机以实现VLAN 1、VLAN 2和VLAN 3的路由。

```
[LSW1]interface Vlanif 1
[LSW1-Vlanif1]ip address 192.168.1.1 24
[LSW1-Vlanif1]quit
[LSW1]interface Vlanif 2
[LSW1-Vlanif2]ip address 192.168.2.1 24
[LSW1-Vlanif2]quit
[LSW1]interface Vlanif 3
[LSW1-Vlanif3]ip address 192.168.3.1 24
[LSW1-Vlanif3]quit
```

输入display ip interface brief显示vlanif接口的IP地址信息以及状态。

```
<LSW1>display ip interface brief
*down: administratively down
```

```
^down: standby
(l): loopback
(s): spoofing
The number of interface that is UP in Physical is 4
The number of interface that is DOWN in Physical is 1
The number of interface that is UP in Protocol is 4
The number of interface that is DOWN in Protocol is 1

Interface                     IP Address/Mask      Physical   Protocol
MEth0/0/1                     unassigned           down       down
NULL0                         unassigned           up         up(s)
Vlanif1                       192.168.1.1/24       up         up
Vlanif2                       192.168.2.1/24       up         up
Vlanif3                       192.168.3.1/24       up         up
```

7.6　端口隔离

端口隔离可以实现在同一个 VLAN 内对端口进行逻辑隔离，端口隔离分为 L2 层隔离和 L3 层隔离，在这里只讲解和演示 L2 层隔离。

如图 7-27 所示，PC1、PC2 和 PC3 在同一个 VLAN，不允许它们之间相互通信，但允许它们访问 Internet。这就要求设置交换机以实现端口隔离，但不能隔离它们和路由器 AR1 的 GE 0/0/0 相互通信。

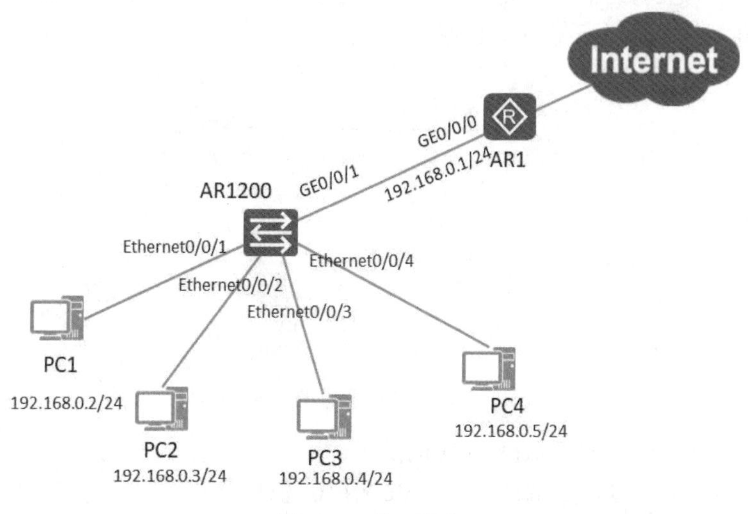

图 7-27　端口隔离

下面是交换机 S1 上的配置步骤，由于要设置多个端口隔离，因此先定义一个端口组，进行批量设置。

```
[S1]port-isolate mode ?
  all  All
  l2   L2 only
[S1]port-isolate mode l2                                  --启用 L2 层隔离功能
[S1]port-group vlan1port                                  --定义一个端口组
[S1-port-group-vlan1port]group-member Ethernet 0/0/1 to Ethernet 0/0/4
[S1-port-group-vlan1port]port link-type access
[S1-port-group-vlan1port]port default vlan 1
[S1-port-group-vlan1port]port-isolate enable group ?
  INTEGER<1-64>  Port isolate group-id
[S1-port-group-vlan1port]port-isolate enable group 1 --隔离组内的端口不能相互通信
```

交换机 S1 的 GE 0/0/1 不能加入端口隔离组 1，处于同一隔离组的各个端口间不能通信。

7.7 习题

1．在下面关于 VLAN 的描述中，不正确的是（　　）。

A．VLAN 把交换机划分成多个逻辑上独立的交换机

B．主干（Trunk）链路可以提供多个 VLAN 之间通信的公共通道

C．由于包含多个交换机， VLAN 扩大了冲突域

D．一个 VLAN 可以跨越交换机

2．如图 7-28 所示，主机 A 跟主机 C 通信时，SWA 与 SWB 间的 Trunk 链路传递的是不带 VLAN 标记的数据帧，但是当主机 B 跟主机 D 通信时，SWA 与 SWB 之间的 Trunk 链路传递的是带 VLAN 标记 20 的数据帧。

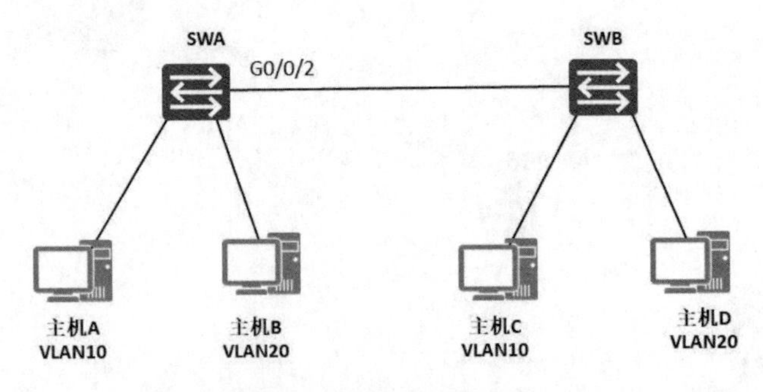

图 7-28　通信示意图（1）

根据以上信息，下列描述中正确的是（　　）。

A．SWA 上的 G0/0/2 端口不允许 VLAN 10 通过

B．SWA 上的 G0/0/2 端口的 PVID 是 10

C．SWA 上的 G0/0/2 端口的 PVID 是 20

D．SWA 上的 G0/0/2 端口的 PVID 是 1

3．以下关于生成树协议中的 Forwarding 状态的描述中，错误的是（　　）。

A．Forwarding 状态的端口可以接收 BPDU 报文

B．Forwarding 状态的端口不学习报文的源 MAC 地址

C．Forwarding 状态的端口可以转发数据报文

D．Forwarding 状态的端口可以发送 BPDU 报文

4．以下信息是运行 STP 的某交换机上所显示的端口状态信息。根据这些信息，以下描述中正确的是（　　）。

```
<S3>display stp brief
MSTID  Port                   Role   STP State    Protection
0      GigabitEthernet0/0/1   ALTE   DISCARDING   NONE
0      GigabitEthernet0/0/2   ROOT   FORWARDING   NONE
0      GigabitEthernet0/0/3   DESI   FORWARDING   NONE
```

A．此网络中有可能只包含 1 台交换机

B．此交换机是网络中的根交换机

C．此交换机是网络中的非根交换机

D．此交换机肯定连接了 3 台其他的交换机

5．如图 7-29 所示，交换机与主机连接的端口均为 Access 端口，SWA 的 G 0/0/1 的 PVID 为 2，SWB 的 G 0/0/1 的 PVID 为 2，SWB 的 G 0/0/3 的 PVID 为 3。SWA 的 G 0/0/2 为 Trunk 端口，PVID 为 2，且允许所有 VLAN 通过。SWB 的 G 0/0/2 为 Trunk 端口，PVID 为 3，且允许所有 VLAN 通过。

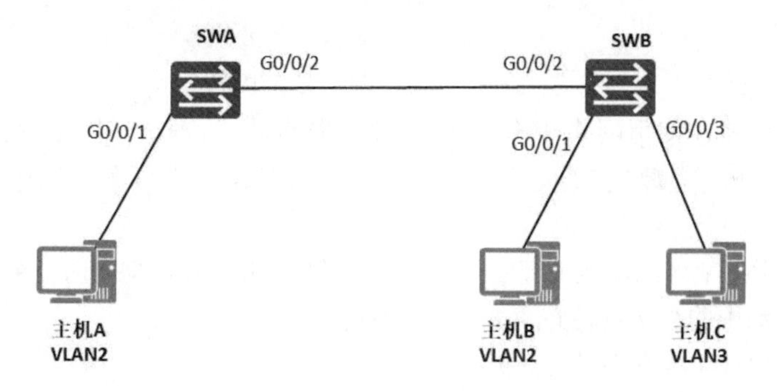

图 7-29　通信示意图（2）

如果主机 A、B 和 C 的 IP 地址在一个网段，那么下列描述中正确的是（　　）。

A．主机 A 只可以与主机 B 通信

B．主机 A 只可以与主机 C 通信

C．主机 A 既可以与主机 B 通信，也可以与主机 C 通信

D．主机 A 既不能与主机 B 通信，也不能与主机 C 通信

6．使用单臂路由器实现 VLAN 间通信时，通常的做法是采用子端口，而不是直接采用物理端口，这是因为（　　）。

A．物理端口不能封装 802.1Q

B．子端口转发速度更快

C．用子端口能节约物理端口

D．子端口可以配置 Access 端口或 Trunk 端口

7．使用命令“vlan batch 10 20”“vlan batch 10 to 20”分别能创建的 VLAN 数量是（　　）。

A．2 和 2　　B．11 和 11

C．11 和 2　　D．2 和 11

8．如图 7-30 所示，在 SWA 与 SWB 上创建 VLAN 2，将连接主机的端口配置为 Access 端口，且属于 VLAN 2。SWA 的 G 0/0/1 与 SWB 的 G 0/0/2 都是 Trunk 端口，且允许所有 VLAN 通过。如果要使主机间能够正常通信，则网络管理员需要（　　）。

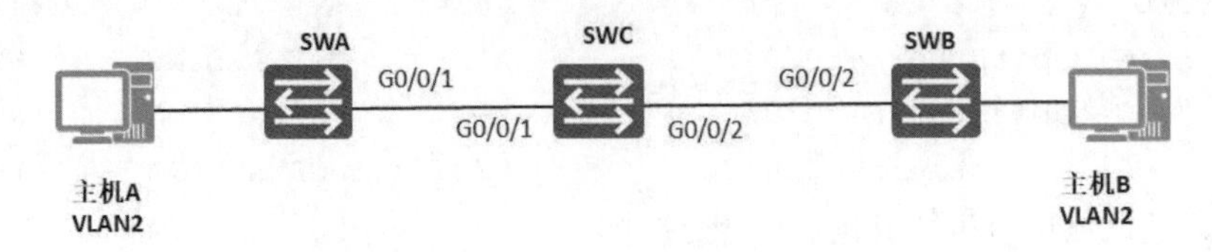

图 7-30　通信示意图（3）

A．在 SWC 上创建 VLAN 2 即可

B．配置 SWC 上的 G 0/0/ 1 为 Trunk 端口且允许 VLAN 2 通过即可

C．配置 SWC 上的 G 0/0/ 1 和 G 0/0/2 为 Trunk 端口且允许 VLAN 2 通过即可

D．在 SWC 上创建 VLAN 2，配置 G 0/0/1 和 G 0/0/2 为 Trunk 端口，且允许 VLAN 2 通过

9．当二层交换网络中出现冗余路径时，用什么方法可以阻止环路产生、提高网络的可靠性？（　　）

A．生成树协议　　B．水平分割

C．毒性逆转　　D．触发更新

10．有用户反映在使用网络传输文件时，速度非常低，管理员在网络中使用 Wireshark 抓包工具发现了一些重复的帧，下面关于可能的原因或解决方案的描述中，正确的是（　　）。

A．交换机在 MAC 地址表中查不到数据帧的目的 MAC 地址时，会泛洪该数据帧

B．网络中的交换设备必须进行升级改造

C．网络在二层存在环路

D．网络中没有配置 VLAN

11．链路聚合有什么作用？（　　）（多选）

A．增加带宽　　B．实现负载分担

C．提升网络可靠性　　D．便于对数据进行分析

12．在交换机上，哪些 VLAN 可以使用 undo 命令来删除？（　　）（多选）

A．VLAN 1　　B．VLAN 2

C．VLAN 1024　　D．VLAN 4096

13．如何保证某台交换机成为整个网络中的根交换机？（　　）

A．为该交换机配置一个低于其他交换机的 IP 地址

B．设置该交换机的根路径开销值为最低

C．为该交换机配置一个低于其他交换机的优先级

D．为该交换机配置一个低于其他交换机的 MAC 地址

14. 如图 7-31 所示，两台主机通过单臂路由器实现 VLAN 间通信，当 RTA 的 G0/0/1.2 子端口收到主机 B 发送给主机 A 的数据帧时，RTA 将执行下列哪项操作？（　　）

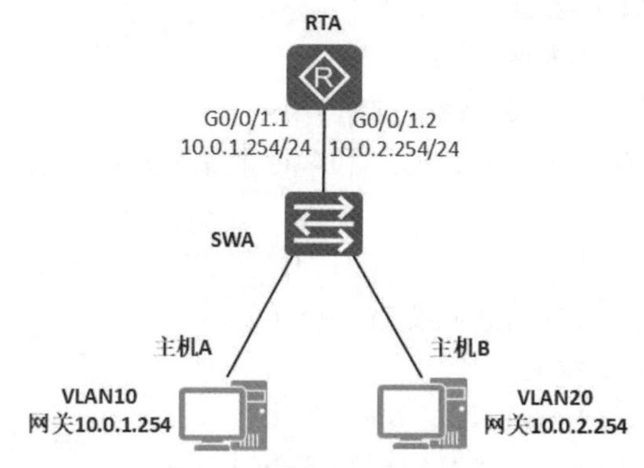

图 7-31　通信示意图（4）

A．RTA 将数据帧通过 G0/0/1.1 子端口直接转发出去

B．RTA 删除 VLAN 标记 20 后，由 G0/0/1.1 端口发送出去

C．RTA 首先要删除 VLAN 标记 20，然后添加 VLAN 标记 10，再由 G0/0/1.1 端口发送出去

D．RTA 将丢弃数据帧

15．下列关于 VLAN 配置的描述，正确的是（　　）。

A．可以删除交换机上的 VLAN 1

B．VLAN 1 可以配置成 Voice VLAN

C．所有 Trunk 端口默认允许 VLAN 1 的数据帧通过

D．用户能够配置使用 VLAN 4095

16．交换机收到一个带有 VLAN 标记的数据帧，但是在 MAC 地址表中查不到该数据帧的目的 MAC 地址，下列描述中正确的是（　　）。

A．交换机会向所有端口广播该数据帧

B．交换机会向该数据帧所在 VLAN 的所有端口（除接收端口）广播此数据帧

C．交换机会向所有 Access 端口广播该数据帧

D．交换机会丢弃该数据帧

17．命令 port trunk allow-pass vlan all 有什么作用？（　　）

A．在该端口上允许所有 VLAN 的数据帧通过

B．与该端口相连接的对端端口必须同时配置 port trunk permit vlan all

C．相连的对端设备可以动态确定允许哪些 VLAN ID 通过

D．如果为相连的远端设备配置了 port default vlan 3 命令，则两台设备之间的 VLAN 3 无法互通

18．在 RSTP 标准中，交换机直接与终端相连接而不是与其他网桥相连的端口定义为（　　）。

A．快速端口　　B．备份端口

C．根端口　　D．边缘端口

19．下列关于 Trunk 端口与 Access 端口的描述中，正确的是（　　）。

A．Access 端口只能发送 untagged 帧

B．Access 端口只能发送 tagged 帧

C．Trunk 端口只能发送 untagged 帧

D．Trunk 端口只能发送 tagged 帧

20．STP 计算的端口开销（port cost）和端口带宽有一定关系，即带宽越大，开销越（　　）。

A．小　　B．大　　C．一致　　D．不一定

21．Access 类型的端口在发送报文时，会（　　）。

A．发送带标记的报文

B．剥离报文的 VLAN 信息，然后发送出去

C．添加报文的 VLAN 信息，然后发送出去

D．打上本端口的 PVID 信息，然后发送出去

22．如图 7-32 所示，默认情况下，网络管理员希望使用 Eth-Trunk 手工聚合 SWA 与 SWB 之间的两条物理链路，下面描述正确的是（　　）。

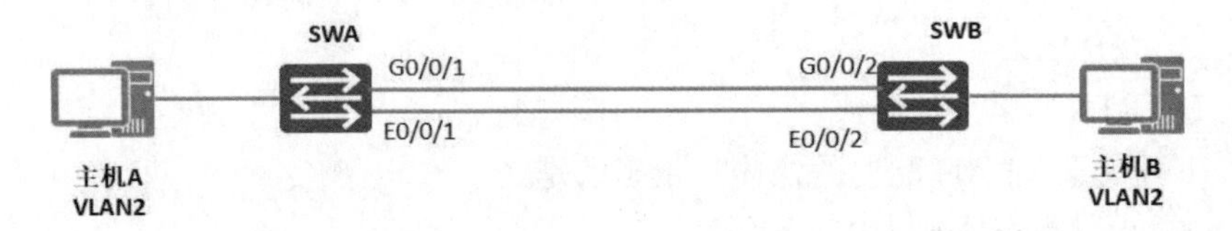

图 7-32　通信示意图（5）

A．聚合后可以正常工作

B．可以聚合，聚合后只有 G 端口能收发数据

C．可以聚合，聚合后只有 E 端口能收发数据

D．不能聚合

23．某交换机端口属于 VLAN 5，现在从 VLAN 5 中将该端口删除后，该端口属于哪个 VLAN？（　　）

A．VLAN 0　　B．VLAN 1

C．VLAN 1023　　D．VLAN 1024

24．公司有用户反映在使用网络传输文件时，速度非常低，管理员在网络中使用 Wireshark 软件抓包发现了一些重复的帧，下面关于可能的原因或解决方案描述正确的是（　　）。

A．公司网络的交换设备必须进行升级改造

B．网络在二层存在环路

C．网络中没有配置 VLAN

D．交换机在 MAC 地址表中查不到数据帧的目的 MAC 地址时，会泛洪该数据帧

25．RSTP 协议包含以下哪些端口状态？（　　）（多选）

A．Forwarding　　B．Discarding

C．Listening　　D．Learning

26．设备链路聚合支持哪些模式？（　　）（多选）

A．混合模式　　B．手工负载分担模式

C．手工主备模式　　D．LACP 模式

第8章 网络安全

本章内容

- 介绍 ACL
- 基本 ACL
- 高级 ACL

路由器在不同网段转发数据包，为数据包选择路径，也可以根据数据包的源 IP 地址、目标 IP 地址、协议、源端口、目标端口等信息过滤数据包。

数据包过滤通常控制哪些网段允许访问哪些网段，哪些网段禁止访问哪些网段。从源地址到目标地址画一个箭头，就能看到数据包经过哪些路由到达目的地，可以在数据包途经的任何路由器（当然这些路由器归你管理才行）上进行数据包过滤，数据包过滤可以在进路由器的端口或出路由器的端口上进行。确定了在哪个路由器的哪个端口，以及在哪个端口的哪个方向进行数据包过滤后，再创建访问控制列表（ACL），在 ACL 中添加包过滤规则。

ACL 分为基本 ACL 和高级 ACL，基本 ACL 只能基于数据包的源地址、报文分片标记和时间段来定义规则。高级 ACL 可以根据数据包的源 IP 地址、目标 IP 地址、协议、目标端口、源端口、数据包的长度值来定义规则。高级 ACL 与基本 ACL 相比，高级 ACL 在控制上更精准、更灵活、更复杂。

本章讲解基本 ACL 和高级 ACL 的用法，ACL 规则的应用顺序，在 ACL 中添加规则、删除规则、插入规则，以及将 ACL 应用到路由器的端口。

8.1 介绍 ACL

8.1.1 ACL 的组成

如图 8-1 所示，一个 ACL 由若干条“deny | permit”语句组成，每条语句就是该 ACL

的一条规则，每条语句中的 deny 或 permit 就是与这条规则相对应的处理动作。处理动作 permit 的含义是“允许”，处理动作 deny 的含义是“拒绝”。特别需要说明的是，ACL 技术总是与其他技术结合在一起使用，因此，所结合的技术不同，“允许（permit）”及“拒绝（deny）”的内涵及作用也会不同。例如，当 ACL 技术与流量过滤技术结合使用时，permit 就是“允许通行”的意思，deny 就是“拒绝通行”的意思。

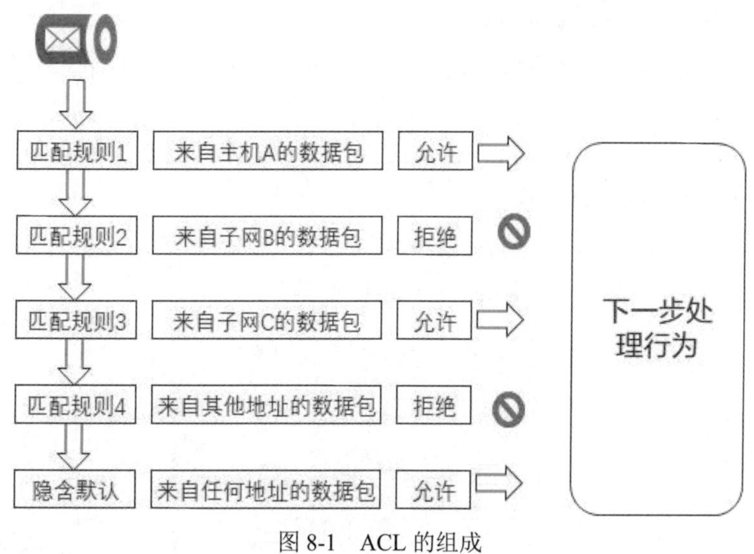

图 8-1　ACL 的组成

配置了 ACL 的设备在接收到一个报文之后，会将该报文与 ACL 中的规则逐条进行匹配。如果不能匹配上当前这条规则，则会继续尝试去匹配下一条规则。一旦报文匹配上了某条规则，则设备会对该报文执行这条规则中定义的处理动作（permiet 或 deny），并且不再继续尝试与后续规则进行匹配。如果报文不能匹配上 ACL 的任何一条规则，则设备会对该报文执行 permit 这个处理动作。在华为路由器中的 ACL 隐含默认最后一条规则是任何地址允许通过，也可以在 ACL 最后添加一条规则，来自任何地址的数据包拒绝。隐含默认的规则就没机会起作用了。

一个 ACL 中的每一条规则都有一个相应的编号，称为规则编号（rule-id）。默认情况下，报文总是按照规则编号从小到大的顺序与规则进行匹配，设备也会在创建 ACL 的过程中自动为每一条规则分配一个编号。如果将规则编号的步长设定为 10（规则编号的步长的默认值为 5），则规则编号将按照 10、20、30、40 这样的规律自动进行分配。如果将规则编号的步长设定为 2，则规则编号将按照 2、4、6、8……，这样的规律自动进行分配。步长的大小反映了相邻规则编号之间的间隔大小。间隔的存在，实际上是为了便于在两个相邻的规则之间插入新的规则。

8.1.2　ACL 设计思路

使用 ACL 控制网络流量时，先考虑使用基本 ACL 还是使用高级 ACL。如果只基于数据包源 IP 地址进行控制，就使用基本 ACL。如果需要基于数据包的源 IP 地址、目标

IP 地址、协议、目标端口进行控制，那就需要高级 ACL。然后再考虑在哪个路由器上的哪个接口的哪个方向进行控制。确定了这些才能确定 ACL 规则中的哪些 IP 地址是源地址，哪些 IP 地址是目标地址。

在创建 ACL 规则前，还要确定 ACL 中规则的顺序，如果每条规则中的地址条件不叠加，规则编号顺序无关紧要，如果多条规则中用到的地址有叠加，就要把地址块小的规则放到前面，地址块大的规则放到后面。

在路由器的每个接口的出向和入向的每个方向只能绑定一个 ACL，一个 ACL 可以绑定到多个接口。

如图 8-2 所示，R2 路由器是企业内网连接 Internet 的路由器，在 R2 路由器上创建 ACL 控制内网对 Internet 的访问。

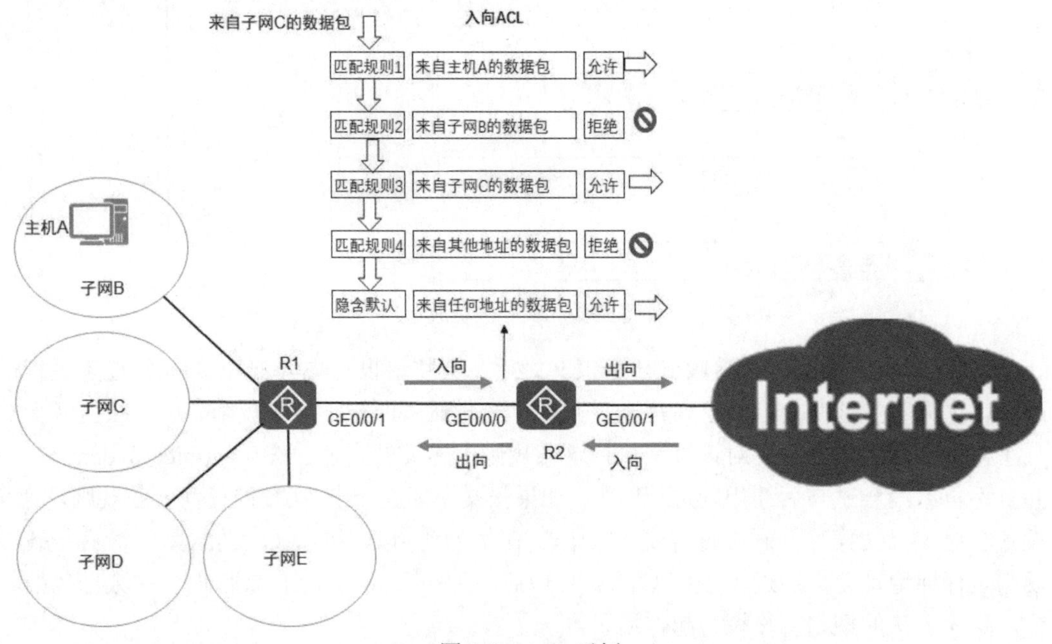

图 8-2　ACL 示例

本例中只想控制内网到 Internet 的访问，是基于源 IP 地址的控制，因此使用基本 ACL 就可以实现。内网计算机访问 Internet 要经过 R1 和 R2 两个路由器，这就要考虑要在哪个路由器上进行控制，绑定到哪个接口。若在 R1 路由器上创建 ACL，就要绑定到 R1 路由器的 GE0/0/1 的出向，出去的时候检查应用 ACL。本例在 R2 路由器上创建 ACL，绑定到 R2 路由器的 GE0/0/0 的入向。

可以看到图 8-2 中的 ACL 有 4 个匹配规则，在华为路由器中 ACL 隐含默认最后一条规则是任何地址允许通过，本例中创建的匹配规则 4，是任何地址拒绝通过，则隐含默认规则就没机会用上了，因为 ACL 中的规则是按编号从小到大进行匹配，一旦匹配成功，就不再匹配下面的规则。

如果 ACL 中的每条规则包含的地址不叠加，规则应用顺序无关紧要，如果规则中地址有叠加，要把地址块小的放到前面。比如图 8-2 中主机 A 的 IP 地址在子网 B 中，这就要求针对主机 A 的规则在针对子网 C 的规则前面，如果顺序颠倒，针对主机 A 的规则就没机会匹配上了。

创建好的 ACL 要接口进行绑定，并且要指明方向。方向是从路由器来看的，从接口进入路由器就是入向，从接口出路由器就是出向。 本例中定义好的 ACL 绑定到 R2 路由器的 GE0/0/0 接口，那就是入向，绑定到 R2 路由器的 GE0/0/1 接口就是出向。

图 8-2 中来自子网 C 的数据包从 R2 路由器的 GE0/0/0 进入，将会依次比对匹配规则 1、匹配规则 2，最后比对匹配规则 3，行为是允许进入。子网 E 在规则中没有明确指明，但会对比匹配规则 4，拒绝进入，隐含默认那条规则没机会用到。

大家想一下，该 ACL 绑定到 R2 路由器的 GE 0/0/1 的出向是否可以？绑定到 R2 路由器的 GE 0/0/1 的入向是否可以？

8.2 基本 ACL 实现网络安全

根据数据包从源网络到目标网络的路径，在必经之地（某个路由器的端口）进行数据包过滤。在创建 ACL 之前，需要先确定在沿途的哪个路由器以及在哪个端口的哪个方向进行数据包过滤。

8.2.1 使用基本 ACL 实现内网安全

基本 ACL 只能基于 IP 报文的源 IP 地址、报文分片标记和时间段信息来定义规则。下面就以一家企业的网络为例，讲述基本 ACL 的用法。

如图 8-3 所示，某企业内网有三个网段，VLAN 10 是财务部服务器，VLAN 20 是工程部网段，VLAN 30 是财务网段，企业路由器 AR1 连接 Internet，现需要在 AR1 上创建 ACL 实现以下功能。

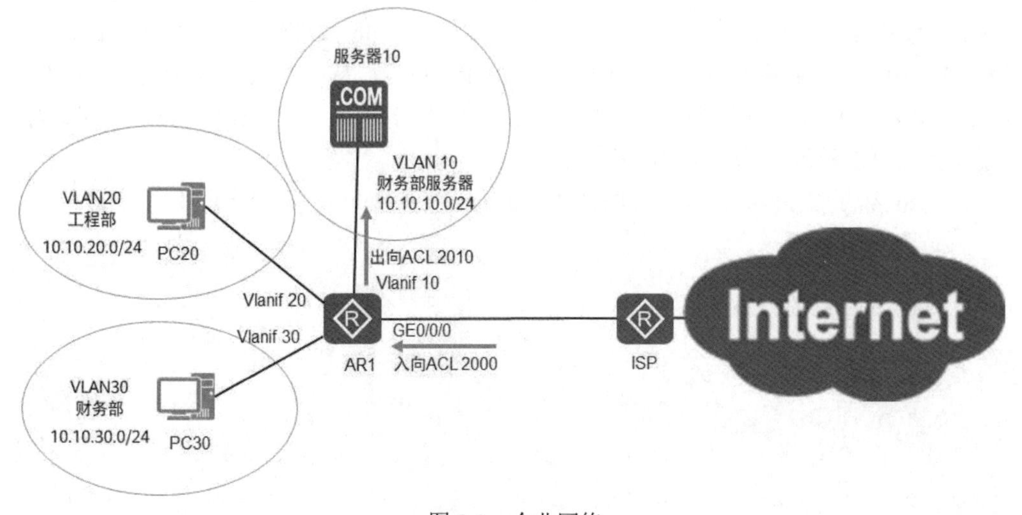

图 8-3 企业网络

❍ 源 IP 地址为私有地址的流量不能从 Internet 进入企业网络。

❍ 财务部服务器只能由财务部中的计算机访问。

首先确定需要创建两个 ACL，一个绑定到 AR1 路由器的 GE0/0/0 接口入向，一个绑定到 AR1 的 vlanif 10 接口的出向。

在 AR1 上创建两个基本 ACL，编号 2000 和 2010。

```
[RA1]acl ?
  INTEGER<2000-2999>  Basic access-list(add to current using rules)
  --基本 ACL 编号范围
  INTEGER<3000-3999>  Advanced access-list(add to current using rules)
  --高级 ACL 编号范围
  INTEGER<4000-4999>  Specify a L2 acl group
  ipv6                ACL IPv6
  name                 Specify a named ACL
  number               Specify a numbered ACL

[AR1]acl 2000
[AR1-acl-basic-2000]rule deny source 10.0.0.0 0.255.255.255
[AR1-acl-basic-2000]rule deny source 172.16.0.0 0.15.255.255
[AR1-acl-basic-2000]rule deny source 192.168.0.0 0.0.255.255
[AR1-acl-basic-2000]quit
[AR1]acl 2010
[AR1-acl-basic-2010]rule permit source 10.10.30.0 0.0.0.255
[AR1-acl-basic-2010]rule 20 deny source any                    --指定规则编号
[AR1-acl-basic-2010]quit
```

在一个 ACL 中可以添加多条规则（rule），每条规则指定一个编号（Rule-ID），如果不指定，就由系统自动根据步长生成，默认步长为 5，Rule-ID 默认按照配置先后顺序分配 0，5，10，15，匹配顺序按照 ACL 的 Rule-ID 的值，从小到大进行匹配。不连续的 Rule-ID 编号方便以后插入规则，比如在 Rule-ID 是 5 和 10 之间插入一条 Rule-ID 为 7 的规则。也可以根据 Rule-ID 删除规则。

输入 display acl all 查看全部 ACL，输入 display acl 2000 可以查看编号是 2000 的 acl。

```
[AR1]display acl all
 Total quantity of nonempty ACL number is 2

Basic ACL 2000, 3 rules
Acl's step is 5
 rule 5 deny source 10.0.0.0 0.255.255.255
 rule 10 deny source 172.16.0.0 0.15.255.255
```

```
 rule 15 deny source 192.168.0.0 0.0.255.255

Basic ACL 2010, 2 rules
Acl's step is 5
 rule 5 permit source 10.10.30.0 0.0.0.255
 rule 20 deny
```

将创建的ACL绑定到接口。

```
[AR1]interface GigabitEthernet 0/0/0
[AR1-GigabitEthernet0/0/0]traffic-filter inbound acl 2000
[AR1-GigabitEthernet0/0/0]quit
[AR1]interface Vlanif 1
[AR1-Vlanif1]quit
[AR1]interface Vlanif 10
[AR1-Vlanif10]traffic-filter outbound acl 2010
[AR1-Vlanif10]quit
```

ACL 定义好之后，还可以对其进行编辑，删除其中的规则，也可以在指定位置插入规则。

现在修改ACL 2000，删除其中的规则10，添加一条规则，允许10.30.30.0/24网段通过，大家想想这条规则应该放到什么位置。

```
[RA1]acl 2000
[RA1-acl-basic-2000]undo rule 10    --删除 rule 10
[RA1-acl-basic-2000]rule 2 permit source 10.30.30.0 0.0.0.255
                                    --插入 rule 2 编号要小于 5
[RA1-acl-basic-2000]rule 15 permit source 192.168.0.0 0.0.255.255
                                    --修改 rule 15 将其改成 permit
[AR1-acl-basic-2000]display this
[V200R003C00]
#
acl number 2000
 rule 2 permit source 10.30.30.0 0.0.0.255
 rule 5 deny source 10.0.0.0 0.255.255.255
 rule 15 permit source 192.168.0.0 0.0.255.255
#
return
```

删除ACL，并不自动删除接口的绑定，还需要在接口删除绑定的ACL。

```
[RA1]undo acl 2000
```

```
[RA1]interface GigabitEthernet 0/0/0
[AR1-GigabitEthernet0/0/0]display this
[V200R003C00]
#
interface GigabitEthernet0/0/0
 ip address 20.1.1.1 255.255.255.0
 traffic-filter inbound acl 2000            --acl 2000 依然绑定在出口
#
return
[AR1-GigabitEthernet0/0/0]undo traffic-filter inbound      --解除绑定
```

8.2.2 使用基本 ACL 保护路由器安全

网络中的路由器如果配置了 VTY 端口，只要网络畅通，任何计算机都可以 telnet 到路由器进行配置。一旦 telnet 路由器的密码被泄露，路由器的配置就有可能被非法更改。可以创建标准 ACL，只允许特定 IP 地址能够 telnet 路由器进行配置。

路由器 AR1 只允许 PC3 对其进行 telnet 登录。在 AR1 路由器上创建基本 ACL 2001，并将之绑定到 user-interface vty 进站方向。

```
[RA1]acl 2001
[RA1-acl-basic-2001]rule permit source 192.168.2.2 0 --不指定步长，默认是 5
[RA1-acl-basic-2001]rule deny source any          --拒绝所有
```

提示：拒绝所有的可以简写成[RA1-acl-basic-2001]rule deny。

查看定义的 ACL 2001 配置。

```
<RA1>display acl 2001
Basic ACL 2001, 2 rules
Acl's step is 5                                   --步长为 5
 rule 5 permit source 192.168.2.2 0 (1 matches)
 rule 10 deny (3 matches)
```

设置 telnet 端口的身份验证模式和登录密码，为用户权限级别绑定基本 ACL 2001。

```
[RA1]user-interface vty 0 4
[RA1-ui-vty0-4]authentication-mode password     --设置身份验证模式
Please configure the login password (maximum length 16):91xueit
                                                --设置登录密码为 91xueit
[RA1-ui-vty0-4]user privilege level 3
[RA1-ui-vty0-4]acl 2001 inbound                 --绑定 ACL 2001 进站方向
```

删除绑定，执行以下命令。

```
[RA1-ui-vty0-4]undo acl inbound
```

8.3　高级 ACL 实现网络安全

如图 8-4 所示，在 AR1 路由器上创建高级 ACL 实现以下功能。

- 允许工程部能够访问 Internet。
- 允许财务部能够访问 Internet，但只允许访问网站和收发电子邮件。
- 允许财务部能够使用 ping 命令测试到 Internet 网络是否畅通。
- 禁止财务部服务器访问 Internet。

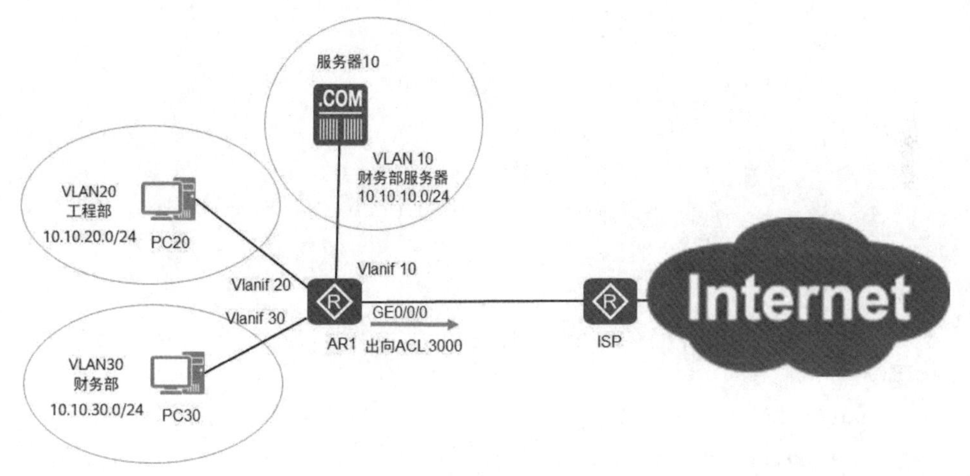

图 8-4　高级 ACL 的应用

本案例实现的功能基于源地址和协议，就要使用高级 ACL 来实现。在 AR1 上创建一个高级 ACL，将该 ACL 绑定到 AR1 的 GE 0/0/0 接口的出向。

允许财务部能够访问 Internet 网站，访问网站需要域名解析，域名解析使用的协议是 DNS，DNS 协议使用的是 UDP 的 53 端口，访问网站使用的协议是 HTTP 协议和 HTTPS 协议，HTTP 协议使用的是 TCP 的 80 端口，HTTPS 协议使用的是 TCP 的 443 端口。

为了避免以上实验创建的基本 ACL 对本实验的影响，先删除全部 ACL，再在 Vlanif 1 和 GE0/0/0 上解除绑定的 ACL。

```
[AR1]undo acl all    --删除以上实验创建的全部 ACL
[AR1]interface Vlanif 10
[AR1-Vlanif10]undo traffic-filter outbound                --删除接口上的绑定
```

在 AR1 上创建高级 ACL，基于 TCP 和 UDP 创建规则时需要指定目标端口。

```
[AR1]acl 3000    --创建高级 ACL
```

```
[AR1-acl-adv-3000]rule 5 permit ?  --查看可用的协议
  <1-255>  Protocol number
  gre      GRE tunneling(47)
  icmp     Internet Control Message Protocol(1)
  igmp     Internet Group Management Protocol(2)
  ip       Any IP protocol    --ip 协议包含了 tcp、udp 和 icmp
  ipinip   IP in IP tunneling(4)
  ospf     OSPF routing protocol(89)
  tcp      Transmission Control Protocol (6)
  udp      User Datagram Protocol (17)
[AR1-acl-adv-3000]rule 5 permit ip source 10.10.20.0 0.0.0.255 destination any
[AR1-acl-adv-3000]rule 10 permit udp source 10.10.30.0 0.0.0.255
destination any ?
 --udp 需要指定端口
  destination-port     Specify destination port
  dscp                 Specify dscp
  fragment             Check fragment packet
  none-first-fragment  Check the subsequence fragment packet
……

[AR1-acl-adv-3000]rule 10 permit udp source 10.10.30.0 0.0.0.255
destination any
 destination-port ? --指定大于、小于或等于某个端口或端口范围
  eq     Equal to given port number
  gt     Greater than given port number
  lt     Less than given port number
  range  Between two port numbers
[AR1-acl-adv-3000]rule 10 permit udp source 10.10.30.0 0.0.0.255
destination any
 destination-port eq ?  --可以指定端口号或应用层协议协名称
  <0-65535>    Port number
  biff         Mail notify (512)
  bootpc       Bootstrap Protocol Client (68)
  bootps       Bootstrap Protocol Server (67)
  discard      Discard (9)
  dns          Domain Name Service (53)
  dnsix        DNSIX Security Attribute Token Map (90)
  echo         Echo (7)
```

```
……
[AR1-acl-adv-3000]rule 10 permit udp source 10.10.30.0 0.0.0.255 destination any
 destination-port eq dns
[AR1-acl-adv-3000]rule 15 permit tcp source 10.10.30.0 0.0.0.255 destination-port eq www
[AR1-acl-adv-3000]rule 20 permit tcp source 10.10.30.0 0.0.0.255 destination-port eq 443
[AR1-acl-adv-3000]rule 25 permit icmp source 10.10.30.0 0.0.0.255
[AR1-acl-adv-3000]rule 30 deny ip
[AR1-acl-adv-3000]quit
```

将 ACL 绑定到接口。

```
[AR1]interface GigabitEthernet 0/0/0
[AR1-GigabitEthernet0/0/0]traffic-filter outbound acl 3000
```

8.4 习题

1. 关于访问控制列表编号与类型的对应关系，下列描述中正确的是（　　）。

   A. 基本的访问控制列表编号范围是 1000～2999

   B. 高级的访问控制列表编号范围是 3000～4000

   C. 二层的访问控制列表编号范围是 4000～4999

   D. 基于端口的访问控制列表编号范围是 1000～2000

2. 在路由器 RTA 上完成如下所示的 ACL 配置，则下面描述中正确的是（　　）。

```
[RTA]acl 2001
[RTA-acl-basic-2001]rule 20 permit source 20.1.1.0 0.0.0.255
[RTA-acl-basic-2001]rule 10 deny source 20.1.1.0 0.0.0.255
```

   A. VRP 系统将会自动按配置的先后，调整第一条规则的顺序编号为 5

   B. VRP 系统不会调整顺序编号，但是会先匹配第一条配置的规则 20.1.1.0 0.0.0.255

   C. 配置错误，规则的顺序编号必须从小到大配置

   D. VRP 系统将会按照顺序编号，先匹配第二条规则 deny source 20.1.1.0 0.0.0.255

3. ACL 中的每条规则都有相应的规则编号表示匹配顺序，在如下所示的配置中，关于两条规则的编号的描述，正确的是（　　）。（多选）

```
[RTA]acl 2002
[RTA-acl-basic-2002]rule permit source 20.1.1.10
[RTA-acl-base-2002]rule permit source 30.1.1.10
```

   A. 第一条规则的顺序编号是 1　　B. 第一条规则的顺序编号是 5

   C. 第二条规则的顺序编号是 2　　D. 第二条规则的顺序编号是 10

4．如图 8-5 所示，网络管理员希望主机 A 不能访问 WWW 服务器，但是不限制其访问其他服务器，则下列 RTA 的 ACL 中能够满足需求的是（　　）。

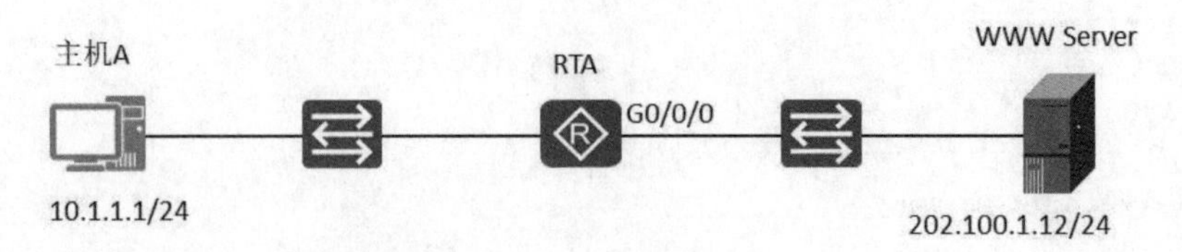

图 8-5　通信示意图（1）

A．rule deny tcp source 10.1.1.10 destination 202.100.1.12 0.0.0.0 destination-port eq 21

B．rule deny tcp source 10.1.1.10 destination 202.100.1.12 0.0.0.0 destination-port eq 80

C．rule deny udp source 10.1.1.10 destination 202.100.1.12 0.0.0.0 destination-port eq 21

D．rule deny udp source 10.1.1.10 destination 202.100.1.12 0.0.0.0 destination-port eq 80

5．一台 AR2220 路由器上使用如下 ACL 配置来过滤数据包，则下列描述中正确的是（　　）。

```
[RTA]acl 2001
[RTA-acl-basic-2001]rule permit source 10.0.1.0 0.0.0.255
[RTA-acl-basic-2001]rule deny source 10.0.1.0 0.0.0.255
```

A．10.0.1.0/24 网段的数据包将被拒绝

B．10.0.1.0/24 网段的数据包将被允许

C．该 ACL 配置有误

D．以上选项都不正确

6．如图 8-6 所示，网络管理员在路由器 RTA 上使用 ACL 2000 过滤数据包，则下列描述中正确的是（　　）。（多选）

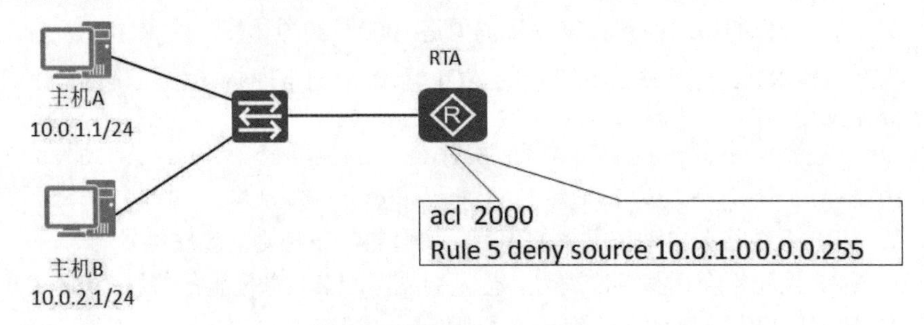

图 8-6　通信示意图（2）

A．RTA 转发来自主机 A 的数据包

B．RTA 丢弃来自主机 A 的数据包

C．RTA 转发来自主机 B 的数据包

D．RTA 丢弃来自主机 B 的数据包

7．在路由器 PTA 上使用如下所示的 ACL 匹配路由条目，则下列哪些条目将会被匹配上？（　　）（多选）

```
[RTA]acl 2002
```

```
[RTA-acl-basic-2002]rule deny source 172.16.1.1 0.0.0.0
[RTA-acl-basic-2002]rule deny source 172.16.0.0 0.0.255.255
```

A．172.16.1.1/32　　B．172.16.1.0/24

C．192.17.0.0/24　　D．172.18.0.0/16

8．下列哪项参数不能用于高级访问控制列表？（　　）

A．物理端口　　B．目的端口号

C．协议号　　D．时间范围

9．某个 ACL 规则如下：

rule 5 permit ip source 10.1.1.0 255.0.254.255

则下列哪些 IP 地址可以被 permit 规则匹配？（　　）（多选）

A．7.1.2.1　　B．6.1.3.1

C．8.2.2.1　　D．9.1.1.1

10．用 Telnet 方式登录路由器时，可以选择哪几种认证方式？（　　）（多选）

A．AAA 本地认证　　B．不认证

C．password 认证　　D．MD5 密文认证

11．如图 8-7 所示，在 RTA 路由器上创建 ACL，禁止 10.0.1.0/24、10.0.2.0/24 和 10.0.3.0/24 网段之间相互访问，允许这 3 个网段访问 Internet。考虑使用基本 ACL 还是高级 ACL，考虑 ACL 绑定的位置和方向。创建 ACL，绑定到适当端口。

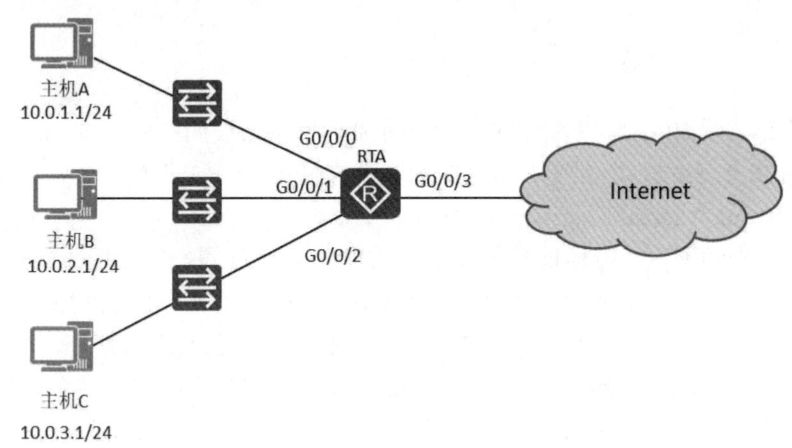

图 8-7　通信示意图（3）

第9章 网络地址转换和端口映射

本章内容

- 介绍公网地址和私网地址
- NAT 的类型
- 静态 NAT 的实现
- NAPT 的实现
- Easy IP 的实现
- 配置端口映射
- 灵活运用 NAPT

本章介绍公网 IP 地址和私网 IP 地址，企业内网通常使用私网 IP 地址，Internet 使用的是公网 IP 地址。使用私网 IP 地址的计算机访问 Internet（公网）时需要用到网络地址转换（Network Address Translation，NAT）技术。

在连接企业内网（私网地址）和 Internet 的路由器上配置网络地址转换（NAT）。一个私网地址需要占用一个公网地址做转换。NAT 分为静态 NAT 和动态 NAT。

如果内网计算机数量（私网地址数量）比可用的公网地址多，就需要做网络地址端口转换（Network Address and Port Translation，NAPT）。NAPT 技术允许企业内网的计算机使用公网 IP 地址进行网络地址端口转换。

如果企业的服务器部署在内网，使用私网地址，让 Internet 上的计算机访问内网服务器，就需要在连接 Internet 的路由器上配置端口映射。

9.1 公网地址和私网地址

公网指的是 Internet，公网 IP 地址指的是 Internet 上全球统一规划的 IP 地址，网段地址块不能重叠。Internet 上的路由器能够转发目标地址为公网地址的数据包。

在 IP 地址空间里，A、B、C 3 类地址中各保留了一部分地址作为私网地址，私网地址不能在公网上出现，只能在内网中用，Internet 中的路由器没有到私网地址的路由。

保留的 A、B、C 类私网地址的范围分别如下。

A 类地址：10.0.0.0～10.255.255.255。

B 类地址：172.16.0.0～172.31.255.255。

C 类地址：192.168.0.0～192.168.255.255。

企业或学校的内部网络，可以根据计算机数量、网络规模大小，选用适当的私网地址段。小型企业或家庭网络可以选择保留 C 类私网地址，大中型企业网络可以选择保留 B 类地址或 A 类地址。如图 9-1 所示，甲学校选用 10.0.0.0/8 作为内网地址，乙学校也选择 10.0.0.0/8 作为内网地址，这两个学校的网络现在不需要相互通信，将来也不打算相互访问，使用相同的网段或地址重叠也没关系。如果以后甲学校和乙学校的网络需要相互通信，就不能使用重叠的地址段了，就要重新规划这两个学校的内网地址。

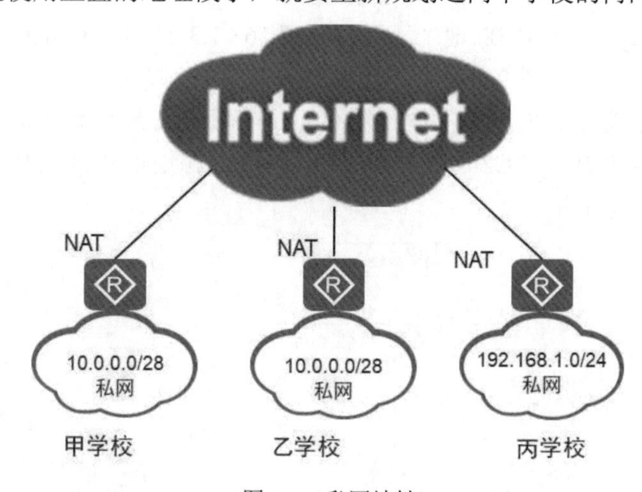

图 9-1　私网地址

企业内网使用私网地址，可以减少对公网地址的占用。NAT 一般应用在边界路由器中，比如公司连接 Internet 的路由器上，NAT 的优缺点如表 9-1 所示。

表 9-1　NAT 的优缺点

优　　点	缺　　点
❍ 通过使用 NAPT 技术，企业私网访问 Internet 时可以使用公网地址，节省公网 IP 地址 ❍ 更换 ISP，内网地址不用更改，增强 Internet 连接的灵活性 ❍ 私网在 Internet 上不可直接访问，增强内网的安全性	❍ 在路由器上做 NAT 或 NAPT，都需要修改数据包的网络层和传输层，并且在路由器中保留、记录端口地址转换对应关系，这相比路由数据包会产生较大的交换延迟，同时会消耗路由器较多的资源 ❍ 使用私网地址访问 Internet，源地址被替换成公网地址，如果某学校的学生在论坛上发布谣言，论坛只能记录发帖人的 IP 地址是该学校的公网地址，没办法跟踪到是内网的哪个地址。也就是无法进行端到端的 IP 跟踪 ❍ 公网不能访问私网计算机，如需访问，要做端口映射 ❍ 某些应用无法在 NAT 网络中运行，比如 IPSec 不允许中间数据包被修改

9.2 NAT的类型

下面介绍NAT的3种类型：静态NAT、动态NAT、地址池NAPT和Easy IP。

9.2.1 静态NAT

静态 NAT 在连接私网和公网的路由器上进行配置，一个私网地址对应一个公网地址，这种方式不节省公网IP地址。

如图9-2所示，在R1路由器上配置静态映射，内网192.168.1.2访问Internet时使用公网地址 12.2.2.2 替换源 IP 地址，内网 192.168.1.3 访问 Internet 时使用公网地址12.2.2.3替换源IP地址。图9-2中画出了PC1、PC2访问Web服务器，数据包在内网时的源地址和目标地址，以及数据包发送到Internet后的源地址和目标地址。也画出了Web服务器发送给PC1和PC2的数据包在Internet的源地址和目标地址，以及进入内网后的源地址和目标地址。

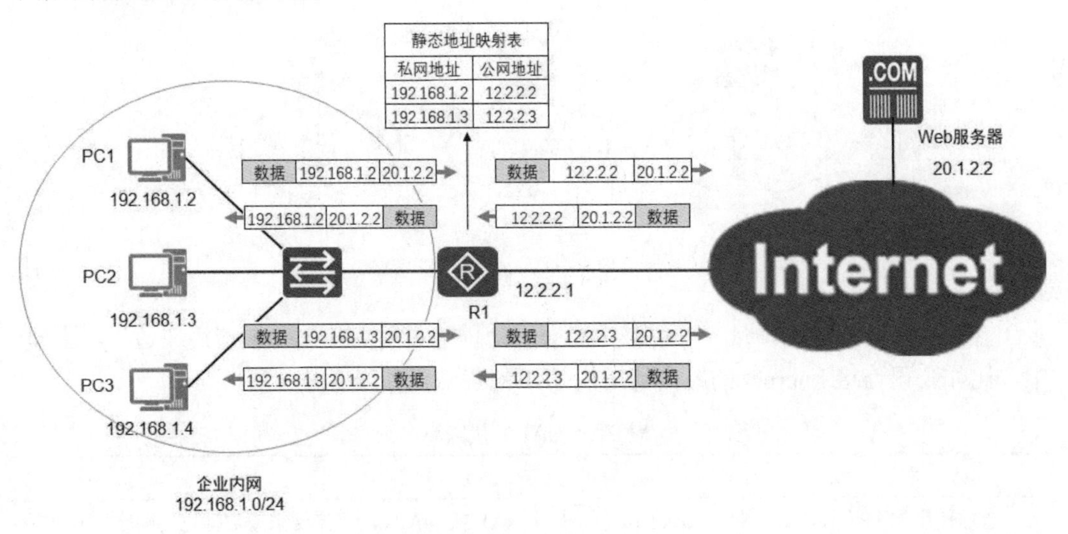

图9-2　静态NAT示意图

PC3不能访问Internet，因为在R1路由器上没有为IP地址192.168.1.4指定用来替换的公网地址。配置好了静态NAT，Internet上的计算机就能通过访问12.2.2.2访问内网的PC1，通过访问12.2.2.3访问内网的PC2。

静态NAT使得内网能够访问Internet，同样Internet上的计算机通过访问静态地址映射表中的某个公网地址访问对应的内网计算机。

9.2.2　动态 NAT

动态 NAT 在连接私网和公网的路由器上进行配置，在路由器上创建公网地址池（地址段），使用 ACL 定义内网地址，并不指定用哪个公网地址替换哪个私网地址。内网计算机访问 Internet，路由器会从公网地址池中随机选择一个没被使用的公网地址做源地址替换，动态 NAT 只允许内网主动访问 Internet，Internet 上的计算机不能通过公网地址访问内网的计算机，这和静态 NAT 不一样。

如图 9-3 所示，内网有 4 台计算机，公网地址池有三个公网 IP 地址，因此只允许内网的 3 台计算机访问 Internet，到底谁能访问 Internet，那就看谁先上网了，图 9-3 中 PC4 没有可用的公网地址，就不能访问 Internet 了。

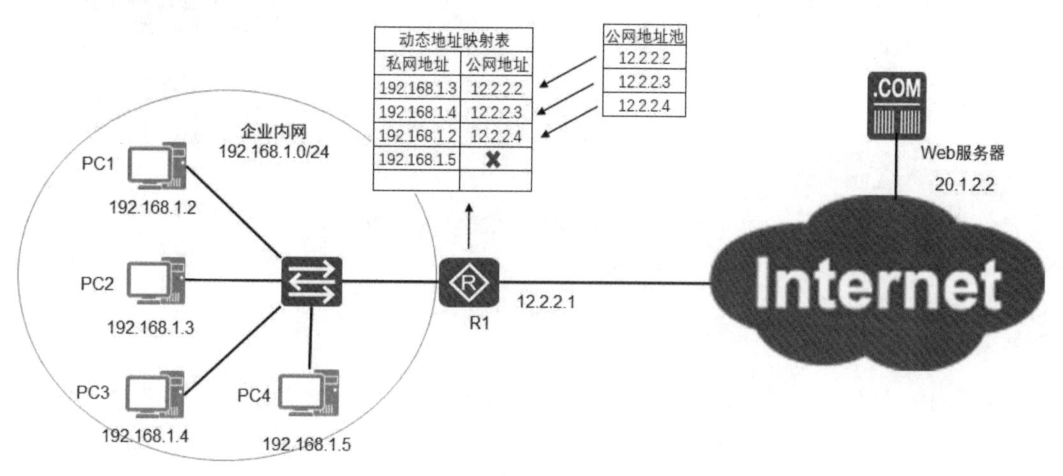

图 9-3　动态 NAT

9.2.3　网络地址端口转换（NAPT）

如果用于 NAT 的公网地址少于内网上网计算机的数量，内网计算机使用公网地址池中的 IP 地址访问 Internet，出去的数据包就要替换源 IP 地址和源端口，在路由器中有一张表用于记录端口地址转换，如图 9-4 所示。

源端口（图 9-4 中的公网端口）由路由器统一分配，不会重复，R1 收到返回来的数据包，根据目标端口就能判定应该给内网中的哪台计算机。这就是网络地址端口转换（Network Address and Port Translation，NAPT），NAPT 的应用会节省公网地址。

NAPT 只允许内网主动访问 Internet，Internet 中的计算机不能主动向内网发起通信，这使得内网更加安全。

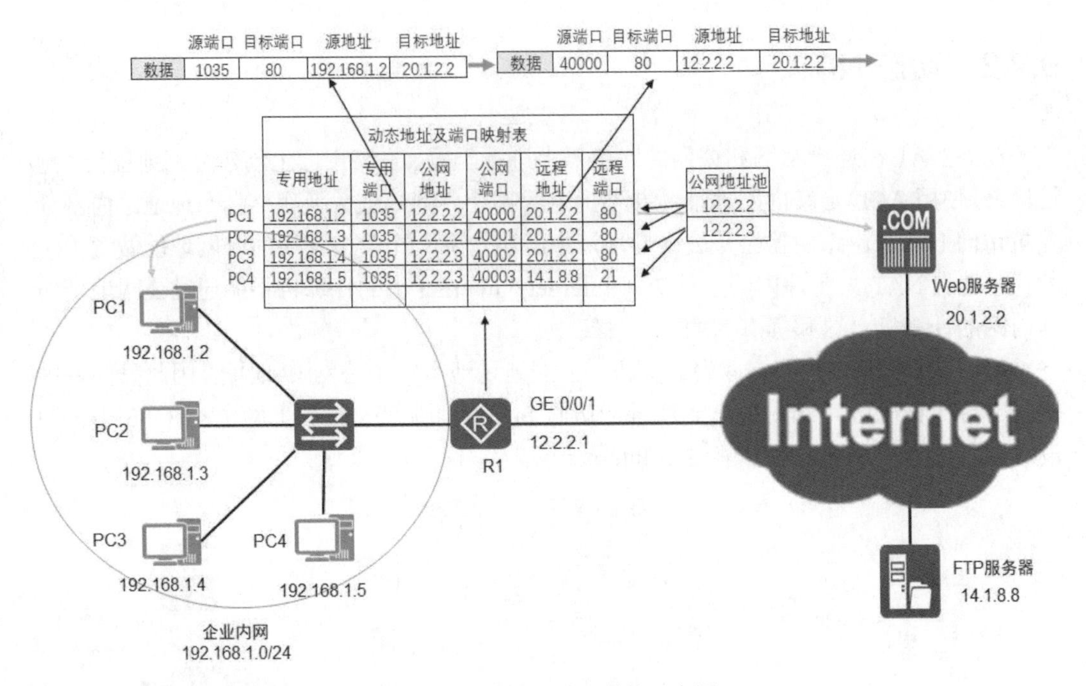

图 9-4　网络地址端口转换示意图

9.2.4　Easy IP

Easy IP 技术是 NAPT 的一种简化。如图 9-4 所示，Easy IP 无须建立公有 IP 地址资源池，因为 Easy IP 只会用到一个公有地址，该地址就是路由器 R1 的 GE 0/0/1 接口的 IP 地址。Easy IP 也会建立并维护一张动态地址及端口映射表，并且，Easy IP 会将这张表中的公有 IP 地址绑定成的 GE 0/0/1 接口的 IP 地址。R1 的 GE 0/0/1 接口的 IP 地址如果发生了变化，那么，这张表中的公有 IP 地址也会自动跟着变化。GE 0/0/1 接口的 IP 地址可以是手工配置的，也可以是动态分配的。

其他方面，Easy IP 都是与 NAPT 完全一样的，这里不再赘述。

9.3　静态 NAT 的实现

在连接 Internet 的路由器上配置静态 NAT。

如图 9-5 所示，企业内网的私网地址是 192.168.0.0/24，AR1 路由器连接 Internet，有一条默认路由指向 AR2 的 GE 0/0/0 端口地址，AR2 代表 ISP Internet 上的路由器，该路由器没有到私网的路由。ISP 给企业分配了 3 个公网地址 12.2.2.1、12.2.2.2、12.2.2.3，其中 12.2.2.1 指定给 AR1 的 GE 0/0/1 端口。

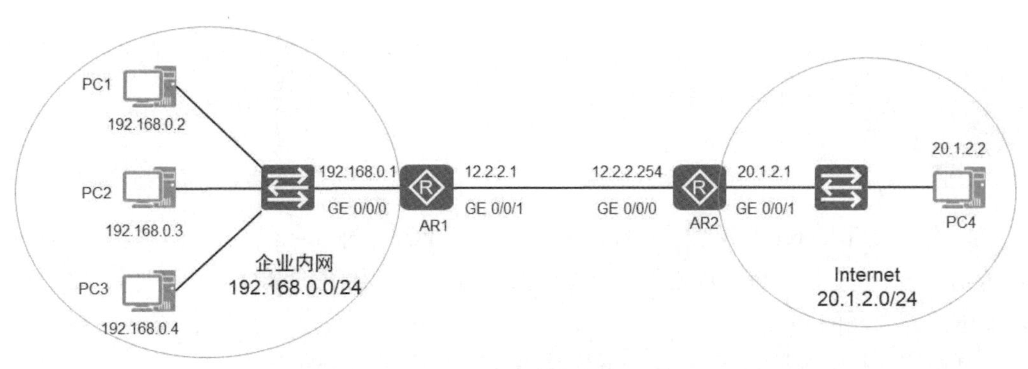

图 9-5　配置静态 NAT

现在要求在 AR1 路由器上配置静态 NAT，PC1 访问 Internet 的 IP 地址使用 12.2.2.2 替换、PC2 访问 Internet 的 IP 地址使用 12.2.2.3 替换。12.2.2.1 地址已经分配给 AR1 的 GE 0/0/1 端口使用了，静态映射不能再使用这个地址。

在配置静态 NAT 之前，内网计算机是不能访问 Internet 上的计算机的。思考一下为什么？是数据包不能到达目标地址，还是 Internet 上的计算机发出的响应数据包不能返回内网？

在 AR1 上配置静态 NAT。

```
[AR1]interface GigabitEthernet 0/0/1
[AR1-GigabitEthernet0/0/1]nat static global 12.2.2.2 inside 192.168.0.2
[AR1-GigabitEthernet0/0/1]nat static global 12.2.2.3 inside 192.168.0.3
```

查看 NAT 静态映射。

```
<AR1>display nat static
  Static Nat Information:
  Interface  : GigabitEthernet0/0/1
    Global IP/Port      : 12.2.2.2/----
    Inside IP/Port      : 192.168.0.2/----
    Protocol : ----
    VPN instance-name   : ----
    Acl number          : ----
    Netmask  : 255.255.255.255
    Description : ----

    Global IP/Port      : 12.2.2.3/----
    Inside IP/Port      : 192.168.0.3/----
    Protocol : ----
    VPN instance-name   : ----
    Acl number          : ----
```

```
    Netmask   : 255.255.255.255
    Description : ----

  Total :     2
```

配置完成后，PC1 和 PC2 能 ping 通 20.1.2.2。PC3 不能 ping 通 Internet 上计算机的 IP 地址。Internet 上的 PC4 能够通过 12.2.2.2 地址访问到内网的 PC1，能够通过 12.2.2.3 地址访问到内网的 PC3。

测试完成后，删除静态 NAT 设置，配置 NAPT 初始化环境。

```
[AR1-GigabitEthernet0/0/1]undo nat static global 12.2.2.2 inside 192.168.0.2
[AR1-GigabitEthernet0/0/1]undo nat static global 12.2.2.3 inside 192.168.0.3
```

9.4 NAPT 的实现

本节网络环境见图 9-5，假如 ISP 给企业分配了 12.2.2.1、12.2.2.2、12.2.2.3 3 个公网地址，12.2.2.1 给 AR1 路由器的 GE 0/0/1 端口使用，12.2.2.2 和 12.2.2.3 这两个地址给内网计算机做 NAPT 使用，这就需要定义公网地址池来做 NAPT。

创建公网地址池。

```
[AR1]nat address-group 1 ?                              --指定公网地址池编号 1
  IP_ADDR<X.X.X.X>  Start address
[AR1]nat address-group 1 12.2.2.2 12.2.2.3              --指定开始地址和结束地址
```

如果企业内网有多个网段，也许只允许几个网段能够访问 Internet。需要通过 ACL 定义允许通过 NAPT 访问 Internet 的内网网段，在本示例中内网就一个网段。

```
[AR1]acl 2000
[AR1-acl-basic-2000]rule 5 permit source 192.168.0.0 0.0.0.255
[AR1-acl-basic-2000]rule deny
[AR1-acl-basic-2000]quit
```

为 AR1 上连接 Internet 的端口 GigabitEthernet 0/0/1 配置 NAPT。

```
[AR1]interface GigabitEthernet 0/0/1
[AR1-GigabitEthernet0/0/1]nat outbound 2000 address-group 1 ?
                                                 --指定使用的公网地址池
  no-pat   Not use PAT                           --如果带 no-pat，就是动态 NAT
  <cr>     Please press ENTER to execute command
```

```
[AR1-GigabitEthernet0/0/1]nat outbound 2000 address-group 1
```

在 PC1、PC2、PC3 上 ping Internet 上的 PC4，看看是否能通。

9.5　Easy IP 的实现

如图 9-6 所示，企业内网使用私网地址 192.168.0.0/24，ISP 只给企业一个公网地址 12.2.2.1/24。在 AR1 上配置 NAPT，允许内网计算机使用 AR1 路由器上 GE 0/0/1 端口的公网地址做地址转换以访问 Internet。使用路由器端口的公网 IP 地址做 NAPT，称为 Easy-IP。

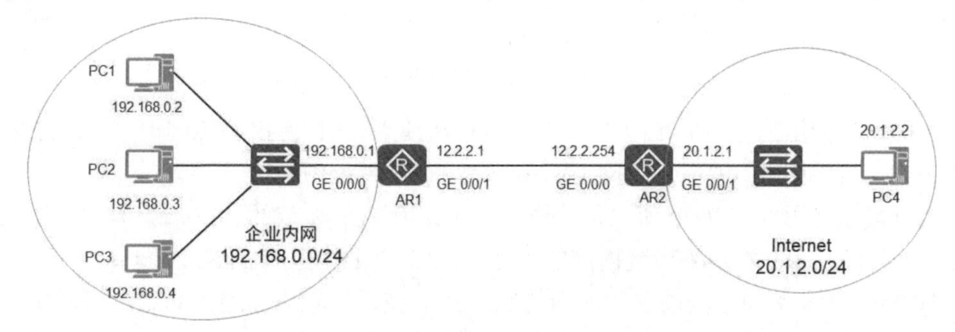

图 9-6　使用外网端口地址做 NAPT

如果企业内网有多个网段，也许只允许几个网段能够访问 Internet。需要通过 ACL 定义允许通过 NAPT 访问 Internet 的内网网段，在本示例中内网就一个网段。

```
[AR1]acl 2000
[AR1-acl-basic-2000]rule 5 permit source 192.168.0.0 0.0.0.255
[AR1-acl-basic-2000]rule deny
[AR1-acl-basic-2000]quit
```

为 AR1 上连接 Internet 的端口 GigabitEthernet 0/0/1 配置 NAPT。

```
[AR1]interface GigabitEthernet 0/0/1
[AR1-GigabitEthernet0/0/1]nat outbound 2000      --指定允许 NAPT 的 ACL
```

9.6　配置端口映射

Internet 上的计算机是没办法直接访问企业内网（私网 IP 地址）中的计算机或服务器的。如果打算让 Internet 上的计算机访问企业内网中的服务器，那么需要在企业连接 Internet 的路由器上配置端口映射，即 NAT Server，该路由器必须有公网 IP 地址。

如图9-7所示，某公司内网使用的是192.168.0.0/24网段，用AR1路由器连接Internet，有公网IP地址12.2.2.1，该公司内网中的Web服务器需要供Internet上的计算机访问，该公司IT部门的员工下班回家后，需要用远程桌面连接企业内网的Server1和PC3。

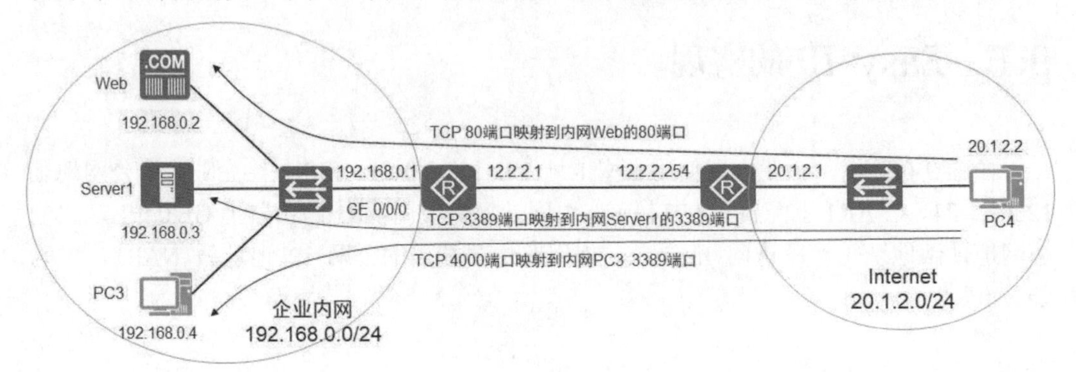

图9-7 配置NAT Server

访问网站使用的是HTTP协议，该协议默认使用TCP协议的80端口，将12.2.2.1的TCP协议的80端口映射到内网192.168.0.2的TCP协议的80端口。

远程桌面使用的是RDP协议，该协议默认使用TCP协议的3389端口，将12.2.2.1的TCP协议的3389端口映射到内网的192.168.0.3的TCP协议的3389端口。

TCP的3389端口已经映射到内网的Server1，使用远程桌面连接PC3时就不能再使用3389端口，可以将12.2.2.1的TCP协议的4000端口映射到内网192.168.0.4的3389端口。通过访问12.2.2.1的TCP协议的4000端口就可以访问PC3的远程桌面（3389端口）。

下面在AR1上配置NAT Server，AR1路由器的GE 0/0/1端口就一个公网地址12.2.2.1，先配置Easy IP允许内网访问Internet，再配置NAT Server，允许Internet访问内网中的Web服务器、Server1和PC3的远程桌面。

通过ACL定义允许通过NAPT访问Internet的内网，在本示例中内网就一个网段。

```
[AR1]acl 2000
[AR1-acl-basic-2000]rule 5 permit source 192.168.0.0 0.0.0.255
[AR1-acl-basic-2000]rule deny
[AR1-acl-basic-2000]quit
```

配置使用AR1上的GigabitEthernet 0/0/1端口地址为内网做NAPT。

```
[AR1]interface GigabitEthernet 0/0/1
[AR1-GigabitEthernet0/0/1]nat outbound 2000
```

将AR1上的GigabitEthernet 0/0/1端口的地址从TCP协议的80端口映射到内网的192.168.0.2地址的80端口。

```
    [AR1-GigabitEthernet0/0/1]nat server protocol tcp global current-inter
face ?
```

```
    <0-65535>   Global port of NAT              --可以跟端口号
    ftp         File Transfer Protocol (21)
    pop3        Post Office Protocol v3 (110)
    smtp        Simple Mail Transport Protocol (25)
    telnet      Telnet (23)
    www         World Wide Web (HTTP, 80)       --www 相当于 80 端口
  [AR1-GigabitEthernet0/0/1]nat server protocol tcp global current-inter
face www inside 192.168.0.2 www
  Warning:The port 80 is well-known port. If you continue it may cause function
 failure.
  Are you sure to continue?[Y/N]:y
```

将 AR1 上的 GigabitEthernet 0/0/1 端口的地址从 TCP 协议的 3389 端口映射到内网的 192.168.0.3 地址的 3389 端口。

```
  [AR1-GigabitEthernet0/0/1]nat server protocol tcp global current-inter
face 3389 inside 192.168.0.3 3389
```

将 AR1 上的 GigabitEthernet 0/0/1 端口的地址从 TCP 协议的 4000 端口映射到内网的 192.168.0.4 地址的 3389 端口。

```
  [AR1-GigabitEthernet0/0/1]nat server protocol tcp global current-inter
face 4000 inside 192.168.0.4 3389
```

查看 AR1 上 GigabitEthernet 0/0/1 接口的 NAT Server 配置。

```
  <AR1>display nat server interface GigabitEthernet 0/0/1

    Nat Server Information:
    Interface  : GigabitEthernet0/0/1
      Global IP/Port     : current-interface/80(www) (Real IP : 12.2.2.1)
      Inside IP/Port     : 192.168.0.2/80(www)
      Protocol : 6(tcp)
      VPN instance-name  : ----
      Acl number         : ----
      Description : ----

      Global IP/Port     : current-interface/3389 (Real IP : 12.2.2.1)
      Inside IP/Port     : 192.168.0.3/3389
      Protocol : 6(tcp)
      VPN instance-name  : ----
      Acl number         : ----
```

```
    Description : ----

    Global IP/Port     : current-interface/4000 (Real IP : 12.2.2.1)
    Inside IP/Port     : 192.168.0.4/3389
    Protocol : 6(tcp)
    VPN instance-name  : ----
    Acl number         : ----
    Description : ----

  Total :    3
```

9.7 习题

1．如图 9-8 所示，为了使主机 A 能访问公网，且公网用户也能主动访问主机 A，此时在路由器 R1 上应该配置哪种 NAT 转换模式？（　　）

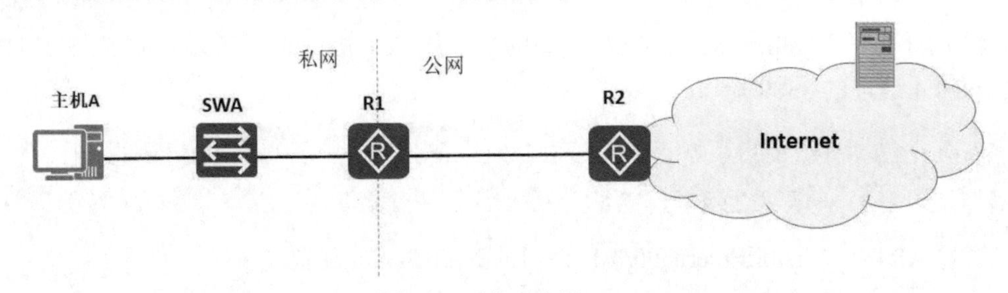

图 9-8　通信示意图（1）

A．静态 NAT　　　　B．动态 NAT

C．Easy-IP　　　　D．NAPT

2．如图 9-9 所示，RTA 使用 NAT 技术，且通过定义地址池来实现多对多的非 NAPT 地址转换，使得私网主机能够访问公网。假设地址池中仅有两个公网 IP 地址，并且已经分配给主机 A 与 B，做了地址转换，此时若主机 C 也希望访问公网，则下列描述中正确的是（　　）。

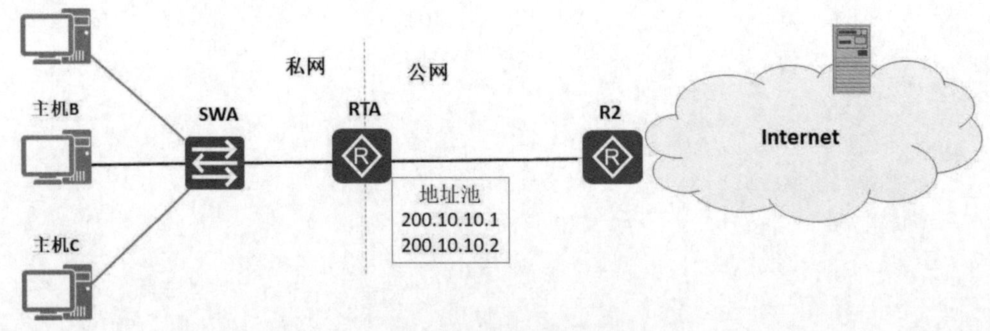

图 9-9　通信示意图（2）

A．RTA 分配第一个公网地址给主机 C，主机 A 被踢下线

B．RTA 分配最后一个公网地址给主机 C，主机 B 被踢下线

C．主机 C 无法分配到公网地址，不能访问公网

D．所有主机轮流使用公网地址，都可以访问公网

3．下面有关 NAT 的描中，正确的是（　　）。（多选）

A．NAT 的全称是网络地址转换，又称为地址翻译

B．NAT 通常用来实现私有网络地址与公用网络地址之间的转换

C．当使用私有地址的内部网络的主机访问外部公用网络的时候，不需要 NAT

D．NAT 技术为解决 IP 地址紧张的问题提供了很大的帮助

4．某公司的网络中有 50 个私有 IP 地址，网络管理员使用 NAT 技术接入公网，且该公司仅有一个公网地址可用，则下列哪种 NAT 转换方式符合要求？（　　）

A．静态转换　　　　B．动态转换

C．Easy-IP　　　　D．NAPT

5．NAPT 允许多个私有 IP 地址通过不同的端口号映射到同一个公有 IP 地址，则下列关于 NAPT 中端口号的描述中，正确的是（　　）。

A．必须手工配置端口号和私有地址的对应关系

B．只需要配置端口号的范围

C．不需要做任何关于端口号的配置

D．需要使用 ACL 分配端口号

第10章

将路由器配置为DHCP服务器

本章内容

- 静态地址和动态地址
- 将华为路由器配置为DHCP服务器
- 抓包分析DHCP分配IP地址的过程
- 跨网段分配IP地址
- 使用接口地址池为直连网段分配地址

本章介绍IP地址的两种配置方式：静态地址分配和动态地址分配，以及这两种方式适用的场景。动态地址方式需要网络中有DHCP服务器，Windows服务器和Linux服务器都可以配置为DHCP服务器，本章展示将华为路由器配置为DHCP服务器，为网络中的计算机分配地址。

路由器打算为多少个网段分配地址，就要创建多少个IP地址池。既可以为直连网段中的计算机分配IP地址，也可以为远程网段（没有直连网段）中的计算机分配IP地址。

如果路由器为直连网段中的计算机分配地址，也可以不单独创建IP地址池，使用接口地址池为直连网段分配地址。

10.1 静态地址和动态地址

为计算机配置IP地址有两种方式：一种是人工指定IP地址、子网掩码、网关和DNS等配置信息，这种方式获得的IP地址称为静态地址；另一种是使用DHCP服务器为计算机分配IP地址、子网掩码、网关和DNS配置信息，这种方式获得的地址称为动态地址。

适用于静态地址的情况有如下几种。

- 计算机在网络中不经常改变位置，比如学校机房中的台式机的位置是固定的，通常使用静态地址，甚至为了方便学生访问资源，IP地址还按一定规则进行设置，比如第一排第四列的计算机IP地址设置为192.168.0.14，第三排第二列的计算机 IP 地址设置为 192.168.0.32 等。

- 企业的服务器也通常使用固定 的 IP 地址（静态地址），这是为了方便用户使用 IP 地址访问服务器，比如企业 Web 服务器、FTP 服务器、域控制器、文件服务器、DNS 服务器等通常使用静态地址。

适用于动态地址的情况如下。

- 网络中的计算机不固定，比如软件学院，每个教室一个网段，202 教室的网络是 10.7.202.0/24 网段，204 教室的网络是 10.7.204.0/24 网段，学生从 202 教室下课后再去 204 教室上课，笔记本电脑就要更改 IP 地址了。如果让学生自己更改 IP 地址（静态地址），设置的地址有可能已经被其他学生的笔记本电脑占用了。人工为移动设备指定地址不仅麻烦，而且指定的地址还容易发生冲突。如果使用 DHCP 服务器统一分配地址，就不会产生冲突。
- 通过 Wi-Fi 联网的设备，地址通常也是由 DHCP 服务器自动分配的。通过 Wi-Fi 联网本来就是为了方便，如果连上 Wi-Fi 后，还要设置 IP 地址、子网掩码、网关和 DNS 才能上网，那就不方便了。

10.2　将华为路由器配置为 DHCP 服务器

如图 10-1 所示，某企业有 3 个部门，销售部的网络使用 192.168.1.0/24 网段、市场部的网络使用 192.168.2.0/24 网段、研发部的网络使用 172.16.5.0/24 网段。现在要配置 AR1 路由器为 DHCP 服务器，为这 3 个部门的计算机分配 IP 地址。

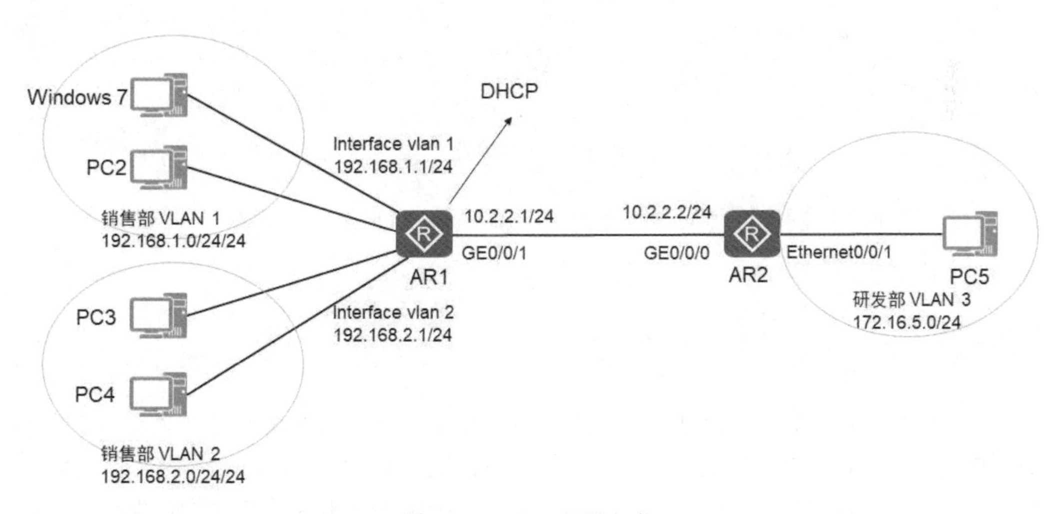

图 10-1　DHCP 网络拓扑

在 AR1 上为销售部创建地址池 VLAN 1，VLAN 1 是地址池的名称，地址池名称可以随便指定。

```
[AR1]dhcp enable                                    --全局启用 DHCP 服务
[AR1]ip pool vlan1                                  --为 VLAN 1 创建地址池
[AR1-ip-pool-vlan1]network 192.168.1.0 mask 24 --指定地址池所在的网段
[AR1-ip-pool-vlan1]gateway-list 192.168.1.1     --指定该网段的网关
[AR1-ip-pool-vlan1]dns-list 8.8.8.8             --指定 DNS 服务器
[AR1-ip-pool-vlan1]dns-list 222.222.222.222     --指定第二个 DNS 服务器
[AR1-ip-pool-vlan1]lease day 0 hour 8 minute 0
                                        --地址租约，允许客户端使用多长时间
[AR1-ip-pool-vlan1]excluded-ip-address 192.168.1.1 192.168.1.10
                                        --指定排除的地址范围
Error:The gateway cannot be excluded.   --不能包括网关
[AR1-ip-pool-vlan1]excluded-ip-address 192.168.1.2 192.168.1.10
                                        --指定排除的地址范围
[AR1-ip-pool-vlan1]excluded-ip-address 192.168.1.50 192.168.1.60
                                        --指定排除的地址范围
 [AR1-ip-pool-vlan1]display this        --显示地址池的配置
[V200R003C00]
#
ip pool vlan1
 gateway-list 192.168.1.1
 network 192.168.1.0 mask 255.255.255.0
 excluded-ip-address 192.168.1.2 192.168.1.10
 excluded-ip-address 192.168.1.50 192.168.1.60
 lease day 0 hour 8 minute 0
 dns-list 8.8.8.8 222.222.222.222
#
Return
```

配置 Vlanif 1 接口从全局地址池选择地址。以上创建的 VLAN 1 地址池是全局（global）地址池。

```
[AR1]interface Vlanif 1
[AR1-Vlanif1]dhcp select global
```

一个网段只能创建一个地址池，如果该网段中有些地址已经被占用，就要在该地址池中排除，避免 DHCP 分配的地址和其他计算机冲突。DHCP 分配给客户端的 IP 地址等配置信息是有时间限制的（租约时间），对于网络中计算机变换频繁的情况，租约时间设置得短一些，如果网络中的计算机相对稳定，租约时间设置得长一点。软件学院的学生每 2 个小时就有可能更换教室听课，可把租约时间设置成 2 小时。通常情况下，客户端在租约时间过去一半时就会自动找到 DHCP 服务器续约。如果到期了，客户端没有找 DHCP 服务器续约，DHCP 就认为该客户端已经不在网络中，该地址就被收回，分配给其他计算机了。

为市场部创建地址池。

```
[AR1]ip pool vlan2
[AR1-ip-pool-vlan2]network 192.168.2.0 mask 24
[AR1-ip-pool-vlan2]gateway-list 192.168.2.1
[AR1-ip-pool-vlan2]dns-list 114.114.114.114
[AR1-ip-pool-vlan2]lease day 0 hour 2 minute 0
[AR1-ip-pool-vlan2]quit
```

配置 Vlanif 2 接口以从全局地址池选择地址。

```
[AR1]interface Vlanif 2
[AR1-Vlanif2]dhcp select global
```

输入 display ip pool 以显示定义的地址池。

```
<AR1>display ip pool
-----------------------------------------------------------------------
  Pool-name      : vlan1
  Pool-No        : 0
  Position       : Local           Status           : Unlocked
  Gateway-0      : 192.168.1.1
  Mask           : 255.255.255.0
  VPN instance   : --
-----------------------------------------------------------------------
  Pool-name      : vlan2
  Pool-No        : 1
  Position       : Local           Status           : Unlocked
  Gateway-0      : 192.168.2.1
  Mask           : 255.255.255.0
  VPN instance   : --

  IP address Statistic
    Total         :506
    Used          :4          Idle         :482
    Expired       :0          Conflict     :0            Disable   :20
```

在 Windows 7 上运行抓包工具，将 IP 地址设置成自动获得，能够捕获请求 IP 地址的过程。可以看到 DHCP 客户端和 DHCP 服务器交互的四个数据包，也就是 DHCP 协议的工作过程，如图 10-2 所示。

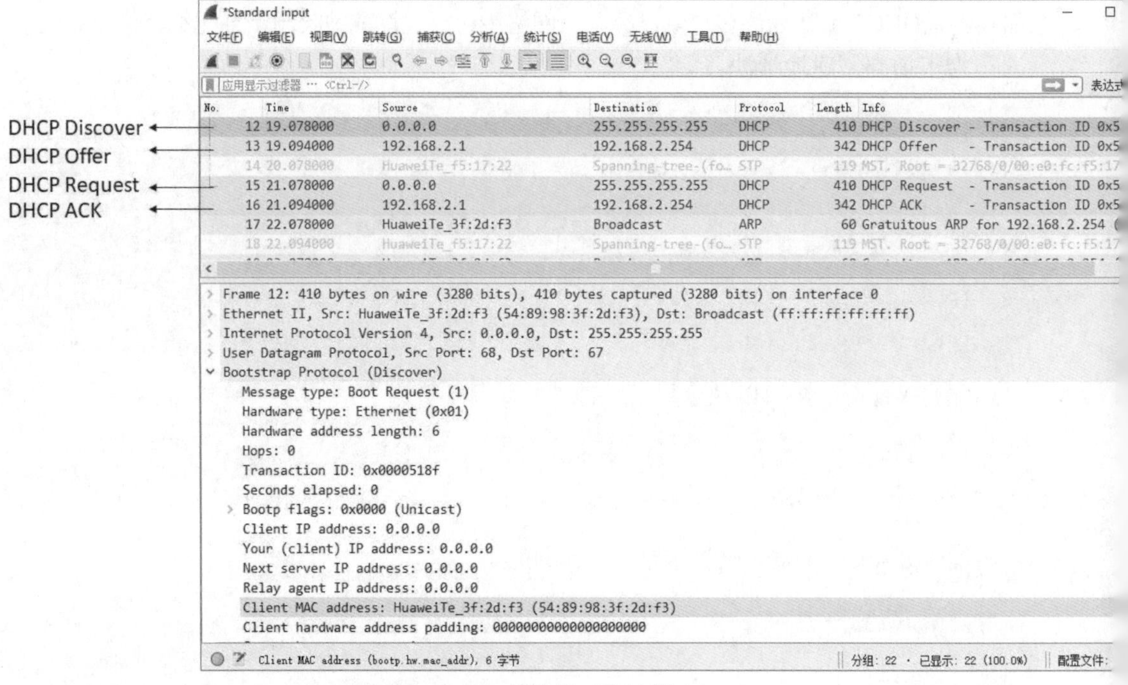

图 10-2　DHCP 协议的工作过程

DHCP 通过 4 个步骤将 IP 地址信息以租约的方式提供给 DHCP 客户端。这 4 个步骤分别以 DHCP 数据包的类型命名。

步骤 1：DHCP Discover（DHCP 发现）

DHCP 客户端通过向网络广播一个 DHCP Discover 数据包来发现可用的 DHCP 服务器。

将 IP 地址设置为自动获得的计算机就是 DHCP 客户端，它不知道网络中谁是 DHCP 服务器，自己也没地址，DHCP 客户端就发送广播包来请求地址，网络中的设备都能收到该请求。广播包的源 IP 地址为 0.0.0.0，目标 IP 地址为 255.255.255.255。

步骤 2：DHCP Offer（DHCP 提供）

DHCP 服务器通过向网络广播一个 DHCP Offer 数据包来应答客户端的请求。

当 DHCP 服务器接收到 DHCP 客户端广播的 DHCP Discover 数据包后，网络中的所有 DHCP 服务器都会向网络广播一个 DHCP Offer 数据包。所谓 DHCP Offer 数据包，就是 DHCP 服务器用来将 IP 地址提供给 DHCP 客户端的信息。

步骤 3：DHCP Request（DHCP 选择）

DHCP 客户端向网络广播一个 DHCP Request 数据包来选择多个服务器提供的 IP 地址。

在 DHCP 客户端接收到服务器的 DHCP Offer 数据包后，会向网络广播一个 DHCP Request 数据包以接收分配。DHCP Request 数据包包含为客户端提供租约的 DHCP 服务器的标识，这样其他 DHCP 服务器收到这个数据包后，就会撤销对这个客户端的分配，而将本该分配的 IP 地址收回用于响应其他客户端的租约请求。

步骤 4：DHCP ACK（DHCP 确认）

被选择的 DHCP 服务器向网络广播一个 DHCP ACK 数据包，用以确认客户端的选择。

在 DHCP 服务器接收到客户端广播的 DHCP Request 数据包后，随即向网络广播一个 DHCP ACK 数据包。所谓 DHCP ACK 数据包，就是 DHCP 服务器发给 DHCP 客户端的用以确认 IP 地址租约成功生成的信息。此信息包含该 IP 地址的有效租约和其他的 IP 配置信息。

显示地址池 VLAN 1 的地址租约使用情况。

```
<AR1>display ip pool name vlan1 used
  Pool-name       : vlan1
  Pool-No         : 0
  Lease           : 0 Days 8 Hours 0 Minutes
  Domain-name     : -
  DNS-server0     : 8.8.8.8
  DNS-server1     : 222.222.222.222
  NBNS-server0    : -
  Netbios-type    : -
  Position        : Local           Status            : Unlocked
  Gateway-0       : 192.168.1.1
  Mask            : 255.255.255.0
  VPN instance    : --
 ---------------------------------------------------------------------
      Start     End          Total  Used Idle(Expired) Conflict Disable
 ---------------------------------------------------------------------
   192.168.1.1 192.168.1.254  253    2    231(0)          0       20
 ---------------------------------------------------------------------

  Network section :
  --------------------------------------------------------------------
  Index        IP        MAC                   Lease   Status
  --------------------------------------------------------------------
    252   192.168.1.253   5489-9851-4a95   335    Used
                                       --租约，有客户端 MAC 地址
    253   192.168.1.254   5489-9831-72f6   344     Used
                                       --租约，有客户端 MAC 地址
  --------------------------------------------------------------------
```

10.3 跨网段分配 IP 地址

在 AR1 路由器上创建地址池 remoteNet，从而为研发部的计算机分配地址，研发部的网络没有和 AR1 路由器直连，AR1 路由器收不到研发部的计算机发送的 DHCP 发现数据包，路由器隔绝广播。这就需要配置 AR2 路由器的 Vlanif 1 接口，启用 DHCP 中继功能，将收到的 DHCP 发现数据包转换成定向 DHCP 发现数据包，目标地址为 10.2.2.1，源地址为接口 Vlanif 1 的地址 172.16.5.1。AR1 路由器一旦收到这样的数据包，就知道这是来自 172.16.5.0/24 网段的请求，于是就从 remoteNet 地址池中选择一个 IP 地址提供给 PC5，如图 10-3 所示。完成本实验的前提是一定要确保这几个网络畅通。

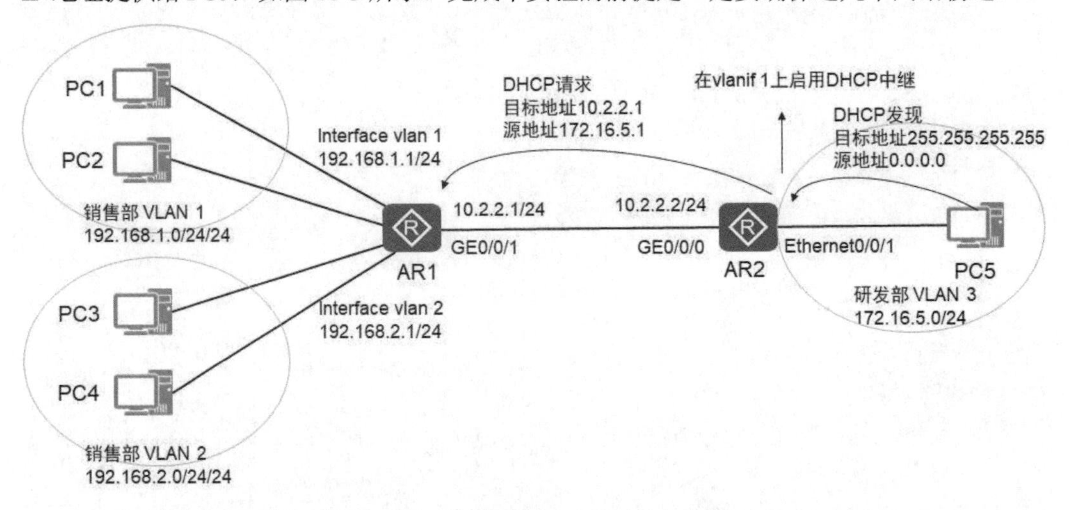

图 10-3 跨网段分配 IP 地址的拓扑图

下面就在 AR1 上为研发部的网络创建地址池 remoteNet。远程网段的地址池必须设置网关。

```
[AR1]ip pool remoteNet
[AR1-ip-pool-remoteNet]network 172.16.5.0 mask 24
[AR1-ip-pool-remoteNet]gateway-list 172.16.5.1            --设置网关
[AR1-ip-pool-remoteNet]dns-list 8.8.8.8
[AR1-ip-pool-remoteNet]lease day 0 hour 2 minute 0
[AR1-ip-pool-remoteNet]quit
```

配置 AR1 的 GE 0/0/0 接口从全局地址池选择地址。

```
[AR1]interface GigabitEthernet 0/0/0
[AR1-GigabitEthernet0/0/0]dhcp select global
[AR1-GigabitEthernet0/0/0]quit
```

在 AR2 路由器上启用 DHCP 功能，配置 AR2 路由器的 Vlanif 1 接口，启用 DHCP

中继功能，指明 DHCP 服务器的地址。

```
[AR2]dhcp enable
[AR2]interface Vlanif 1
[AR2-Vlanif1]dhcp select relay
[AR2-Vlanif1]dhcp relay server-ip 10.2.2.1
```

将 PC5 的地址设置成 DHCP 动态分配，输入 ipconfig 查看获得的 IP 地址，验证跨网段分配。如果不成功，检查 AR1 和 AR2 路由器上的路由表，要确保网络畅通，DHCP 才能跨网段分配 IP 地址。

```
PC>ipconfig
Link local IPv6 address...........: fe80::5689:98ff:fe61:65d
IPv6 address......................: :: / 128
IPv6 gateway......................: ::
IPv4 address......................: 172.16.5.254
Subnet mask.......................: 255.255.255.0
Gateway...........................: 172.16.5.1
Physical address..................: 54-89-98-61-06-5D
DNS server........................: 8.8.8.8
```

10.4　使用接口地址池为直连网段分配地址

以上操作将华为路由器配置为 DHCP 服务器，一个网段创建一个地址池，还为地址池指定了网段和子网掩码。如果路由器为直连网段分配地址，可以不用创建地址池，已经为路由器接口配置了地址和子网掩码，可以使用接口所在的网段作为地址池的网段和子网掩码。

如图 10-4 所示，AR1 路由器连接两个网段 192.168.1.0/24 和 192.168.2.0/24。要求配置 AR1 路由器为这两个网段分配 IP 地址。

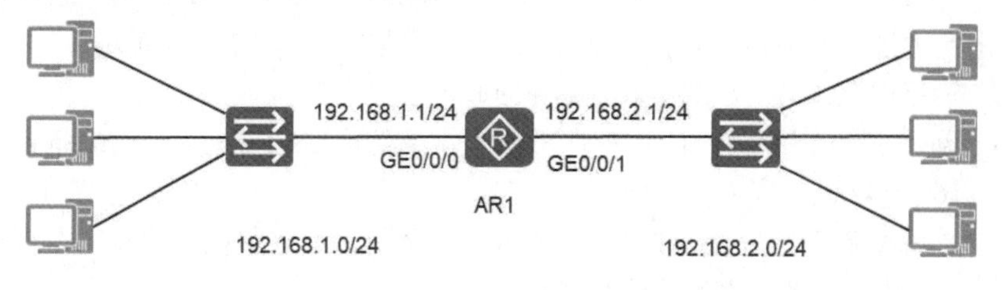

图 10-4　使用接口地址池为直连网段分配地址的拓扑图

配置 AR1 的 GigabitEthernet 0/0/0 和 GigabitEthernet 0/0/1 接口地址。

```
[AR1]interface GigabitEthernet 0/0/0
[AR1-GigabitEthernet0/0/0]ip address 192.168.1.1 24
```

```
[AR1-GigabitEthernet0/0/0]quit
[AR1]interface GigabitEthernet 0/0/1
[AR1-GigabitEthernet0/0/1]ip address 192.168.2.1 24
[AR1-GigabitEthernet0/0/1]
```

启用 DHCP 服务，配置 GigabitEthernet 0/0/0 接口从接口地址池选择地址。

```
[AR1]dhcp enable                                        --全局启用 DHCP 服务
[AR1]interface GigabitEthernet 0/0/0
[AR1-GigabitEthernet0/0/0]dhcp select interface         --从接口地址池选择地址
[AR1-GigabitEthernet0/0/0]dhcp server dns-list 114.114.114.114
[AR1-GigabitEthernet0/0/0]dhcp server ?                 --可以看到全部配置项
  dns-list              Configure DNS servers
  domain-name           Configure domain name
  excluded-ip-address   Mark disable IP addresses
 ……
  lease                 Configure the lease of the IP pool
[AR1-GigabitEthernet0/0/0]dhcp server excluded-ip-address 192.168.1.2 19
2.168.1.20                                              --排除地址
```

配置 GigabitEthernet 0/0/1 接口从接口地址池选择地址。

```
[AR1]interface GigabitEthernet 0/0/1
[AR1-GigabitEthernet0/0/1]dhcp select interface
[AR1-GigabitEthernet0/0/1]dhcp server dns-list 8.8.8.8
[AR1-GigabitEthernet0/0/1]dhcp server lease day 0 hour 4 minute 0
```

10.5 习题

1. 管理员在网络中部署了一台 DHCP 服务器之后，发现部分主机获取到非该 DHCP 服务器指定的地址，造成这一问题可能的原因有哪些？（　　）（多选）

A．网络中存在另一台工作效率更高的 DHCP 服务器

B．部分主机无法与该 DHCP 服务器正常通信，这些主机客户端系统自动生成了 169.254.0.0 范围内的地址

C．部分主机无法与该 DHCP 服务器正常通信，这些主机客户端系统自动生成了 127.254.0.0 范围内的地址

D．DHCP 服务器的地址池已经全部分配完毕

2．管理员在配置 DHCP 服务器时，下面哪条命令配置的租期时间最短？（　　）

A．dhcp select　　　　B．lease day 1

C．lease 24　　　　D．lease 0

3．主机从 DHCP 服务器 A 获取到 IP 地址后进行了重启，则重启事件会向 DHCP 服务器 A 发送下面哪种消息？（　　）

A．DHCP Discover　　　　B．DHCP Request

C．DHCP Offer　　　　D．DHCP ACK

4．如图 10-5 所示，在 RA 路由器上启用 DHCP 服务，为 192.168.3.0/24 网段创建地址池，需要在 RB 路由器上做哪些配置，才能使 PC2 从 RA 路由器获得 IP 地址？（　　）

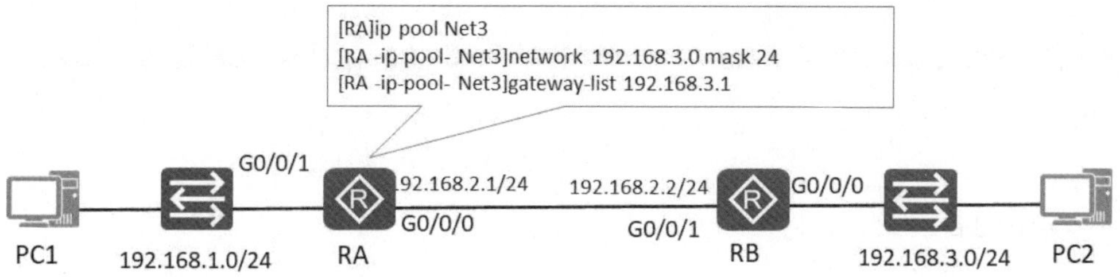

```
[RA]ip pool Net3
[RA -ip-pool- Net3]network 192.168.3.0 mask 24
[RA -ip-pool- Net3]gateway-list 192.168.3.1
```

G0/0/1　192.168.2.1/24　192.168.2.2/24　G0/0/0
G0/0/0　G0/0/1
PC1　192.168.1.0/24　RA　RB　192.168.3.0/24　PC2

图 10-5　通信示意图

A．
```
[RB]dhcp enable
[RB]interface GigabitEthernet 0/0/0
[RB-GigabitEthernet 0/0/0]dhcp select global
```
B．
```
[RB]dhcp enable
[RB]interface GigabitEthernet 0/0/0
[RB-GigabitEthernet 0/0/0]dhcp select relay
[RB-GigabitEthernet 0/0/0]dhcp relay server-ip 192.168.2.1
```
C．
```
[RB]dhcp enable
[RB]interface GigabitEthernet 0/0/1
[RB-GigabitEthernet 0/0/0]dhcp select relay
[RB-GigabitEthernet 0/0/0]dhcp relay server-ip 192.168.2.1
```
D．
```
[RB]interface GigabitEthernet 0/0/0
[RB-GigabitEthernet 0/0/0]dhcp select relay
[RB-GigabitEthernet 0/0/0]dhcp relay server-ip 192.168.2.1
```

5．使用动态主机配置协议 DHCP 分配 IP 地址有哪些优点？（　　）（多选）

A．可以实现 IP 地址重复利用

B．避免 IP 地址冲突

C．工作量大且不好管理

D．配置信息发生变化（如 DNS），只需要管理员在 DHCP 服务器上修改，方便统一管理

6．以下那条命令可以开启路由器接口的 DHCP 中继功能？（　　）

A．dhcp select server　　　　B．dhcp select global

C．dhcp select interface　　　　D．dhcp select relay

第11章 IPv6

本章内容

- IPv6 的改进
- IPv6 地址
- 自动配置 IPv6 地址
- IPv6 路由

本章介绍 IPv6 协议相对于 IPv4 有哪些改进，IPv6 网络层协议相对于 IPv4 网络层协议有哪些变化，以及 ICMPv6 协议有哪些功能上的扩展。

IPv6 地址由 128 位二进制数构成，解决了 IPv4 公网地址紧张的问题。本章讲解 IPv6 地址的格式、简写规则及分类。

计算机的 IPv6 地址可以人工指定静态地址，也可以设置成自动获取，自动获取分为“无状态自动配置”和“有状态自动配置”，本章介绍这两种自动配置如何实现。

IPv6 的功能和 IPv4 一样，都是为数据包选择转发路径。网络要想畅通，需要给路由器添加静态路由，或使用动态路由协议学习各个网段的路由。本章展示 IPv6 的静态路由配置和动态路由 OSPFv3 配置。

11.1 IPv6 的改进

随着 Internet 规模的扩大，IPv4 地址空间已经消耗殆尽。针对 IPv4 地址短缺的问题，曾先后出现过 CIDR 和 NAT 等临时性解决方案，但是 CIDR 和 NAT 都有各自的弊端，并不能作为彻底解决 IPv4 地址短缺问题的方案。另外，安全性、QoS（服务质量）、简便配置等要求，也表明需要一种新的协议来根本解决目前 IPv4 面临的问题。

国际互联网工程任务组（IETF，The Internet Engineering Task Force）在 20 世纪 90 年代提出了下一代互联网协议——IPv6，IPv6 支持几乎无限的地址空间，使用全新的地址配置方式，使得配置更加简单。IPv6 还采用全新的报文格式，提高了报文处理的效率以及安全性，也能更好地支持 QoS。

11.1.1 IPv4 和 IPv6 的比较

图 11-1 是对 TCP/IPv4 协议组和 TCP/IPv6 协议组的比较。

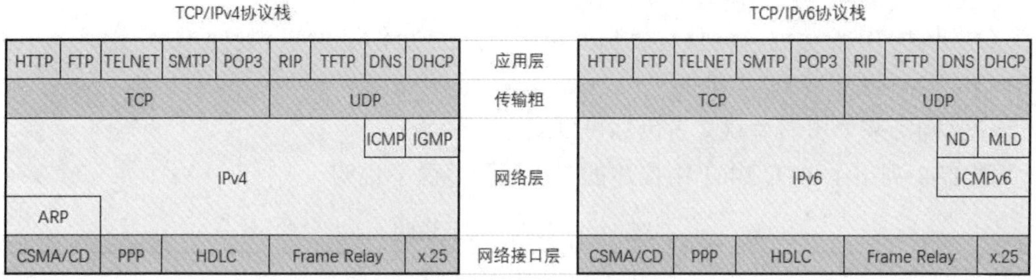

TCP/IPv4协议栈

HTTP	FTP	TELNET	SMTP	POP3	RIP	TFTP	DNS	DHCP	应用层
TCP					UDP				传输相
IPv4							ICMP	IGMP	网络层
ARP									
CSMA/CD	PPP	HDLC		Frame Relay			x.25		网络接口层

TCP/IPv6协议栈

HTTP	FTP	TELNET	SMTP	POP3	RIP	TFTP	DNS	DHCP	应用层
TCP					UDP				传输相
IPv6							ND	MLD	网络层
							ICMPv6		
CSMA/CD	PPP	HDLC		Frame Relay			x.25		网络接口层

图 11-1 IPv4 协议组和 IPv6 协议组

可以看到，IPv6 协议组与 IPv4 协议组相比，只是网络层发生了变化，不会影响 TCP 和 UDP，也不会影响数据链路层协议，网络层的功能和 IPv4 一样。IPv6 的网络层没有 ARP 协议和 IGMP 协议，对 ICMP 协议的功能做了很大的扩展，IPv4 协议组中 ARP 协议的功能和 IGMP 协议的多点传送控制功能也被嵌入 ICMPv6 中，分别是邻居发现（ND）协议和多播侦听器发现（MLD）协议。

IPv6 网络层的核心协议包括以下几个。

- IPv6：用于取代 IPv4，是一种可路由协议，用于对数据包进行寻址、路由、分段和重组。
- Internet 控制消息协议 IPv6 版（ICMPv6）：用来取代 ICMP，测试网络是否畅通，报告错误和其他信息以帮助判断网络故障。
- 邻居发现（Neighbor Discovery，ND）协议：ND 取代了 ARP，用于管理相邻 IPv6 结点间的交互，包括自动配置地址以及将下一跃点 IPv6 地址解析为 MAC 地址。
- 多播侦听器发现（Multicast Listener Discovery，MLD）协议：MLD 取代了 IGMP，用于管理 IPv6 多播组成员的身份。

11.1.2 ICMPv6 协议的功能

IPv6 使用的 ICMP 是 ICMP for IPv4 的更新版本，这一新版本叫作 ICMPv6，它执行常见的 ICMP for IPv4 功能，报告传送或转发中的错误并为疑难解答提供简单的回显服务。ICMPv6 协议还为 ND 和 MLD 消息提供消息结构。

1. 邻居发现

邻居发现（ND）是一组 ICMPv6 消息，用于确定相邻结点间的关系。ND 取代了 IPv4 中使用的 ARP、ICMP 路由器发现和 ICMP 重定向，提供更丰富的功能。

主机可以使用 ND 完成以下任务。

- 发现相邻的路由器。
- 发现并自动配置地址和其他配置参数。

路由器可以使用 ND 完成以下任务。

- 公布它们的存在、主机地址和其他配置参数。
- 向主机提示更好的下一跃点地址来帮助数据包转发到特定目标。

节点（包括主机和路由器）可以使用 ND 完成以下任务。

- 解析 IPv6 数据包将被转发到的相邻节点的链路层地址（又称 MAC 地址）。
- 动态公布 MAC 地址的更改。
- 确定某个相邻节点是否仍然可以到达。

表 11-1 列出了 RFC 2461 中描述的 ND 过程并做了说明。

表 11-1　ND 过程及说明

ND 过程	说　明
路由器发现	主机通过该过程来发现它的相邻路由器
前缀发现	主机通过该过程来发现本地子网目标的网络前缀
地址自动配置	无论是否存在地址配置服务器（例如运行动态主机配置协议 IPv6 版（DHCPv6）的服务器），该过程都可以为接口配置 IPv6 地址
地址解析	节点通过该过程将邻居的 IPv6 地址解析为它的 MAC 地址。IPv6 中的地址解析相当于 IPv4 中的 ARP
确定下一跃点	节点根据目标地址通过该过程来确定数据包要转发到的下一跃点 IPv6 地址。下一跃点地址可能是目标地址，也可能是某个相邻路由器的地址
检测邻居不可访问性	节点通过该过程确定邻居的 IPv6 层是否能够发送或接收数据包
检测重复地址	节点通过该过程确定它打算使用的某个地址是否已被相邻节点占用
重定向功能	该过程提示主机更好的第一跃点 IPv6 地址来帮助数据包向目标传送

2. 地址解析

IPv6 地址解析包括交换“邻居请求”和“邻居公布”消息，从而将下一跃点 IPv6 地址解析为对应的 MAC 地址。发送主机在适当的接口上发送一条多播“邻居请求”消息。“邻居请求”消息包括发送节点的 MAC 地址。

当目标节点接收到“邻居请求”消息后，将使用“邻居请求”消息中包含的源地址和 MAC 地址条目更新其邻居缓存（相当于 ARP 缓存）。接着，目标节点向“邻居请求”消息的发送方发送一条包含其 MAC 地址的单播“邻居公布”消息。

接收到来自目标的“邻居公布”消息后，发送主机根据其中包含的 MAC 地址使用目标节点条目来更新其邻居缓存。此时，发送主机和“邻居请求”的目标就可以发送单播 IPv6 通信量了。

3. 路由器发现

主机通过路由器发现过程尝试发现本地子网上的路由器集合。除了配置默认路由器之外，IPv6 路由器发现还配置了以下内容。

- IPv6 报头中的“跃点限制”字段的默认设置。

- 用于确定节点是否使用 DHCP 协议配置地址和其他参数。
- 为链路定义网络前缀列表。每个网络前缀都包含 IPv6 网络前缀及其有效的和首选的生存时间。如果指示了网络前缀，主机便使用该网络前缀来创建 IPv6 地址配置而不使用 DHCP 协议。网络前缀还定义了本地链路上节点的地址范围。

IPv6 路由器发现过程如下。

- IPv6 路由器定期在子网上发送多播“路由器通告（RA）”消息，以公布它们的路由器身份信息和其他配置参数（例如地址前缀和默认跃点限制）。
- 本地子网上的 IPv6 主机接收“路由器通告（RA）”消息，并使用其内容来配置地址、默认路由器和其他配置参数。
- 一台正在启动的主机发送多播“路由器请求（RS）”消息。收到“路由器请求”消息后，本地子网上的所有路由器都向发送路由器请求的主机发送一条单播“路由器通告”消息。该主机接收“路由器公布”消息并使用其内容来配置地址、默认路由器和其他配置参数。

4. 地址自动配置

IPv6 的一个非常有用的特点是，它无须使用 DHCP 协议就能够自动进行自我配置。默认情况下，IPv6 主机能够为每个接口配置一个用于本网段通信的地址。通过使用路由器发现过程，主机还可以确定路由器的地址和其他配置参数。“路由器公布”消息指示是否使用 HDCP 协议配置地址和其他参数。

5. 多播侦听器发现

多播侦听器发现（MLD）相当于 IGMP 的 IPv6 版本。MLD 是路由器和节点交换的一组 ICMPv6 消息，供路由器来为各个连接的接口发现网络中节点的 IPv6 多播地址的集合。

与 IGMPv2 不同，MLD 使用 ICMPv6 消息而不是定义自己的消息结构。

MLD 消息有 3 种类型。

- 多播侦听器查询：路由器使用“多播侦听器查询”消息来查询子网上是否有多播侦听器。
- 多播侦听器报告：多播侦听器使用“多播侦听器报告”消息来报告它们有兴趣接收并发往特定多播地址的多播通信量，或者使用这类消息来响应“多播侦听器查询”消息。
- 多播侦听器完成：多播侦听器使用“多播侦听器完成”消息来报告它们可能是子网上最后的多播组成员。

11.2 IPv6 地址

11.2.1 IPv6 地址格式

在 Internet 发展初期，IPv4 以其协议简单、易于实现、互操作性好的优势得到快速发展。然而，随着 Internet 的迅猛发展，IPv4 地址不足等设计缺陷也日益明显。IPv4 理论上仅仅能够提供的地址数量是 43 亿，但是由于地址分配机制等原因，实际可使用的数量远远达不到 43 亿。Internet 的迅猛发展令人始料未及，同时也带来地址短缺的问题。针对这一问题，曾先后出现过几种解决方案，比如 CIDR 和 NAT。但是 CIDR 和 NAT 都有各自的弊端和不能解决的问题，在这样的情况下，IPv6 的应用和推广便显得越来越急迫。

IPv6 是 Internet 工程任务组（IETF）设计的一套规范，是网络层协议的第二代标准协议，也是 IPv4（Internet Protocol version 4）的升级版本。IPv6 与 IPv4 最显著的区别是，IPv4 地址采用 32 位，而 IPv6 地址采用 128 位。128 位的 IPv6 地址可以划分更多地址层级、拥有更广阔的地址分配空间，并支持地址自动配置。IPv4 地址空间已经消耗殆尽，近乎无限的地址空间是 IPv6 的最大优势，如图 11-2 所示。

版本	长度	地址数量
IPv4	32位	4,294,967,296
IPv6	128位	340,282,366,920,938,463,374,607,431,768,211,456

图 11-2　IPv4 和 IPv6 地址数量对比

如图 11-3 所示，IPv6 地址的长度为 128 位，用于标识一个或一组接口。IPv6 地址通常写作 xxxx:xxxx:xxxx:xxxx:xxxx:xxxx:xxxx:xxxx，其中 xxxx 是 4 个十六进制数，等同于一个 16 位的二进制数；八组 xxxx 共同组成了一个 128 位的 IPv6 地址。一个 IPv6 地址由 IPv6 地址前缀和接口 ID 组成，IPv6 地址前缀用来标识 IPv6 网络，接口 ID 用来标识接口。

由于 IPv6 地址的长度为 128 位，因此书写时会非常不方便。此外，IPv6 地址的巨大地址空间使得地址中往往会包含多个 0。为了应对这种情况，IPv6 提供了压缩方式来简化地址的书写，压缩规则如下所示。

- 每 16 位中的前导 0 可以省略。
- 地址中包含的连续两个或多个均为 0 的组，可以用双冒号“::”来代替。需要注意的是，在一个 IPv6 地址中只能使用一次双冒号“::”，否则，设备将压缩后的地址恢复成 128 位时，无法确定每段中 0 的个数，如图 11-4 所示。

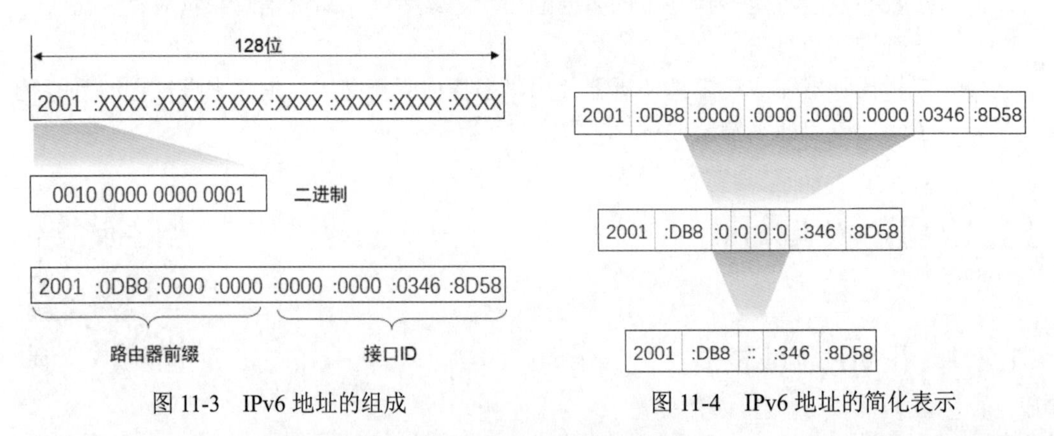

图 11-3　IPv6 地址的组成　　图 11-4　IPv6 地址的简化表示

本示例展示了如何利用压缩规则对 IPv6 地址进行简化表示。

IPv6 地址分为 IPv6 前缀和接口标识，子网掩码使用前缀长度的方式标识。表示形式是：IPv6 地址/前缀长度，其中“前缀长度”是一个十进制数，表示该地址的前多少位是地址前缀。例如 F00D:4598:7304:3210:FEDC:BA98:7654:3210，其地址前缀是 64 位，可以表示为 F00D:4598:7304: 3210:FEDC:BA98:7654:3210/64。

11.2.2　IPv6 地址分类

有 3 种 IPv6 地址类型：单播（Unicast）地址、多播（Multicast）地址和任播（Anycast）地址。

1. 单播地址

单播地址是点对点通信时使用的地址，此地址仅标识一个接口，网络负责把对单播地址发送的数据包传送到该接口上。

单播地址有全球单播地址（Global Unicast Address）、链路本地地址等几种形式。

一般情况下，全球单播地址的格式如图 11-5 所示。

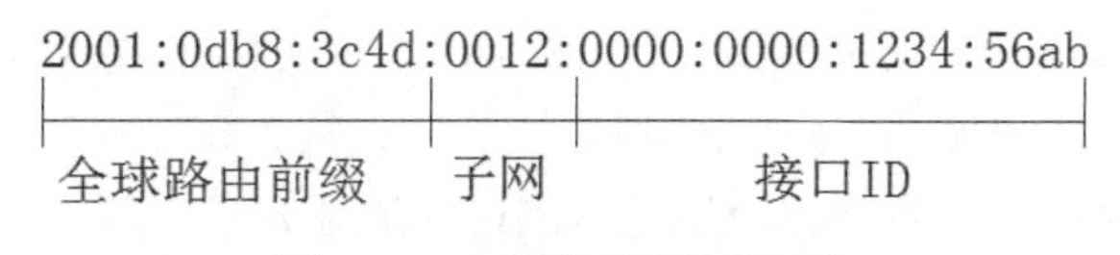

图 11-5　全球单播地址的结构

IPv6 全球单播地址的分配方式如下：顶级地址聚集机构 TLA（大的 ISP 或地址管理机构）获得大块地址，负责给次级地址聚集机构 NLA（中小规模 ISP）分配地址，NLA 给站点级地址聚集机构 SLA（子网）和网络用户分配地址。

- 全球路由前缀（global routing prefix）：典型的分层结构，根据 ISP 来组织，用来分配给站点（Site），站点是子网/链路的集合。
- 子网 ID（Subnet ID）：站点内子网的标识符。由站点的管理员分层构建。
- 接口 ID（Interface ID）：用来标识链路上的接口。在同一子网内是唯一的。

IPv6 中有种地址类型叫作链路本地地址，该地址用于在同一子网中的 IPv6 计算机之间进行通信。自动配置、邻居发现以及没有路由器的链路上的节点都使用这类地址。任意需要将数据包发往单一链路上的设备，以及不希望数据包发往链路范围外的协议都可以使用链路本地地址。当配置一个单播 IPV6 地址的时候，接口上会自动配置一个链路本地地址。链路本地地址和可路由的 IPv6 地址共存。

2. 多播地址

多播地址标识一组接口（一般属于不同节点）。当数据包的目的地址是多播地址时，网络尽量将其发送到该组的所有接口上。信源利用多播功能只需要生成一次报文即可将其分发给多个接收者。多播地址以 11111111（ff）开头。

3. 任播地址

任播地址标识一组接口，它与多播地址的区别在于发送数据包的方法。向任播地址发送的数据包并未被分发给组内的所有成员，而是发往该地址标识的“最近的”那个接口。

任播地址从单播地址空间中分配，使用单播地址的任何格式。因而，从语法上，任播地址与单播地址没有区别。当一个单播地址被分配给多于一个的接口时，就将其转换为任播地址。被分配具有任播地址的节点必须得到明确的配置，从而知道它是一个任播地址。

如图 11-6 所示列出了 IPv6 常见的地址类型和地址范围。

地址范围	描述
2000::/3	全球单播地址
2001:0DB8::/32	保留地址
FE80::/10	链路本地地址
FF00::/8	组播地址
::/128	未指定地址
::1/128	环回地址

图 11-6 IPv6 常见的地址类型和地址范围

目前，有一小部分全球单播地址已经由 IANA（互联网名称与数字地址分配机构 ICANN 的一个分支）分配给了用户。单播地址的格式是 2000::/3，代表公共 IP 网络上任意可到达的地址。IANA 负责将该段地址范围内的地址分配给多个区域互联网注册管理机构（RIR），RIR 负责全球 5 个区域的地址分配。以下几个地址范围已经分配：2400::/12（APNIC）、2600::/12（ARIN）、2800::/12（LACNIC）、2A00::/12（RIPE）和 2C00::/12（AFRINIC），它们使用单一地址前缀标识特定区域中的所有地址。

在 2000::/3 地址范围内还为文档示例预留了地址空间，例如 2001:0DB8::/32。

链路本地地址只能在同一网段的节点之间通信使用。以链路本地地址为源地址或目的地址的 IPv6 报文不会被路由器转发到其他链路。链路本地地址的前缀是 FE80::/10。使用 IPv6 通信的计算机会同时拥有链路本地地址和全球单播地址。

组播地址的前缀是 FF00::/8。组播地址范围内的大部分地址都是为特定组播组保留的。跟 IPv4 一样，IPv6 组播地址还支持路由协议。IPv6 中没有广播地址，用组播地址替代广播地址可以确保报文只发送给特定的组播组而不是 IPv6 网络中的任意终端。

0:0:0:0:0:0:0:0/128 等于::/128。这是 IPv4 中 0.0.0.0 的等价物，代表 IPv6 未指定地址。

0:0:0:0:0:0:0:1 等于::1。这是 IPv4 中 127.0.0.1 的等价物，代表本地环回地址。

11.3 IPv6 地址配置

11.3.1 IPv6 地址配置方式

使用 IPv6 通信的计算机，可以人工指定静态地址，也可以设置成自动获取 IPv6 地址，如图 11-7 所示。要是设置成自动获取 IPv6 地址，自动配置有两种方式，即无状态自动配置和有状态自动配置。下面讲解自动配置 IPv6 地址的两种方式。

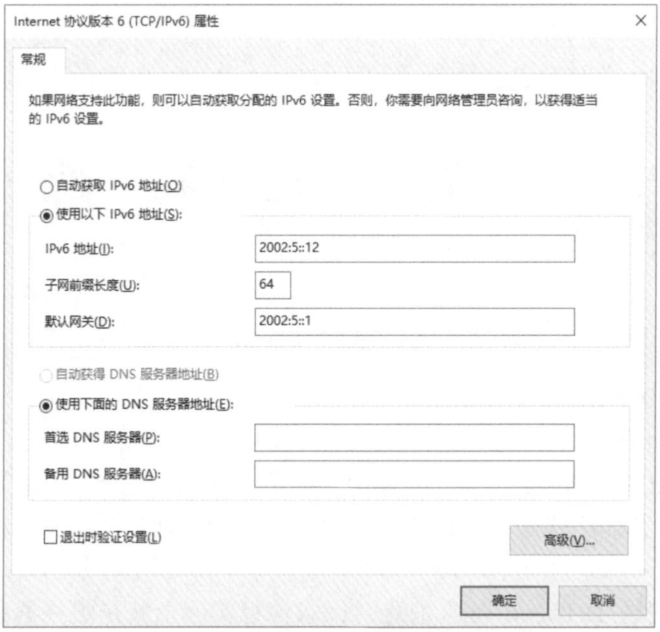

Internet 协议版本 6 (TCP/IPv6) 属性

常规

如果网络支持此功能，则可以自动获取分配的 IPv6 设置。否则，你需要向网络管理员咨询，以获得适当的 IPv6 设置。

○自动获取 IPv6 地址(O)
◉使用以下 IPv6 地址(S):
IPv6 地址(I): 2002:5::12
子网前缀长度(U): 64
默认网关(D): 2002:5::1

○自动获得 DNS 服务器地址(B)
◉使用下面的 DNS 服务器地址(E):
首选 DNS 服务器(P):
备用 DNS 服务器(A):

☐退出时验证设置(L) 高级(V)...

确定 取消

图 11-7 IPv6 静态地址和自动获取 IPv6 地址

11.3.2 自动配置 IPv6 地址的两种方式的工作过程

下面就以 3 个网段的 IPv6 网络为例，讲述计算机 IPv6 地址的自动配置过程。如图 11-8 所示，网络中有 3 个 IPv6 网段，路由器接口都已经配置了 IPv6 地址。PC1 的 IPv6 地址设置成自动获得，PC1 接入网络后主动发送路由器请求（RS）报文给网络中的路由器，请求地址前缀信息，“我”在哪个网段呢？AR1 收到 RS 报文后会立即向 PC1 单播（链路本地地址）回应路由通告（RA）报文，告知 PC1 IPv6 地址前缀（所在的 IPv6 网段）和相关配置参数。PC1 再使用网卡的 MAC 地址构造一个 64 位的 IPv6 接口 ID，就生成了一个全局 IPv6 地址，IPv6 地址的这种自动配置称为“无状态自动配置”。

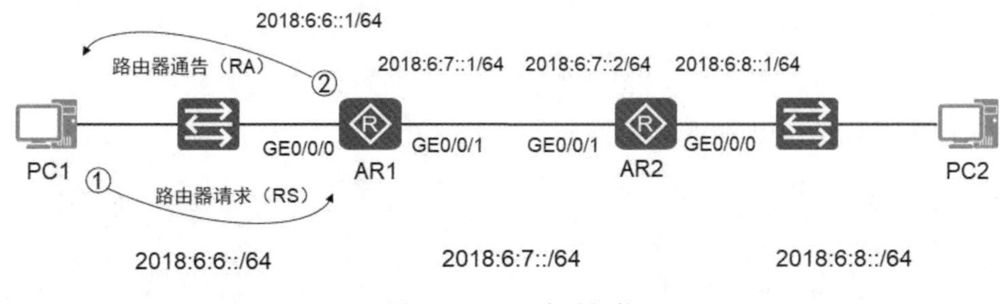

图 11-8 IPv6 实验拓扑

使用无状态自动配置，计算机只是得到了地址前缀，RA 报文中没有 DNS 等配置信息，所以有时候还需要 DHCPv6 服务器给网络中的计算机分配 IPv6 地址和其他设置。使用 DHCPv6 服务器配置 IPv6 地址，称为“有状态自动配置”。

如图 11-9 所示，使用 DHCPv6 配置 IPv6 地址的过程如下。

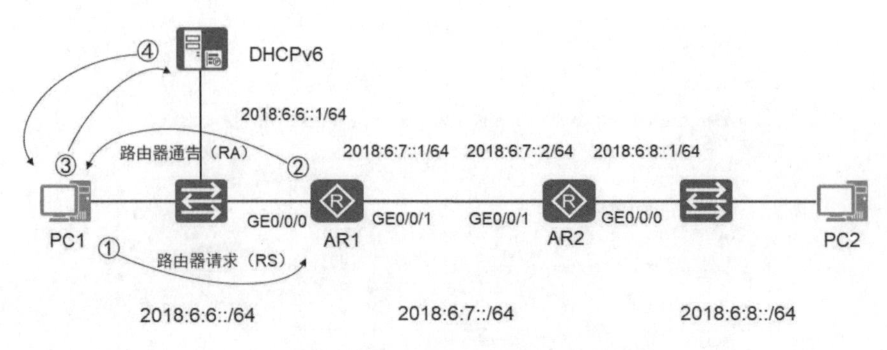

图 11-9 使用 DHCPv6 配置 IPv6 地址

（1）PC1 发送路由器请求（RS）。

（2）RA1 路由器发送路由器通告（RA），RA 报文中有两个标志位。M 标记位是 1，告诉 PC1 从 DHCPv6 服务器获取地址前缀；O 标记位是 1，告诉 PC1 从 DHCPv6 服务器获取 DNS 等其他配置。如果这两个标记位都是 0，则是无状态自动配置，不需要 DHCPv6 服务器。

（3）PC1 发送 DHCPv6 征求消息。征求消息实际上就是组播消息，目标地址为 ff02::1:2，是所有 DHCPv6 服务器和中继代理的组播地址。

（4）DHCPv6 服务器给 PC1 提供 IPv6 地址和其他设置。

11.3.3 IPv6 地址无状态自动配置

实验环境如图 11-10 所示：有 3 个 IPv6 网络，需要参照拓扑中标注的地址配置 AR1 和 AR2 路由器接口的 IPv6 地址。将 Windows 10 的 IPv6 地址设置成自动获取 IPv6 地址，实现无状态自动配置。

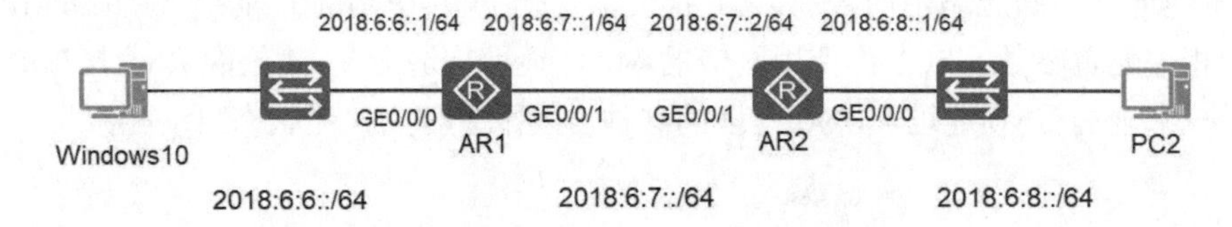

图 11-10 IPv6 地址无状态自动配置的实验拓扑

AR1 路由器上的配置如下。

```
[AR1]ipv6                                              --全局开启对 IPv6 的支持
[AR1]interface GigabitEthernet 0/0/0
[AR1-GigabitEthernet0/0/0]ipv6 enable                  --在接口上启用 IPv6 支持
[AR1-GigabitEthernet0/0/0]ipv6 address 2018:6:6::1 64       --添加 IPv6 地址
[AR1-GigabitEthernet0/0/0]ipv6 address auto link-local
                                                  --配置自动生成链路本地地址
[AR1-GigabitEthernet0/0/0]undo ipv6 nd ra halt
                                                  --允许发送地址前缀以及其他配置信息
```

```
[AR1-GigabitEthernet0/0/0]quit
[AR1]display ipv6 interface GigabitEthernet 0/0/0  --查看接口的 IPv6 地址
GigabitEthernet0/0/0 current state : UP
IPv6 protocol current state : UP
IPv6 is enabled, link-local address is FE80::2E0:FCFF:FE29:31F0 --链路本地地址
  Global unicast address(es):
    2018:6:6::1, subnet is 2018:6:6::/64          --全局单播地址
  Joined group address(es):                       --绑定的多播地址
    FF02::1:FF00:1
    FF02::2                                  --路由器接口绑定的多播地址
    FF02::1                                  --所有启用了 IPv6 的接口绑定的多播地址
    FF02::1:FF29:31F0
  MTU is 1500 bytes
  ND DAD is enabled, number of DAD attempts: 1 --ND 网络发现，地址冲突检测
  ……
  ND router advertisement max interval 600 seconds, min interval 200 s
econds
  ND router advertisements live for 1800 seconds
  ND router advertisements hop-limit 64
  ND default router preference medium
  Hosts use stateless autoconfig for addresses  --主机使用无状态自动配置
```

在 Windows 10 中，设置 IPv6 地址自动获得。打开命令提示符，输入 ipconfig /all 可以看到无状态自动配置生成的 IPv6 地址，同时也能看到链路本地地址，IPv6 网关是路由器的链路本地地址，如图 11-11 所示。

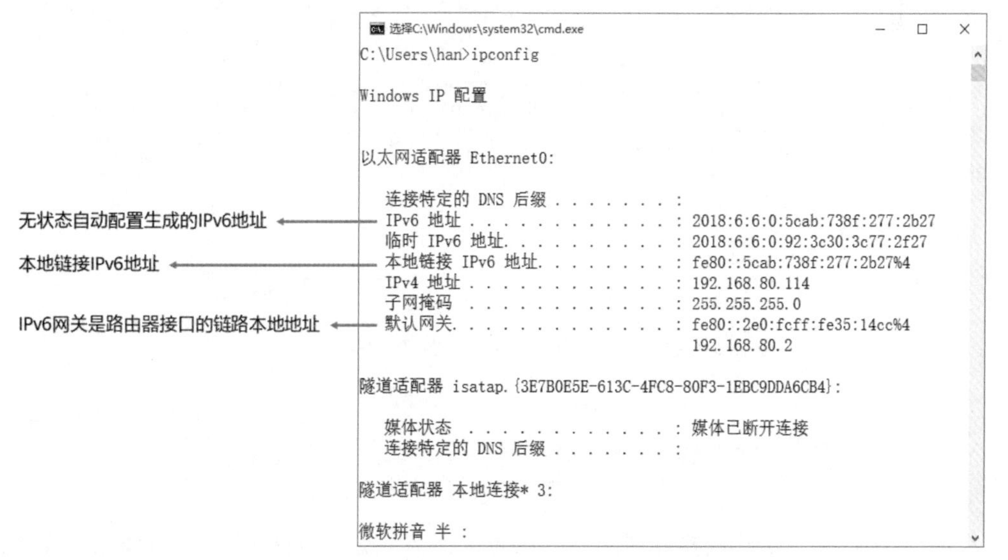

图 11-11 无状态自动配置生成的 IPv6 地址

11.3.4 抓包分析 RA 和 RS 数据包

IPv6 地址支持无状态地址自动配置，无须使用诸如 DHCP 之类的辅助协议，主机即可获取 IPv6 前缀并自动生成接口 ID。路由器发现功能是 IPv6 地址自动配置功能的基础，主要通过以下两种报文实现。

- **RA 报文**。每台路由器为了让二层网络上的主机和其他路由器知道自己的存在，定期以组播方式发送携带网络配置参数的 RA 报文。RA 报文的 Type 字段值为 134。
- **RS 报文**。主机接入网络后可以主动发送 RS 报文。RA 报文是由路由器定期发送的，但是如果主机希望能够尽快收到 RA 报文，它可以立刻主动发送 RS 报文给路由器。网络上的路由器收到 RS 报文后会立即向相应的主机单播回应 RA 报文，告知主机该网段的默认路由器和相关配置参数。RS 报文的 Type 字段值为 133。

在 Windows 10 上运行抓包工具，分析捕获 RA 报文和 RS 报文。

在 Windows 10 上给 IPv6 指定一个静态 IPv6 地址，再选择"自动获取 IPv6 地址"，自动获取 IPv6 地址过程中会发送 RS 报文，路由器会响应 RA 报文。

如图 11-12 所示，抓包工具捕获的数据包中，第 18 个数据包是 Windows 10 发送的路由器请求（RS）报文，使用的是 ICMPv6 协议，类型字段是 133，可以看到目标地址是多播地址 ff02::2，代表网络中所有启用了 IPv6 的路由器接口，源地址是 Windows 10 的本地链路地址。

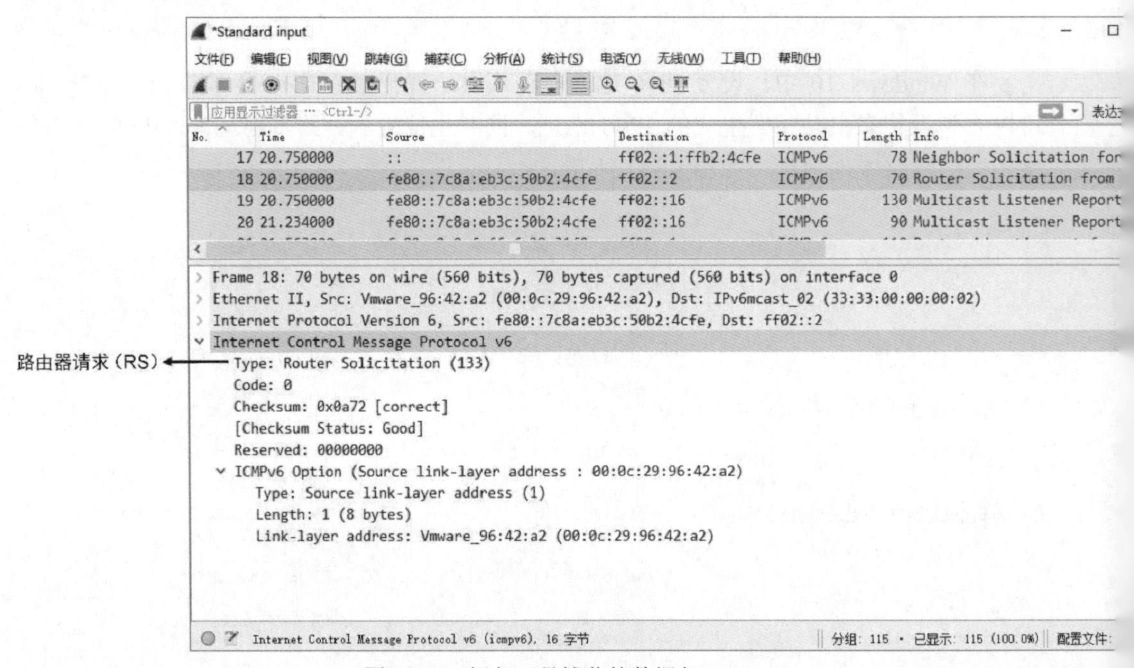

图 11-12 抓包工具捕获的数据包

第 21 个数据包是路由器发送的路由器通告（RA）报文，目标地址是多播地址 ff02::1

（代表网络中所有启用了 IPv6 的路由器接口），使用的是 ICMPv6 协议，类型字段是 134。可以看到 M 标记位为 0，O 标记位为 0，这就告诉 Windows 10，使用无状态自动配置，地址前缀为 2018:6:6::，如图 11-13 所示。

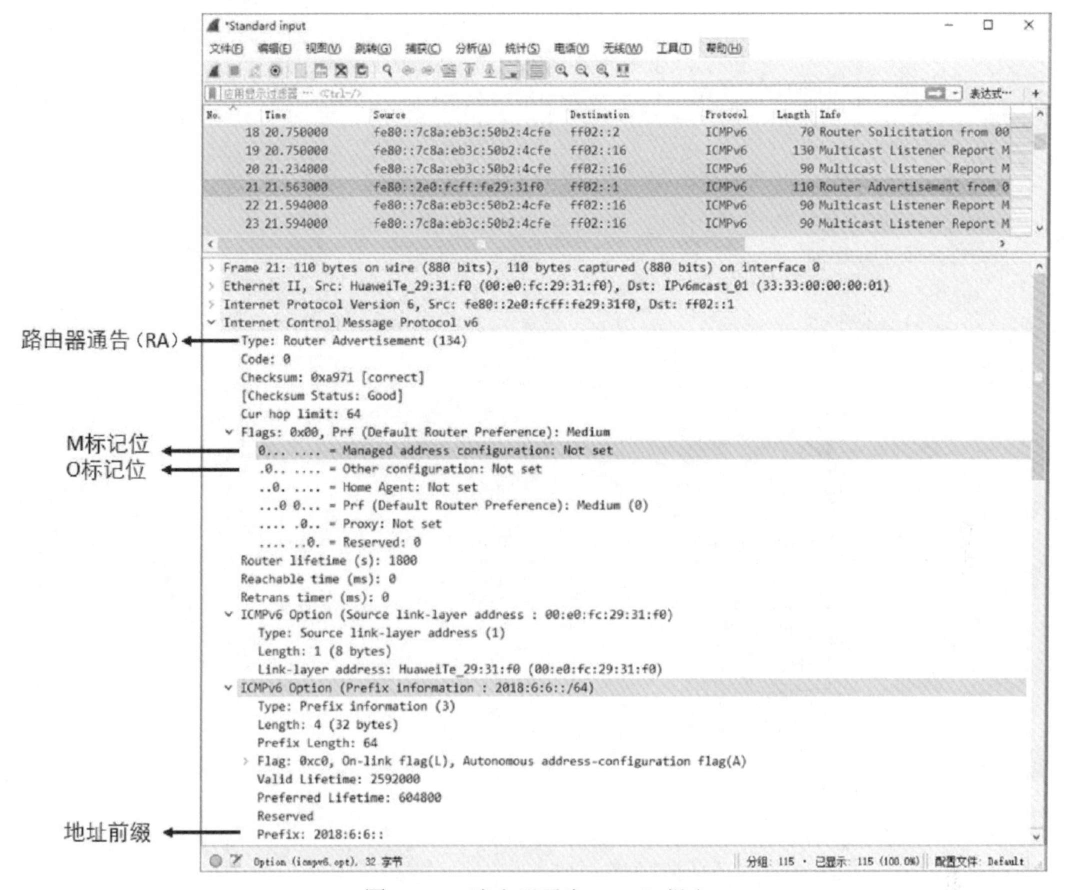

图 11-13　路由器通告（RA）报文

在 Windows 10 上查看 IPv6 的配置，如图 11-14 所示。打开命令提示符，输入 netsh，输入 interface ipv6，再输入 show interface 查看“Ethernet0”的索引，可以看到是 4。再输入 show interface “4”，可以看到 IPv6 相关的配置参数。“受管理的地址配置”是 disable，即不从 DHCPv6 服务器获取 IPV6 地址，“其他有状态的配置”是 disable，即不从 DHCPv6 服务器获取 DNS 等其他参数，也就是无状态自动配置。

11.3.5　IPv6 地址有状态自动配置

使用 DHCPv6 可以为计算机分配 IPv6 地址和 DNS 等设置。

下面就给大家展示 IPv6 有状态地址自动配置，网络环境如图 11-15 所示。配置 AR1 路由器为 DHCPv6 服务器，配置 GE 0/0/0 接口，路由器通告报文中的 M 标记位为 1，O 标记位也为 1，Windows 10 会从 DHCPv6 获取 IPv6 地址。

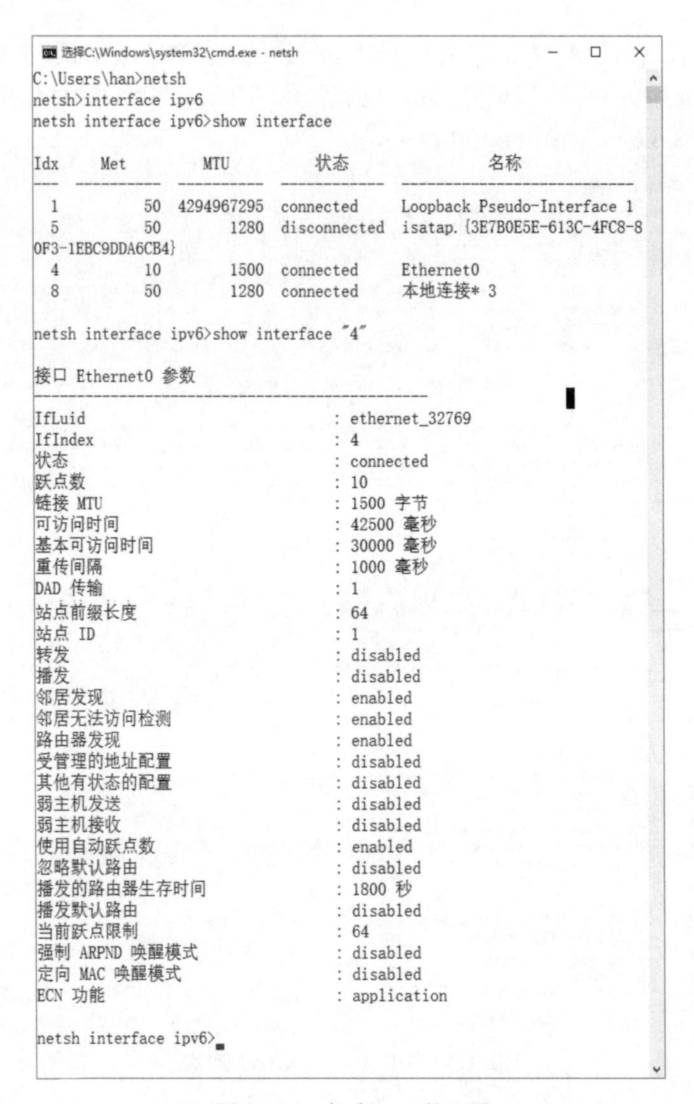

图 11-14 查看 IPv6 的配置

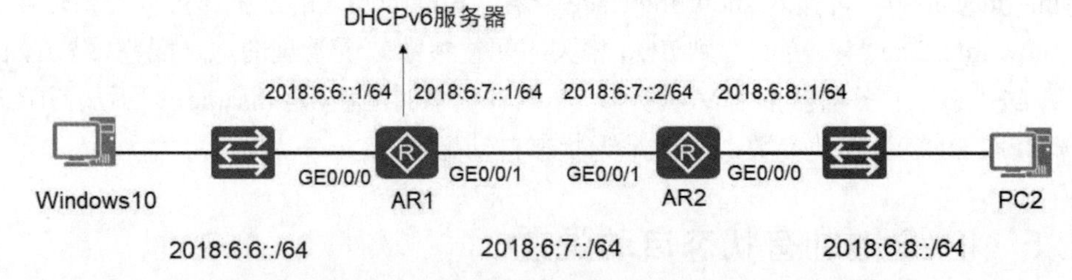

图 11-15 有状态自动配置的网络拓扑

```
[AR1]dhcp enable                          --启用 DHCP 功能
[AR1]dhcpv6 duid ?                        --生成 DHCP 唯一标识的方法
  ll    DUID-LL
  llt   DUID-LLT
```

```
[AR1]dhcpv6 duid llt                              --使用 llt 方法生成 DHCP 唯一标识
[AR1]display dhcpv6 duid                          --显示 DHCP 唯一标识
The device's DHCPv6 unique identifier: 0001000122AB384A00E0FC2931F0
[AR1]dhcpv6 pool localnet                         --创建 IPv6 地址池 名称为 localnet
[AR1-dhcpv6-pool-localnet]address prefix 2018:6:6::/64       --地址前缀
[AR1-dhcpv6-pool-localnet]excluded-address 2018:6:6::1       --排除的地址
[AR1-dhcpv6-pool-localnet]dns-domain-name 91xueit.com        --域名后缀
[AR1-dhcpv6-pool-localnet]dns-server 2018:6:6::2000          --DNS 服务器
[AR1-dhcpv6-pool-localnet]quit
```

查看配置的 DHCPv6 地址池。

```
<AR1>display dhcpv6 pool
DHCPv6 pool: localnet
  Address prefix: 2018:6:6::/64
    Lifetime valid 172800 seconds, preferred 86400 seconds
    2 in use, 0 conflicts
  Excluded-address 2018:6:6::1
  1 excluded addresses
  Information refresh time: 86400
  DNS server address: 2018:6:6::2000
  Domain name: 91xueit.com
  Conflict-address expire-time: 172800
  Active normal clients: 2
```

配置 AR1 路由器的 GE 0/0/0 接口。

```
[AR1]interface GigabitEthernet 0/0/0
[AR1-GigabitEthernet0/0/0]dhcpv6 server localnet
                                          --指定从 localnet 地址池选择地址
[AR1-GigabitEthernet0/0/0]undo ipv6 nd ra halt
                                          --允许发送 RA 报文
[AR1-GigabitEthernet0/0/0]ipv6 nd autoconfig managed-address-flag
                                          --M 标记位为 1
[AR1-GigabitEthernet0/0/0]ipv6 nd autoconfig other-flag
                                          --O 标记位为 1
[AR1-GigabitEthernet0/0/0]quit
```

在 Windows 10 上给 IPv6 指定一个静态 IPv6 地址，再选择“自动获取 IPv6 地址”，自动获取 IPv6 地址过程中会发送 RS 报文，路由器会响应 RA 报文。从抓包工具中找到路由器通告（RA）报文，如图 11-16 所示，可以看到 M 标记位和 O 标记位的值都为 1。

这就表明网络中计算机的 IPv6 地址和其他设置是从 DHCPv6 获得的。

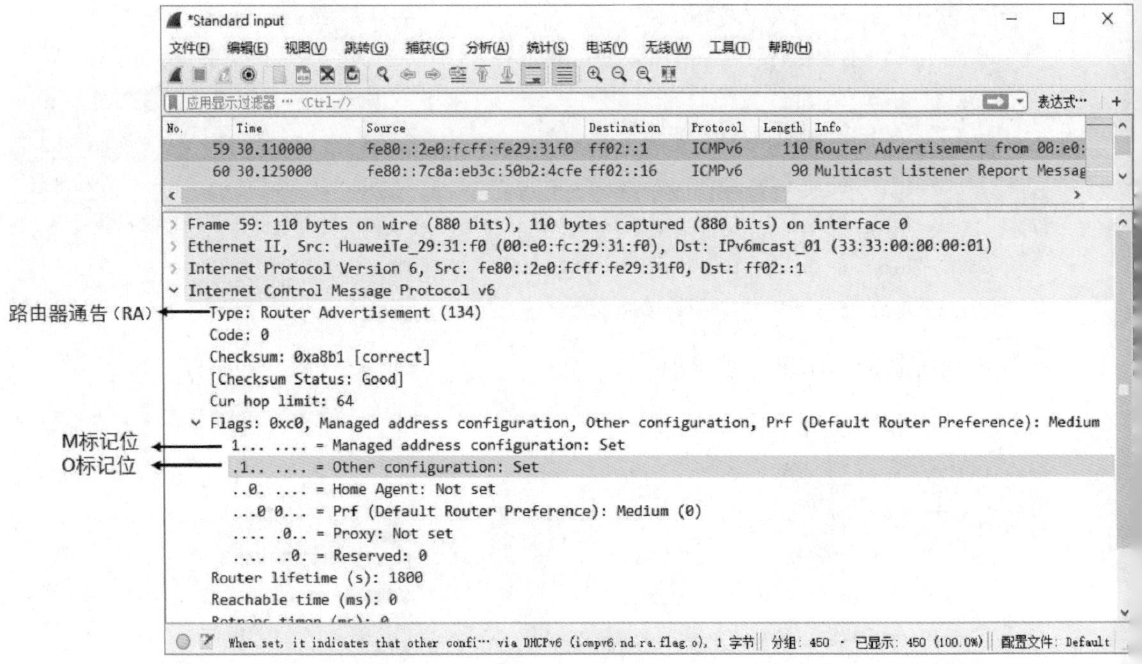

图 11-16 捕获的 RA 数据包

在 Windows 10 中打开命令提示符，如图 11-17 所示，输入 ipconfig /all 可以看到从 DHCPv6 获得的 IPv6 配置，可以看到从 DHCPv6 获得的 DNS 后缀搜索列表“91xueit.com”、DNS、租约时间。

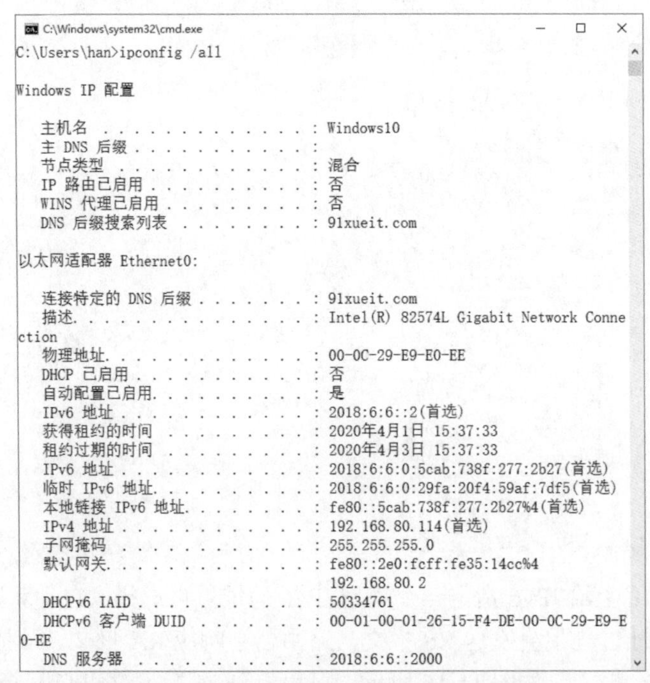

图 11-17 查看从 DHCPv6 获得的 IPv6 配置

如图 11-18 所示，输入 show interface “4”，可以看到“受管理的地址配置”为 enable，“其他有状态的配置” 为 enable。

```
C:\Windows\system32\cmd.exe - netsh
C:\Users\han>netsh
netsh>interface ipv6
netsh interface ipv6>show interface "4"

接口 Ethernet0 参数
----------------------------------------------
IfLuid                              : ethernet_32769
IfIndex                             : 4
状态                                : connected
跃点数                              : 10
链接 MTU                            : 1500 字节
可访问时间                          : 42500 毫秒
基本可访问时间                      : 30000 毫秒
重传间隔                            : 1000 毫秒
DAD 传输                            : 1
站点前缀长度                        : 64
站点 ID                             : 1
转发                                : disabled
播发                                : disabled
邻居发现                            : enabled
邻居无法访问检测                    : enabled
路由器发现                          : enabled
受管理的地址配置                    : enabled
其他有状态的配置                    : enabled
弱主机发送                          : enabled
弱主机接收                          : disabled
使用自动跃点数                      : enabled
忽略默认路由                        : disabled
播发的路由器生存时间                : 1800 秒
```

图 11-18 IPv6 的状态

11.4 IPv6 路由

IPv6 网络畅通的条件和 IPv4 一样，数据包有去有回网络才能通。对于没有直连的网络，需要人工添加静态路由，或使用动态路由协议学习各个网段的路由。

支持 IPv6 的动态路由协议也都需要新的版本。关于动态路由第 6 章讨论过的许多功能和配置，将以几乎一样的方式在这里继续得到应用。大家知道，在 IPv6 中取消了广播地址，因此完全使用广播流量的任何协议都不会再用了，这是一件好事，因为它们消耗大量的带宽。

在 IPv6 中仍然使用的路由协议都有了新的名字，支持 IPv6 的 OSPF 协议是 OSPFv3（OSPF 第 3 版），支持 IPv4 的 OSPF 协议是 OSPFv2（OSPF 第 2 版）。

以下将会演示配置 IPv6 的静态路由，以及配置支持 IPv6 的动态路由协议 OSPFv3。

11.4.1 IPv6 静态路由

如图 11-19 所示，网络中有 3 个 IPv6 网段、两个路由器，参照图中标注的地址配置路由器接口的 IPv6 地址。在 AR1 和 AR2 上添加静态路由，使得这 3 个网络能够相互通信。

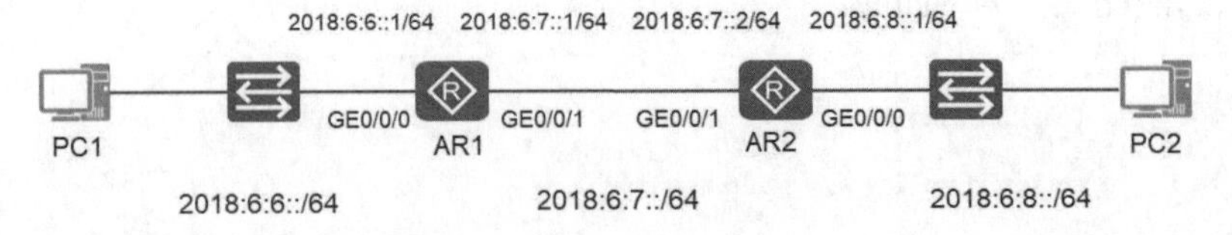

图 11-19　静态路由的网络拓扑

在 AR1 上启用 IPv6，配置接口启用 IPv6，配置接口的 IPv6 地址，添加到 2018:6:8::/64 网段的路由。

```
[AR1]ipv6
[AR1]interface GigabitEthernet 0/0/0
[AR1-GigabitEthernet0/0/0]ipv6 enable
[AR1-GigabitEthernet0/0/0]ipv6 address 2018:6:6::1 64
[AR1-GigabitEthernet0/0/0]ipv6 address auto link-local
[AR1-GigabitEthernet0/0/0]undo ipv6 nd ra halt
[AR1-GigabitEthernet0/0/0]quit
[AR1]interface GigabitEthernet 0/0/1
[AR1-GigabitEthernet0/0/1]ipv6 enable
[AR1-GigabitEthernet0/0/1]ipv6 address 2018:6:7::1 64
[AR1-GigabitEthernet0/0/1]quit
```

添加到 2018:6:8::/64 网段的静态路由。

```
[AR1]ipv6 route-static 2018:6:8:: 64 2018:6:7::2
```

显示 IPv6 静态路由。

```
[AR1]display ipv6 routing-table protocol static
Public Routing Table : Static
Summary Count : 1
Static Routing Table's Status : < Active >
Summary Count : 1
 Destination  : 2018:6:8::                    PrefixLength : 64
 NextHop      : 2018:6:7::2                   Preference   : 60
 Cost         : 0                             Protocol     : Static
 RelayNextHop : ::                            TunnelID     : 0x0
 Interface    : GigabitEthernet0/0/1          Flags        : RD

Static Routing Table's Status : < Inactive >
Summary Count : 0
```

显示 IPv6 路由表。

```
[AR1]display ipv6 routing-table
```

配置 AR2 路由器启用 IPv6，在接口上启用 IPv6，配置接口的 IPv6 地址，添加到 2018:6:6::/64 网段的静态路由。

```
[AR2]ipv6
[AR2]interface GigabitEthernet 0/0/1
[AR2-GigabitEthernet0/0/1]ipv6 enable
[AR2-GigabitEthernet0/0/1]ipv6 address 2018:6:7::2 64
[AR2-GigabitEthernet0/0/1]quit
[AR2]interface GigabitEthernet 0/0/0
[AR2-GigabitEthernet0/0/0]ipv6 enable
[AR2-GigabitEthernet0/0/0]ipv6 address 2018:6:8::1 64
[AR2-GigabitEthernet0/0/0]quit
[AR2]ipv6 route-static 2018:6:6:: 64 2018:6:7::1
```

在 AR1 上测试到 2018:6:8::1 是否畅通。

```
<AR1>ping ipv6 2018:6:8::1
  PING 2018:6:8::1 : 56  data bytes, press CTRL_C to break
    Reply from 2018:6:8::1 bytes=56 Sequence=4 hop limit=64  time = 20 ms
    Reply from 2018:6:8::1 bytes=56 Sequence=5 hop limit=64  time = 20 ms
    Reply from 2018:6:8::1 bytes=56 Sequence=5 hop limit=64  time = 20 ms
    Reply from 2018:6:8::1 bytes=56 Sequence=4 hop limit=64  time = 20 ms
    Reply from 2018:6:8::1 bytes=56 Sequence=5 hop limit=64  time = 20 ms

  --- 2018:6:8::1 ping statistics ---
    5 packet(s) transmitted
    5 packet(s) received
    0.00% packet loss
    round-trip min/avg/max = 10/32/80 ms
```

删除 IPv6 静态路由。

```
[AR1]undo ipv6 route-static 2018:6:8:: 64
[AR2]undo ipv6 route-static 2018:6:6:: 64
```

11.4.2　OSPFv3

新版本的 OSPF 与 IPv4 中的 OSPF 有许多相似之处。

OSPFv3 和 OSPFv2 的基本概念是一样的，它仍然是链路状态路由协议，它将整个网络或自治系统分成区域，从而使网络层次分明。

在 OSPFv2 中，路由器 ID（RID）由分配给路由器的最大 IP 地址决定（也可以由你来分配）。在 OSPFv3 中，可以分配 RID、地区 ID 和链路状态 ID，链路状态 ID 仍然是 32 位的值，但却不能再使用 IP 地址找到了，因为 IPv6 的地址为 128 位。根据这些值的不同分配，会有相应的改动，从 OSPF 包的报头中还删除了 IP 地址信息，这使得新版本的 OSPF 几乎能通过任何网络层协议来进行路由。

在 OSPFv3 中，邻接和下一跳属性使用链路本地地址，但仍然使用组播流量来发送更新和应答信息。对于 OSPF 路由器，地址为 FF02::5；对于 OSPF 指定路由器，地址为 FF02::6，这些新地址分别用来替换 224.0.0.5 和 224.0.0.6。

下面展示配置 OSPFv3 的过程。如图 11-20 所示，网络中的路由器接口地址已经配置完成，现在需要在路由器 AR1 和 AR2 上配置 OSPFv3。

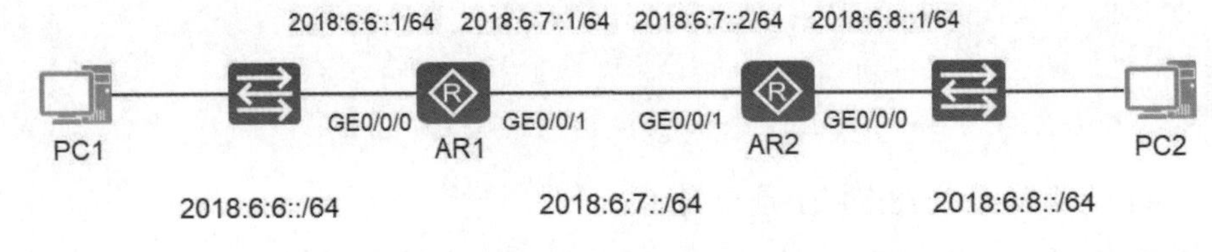

图 11-20　配置 OSPFv3

AR1 上的配置如下。

```
[AR1]ospfv3 1                                   --启用 OSPFv3，指定进程号
[AR1-ospfv3-1]router-id 1.1.1.1                 --指定 router-id，必须唯一
[AR1-ospfv3-1]quit
[AR1]interface GigabitEthernet 0/0/0
[AR1-GigabitEthernet0/0/0]ospfv3 1 area 0 --在接口上启用 OSPFv3，指定区域编号
[AR1-GigabitEthernet0/0/0]quit
[AR1]interface GigabitEthernet 0/0/1
[AR1-GigabitEthernet0/0/1]ospfv3 1 area 0
[AR1-GigabitEthernet0/0/1]quit
```

AR2 上的配置如下。

```
[AR2]ospfv3 1                                   --启用 OSPFv3，指定进程号
[AR2-ospfv3-1]router-id 1.1.1.2
[AR2-ospfv3-1]quit
[AR2]interface GigabitEthernet 0/0/0
[AR2-GigabitEthernet0/0/0]ospfv3 1 area 0
[AR2-GigabitEthernet0/0/0]quit
[AR2]interface GigabitEthernet 0/0/1
```

```
[AR2-GigabitEthernet0/0/1]ospfv3 1 area 0
[AR2-GigabitEthernet0/0/1]quit
```

查看 OSPFv3 学习到的路由。

```
[AR1]display ipv6 routing-table protocol ospfv3
Public Routing Table : OSPFv3
Summary Count : 3
OSPFv3 Routing Table's Status : < Active >
Summary Count : 1
 Destination   : 2018:6:8::                       PrefixLength : 64
 NextHop       : FE80::2E0:FCFF:FE1E:7774         Preference   : 10
 Cost          : 2                                Protocol     : OSPFv3
 RelayNextHop  : ::                               TunnelID     : 0x0
 Interface     : GigabitEthernet0/0/1             Flags        : D
......
```

11.5　习题

1．关于 IPv6 地址 2031:0000:72C:0000:0000:09E0:839A:130B，下列哪些缩写是正确的？（　　）（多选）

A．2031:0:720C:0:0:9E0:839A:130B

B．2031:0:720C:0:0:9E:839A:130B

C．2031::720C::9E:839A:130B

D．2031:0:720C::9E0:839A:130B

2．下列哪些 IPv6 地址可以被手动配置在路由器接口上？（　　）（多选）

A．fe80:13dc::1/64　　B．ff00:8a3c::9b/64

C．::1/128　　D．2001:12e3:1b02::21/64

3．下列关于 IPv6 的描述中正确的是（　　）。（多选）

A．IPv6 的地址长度为 64 位

B．IPv6 的地址长度为 128 位

C．IPv6 地址有状态配置使用 DHCP 服务器分配地址和其他设置

D．IPv6 地址无状态配置使用 DHCPv6 服务器分配地址和其他设置

4．IPv6 地址中不包括下列哪种类型的地址？（　　）

A．单播地址　　B．组播地址

C．广播地址　　D．任播地址

5．下列选项中，哪个是链路本地地址的地址前缀？（　　）

A．2001::/10　　B．fe80::/10

C．feC0::/10　　D．2002::/10

6．下面哪条命令是添加 IPv6 默认路由的命令？（　　）

A．[AR1]ipv6 route-static :: 0 2018:6:7::2

B．[AR1]ipv6 route-static ::1 0 2018:6:7::2

C．[AR1]ipv6 route-static :: 64 2018:6:7::2

D．[AR1]ipv6 route-static :: 128 2018:6:7::2

7．IPv6 网络层协议有哪些？（　　）

A．ICMPv6、IPv6、ARP、ND

B．ICMPv6、IPv6、MLD、ND

C．ICMPv6、IPv6、ARP、IGMPv6

D．ICMPv6、IPv6、MLD、ARP

8．在 VRP 系统中配置 DHCPv6，则下列哪些形式的 DUID 可以被配置？（　　）

A．DUID-LL　　B．DUID-LLT

C．DUID-EN　　D．DUID-LLC

9．全球单播地址由以下哪些部分组成？（　　）（多选）

A．Protocol ID　　B．Interface ID

C．Subnet ID　　D．Global Routing Prefix

10．IPv6 无状态自动配置使用的 RA 报文在以下哪种报文类型中承载？（　　）

A．IGMPv6　　B．ICMPv6

C．UPv6　　D．TCPv6

11．链路本地单播地址的接口标识总长度为多少 bit？（　　）

A．48bit　　B．32bit

C．64bit　　D．96bit

12．IPv6 地址 FE80::2EO:FCFF:FE6F:4F36 属于哪一类？（　　）

A．组播地址　　B．任播地址

C．链路本地地址　　D．全球单播地址

13．DHCPv6 客户端在向 DHCPv6 服务器发送请求报文之前，会发送以下哪个报文？（　　）

A．RA　　B．RS

C．NA　　D．NS

第12章

广域网和远程访问 VPN

本章内容

- 广域网
- PPP 介绍
- 配置 PPP 协议
- PPPoE 协议

本章讲解广域网链路使用的协议。点到点链路可以使用 HDCL、PPP 协议等数据链路层协议。数据包经过不同的数据链路时要封装成该数据链路层协议的帧格式。

PPP 为在点对点链路上传输多协议的数据包提供了一个标准方法。本章展示配置PPP 协议的身份验证和地址协商功能，同时抓包分析 PPP 协议的帧格式。

以太网协议不支持接入设备的身份验证功能。PPP 协议支持接入身份验证，并且为远程计算机分配 IP 地址。如果让以太网接入也具有验证用户身份，以及验证通过之后再分配上网地址的功能，那就需要用到 PPPoE（PPP over Ethernet）协议。本章展示如何配置路由器为 PPPoE 服务器，Windows 作为 PPPoE 客户端通过拨号访问 Internet，还列出了将路由器配置为 PPPoE 客户端以实现 PPPoE 拨号上网的配置步骤。

12.1 广域网

广域网（WAN，Wide Area Network）通常跨接很大的物理范围，所覆盖的范围从几十千米到几千千米不等，它能连接多个城市或国家，或横跨几个大洲并能提供远距离通信，形成国际性的远程网络。局域网通常作为广域网的终端用户与广域网相连，如图 12-1 所示，一家公司在北京、上海和深圳有三个局域网，通过电信运营商的网络互连，为企业提供广域网连接。

局域网通常有企业购买路由器、交换机、自己组建和维护。广域网一般由电信部门或公司负责组建、管理和维护，并向全社会提供面向通信的有偿服务，进行流量统计和计费。比如家庭用户通过 ADSL 上网或通过光纤接入 Internet，就是广域网。

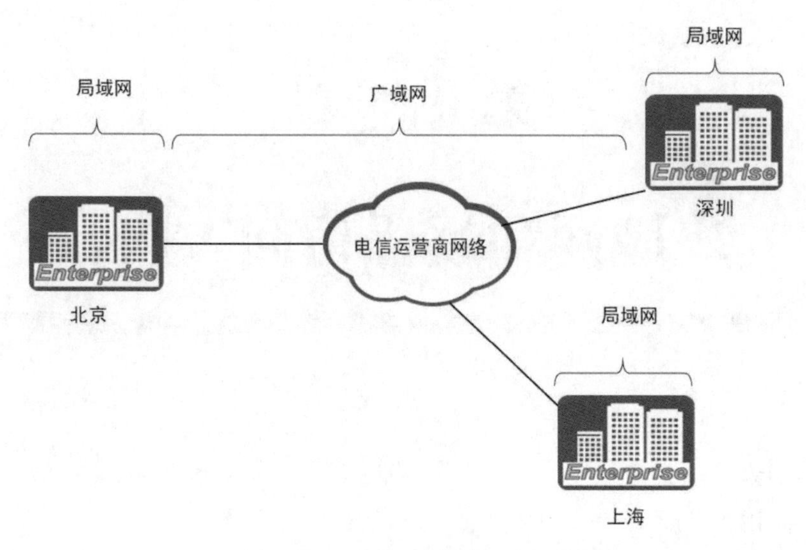

图 12-1　局域网和广域网示意图

如图 12-2 所示，局域网 1 和局域网 2 通过广域网线路连接，图 12-2 中路由器上连接广域网的接口为 Serial 接口，即串行接口。Serial 接口有多种标准，图 12-2 中展示了“同异步 WAN 接口”和“非通道化 E1/T1 WAN 接口”两种接口。

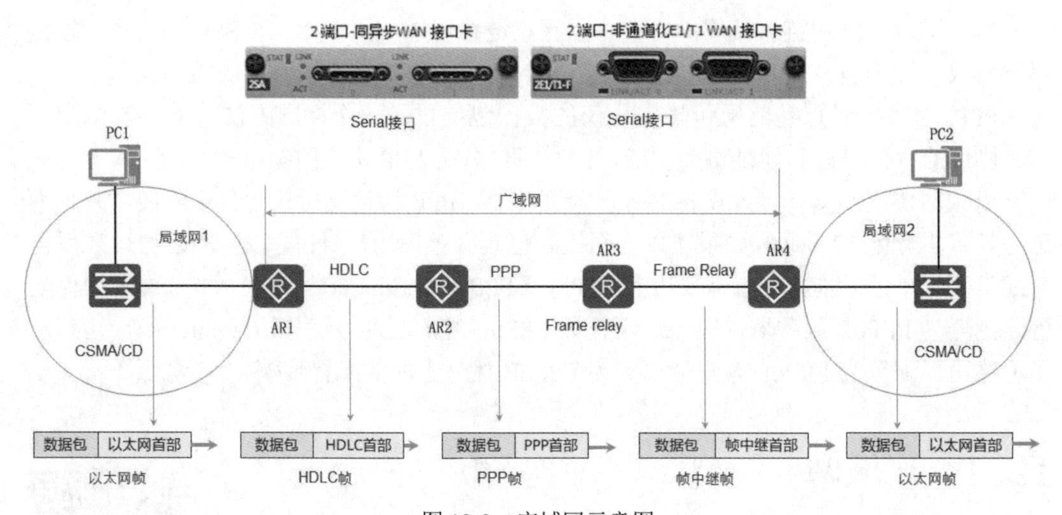

图 12-2　广域网示意图

广域网链路可以有不同的协议，在图 12-2 中， AR1 路由器和 AR2 路由器之间的串行链路使用的是 HDLC 协议，AR2 和 AR3 之间的串行链路使用的是 PPP 协议，AR3 和 AR4 使用帧中继交换机连接，使用 Frame 协议。

不同的链路使用不同的数据链路层协议，每种数据链路层协议都定义了相应的数据链路层封装（首部），数据包经过不同的链路，要封装成不同的帧。图 12-2 中展示了 PC1 给 PC2 发送数据包的过程，首先经过以太网，要把数据包封装成以太网帧，在 AR1 和 AR2 之间的链路上要把数据包封装成 HDLC 帧，在 AR2 和 AR3 之间的链路上要把数据包封装成 PPP 帧，在 AR3 和 AR4 之间的链路上要把数据包封装成帧中继帧，从 AR4 发送到 PC2 要将数据包封装成以太网帧。

本章重点讲解 PPP 和 PPPoE 两种协议，抓包查看不同的 PPP 协议的帧格式。

12.2　PPP 介绍

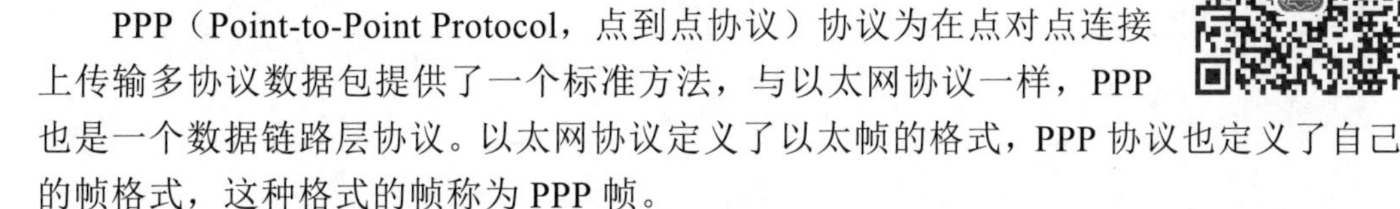

PPP（Point-to-Point Protocol，点到点协议）协议为在点对点连接上传输多协议数据包提供了一个标准方法，与以太网协议一样，PPP 也是一个数据链路层协议。以太网协议定义了以太帧的格式，PPP 协议也定义了自己的帧格式，这种格式的帧称为 PPP 帧。

PPP 协议的前身是 SLIP（Serial Line Internet Protocol）协议和 CSLIP（Compressed SLIP）协议，前两种协议现在已基本不再使用，但 PPP 协议自 20 世纪 90 年代推出以来，一直得到了广泛的应用。

PPP 现在已经成为使用最广泛的 Internet 接入的数据链路层协议。PPP 可以和 ADSL、Cable Modem、LAN 等技术结合起来完成各种类型的宽带接入。家庭中使用最多的宽带接入方式就是 PPPoE（PPP over Ethernet），这是一种利用以太网（Ethernet）资源，在以太网上运行 PPP 来对用户进行接入认证的技术，PPP 负责在用户端和运营商的接入服务器之间建立通信链路。

以太网协议工作在以太网接口和以太网链路上，而 PPP 协议是工作在串行接口和串行链路上。串行接口本身是多种多样的，例如 EIA RS-232-C 接口、EIARS-422 接口、EIARS-423 接口、ITU-T V.35 接口等，这些都是一些常见的串行接口，并且都能够支持 PPP 协议。事实上，任何串行接口，只要能够支持全双工通信方式，便可以支持 PPP 协议。另外，PPP 协议对于串行接口的信息传输速率没有什么特别的规定，只要求串行链路两端的串行接口在速率上保持一致。在本章中，把支持并运行 PPP 协议的串行接口统称为 PPP 接口。

12.2.1　PPP 原理

PPP 的封装方式在很大程度上参照了 HDLC 协议的规范，如图 12-3 所示，PPP 协议原原本本地使用了 HDLC 协议封装中的标记字段和 FCS 校验码字段，此外，鉴于 PPP 协议纯粹是一种应用于点到点环境中的协议，任何一方发送的消息都只会由固定的另一方接收并处理，地址字段存在的意义已经不大，因此 PPP 协议地址字段的取值以全 1 的方式被明确下来，表示这条链路上的所有接口。最后，PPP 控制字段的取值也被明确为了 0x03。

PPP 协议明确了数据帧中很多字段的取值：PPP 协议的数据帧封装格式如图 12-3 所示。首部有 5 个字节，其中 F 字段为帧开始定界符（0x7e），占一个字节，A 字段为地址字段，占一个字节，C 字段为控制字段，占 1 个字节，协议字段用来标明信息部分是什么协议，占 2 个字节。尾部有 3 个字节，其中 2 个字节是帧校验序列，1 个字节是帧结束定界符（0x7e）。信息部分不超过 1500 个字节。

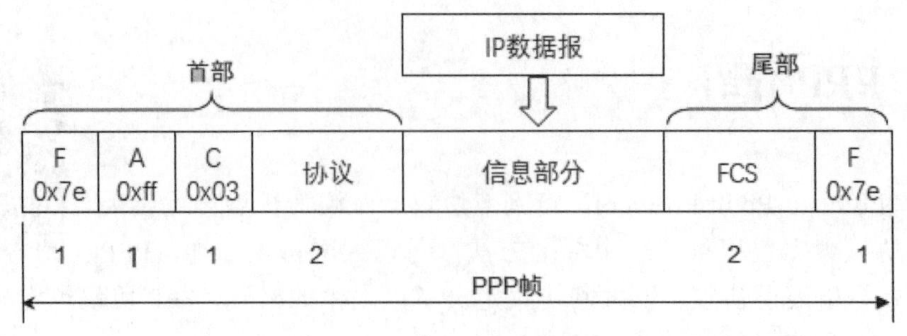

图 12-3　PPP 的封装格式

然而，PPP 的封装也与 HDLC 协议出现了一点区别，那就是 PPP 协议在封装字段中添加了协议字段。这个协议字段是为了标识这个数据帧的消息负载时使用什么协议进行封装。

PPP 是一种分层的协议，如图 12-4 所示，它由 3 部分组成，LCP 和 NCP 可以认为是 PPP 协议的工作过程，链路控制的帧和网络控制的帧都封装在 PPP 帧中。

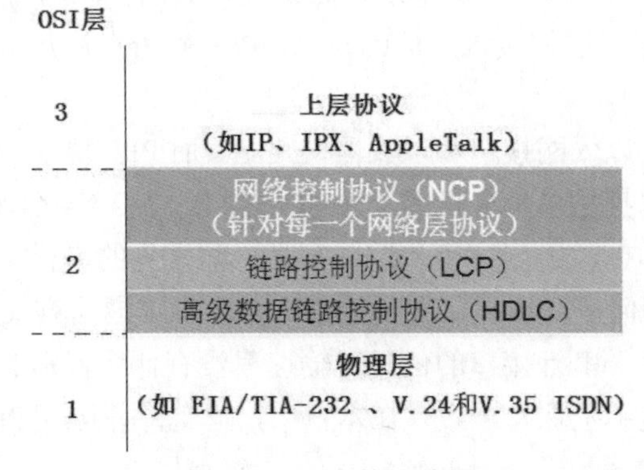

图 12-4　PPP 协议分层

为了能够适应更加广泛的物理介质和网络层传输协议，PPP 协议采用了分层的体系结构。这个体系架构的上层是网络控制协议（Network Control Protocol，NCP），网络控制协议的作用是为网络层协议 IPv4、IPv6、IPX、AppleTalk 等协商和配置参数。NCP 协议并不是一个特定的协议，而是指 PPP 架构上层中一系列控制不同网络层传输协议的协议总称，各类不同的网络层协议都有一个对应的 NCP 协议，此如 IPv4 协议对应的是 IPCP 协议、IPv6 协议对应的是 IPv6CP、IPX 协议对应的是 IPXCP、AppleTalk 协议对应的是 ATCP 等。NCP 协议下面是链路控制协议（Link Control Protocol，LCP），链路控制协议的作用是发起、监控和终止连接，通过协商的方式对接口进行自动配置，执行身份认证等。

这三部分上下层关系体现在 PPP 连接的协商和建立阶段的层面，在两台设备要通过 PPP 协议在一条串行链路上传输数据之前，它们需要首先通过 LCP 协议来协商建立数据链路，然后再通过 NCP 协议来协商网络层的配置。请读者不要因为这种上下层关系就误以为一个 IPv4 数据包会逐层封装 IPCP 头部和 LCP 头部。实际上，在上面所说的这两个阶段中，NCP 消息和 LCP 协议都会封装在 PPP 数据帧中，然后再根据下层不同的物理介质对 PPP 数据帧执行成帧。

PPP 协议工作过程。

（1）建立、配置及测试数据链路的链路控制协议（LCP，Link Control Protocol）。它允许通信双方进行协商，以确定不同的选项。这些选项有最大接收单元、认证协议、协议字段压缩等。对于没有协商的参数，使用默认操作。

（2）认证协议。如果一端需要身份验证，就需要对方出示账户和密码进行身份验证。最常用的是密码验证协议 PAP 和挑战握手验证协议 CHAP。PAP 和 CHAP 通常被用在 PPP 封装的串行线路上，提供安全性认证。

（3）LCP 协商完参数和身份验证后，PPP 就会开始通过上层协议对应的网络控制协议（NCP，Network Control Protocol）来协商上层协议的配置参数。NCP 为网络层协商可选的配置参数。比如 IPCP 需要协商的配置参数包括消息的 PPP 和 IP 头部是否压缩，使用什么算法进行压缩，以及 PPP 接口的 IPv4 地址。

PPP 协议的特点。

- PPP 既支持同步传输又支持异步传输，而 X.25、FR（Frame Relay）等数据链路层协议仅支持同步传输，SLIP 仅支持异步传输。
- PPP 协议具有很好的扩展性，例如，当需要在以太网链路上承载 PPP 协议时，PPP 可以扩展为 PPPoE。
- PPP 提供了 LCP（Link Control Protocol）协议，用于各种链路层参数的协商。
- PPP 提供了各种 NCP（Network Control Protocol）协议（如 IPCP、IPXCP），用于各网络层参数的协商，能更好地支持网络层协议。
- PPP 提供了认证协议：CHAP（Challenge-Handshake Authentication Protocol）、PAP（Password Authentication Protocol），能更好地保证网络的安全性。
- 无重传机制，网络开销小，速度快。

12.2.2　PPP 基本工作流程

PPP 协议是一种点到点协议，它只涉及位于 PPP 链路两端的两个接口。当分析和讨论其中一个接口时，习惯上就把这个接口叫作本地接口或本端接口，而把另一个接口叫作对端接口或远端接口，或简称为 Peer。

通过串行链路连接起来的本地接口和对端接口在上电之后，并不能马上就开始相互发送携带有诸如 IP 报文这样的网络层数据单元的 PPP 帧。本地接口和对端接口在开始相互发送携带有诸如 IP 报文这样的网络层数据单元的 PPP 帧之前，必须经过一系列复杂的协商过程（甚至还可能包括认证过程），这一过程也称为 PPP 的基本工作流程。

PPP 基本工作流程总共包含 5 个阶段，分别是：Link Dead 阶段（链路关闭阶段）、Link Establishment 阶段（链路建立阶段）、Authentication 阶段（认证阶段）、Network Layer Protocol 阶段（网络层协议阶段）、Link Termination 阶段（链路终结阶段）。

如图 12-5 展示了 PPP 协议链路建立阶段、认证阶段、网络层协议阶段。

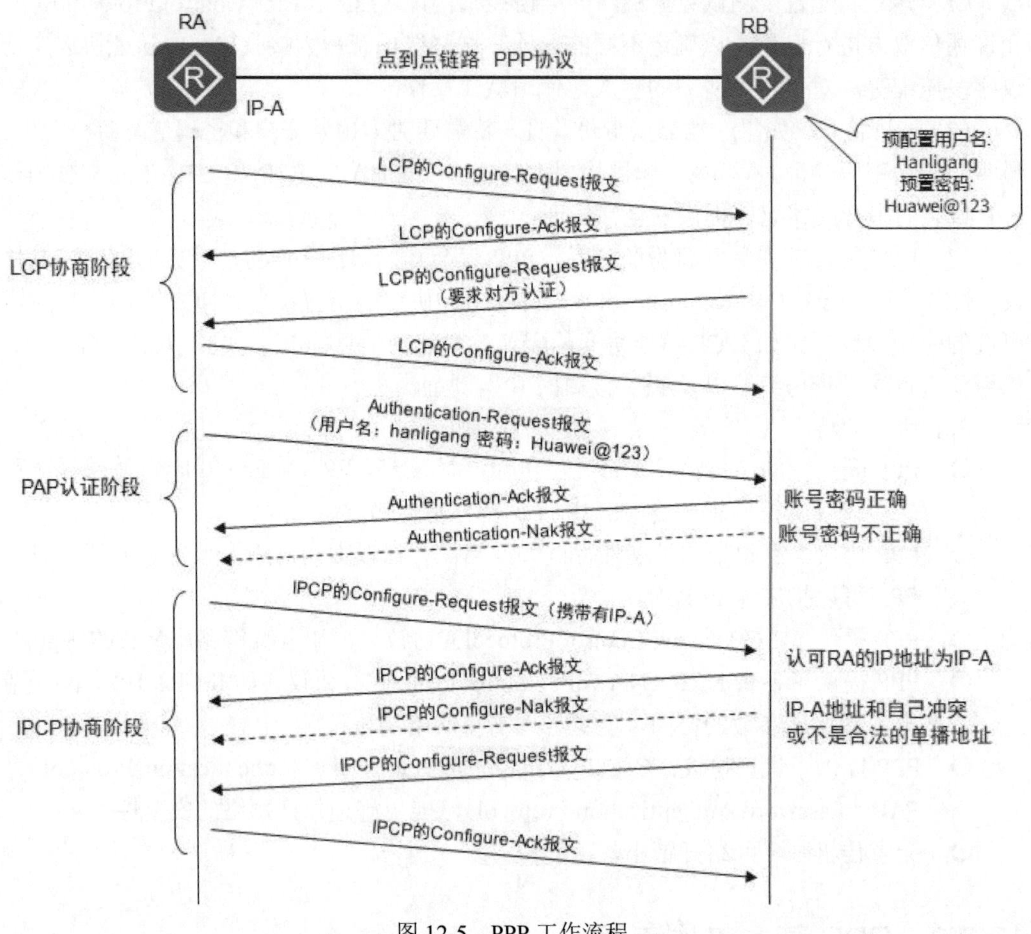

图 12-5 PPP 工作流程

PPP 基本工作流程的第一个阶段是 Link Dead 阶段。在此阶段，PPP 接口的物理层功能尚未进入正常状态。只有当本端接口和对端接口的物理层功能都进入正常状态之后，PPP 才能进入到下一个工作阶段，即 Link Establishment 阶段。

当本端接口和对端接口的物理层功能都进入正常状态之后，PPP 便会自动进入到 Link Establishment 阶段。在此阶段，本端接口会与对端接口相互发送携带有 LCP 报文的 PPP 帧。简单地说，此阶段也就是双方交互 LCP 报文的阶段。通过 LCP 报文的交互，本端接口会与对端接口协商若干基本而重要的参数，以确保 PPP 链路可以正常工作。例如，本端接口会与对端接口对 MRU（MaximumReceiveUnit）参数进行协商。所谓 MRU，就是 PPP 帧中 Information 字段所允许的最大长度（字节数）。如果本端接口因为某种原因要求所接收到的 PPP 帧的 Information 字段的长度不得超过 1800 字节（本端接口的

MRU 为 1800），而对端接口却发送了 Information 字段为 2000 字节的 PPP 帧，那么，在这种情况下，本端接口就无法正确地接收和处理 Information 字段为 2000 字节的 PPP 帧，通信就会因此而产生故障。因此，为了避免这种情况的发生，本端接口和对端接口在 Link Establishment 阶段就必须对 MRU 参数进行协商并取得一致意见，此后，本端接口就不会发送 Information 字段超过对端 MRU 的 PPP 帧，对端接口也不会发送 Information 字段超过本端 MRU 的 PPP 帧。

在 Link Establishment 阶段，本端接口和对端接口还必须约定好是直接进入 Network Layer Protocol 阶段呢，还是先进入 Authentication 阶段，再进入 Network Layer Protocol 阶段。如果需要进入 Authentication 阶段，还必须约定好使用什么样的认证协议来进行认证。PAP 身份验证方式，账号和密码在网络中明文传输，CHAP 身份验证方式密码加密传输。

如图 12-5 中在链路建立阶段路由器 RB 要求路由器 RA 进行身份验证，发送 LCP 的 Configure-Request 报文。在身份验证阶段，路由器 RA 向路由器 RB 发送 Authentication-Request 报文，身份验证通过后，路由器 RB 向路由器 RA 发送 Authentication-Ack 报文，如果身份验证失败，RB 向 RA 发送 Authentication-Nak 报文。图 12-5 中路由器 RA 没有要求路由器 RB 进行身份验证。

如果 PPP 的 Link Establishment 阶段顺利结束，并且 PPP 协议的双方约定无须进行认证，或者双方顺利结束认证阶段，那么 PPP 就会自动进入 Network Layer Protocol 阶段。在 Network Layer Protocol 阶段，PPP 协议的双方会首先通过 NCP（Network Control Protocol)协议来对网络层协议的参数进行协商，协商一致之后，双方才能够在 PPP 链路上传递携带有相应的网络层协议数据单元的 PPP 帧。

图 12-5 在 IPCP 协商阶段，路由器 RA 发送的配置请求携带 RA 的接口 IP 地址 IP-A，如果 IP-A 是一个合法的单播地址，并且 RB 的 IP 地址不冲突，RB 就发送一个 IPCP 的 Configure-Ack 报文，如果不认可，则发送一个 Configure-Nak 报文。

如图 12-6 所示，如果管理员没有给路由器 RA 的接口 A 配置 IP 地址，而是希望对端设备给接口 A 分配一个 IP 地址，在 IPCP 协商阶段，在 RA 发送的 Configure-Request 报文的配置选项中就应该包括 0.0.0.0 这个特殊 IP 地址。RB 接收到来自 RA 的 Configure-Request 报文后，就会明白对端是在请求从自己这里获取一个 IP 地址。于是，RB 就会回应一个 Configure-Nak 报文，并把自己分配给接口 A 的 IP 地址（假设这个 IP 地址为 IP-A）置于 Configure-Nak 报文的配置选项中。RA 在接收到来自 B 的 Configure-Nak 报文后，回提取出其中的 IP-A，然后重新向 B 发送一个 Configure-Request 报文，该报文配置项中包含 IP-A。B 接收后验证 IP-A 合法，就会向 A 发送一个 Configure-Ack 报文。这样 A 就成功地从 B 那里获得了 IP-A 这个地址。

有很多种情况都会导致 PPP 进入 Link Termination 阶段，例如认证阶段未能顺利完成，链路的信号质量太差，网络管理员需要主动关闭链路，如此等等。

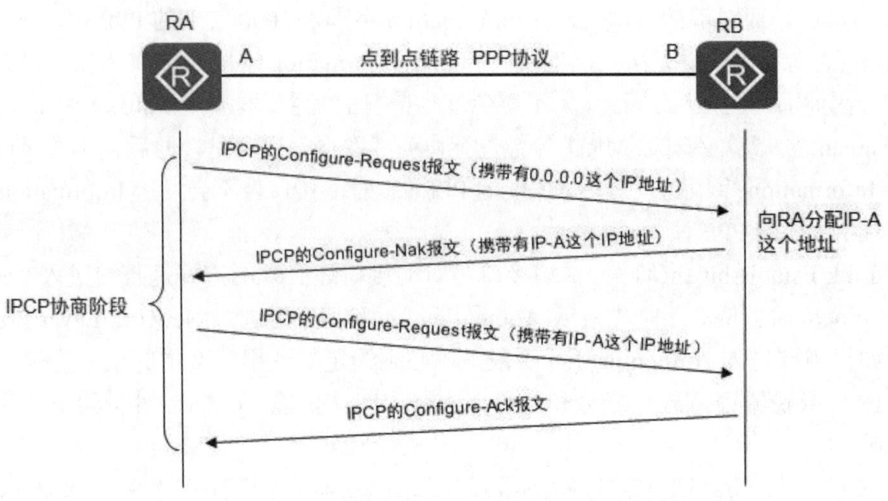

图 12-6 RA 希望从 RB 那里获取一个 IP 地址

12.3 配置 PPP 协议

本节配置 PPP 协议使用 PAP 和 CHAP 两种模式进行身份验证，捕获广域网链路 PPP 帧，分析 PPP 帧格式，配置 PPP 为另一段分配 IP 地址，实验环境使用 eNSP 搭建。

12.3.1 配置 PPP 协议：身份验证用 PAP 模式

如图 12-7 所示，配置网络中的 AR1 和 AR2 路由器实现以下功能。

- 在 AR1 和 AR2 之间的链路上配置数据链路层协议使用 PPP 协议。
- 在 AR1 上创建用户和密码，用于 PPP 协议身份验证。
- 在 AR1 的 Serial 2/0/0 接口上，配置 PPP 协议身份验证模式为 PAP。
- 在 AR2 的 Serial 2/0/1 接口上，配置出示给 AR1 路由器的账号和密码。

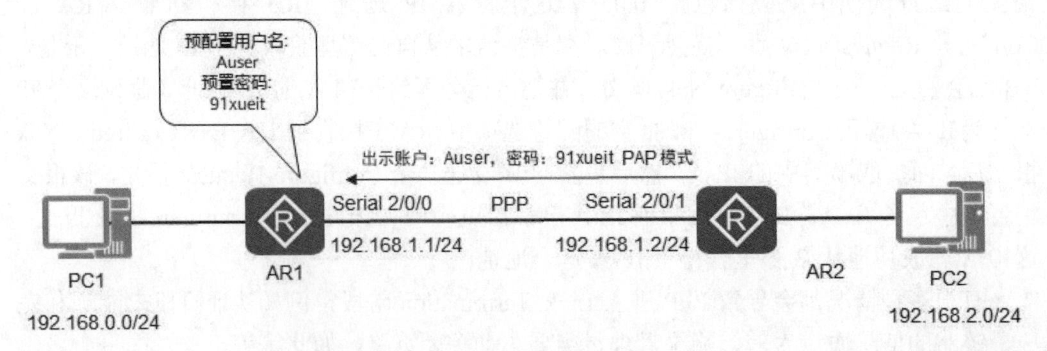

图 12-7 PPP 实验网络拓扑

配置 AR1 路由器上 Serial 2/0/0 接口的数据链路层使用 PPP 协议，华为路由器串行接口默认就是 PPP 协议，查看 AR1 路由器上 Serial 2/0/0 接口的状态。

```
[AR1]interface Serial 2/0/0
[AR1-Serial2/0/0]link-protocol ppp
```

查看 AR1 路由器上 Serial 2/0/0 接口的状态。两端接口连接正常，物理层状态为 UP，两端协议一致，则数据链路层状态为 UP。

```
<AR1>display interface Serial 2/0/0
Serial2/0/0 current state : UP                          --物理层状态 UP
Line protocol current state : UP                        --数据链路层状态 UP
Description:HUAWEI, AR Series, Serial2/0/0 Interface
Route Port,The Maximum Transmit Unit is 1500, Hold timer is 10(sec)
Internet Address is 192.168.1.1/24
Link layer protocol is PPP                              --数据链路层协议为 PPP
LCP reqsent
……
```

在 AR1 上创建用于 PPP 身份验证的用户。

```
[AR1]aaa
[AR1-aaa]local-user Auser password cipher 91xueit   --创建用户指定密码
[AR1-aaa]local-user Auser service-type ppp    --指定Auser用于 PPP 身份验证
[AR1-aaa]quit
```

配置 AR1 上的接口 Serial 2/0/0，PPP 协议要求完成身份验证才能连接。

```
[AR1]interface Serial 2/0/0
[AR1-Serial2/0/0]ppp authentication-mode ?              --查看 PPP 身份验证模式
  chap   Enable CHAP authentication                      --密码安全传输
  pap    Enable PAP authentication                       --密码明文传输
[AR1-Serial2/0/0]ppp authentication-mode pap            --需要 PAP 身份验证
```

如果取消该接口的 PPP 协议身份验证，需执行以下命令：

```
[AR1-Serial2/0/0]undo ppp authentication-mode pap
```

在 AR2 上配置 Serial 2/0/1 接口的数据链路层使用 PPP 协议，指定向 AR1 出示的账号和密码。

```
[AR2]interface Serial 2/0/1
[AR2-Serial2/0/1]link-protocol ppp
[AR2-Serial2/0/1]ppp pap local-user Auser password cipher 91xueit
```

注意：在 AR2 的接口上没有执行[AR2-Serial2/0/1] ppp authentication-mode pap，AR1 使用 PPP 连接 RA2 不需要出示账号和密码。

12.3.2 配置 PPP 协议：身份验证用 CHAP 模式

上面的配置只是实现了 AR1 验证 AR2。现在要配置 AR2 验证 AR1，在 AR2 上创建用户 Buser，密码为 51cto。配置 AR2 的 Serial 2/0/1 接口使用 PPP 协议，需要身份验证，身份验证模式为 CHAP，配置 AR1 的 Serial 2/0/0 接口出示账号和密码，如图 12-8 所示。

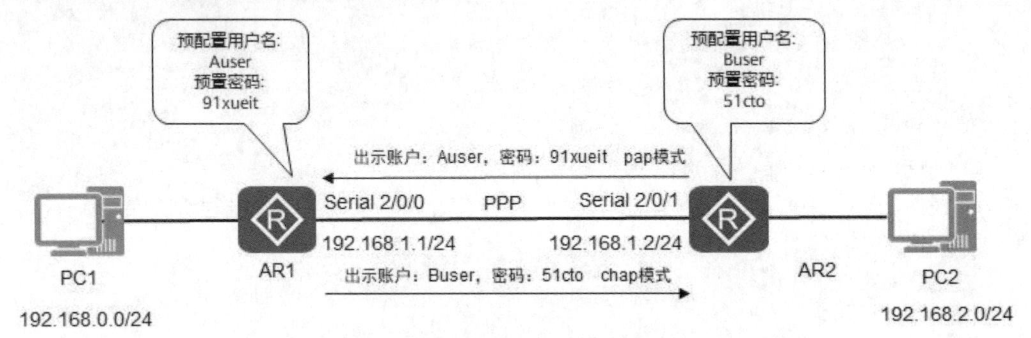

图 12-8 配置 PPP 身份验证用 CHAP 模式

在 AR2 上创建 PPP 身份验证的用户，配置 Serial 2/0/1 接口，PPP 协议要求完成身份验证才能连接。

```
[AR2]aaa
[AR2-aaa]local-user Buser password cipher 51cto
[AR2-aaa]local-user Buser service-type ppp
[AR2-aaa]quit
[AR2]interface Serial 2/0/1
[AR2-Serial2/0/1]ppp authentication-mode chap  --要求完成身份验证才能连接
[AR2-Serial2/0/1]quit
```

AR1 上的配置如下，先指定用于 PPP 协议身份验证的账号，再指定密码。

```
[AR1]interface Serial 2/0/0
[AR1-Serial2/0/0]ppp chap user Buser                 --账号
[AR1-Serial2/0/0]ppp chap password cipher 51cto  --密码
[AR1-Serial2/0/0]quit
```

12.3.3 抓包分析 PPP 帧

如图 12-9 所示，通过抓包工具，既能捕获计算机通信的数据包，也能捕获 PPP 协议建立连接、身份验证、参数协商的数据包。右击 AR2，单击“数据抓包”→“Serial 2/0/1”，在出现的“eNSP--选择链路类型”对话框中选择“PPP”，单击“确定”。

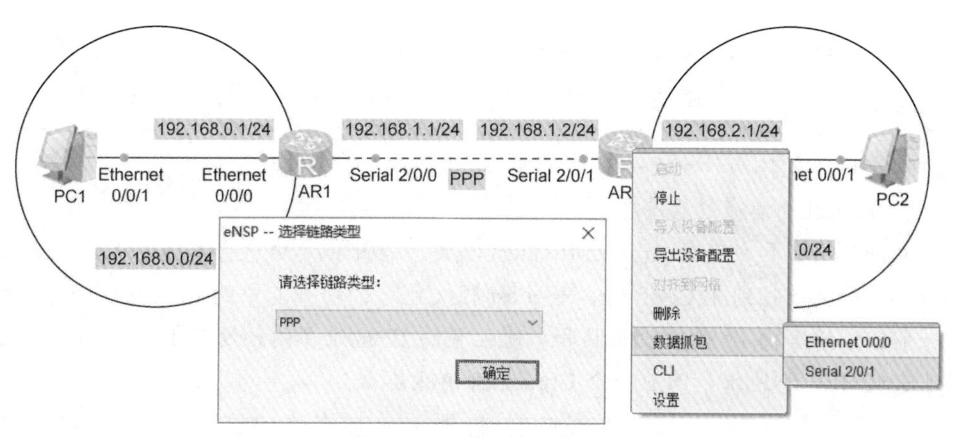

图 12-9　抓包分析 PPP 帧

开始抓包后，禁用 AR1 路由器的 Serial 2/0/0 接口，再启用。抓包工具就能捕获 PPP 协议建立连接、身份验证、参数协商的数据包。

```
[AR1]interface Serial 2/0/0
[AR1-Serial2/0/0]shutdown
[AR1-Serial2/0/0]undo shutdown
```

等一分钟，确保 PPP 协议的身份验证、参数协商过程已经完成，在 PC1 上 **ping** PC2。这样 PC1 **ping** PC2 的数据包也被捕获了，如图 12-10 所示。

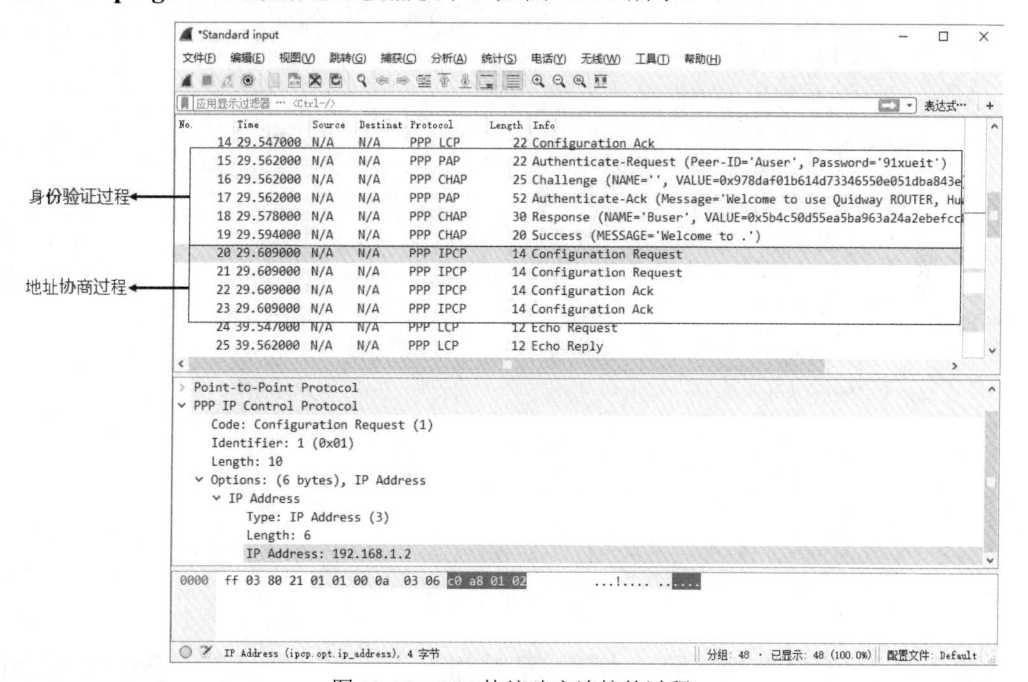

图 12-10　PPP 协议建立连接的过程

可以看到从第 15 个数据包到第 19 个数据包，是 AR1 和 AR2 进行 PAP 和 CHAP 身份验证的过程。PAP 身份验证模式下，账户和密码明文传输，以第 15 个数据包就能看到用户名为“Auser”，密码为“91xueit”。CHAP 身份验证模式下，只能看到用户名为 Buser，

VALUE 值是用于验证的信息，看不到密码。

身份验证通过后，从第 20 个数据包到第 23 个数据包是 PPP 协议的地址协商过程。

IP 地址协商包括两种方式：静态配置协商和动态配置协商。

静态 IP 地址的协商过程如下。

（1）每一端都要发送 Configure-Request 报文，在此报文中包含本地配置的 IP 地址。

（2）每一端接收到此 Configure-Request 报文之后，检查其中的 IP 地址，如果 IP 地址是一个合法的单播 IP 地址，而且和本地配置的 IP 地址不同（没有 IP 冲突），则认为对端可以使用该 IP 地址，回应一个 Configure-Ack 报文。

如图 12-11 所示，找到 ICMP 数据包，看到 PPP 帧首部有 3 个字段。

- Address 字段的值为 0xff，0x 表示后面的 ff 为十六进制数，写成二进制为 1111 1111，占一个字节长度。点到点信道的 PPP 帧中的 Address 字段形同虚设，可以看到没有源地址和目标地址。
- Control 字段的值为 0x03，写成二进制为 0000 0011，占一个字节长度。最初曾考虑以后对 Address 字段和 Control 字段的值进行其他定义，但至今也没给出。
- Protocol 字段占两个字节，不同的值用来标识 PPP 帧内信息是什么数据。

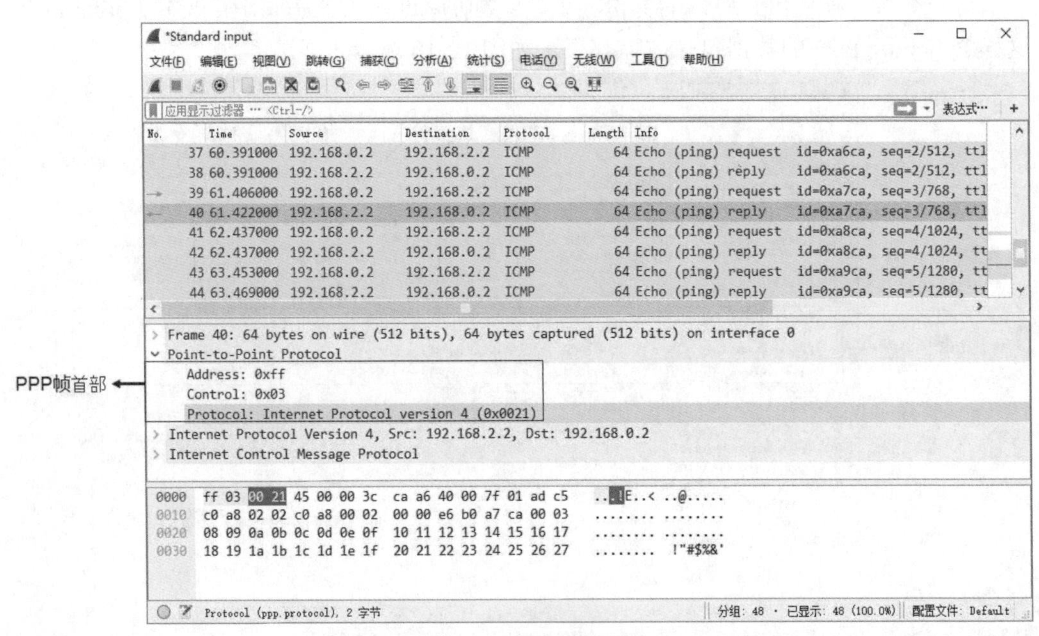

图 12-11 PPP 帧格式

12.3.4 配置 PPP 为另一端分配地址

PPP 协议能够为另一端分配地址，称为动态地址协商。

如图 12-12 所示，配置 AR2 为 AR1 分配 IP 地址。

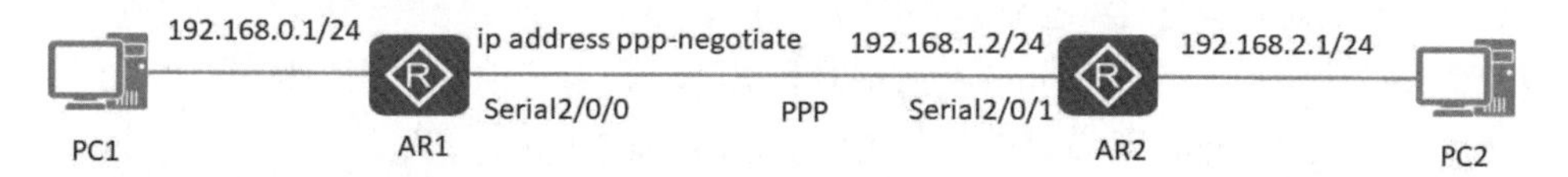

图 12-12　动态地址协商实验网络拓扑

在 AR1 上执行以下命令。

```
[AR1]interface Serial 2/0/0
[AR1-Serial2/0/0]undo ip address                  --删除 IP 地址
[AR1-Serial2/0/0]ip address ppp-negotiate         --配置地址使用 PPP 协商
```

在 RA2 上执行以下命令。另一端地址不固定的话，静态路由最好别写下一跳的 IP 地址了，直接协议出口更合适。

```
[AR2]interface Serial 2/0/1
[AR2-Serial2/0/1]remote address 192.168.1.1   --指定给远程分配的地址
[AR2-Serial2/0/1]quit
[AR2]undo ip route-static 192.168.0.0 24 192.168.1.1
[AR2]ip route-static 192.168.0.0 24 Serial 2/0/1
```

设置完成后，右击 AR2，单击“数据抓包”→“Serial 2/0/1”，在出现的“eNSP--选择链路类型”对话框中选择“PPP”，单击“确定”，开始抓包。在 AR1 上禁用、启用 Serial 2/0/0 接口，可以捕获 PPP 协议动态配置协商的过程，如图 12-13 所示。

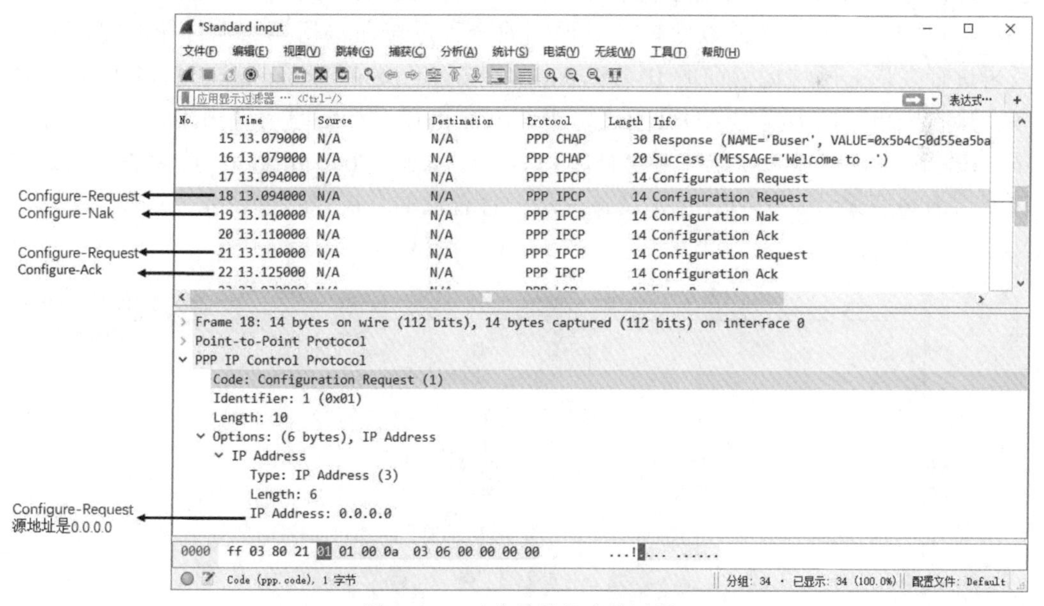

图 12-13　动态地址协商的过程

两端动态协商 IP 地址的过程如下。

（1）AR1 向 AR2 发送一个 Configure-Request 报文，此报文中会包含一个 IP 地址 0.0.0.0，表示向对端请求 IP 地址。

（2）AR2 收到上述 Configure-Request 报文后，认为其中包含的地址（0.0.0.0）不合法，使用 Configure-Nak 回应一个新的 IP 地址 192.168.1.1。

（3）AR1 收到 Configure-Nak 报文之后，更新本地 IP 地址，并重新发送一个 Configure-Request 报文，包含新的 IP 地址 192.168.1.1。

（4）AR2 收到 Configure-Request 报文后，认为其中包含的 IP 地址为合法地址，回应一个 Configure-Ack 报文。

同时，AR2 也要向 AR1 发送 Configure-Request 报文以请求使用地址 192.168.1.2，AR1 认为此地址合法，回应 Configure-Ack 报文。

12.4 PPPoE

12.4.1 PPPoE 概述

先来看一下家庭用户上网的一种典型组网场景，如图 12-14 所示。图中，PC1-3 以及家庭网关 HG-1（注：HG 是 Home Gateway 的简称）组成了一个家庭网络，在这个家庭网络中，终端 PC 通常是通过常见的标准以太链路或 FE 链路与 HG-1 相连。HG-1 是家庭网络 1 的出口网关路由器。为了利用已经铺设好的电话线路，HG-1 会利用 ADSL（Asymmetric Digital Subscriber Line）技术将自己准备向外发送的以太帧信号调制成一种适合在电话线路上传输的物理信号后再进行发送。网络运营商的 IP-DSLAM（IP Digital Subscriber Line Multiplexer）设备会接收来自不同 HG 的 ADSL 信号，并将其中的以太帧信息解调出来，然后通过一条 GE 链路将这些以太帧送往一个被称为 AC（Access Concentrator）的设备。从数据链路层的角度来看，IP-DSLAM 设备就是一台普通的二层以太网汇聚交换机。

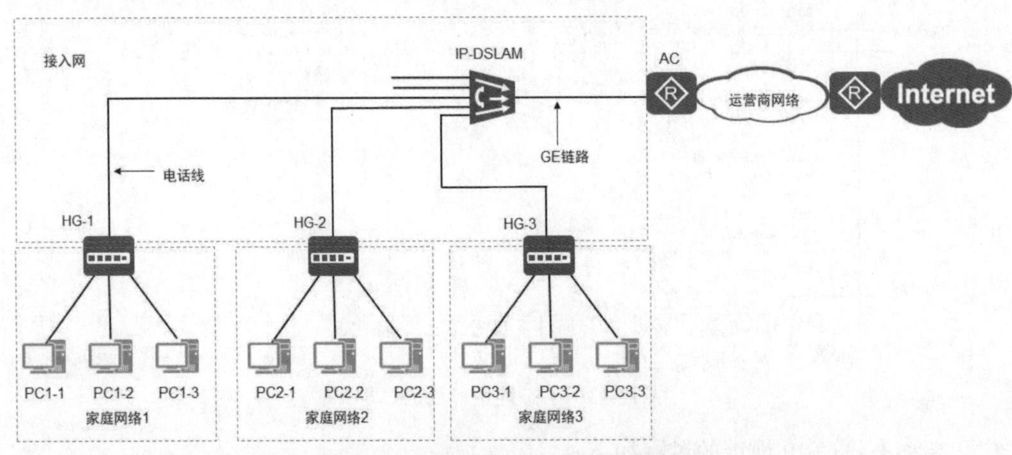

图 12-14 家庭用户上网的一种组网场景

我们知道，网络运营商是要对家庭用户上网进行收费及其他一些接入控制行为的。然而我们也知道，IP-DSLAM 转发给 AC 的帧都是一些以太帧：显然，这些以太帧是无法标示自己是发自 HG-I 的，还是发自 HG-2 的。从帧的结构上来看，一个以太帧中是没有任何字段可以携带“用户名”和“密码”这些信息的。运营商如果不能区分来自不同的家庭用户的数据流量，当然也就无法进行收费等行为了。

因此，在图 12-14 中，AC 设备必须根据所接收到的以太帧来识别这些帧所对应的家庭用户，并采用用户名和密码的形式来对不同的家庭用户进行认证。在此基础之上，运营商才有可能对家庭用户的上网活动进行计费等管理控制行为。

我们知道，PPP 协议本身就具备了通过用户名和密码的形式进行认证的功能。然而，PPP 协议只适用于点到点的网络类型。图 12-15 中，不同的 HG 和 AC 构成的以太网是一个多点接入网络（Multi-Access Network），因此 PPP 协议无法直接应用在这样的网络上。为了将 PPP 协议应用在以太网上，一种被称为 PPPoE 的协议便应运而生。

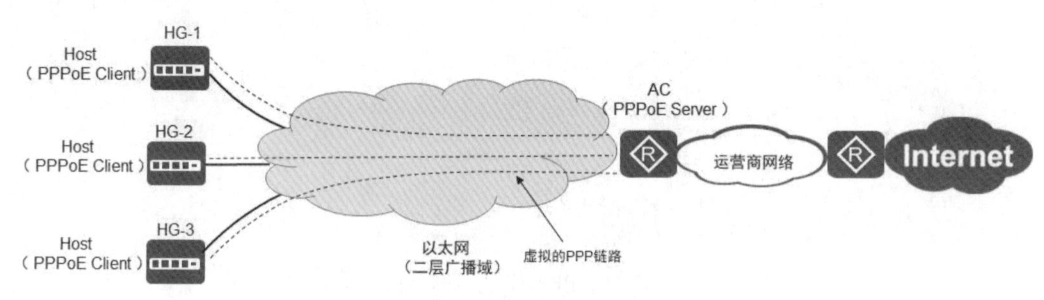

图 12-15　从 PPPoE 的角度来看接入网

本质上讲，PPPoE（PPP over Ethernet）是一个允许在以太广播域中的两个以太接口之间创建点对点隧道的协议，它描述了如何将 PPP 帧封装在以太帧中。从 PPPoE 的角度来看，图 12-14 中的接入网部分可以简化为图 12-15 所示的网络。

图 12-15 中，利用 PPPoE 协议，每个家庭用户的 HG 都可以与 AC 之间建立起一条虚拟的 PPP 链路（逻辑意义上的 PPP 链路）。也就是说，HG 与 AC 是可以交互 PPP 帧的。然而，这些 PPP 帧并非是在真实的物理 PPP 链路上传递的，而是被包裹在 HG 与 AC 之间交互的以太帧中，并随这些以太帧在以太链路上的传递而传递。

图 12-15 显示了 PPPoE 协议的基本架构。PPPoE 协议采用了 Client/Server 模式。在 PPPoE 协议的标准术语中，运行 PPPoE Client 程序的设备称为 Host，运行 PPPoE Server 程序的设备称为 AC。例如，图 12-15 中，家庭网关路由器 HG 就是 Host，而运营商路由器就是 AC。

12.4.2　配置 Windows PPPoE 拨号上网

以太网协议不支持接入设备的身份验证功能。PPP 协议支持验证对方身份，并且为远程计算机分配 IP 地址。如果打算让以太网也有验证用户身份的功能，以及验证通过之后再分配上网地址的功能，那就要用到 PPP over Ethernet（PPPoE）协议。

与传统的接入方式相比，PPPoE 具有较高的性价比，它在小区组网建设等一系列应用中被广泛采用，目前流行的宽带接入方式 ADSL 就使用了 PPPoE 协议。

如图 12-16 所示，为了安全考虑，某企业以太网中的计算机必须验证用户身份后才允许访问 Internet。下面就展示将 AR1 路由器配置成 PPPoE 服务器的过程，以太网中的计算机需要建立 PPPoE 拨号连接，身份验证通过后才能获得一个合法的地址来访问 Internet，PC2 和 PC3 就是 PPPoE 客户端。图 12-16 中标注了 PPPoE 协议的帧示意图，可以看到是将 PPP 帧封装在以太网帧中。

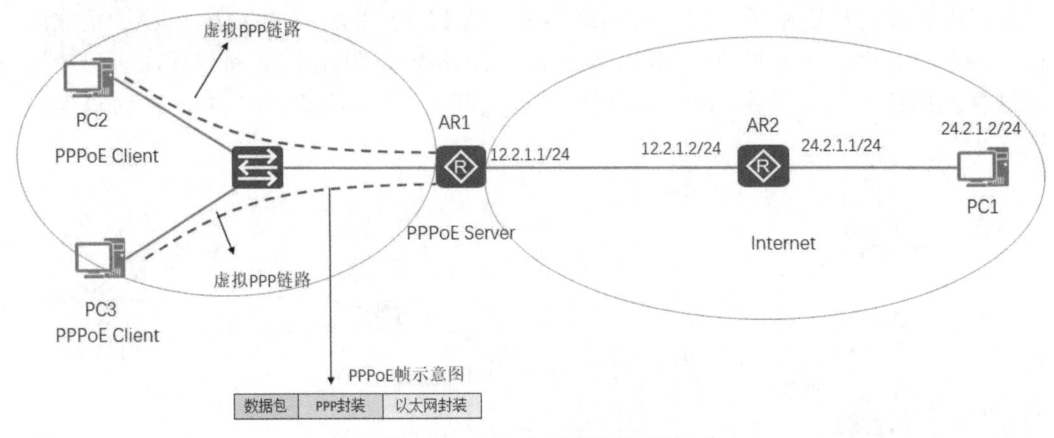

图 12-16 PPPoE 实验网络拓扑

图 12-16 中的 PC2 和 PC3 使用 VMWare Workstation 中的虚拟机替代。下面配置 AR1 路由器作为 PPPoE 服务器。

创建 PPP 拨号的账户和密码。

```
[AR1]aaa
[AR1-aaa]local-user hanligang password cipher 91xueit
[AR1-aaa]local-user lishengchun password cipher 51cto
[AR1-aaa]local-user hanligang service-type ppp
[AR1-aaa]local-user lishengchun service-type ppp
[AR1-aaa]quit
```

创建地址池，PPPoE 拨号成功，需要给拨号的计算机分配 IP 地址。

```
[AR1]ip pool PPPoE1
[AR1-ip-pool-PPPoE1]network 192.168.10.0 mask 24
[AR1-ip-pool-PPPoE1]quit
```

创建虚拟接口模板，虚拟接口模板可以绑定到多个物理接口。

```
[AR1]interface Virtual-Template ?
```

```
  <0-1023>  Virtual template interface number
[AR1]interface Virtual-Template 1
[AR1-Virtual-Template1]remote address pool PPPoE1
                                                  --指定该虚拟接口的远程地址池
[AR1-Virtual-Template1]ip address 192.168.10.100 24    --指定 IP 地址
[AR1-Virtual-Template1]ppp ipcp dns 8.8.8.8 114.114.114.114
                                                  --为对端设备指定主从 DNS 服务器
[AR1-Virtual-Template1]quit
```

将虚拟接口模板绑定到 GigabitEthernet 0/0/0 接口，该接口不需要 IP 地址。

```
[AR1]interface GigabitEthernet 0/0/0
[AR1-GigabitEthernet0/0/0]undo ip address   --去掉配置的 IP 地址
[AR1-GigabitEthernet0/0/0]pppoe-server bind virtual-template 1
                                                  --将虚拟接口模板绑定到该接口
[AR1-GigabitEthernet0/0/0]quit
```

一个虚拟接口模板可以绑定 PPPoE 服务器的多个接口。

如图 12-17 所示，路由器 AR1 有两个以太网接口，连接两个以太网，这两个以太网中的计算机都要进行 PPPoE 拨号上网，分配的地址都属于 192.168.10.0/24 网段，就可以将虚拟接口模板绑定到这两个物理接口。

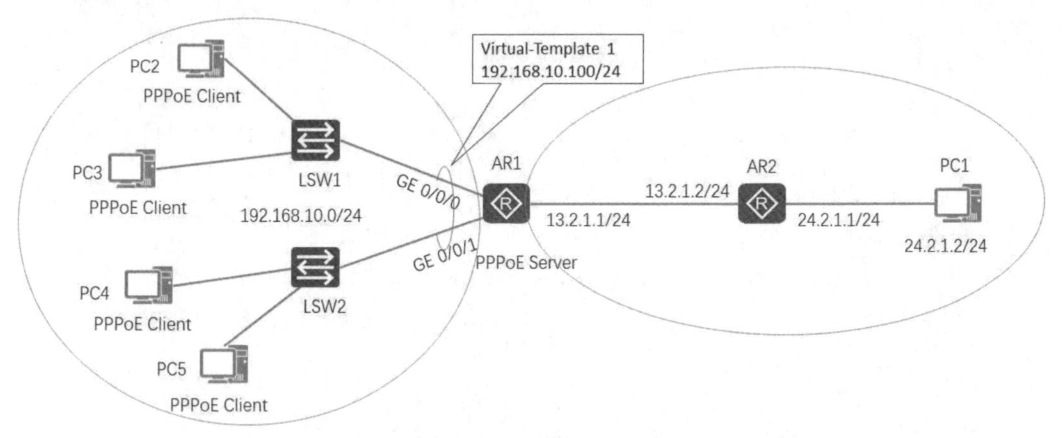

图 12-17 将虚拟接口模板绑定物理接口的拓扑图

如图 12-18 所示，登录 Windows 7，打开“网络和共享中心”，单击“设置新的连接或网络”按钮。

在出现的“选择一个连接选项”对话框中，选中“连接到 Internet”，单击“下一步”按钮。

在出现的“设置想如何连接”对话框中单击“宽带（PPPoE)”。

如图 12-19 所示，在出现的“键入您的 Internet 服务提供商（ISP）提供的信息”窗口中，输入用户名和密码以及连接名称，单击“连接”按钮。

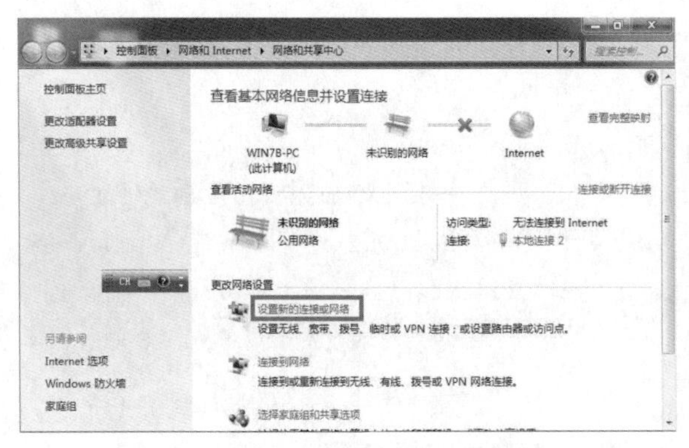

图 12-18　创建新的连接

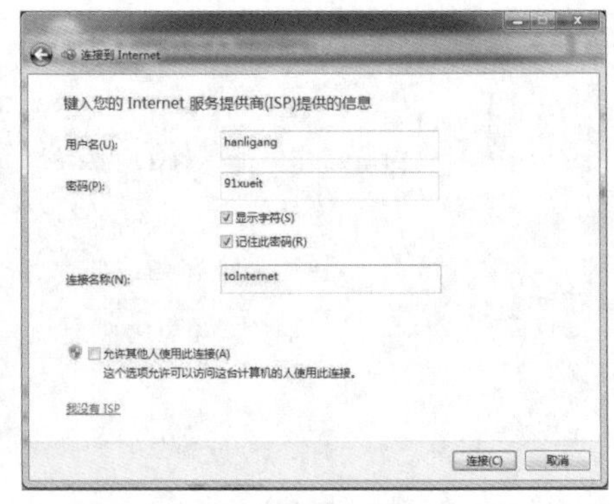

图 12-19　输入 PPPoE 拨号用户和密码

拨通之后，在命令提示符下，输入 ipconfig /all 以查看拨号获得的 IP 地址和 DNS。

```
C:\Users\win7>ipconfig /all
Windows IP 配置
   主机名 . . . . . . . . . . . . . : win7B-PC
   主 DNS 后缀 . . . . . . . . . . . :
   节点类型 . . . . . . . . . . . . : 混合
   IP 路由已启用 . . . . . . . . . . : 否
   WINS 代理已启用 . . . . . . . . . : 否
PPP 适配器 to Internet:     --PPPoE 拨号获得的地址和 DNS
   连接特定的 DNS 后缀 . . . . . . . :
   描述. . . . . . . . . . . . . . . : toInternet
   物理地址. . . . . . . . . . . . . :
   DHCP 已启用 . . . . . . . . . . . : 否
   自动配置已启用. . . . . . . . . . : 是
   IPv4 地址 . . . . . . . . . . . . : 192.168.10.254(首选)
   子网掩码 . . . . . . . . . . . . : 255.255.255.255
                          --PPP 拨号子网掩码都为 255.255.255.255
   默认网关. . . . . . . . . . . . . : 0.0.0.0
   DNS 服务器 . . . . . . . . . . . : 8.8.8.8
                     114.114.114.114
   TCPIP 上的 NetBIOS . . . . . . . : 已禁用
```

然后在 Windows 10 上创建 PPPoE 拨号连接，拨通后，在 AR1 路由器上可以查看有哪些 PPPoE 客户端拨入，还可以看到 PPPoE 客户端的 MAC 地址，也就是 RemMAC。

```
<AR1>display pppoe-server session all
SID Intf                   State   OIntf      RemMAC          LocMAC
1   Virtual-Template1:0    UP     GE0/0/0   000c.2996.42a2  00e0.fc4d.3146
2   Virtual-Template1:1    UP     GE0/0/0   000c.295b.dbc9  00e0.fc4d.3146
```

建立了 PPPoE 拨号连接后，下面抓包分析 PPPoE 数据包的帧格式。

右击 AR1 路由器，单击“数据抓包”，再单击“GE 0/0/0”。在 Windows 7 上 ping Internet 中的 PC1。如图 12-20 所示，可以看到 ICMP 数据包的数据链路层先进行 PPP 封装，再进行以太网封装。

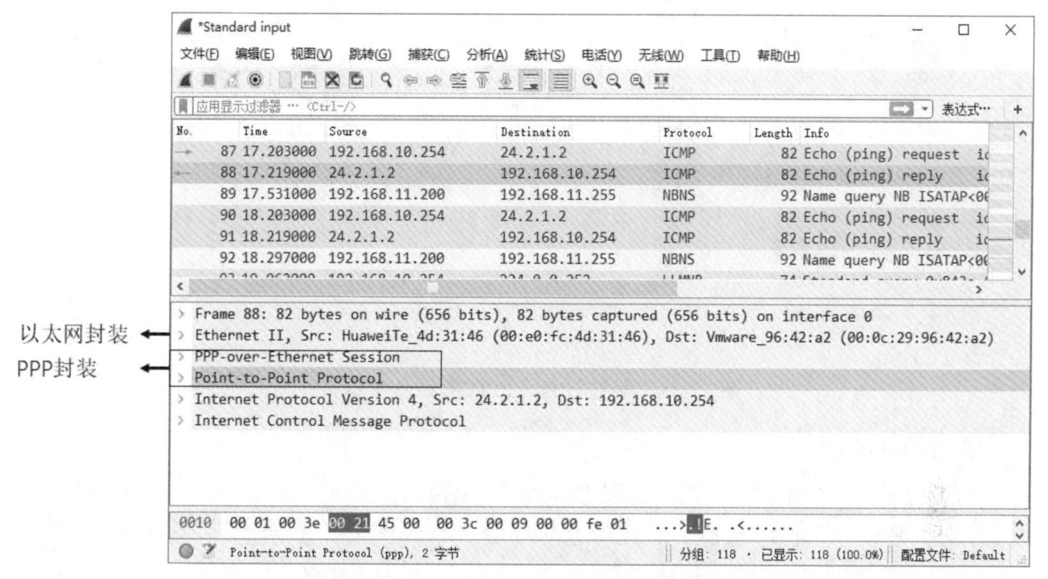

图 12-20　查看 PPPoE 数据包的帧格式

12.4.3　配置路由器 PPPoE 拨号上网

上面给大家演示的是将企业的路由器配置为 PPPoE 服务器，内网的计算机建立 PPPoE 拨号后访问 Internet。更多的情况是企业的路由器连接 ADSL Modem 接入 Internet，这就需要将企业的路由器配置 PPPoE 客户端。如图 12-21 所示，使用 eNSP 搭建实验环境，没有 ADSL Modem，也没有电话线，使用 LSW2 连接 ISP 的路由器和学校路由器，将 ISP 路由器配置为 PPPoE 服务器，学校 A 的路由器 AR1 和学校 B 的路由器 AR2 配置为 PPPoE 客户端，两个学校的内网都属于 192.168.10.0/24 网段。

下面就配置 ISP 路由器作为 PPPoE 服务器，配置学校 A 的 AR1 路由器作为 PPPoE 客户端，配置 NAPT 允许内网访问 Internet。

ISP 路由器上的配置如下。

创建 PPPoE 拨号账户，一个学校一个账户。

```
[ISP]aaa
[ISP-aaa]local-user schoolA password cipher 91xueit
[ISP-aaa]local-user schoolB password cipher 51cto
[ISP-aaa]local-user schoolA service-type ppp
[ISP-aaa]local-user schoolB service-type ppp
[ISP-aaa]quit
```

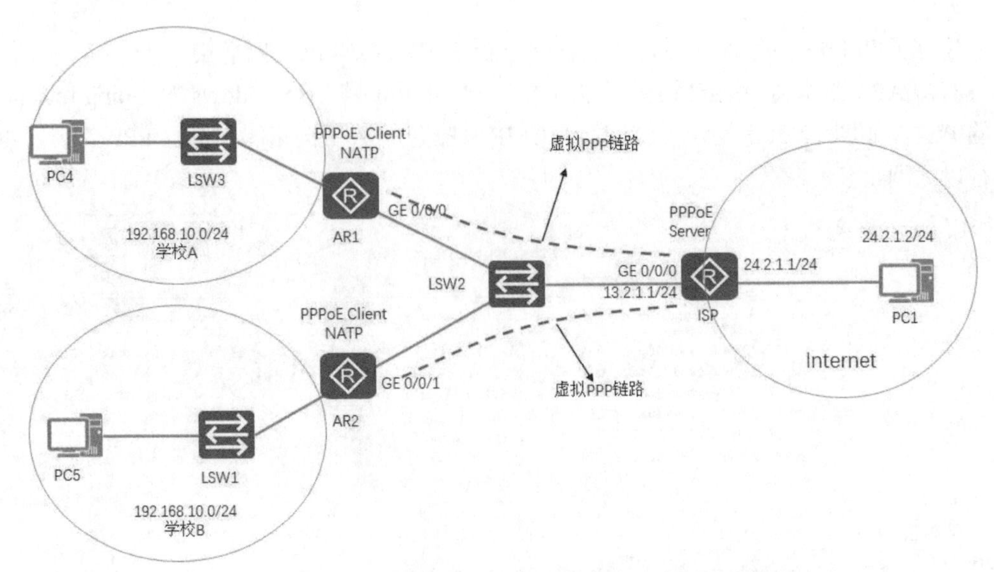

图 12-21　配置路由器 PPPOE 拨号实验拓扑

创建地址池。

```
[ISP]ip pool PPPoE1
[ISP-ip-pool-PPPoE1]network 13.2.1.0 mask 24
[ISP-ip-pool-PPPoE1]quit
```

创建虚拟接口模板。

```
[ISP]interface Virtual-Template 1
[ISP-Virtual-Template1]remote address pool PPPoE1
[ISP-Virtual-Template1]ip address 13.2.1.1 24
[AR1-Virtual-Template1]ppp ipcp dns 8.8.8.8
[ISP-Virtual-Template1]quit
```

将虚拟机接口模板绑定到 GE 0/0/0 接口。

```
[ISP]interface GigabitEthernet 0/0/0
[ISP-GigabitEthernet0/0/0]undo ip address
[ISP-GigabitEthernet0/0/0]pppoe-server bind virtual-template 1
[ISP-GigabitEthernet0/0/0]quit
```

在学校 A 的路由器上配置 PPPoE 拨号连接。
创建拨号链路报文过滤规则。

```
[AR1]dialer-rule
[AR1-dialer-rule]dialer-rule 1 ip
[AR11-dialer-rule]dialer-rule 1 ?
  acl   Permit or deny based on access-list
```

```
  ip    Ip
  ipv6  Ipv6
[AR1-dialer-rule]dialer-rule 1 ip permit
[AR1-dialer-rule]quit
```

配置某个拨号访问组对应的拨号访问控制列表，指定引发拨号呼叫的条件。创建编号为 1 的 dialer-rule，这个 dialer-rule 允许所有的 IPv4 报文通过，同时默认禁止所有的 IPv6 报文通过。

创建拨号接口 Dialer 1，配置接口拨号参数，该接口是逻辑接口。

```
[AR1]interface Dialer 1
[AR1-Dialer1]link-protocol ?                        --查看支持的协议
  fr   Select FR as line protocol
  ppp  Point-to-Point protocol
[AR1-Dialer1]link-protocol ppp                      --指定链路协议为 PPP
[AR1-Dialer1]ppp chap user schoolA                  --指定拨号账户
[AR1-Dialer1]ppp chap password cipher 91xueit       --指定拨号密码
[AR1-Dialer1]ip address ppp-negotiate               --地址自动协商
[AR1-Dialer1]dialer timer idle 300
                               --如果超过 300 秒没有数据传输，断开拨号连接
[AR1-Dialer1]dialer user schoolA     --指定拨号用户
[AR1-Dialer1]dialer bundle 1         --这里定义一个 bundle，后面在接口上调用
[AR1-Dialer1]dialer-group 1          --将接口置于一个拨号访问组
[AR1-Dialer1]quit
```

为拨号接口建立 PPPoE 会话，如果配置参数 on-demand，则 PPPoE 会话工作在按需拨号方式下。

```
[AR1]interface GigabitEthernet 0/0/0
[AR1-GigabitEthernet0/0/0]pppoe-client dial-bundle-number 1 on-demand

[AR1-GigabitEthernet0/0/0]quit
```

添加默认路由，出口指向 Dialer 1 接口，这样可以由流量触发 PPPoE 拨号。

```
[AR1]ip route-static 0.0.0.0 0 Dialer 1         --由流量触发拨号
[AR1]display dialer interface Dialer 1          --显示拨号接口状态
Dial Interface:Dialer1
   Dialer Timers(Secs):
   Auto-dial:300     Compete:20     Enable:5
```

```
    Idle:120    Wait-for-Carrier:60
```

配置 NAPT。

```
[AR1]acl number 2000
[AR1-acl-basic-2000]rule permit source 192.168.10.0 0.0.0.255
[AR1-acl-basic-2000]quit
[AR1]interface Dialer 1
[R1-Dialer1]nat outbound 2000
```

配置完成后，在 PC4 上 ping PC1，测试网络是否畅通。

在 AR1 路由器上查看拨号接口的状态，可以看到获得的 IP 地址。

```
<AR1>display interface Dialer 1
Dialer1 current state : UP
Line protocol current state : UP (spoofing)
Description:HUAWEI, AR Series, Dialer1 Interface
Route Port,The Maximum Transmit Unit is 1500, Hold timer is 10(sec)
Internet Address is negotiated, 13.2.1.254/32
Link layer protocol is PPP
```

12.5 远程访问 VPN

还有一种 VPN 是远程访问 VPN，这种 VPN 用于在外出差的员工通过 Internet 访问企业内网。将企业路由器配置成 VPN 服务器，在外出差的员工将计算机接入 Internet 就可以建立到企业内网的 VPN 拨号连接，拨通之后就可以像在公司内网一样访问网络资源。

如图 12-22 所示，AR1 是企业路由器，将其配置为 VPN 服务器，从 PC3 建立起到 AR1 的 VPN 拨号连接，VPN 服务器分配给 PC3 内网地址 192.168.18.4。注意，分配给远程计算机的 IP 地址位于一个独立的网段。PC3 访问 PC2 时，网络层先使用内网地址进行封装，我们称其为内网数据包，该数据包不能在 Internet 中传输；把内网数据包当作数据，使用 VPN 服务器的公网地址和 PC3 的公网地址再次封装为公网数据包，公网数据包就能通过 Internet 到达 VPN 服务器了；VPN 服务器再将公网封装的部分去掉，将内网数据包发送到企业内网。图 12-22 画出了 PC3 访问 PC2 时数据包在 Internet 和内网中的封装示意图，这里省去了数据包加密和完整性封装。

远程访问 VPN 使用的协议有 L2TP、PPTP。L2TP 是 IETF 标准协议，意味着各种设备厂商的设备之间用 L2TP 一般不会有问题；而 PPTP 是微软提出的，有些非微软的设备不一定支持。

将 AR1 配置成 VPN 服务器，需要完成以下配置。

（1）创建 VPN 拨号账号和密码。

（2）为 VPN 客户端创建一个地址池。

（3）配置虚拟接口模板。

（4）启用 L2TP 协议支持，创建 L2TP 组。

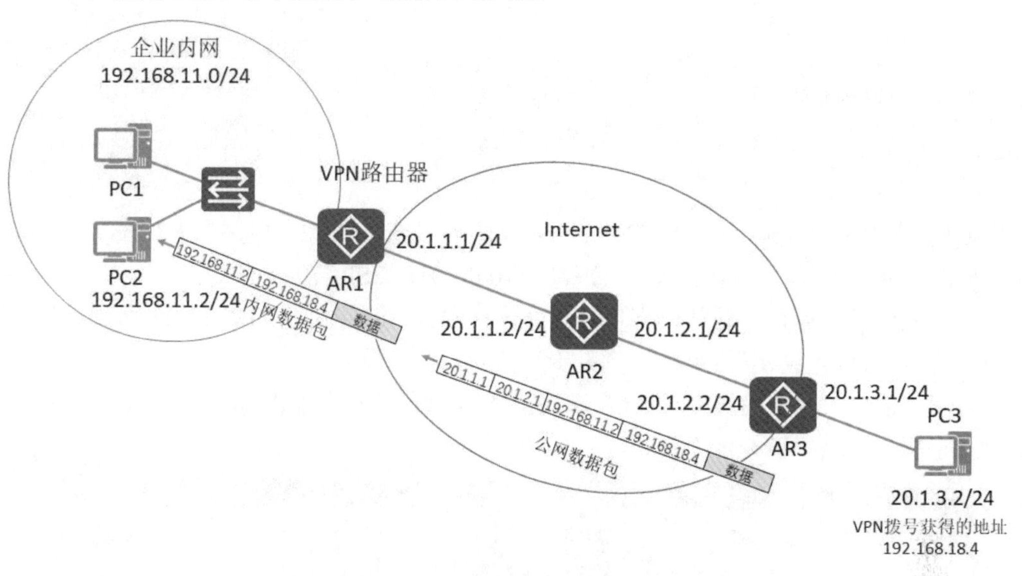

图 12-22　远程访问 VPN 的网络拓扑

AR1 上的配置如下。

创建 VPN 拨号账号和密码。

```
[AR1]aaa
[AR1-aaa]local-user hanligang password cipher 91xueit
[AR1-aaa]local-user hanligang service-type ppp
[AR1-aaa]quit
```

为 VPN 客户端创建一个地址池。

```
[AR1]ip pool remotePool
[AR1-ip-pool-remotePool]network 192.168.18.0 mask 24
[AR1-ip-pool-remotePool]gateway-list 192.168.18.1
[AR1-ip-pool-remotePool]quit
```

配置虚拟接口模板。

```
[AR1]interface Virtual-Template 1
[AR1-Virtual-Template1]ip address 192.168.18.1 24  --设置接口地址
[AR1-Virtual-Template1]ppp authentication-mode pap --PPP 身份验证模式
[AR1-Virtual-Template1]remote address pool remotePool
                                    --指定给远程计算机分配地址的地址池
[AR1-Virtual-Template1]quit
```

启用 L2TP 协议支持，创建 L2TP 组。

```
[AR1]l2tp enable                                --启用 L2TP
[AR1]l2tp-group 1                               --创建 L2TP 组
[AR1-l2tp1]tunnel authentication                --启用隧道身份验证
[AR1-l2tp1]tunnel password simple huawei        --指定隧道身份验证密钥
[AR1-l2tp1]allow l2tp virtual-template 1        --虚拟接口模板允许使用 L2TP 协议
[AR1-l2tp1]quit
```

使用 VMWare Workstation 中的 Windows 7 虚拟机充当图 12-22 中的 PC3，在 Windows 7 中安装华为 VPN 客户端软件 VPNClient_V100R001C02SPC702.exe。

安装完成后，运行该软件，出现“新建连接向导”对话框，如图 12-23 所示，选中“通过输入参数创建连接”，单击“下一步”按钮。

出现“请输入登录设置”对话框，如图 12-24 所示，输入 VPN 服务器的地址、拨号账号和密码，单击“下一步”按钮。

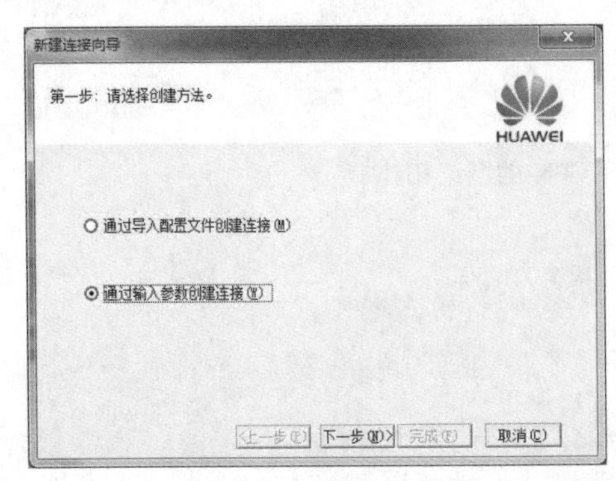

图 12-23　选择创建方法

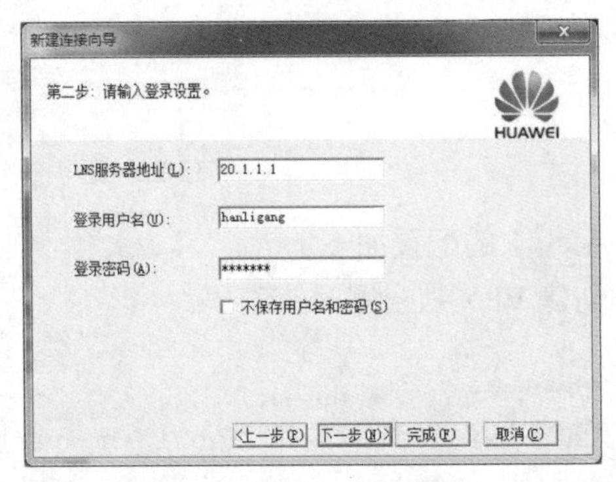

图 12-24　输入登录设置

如果 12-25 所示，出现“请输入 L2TP 设置”对话框，选中“启用隧道验证功能”，输入隧道验证密码，单击“下一步”按钮。

如果 12-26 所示，出现“新建连接完成”对话框，输入连接的名称，单击“完成”按钮。

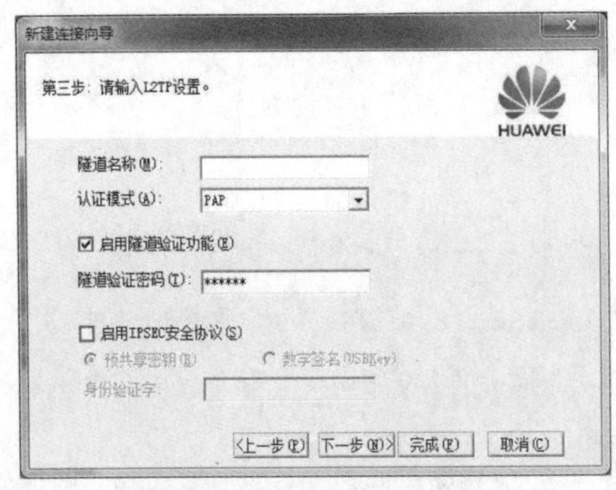

图 12-25　输入 L2TP 设置

图 12-26　完成新建连接

VPN 拨号成功后，在 Windows 7 虚拟机的命令提示符下输入 ipconfig，查看拨号建立的连接和从 VPN 服务器获得的 IP 地址。

```
C:\Users\win7>ipconfig
Windows IP 配置

以太网适配器 本地连接* 12:                    --VPN 拨号建立的连接

   连接特定的 DNS 后缀. . . . . . . :
   本地链接 IPv6 地址 . . . . . . . : fe80::99ea:c587:55ff:b385%23
   IPv4 地址. . . . . . . . . . . . : 192.168.18.254
   子网掩码  . . . . . . . . . . . . : 255.255.255.0
   默认网关  . . . . . . . . . . . . : 192.168.1.1

以太网适配器 本地连接 2:
   连接特定的 DNS 后缀. . . . . . . :
   本地链接 IPv6 地址 . . . . . . . : fe80::7c8a:eb3c:50b2:4cfe%17
   IPv4 地址. . . . . . . . . . . . : 20.1.3.200
   子网掩码  . . . . . . . . . . . . : 255.255.255.0
   默认网关  . . . . . . . . . . . . :
```

建立 VPN 拨号后，ping 内网中的 PC1 和 PC2，测试是否能够访问企业内网。如果不通，则需要关闭 Windows 7 中的防火墙。

12.6　习题

1．下列哪项命令可以用来查看 IP 地址与帧中继 DLCI 号的对应关系？（　　）

A．display fr interface　　B．display fr map-info

C．display fr inarp-info　　D．display interface brief

2．在帧中继网络中，关于 DTE 设备上的映射信息，描述正确的是（　　）。

A．本地 DLCI 与远端 IP 地址的映射

B．本地 IP 地址与远端 DLCI 的映射

C．本地 DLCI 与本地 IP 地址的映射

D．远端 DLCI 与远端 IP 地址的映射

3．在配置 PPP 验证方式为 PAP 时，下面哪些操作是必须的？（　　）（多选）

A．把被验证方的用户名和密码加入验证方的本地用户列表中

B．配置与对端设备相连接口的封装类型为 PPP

C．设置 PPP 的验证模式为 CHAP

D．在被验证方配置向验证方发送的用户名和密码

4．在华为 AR G3 系列路由器的串行接口上配置封装 PPP 协议时，需要在接口视图下输入的命令是（　　）。

A．link-protocol ppp　　B．encapsulation ppp
C．enable ppp　　D．address ppp

5．两台路由器通过串口连接且数据链路层协议为 PPP，如果想在两台路由器上通过配置 PPP 验证功能来提高安全性，则下列哪种 PPP 验证更安全？（　　）

A．CHAP　　B．PAP
C．MD5　　D．SSH

6．在以太网多点访问网络中，PPPoE 服务器可以通过一个以太网端口与很多 PPPoE 客户端建立起 PPP 连接，因此 PPPoE 服务器必须为每个 PPP 会话建立唯一的会话标识符以区分不同的连接。PPPoE 会使用什么参数建立会话标识符？（　　）

A．MAC 地址　　B．IP 地址与 MAC 地址
C．MAC 地址与 PPP-ID　　D．MAC 地址与 Session-ID

7．命令 ip address ppp-negotiate 有什么作用？（　　）

A．开启向对端请求 IP 地址的功能　　B．开启接收远端请求 IP 地址的功能
C．开启静态分配 IP 地址的功能　　D．以上选项都不正确

8．PPP 协议由以下哪些协议组成？（　　）（多选）

A．认证协议　　B．NCP
C．LCP　　D．PPPOE

9．如果在 PPP 认证的过程中，被认证者发送了错误的用户名和密码给认证者，认证者将会发送哪种类型的报文给被认证者？（　　）

A．Authenticate-Reject　　B．Authenticate-Ack
C．Authenticate-Nak　　D．Authenticate-Reply

10．PPP 协议定义的是 OSI 参考模型中哪个层次的封装格式？（　　）

A．网络层　　B．数据链路层
C．表示层　　D．应用层

11．PPPoE 客户端向 Server 发送 PADI 报文，Server 回复 PAD0 报文。其中，PAD0 报文是一个什么帧？（　　）

A．组播　　B．广播
C．单播　　D．任播